「十四五」普通高等教育系列教材

电子系统实习教程

第二版

孟　祥　主编
周维芳　赵　莹　副主编
郑　娜　胡冬梅　杨利媛　张　炜　编写
徐淑华　主审

中国电力出版社
CHINA ELECTRIC POWER PRESS

内 容 提 要

本书是按照普通高等院校电工电子技术课程教学基本要求并结合多年实践性教学环节改革经验，针对培养学生实践能力和创新能力的教学目的而编写的。

全书共分 3 篇：第 1 篇为电路 CAD 实习，是为配合电路理论课程而开设的实习。通过电路 CAD 实习，使学生能够对所掌握的电路基本理论和基本知识加以验证，能够根据设计要求独立完成电路的设计、分析，并熟练掌握利用 OrCAD/PSpice 软件进行电路绘图、仿真分析的方法。第 2 篇为电子线路实习，是为配合模拟电子技术基础课程而开设的实习，通过综合性电子线路实习能使学生掌握解决较复杂实际问题的能力，为其后续课程的学习和以后从事实际工作打下坚实的基础。第 3 篇为电子 CAD 实习，是为配合电子技术、单片机原理及应用等课程而开设的实习，本篇从实用角度出发，全面介绍了使用 Altium Designe 进行电路板设计应具备的基础知识，以及软件的编辑环境和操作方法，详细讲解了原理图设计、印制电路板设计、原理图库的创建以及 PCB 库的创建方法，并且书中以一个典型电路为例，介绍了从原理图设计到 PCB 板设计的整个过程，使设计者可以轻松掌握 Altium Designe 各功能模块的应用。

本书的主要特点是实用、通俗易懂，可作为大中专院校电子类、电气类、自动化类及相关专业实训教材，也可作为广大电路设计工作者的参考用书。

图书在版编目（CIP）数据

电子系统实习教程 / 孟祥主编. —2 版. —北京：中国电力出版社，2023.7

ISBN 978-7-5198-5035-7

Ⅰ. ①电…　Ⅱ. ①孟…　Ⅲ. ①电子系统－实习－高等学校－教材　Ⅳ. ①TN103-45

中国版本图书馆 CIP 数据核字（2020）第 190731 号

出版发行：中国电力出版社
地　　址：北京市东城区北京站西街 19 号（邮政编码 100005）
网　　址：http://www.cepp.sgcc.com.cn
责任编辑：陈　硕（010-63412532）　代　旭
责任校对：黄　蓓　常燕昆
装帧设计：赵姗姗　王红柳
责任印制：吴　迪

印　　刷：廊坊市文峰档案印务有限公司
版　　次：2012 年 6 月第一版　　2023 年 7 月第二版
印　　次：2023 年 7 月北京第十一次印刷
开　　本：787 毫米×1092 毫米　16 开本
印　　张：19.75
字　　数：432 千字
定　　价：58.00 元

前 言

为了适应电路电子技术日新月异的发展形势，按照高等学校电路电子技术基础课程教学基本要求，培养适应21世纪高等学校优秀人才，加强学生实践能力和创新能力的培养，我们改版了这本教材，希望通过本教材的学习，使学生在较短的时间内，以最快的速度掌握电路电子系统设计的基本方法、最新EDA软件的使用，并在有限的时间内完成电路电子系统设计的课题。本教材共分3篇：

第1篇为电路CAD实习，是为配合电路理论课程而开设的实习。该实习使用Cadence公司推出的OrCAD/PSpice软件，与上版相比，使用了最新的OrCAD16.5软件。该软件是世界上应用最广的EDA软件之一，集成了电路原理图绘制、印制电路板设计、数字/模拟电路仿真、可编程逻辑器件设计等功能，它的元器件库也是所有EDA软件中最丰富的。OrCAD/PSpice软件的前身是SPICE，与SPICE相比，OrCAD/PSpice软件在分析、仿真等方面有了较大改进，非常适用于基础电路部分的验证和设计。

本篇共分为4章，其中：第1章为电路CAD实习及OrCAD软件介绍；第2章为电路图绘制技巧；第3章为电路特性分析；第4章为波形显示和分析模块Probe。

第2篇为电子线路实习，是为配合模拟电子技术基础课程而开设的实习。首先采用EDA技术中的Multisim10软件来对模拟电路进行仿真运行，让学生完成EDA技术方面的初步训练，然后搭接出实际电路。Multisim10是一个优秀的电子技术训练工具，利用它可以以更灵活的方式进行电子电路实验，并在实验室难以达到的实验条件下进行模拟，从而提高学生设计、分析电路的能力。

本篇共分为6章，其中：第5章为电子线路实习概述；第6章为Multisim10操作环境；第7章为Multisim10基本操作；第8章为虚拟仪器；第9章为Multisim10的基本分析方法；第10章为Multisim10在电子技术中的应用。

第3篇为电子CAD实习，是为配合电子技术、单片机原理及应用等课程而开设的实习。该实习使用的软件Altium Designer是Altium公司的最新产品，由Protel发展而来，与第一版《电子系统实习教程》用的Protel 2004版本相比，Altium Designer的功能更加强大，全面支持FPGA设计技术，Altium Designer的自动布线规则大大提高了布线的成功率和准确率。Altium Designer构建于一整套板级设计及实现特性上，其中包括原理图设计、印制电路板设计、混合信号电路仿真、布局前/后信号完整性分析、规则驱动PCB布局与编辑、改进型拓扑自动布线及全部计算机辅助制造（CAM）输出能力等。

本篇共分6章和1个附录，其中：第11章为印制电路板概述；第12章为Altium Designer基础；第13章为原理图绘制；第14章为印制电路板的设计与制作；第15章为原理图库与PCB库；第16章为PCB设计实践。附录A中针对性地安排了14个难易程度不同的电路实例，供学生参考和上机练习。

本书由北华大学电气信息工程学院教师撰写完成，孟祥任主编，负责全书的组织、修改和定稿。周维芳、赵莹任副主编，郑娜、张炜、胡冬梅、杨利媛任参编。其中第1、2章由杨利媛编写；第 3、4 章由胡冬梅编写；第 5、7 章由赵莹编写，第 9、10 章由孟祥编写；第 6、8 章由张炜编写；第 11、12、15、16 章由郑娜编写；第 13、14 章，附录 A 由周维芳编写。本书由青岛大学徐淑华教授担任主审。

限于编者水平，加之编写时间仓促，缺点和错误在所难免，诚恳希望各兄弟院校的老师和读者提出批评和改进意见。

编者

2023 年 4 月于吉林

目　　录

第 2 篇　电子线路实习

第 3 篇 电子 CAD 实习

第1篇 电路CAD实习

第1章 电路CAD实习及OrCAD软件介绍

1.1 电路CAD实习简介

随着大规模集成电路的飞速发展，对电路的规模和集成度的要求进一步提高，计算机辅助设计（computer aided design，CAD）已经成为电子线路和相关系统设计中的必要工具之一，广泛应用于电路图绘制、分析和优化设计等领域。

电路 CAD 实习是电子信息、自动化、机械电子等相关专业重要的实践教学环节。电路 CAD 实习是根据理论联系实际的教学原则，巩固和扩展电路理论和电子技术课程的理论知识，使学生能够具备一定的进行电路设计、分析的能力，并为学习其他相关专业课程建立初步的感性认识并提高学生的工程实践能力。

通过电路 CAD 实习，要求学生能够对所掌握的电路理论和电子技术的知识加以验证，能够熟练使用 PSpice 软件，同时能够根据设计要求独立完成电路图绘制和仿真分析。

1.2 OrCAD 软 件 介 绍

Cadence 公司的 OrCAD 软件功能强大、界面友好，是世界上应用最广泛的、最受欢迎的电路图输入软件。作为一款重要的电子设计自动化（EDA）工具，OrCAD/软件系统主要包括：OrCAD/Capture（电路图设计）、OrCAD/PSpice A/D 分析（数/模混合模拟）、OrCAD/PSpice A/A 高级分析、PCB Editor（PCB 设计）等，既可以和 OrCAD/PCB Editor 进行无缝数据连接，也可以实现电路的数模信号仿真。

从 16.5 版本开始，Cadence 公司 OrCAD 演示版软件的 PSpice 仿真电路网络节点数目从 64 个增加到 75 个，不再限制子电路的数量，同时可以利用激励源编辑器功能建立激励信号源，也可以利用 Capture 创建和查看设计项目。下面以精简版为例简单介绍 OrCAD 16.5 软件的特点和使用方法。

OrCAD 16.5 的功能及特点：

（1）OrCAD/Capture：Capture 原理图编辑器用于绘制 PSpice 原理图，OrCAD/Capture CIS 在 OrCAD/Capture 的基础上加入了元器件信息系统，在电路图设计过程中，可以通过互联网从指定的元器件数据库查阅元器件，并且添加放置到元器件库中方便使用。OrCAD/Capture 支持如 OrCAD layout、Allegro、Protel 等 30 多种 PCB layout 工具，操作功能强大、灵活，在调用 OrCAD/PSpice A/D 之前，需要先运行它。

（2）OrCAD/PSpice A/D：是可以进行各种数模混合仿真的电路模拟软件，PSpice 把 Capture 生成的电路图或文本文件进行仿真，通过波形观察程序 Probe 显示、处理波形，并分析仿真结果，例如提取电路特性参数、分析电路参数与元器件参数的关系，从而检验电路性能是否符合设计要求。

（3）OrCAD/PSpice A/A：是高级版本在 PSpice A/D 上增加的分析工具，可以进行 Parametric Plot Analysis、Monte Carlo、Sensitivity、Optimizer 等高级分析，完成优化设计和电应力设计等高级电路设计，与 PSpice A/D 的操作相似。

（4）OrCAD/PSpice Accessories：主要包含磁性元件编辑器（MPE）、激励源编辑器、仿真管理器等，其中 MPE 主要用于变压器和电感设计与制作，激励源编辑器用于定义瞬态分析中的模拟和数字信号源。

（5）OrCAD/ PCB Editor：是一个印制电路板 PCB 设计软件，可以直接将生成的电路图通过手工或自动布局布线方式转为 PCB 设计。

本章结合简单的单页式电路图，介绍如何调用 OrCAD/Capture CIS 软件，生成新的电路图以及编辑修改已有的电路图。首先让我们来熟悉一下 Capture 界面。

运行 Capture 软件（可以单机“开始”菜单，从“程序”选项中进入，单击“OrCAD/Capture CIS Lite”，如图 1-1 所示，或者单击桌面上的 OrCAD 快捷方式，就进入了 Capture 的启动界面，如图 1-2 所示。

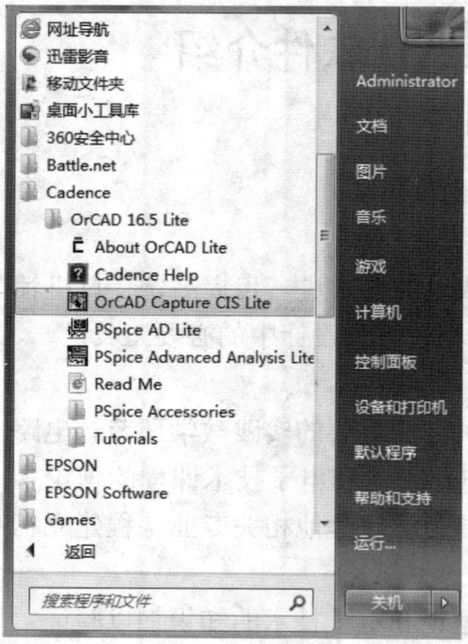

图 1-1　启动 Capture

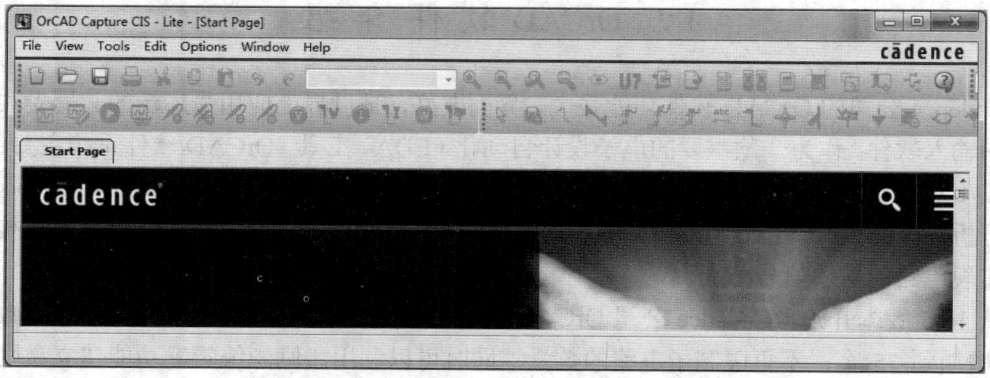

图 1-2　Capture 的启动界面

1.3　创建新项目文件

每次绘制新电路图并进行仿真，可以按照建立电路→对电路进行仿真→打印或绘制结果的顺序进行。图 1-2 是 Capture 的基本操作界面，在此界面中创建新电路图文件，有两种方法如下：

（1）使用菜单：选择菜单“File”→“New”→“Project”命令，系统会弹出设置工作区域的界面，如图 1-3 所示，弹出“New Project”对话框，如图 1-4 所示。

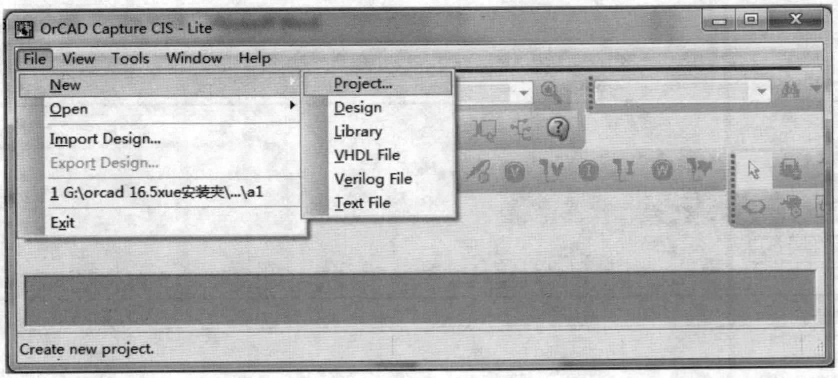

图 1-3　创建新项目文件的界面

在图 1-4 对话框的“Name”栏输入所要创建项目的名称，在“Location”栏输入要储存的磁盘文件夹路径，单击“Browse”，通过弹出窗口对仿真文件夹命名，或直接输入地址，Capture 将自动创建该文件夹。在图 1-4 中的“Create a New Project Using”栏共有四种项目类型，其中 Analog or Mixed A/D 用于 PSpice 仿真，PC Board Wizard 用于绘制 PCB 的原理图，Programmable Logic Wizard 用于 CPLD 和 FPGA 设计方面，Schematic 只单纯用于绘制原理图，目前我们要建立的是 PSpice A/D 电路图。如果只是单纯画一张电路原理图，则选择“Schematic”选项，若还需要仿真，则选择“Analog or Mixed A/D”（数模混合仿真）类型，然后单击【OK】键。

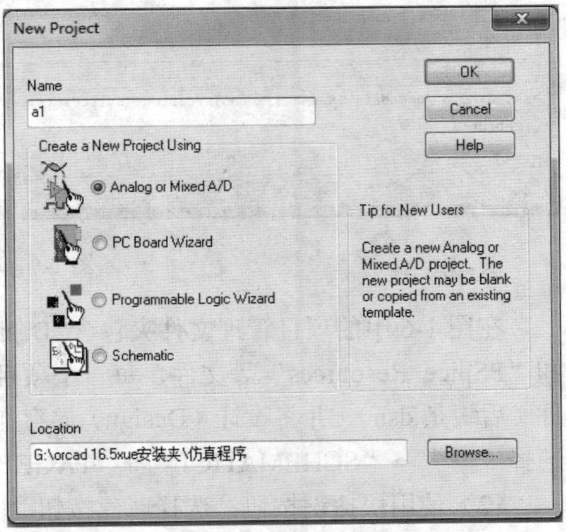

图 1-4　创建新项目

如图 1-5 所示，在“Create based upon an existing project”项的下拉菜单中选择设计模板，主要类型有模拟电路、数字电路、模-数混合电路和开关电源，可以选择最常见的几种绘图模板，分别是“Empty.opj”“Simple.opj（带激励源和偏置的模板）”和“hierarchical.opj（全部采用层次的模板）”。例如选择“Empty.opj”，会弹出图 1-6 所示的项目管理窗口。

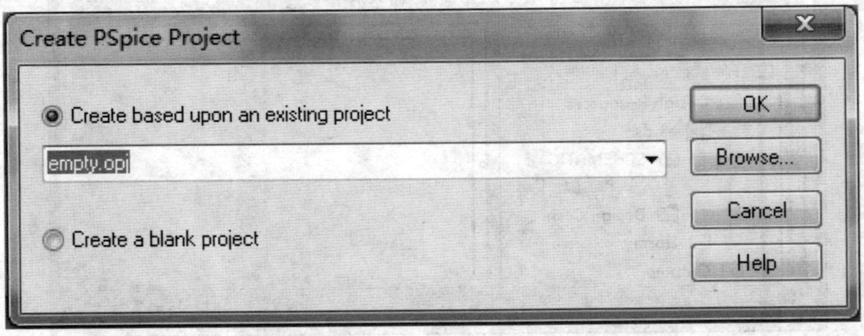

图 1-5　绘图窗口的选择

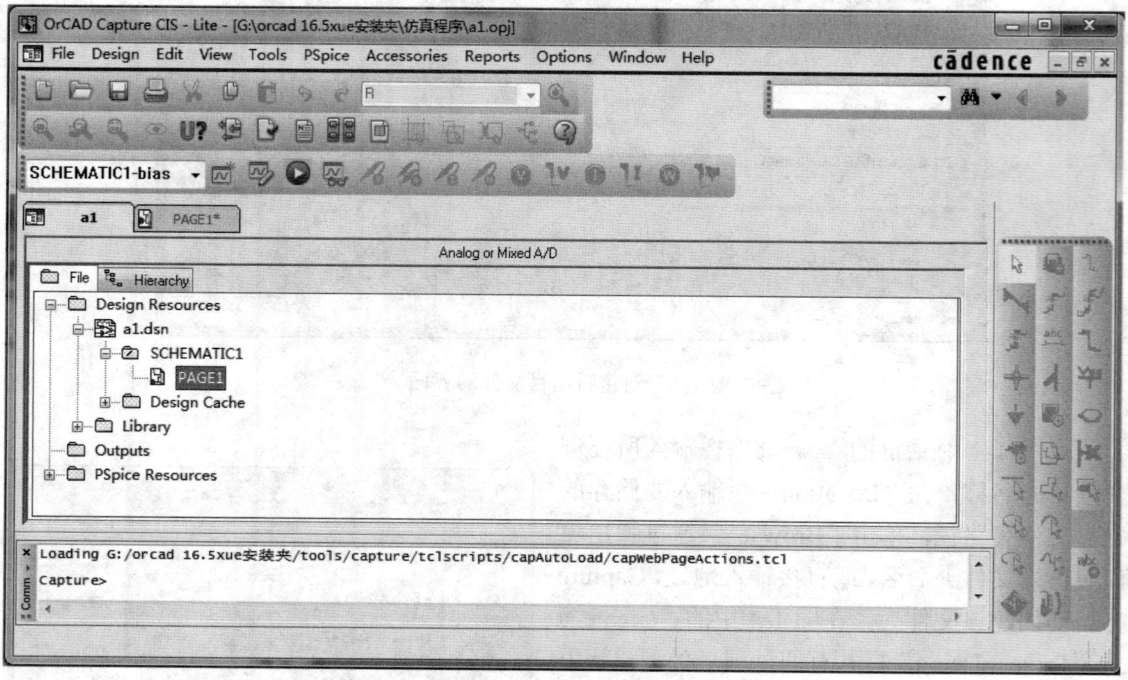

图 1-6 项目管理窗口

在图 1-6 中的项目管理文件夹包含“Design Resources”“Design Cache”“Library”“Outputs”和“PSpice Resources”等文件，每一个项目文件（后缀是.opj）都包含一个唯一的原理图文件（后缀是.dsn），并将设计（Design）储存在其中。找到带有后缀“.dsn”的文件，如 a1.dsn，选择“”→“SCHEMATIC1”→“PAGE1”，出现如图 1-7 所示的电路原理图绘制窗口。

（2）使用快捷键按钮：选择新建按钮，出现图 1-4 的对话框，其余步骤同上。

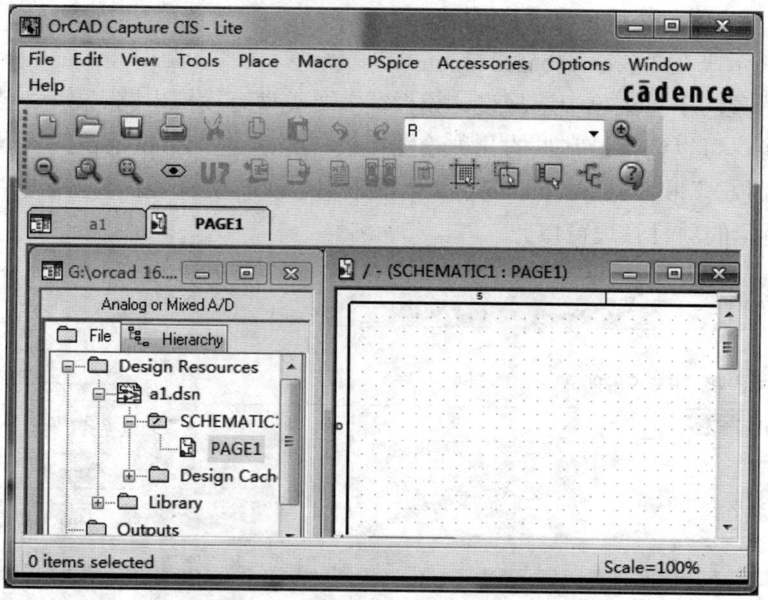

图 1-7 新建电路原理图绘制窗口

1.3.1　功能菜单

功能菜单如图 1-8 所示。

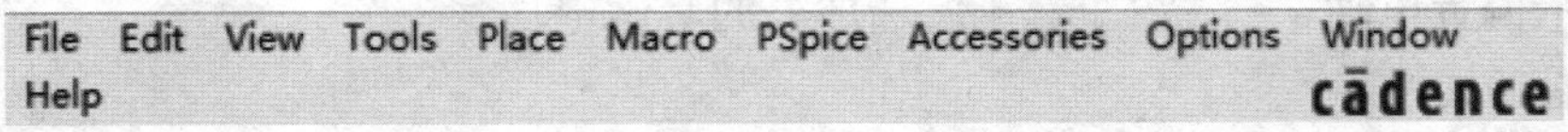

图 1-8　Capture 绘图页编辑程序的功能菜单

所有绘图页编辑程序的操作功能均可由此处以鼠标或键盘获得。

File 功能选项内包含打开、关闭、输入、输出、打印等操作；Edit 功能选项内包含关于剪切、粘贴、旋转、翻转、编辑模型等对象编辑的操作；View 功能选项主要控制一些工具栏、状态栏、网格与边框的显示与否，也控制画面的缩放比例；Tools 功能选项主要控制主工具栏和 PSpice 工具栏；Place 功能选项内是一些调用各式电气对象或无电气特性绘制对象的操作；Macro 功能选项内是一些关于宏编写与执行的操作；PSpice 功能选项内包括创建仿真文件、观看仿真结果、创建网络表等一些 PSpice 操作的选项；Accessories 功能选项内是一些 OrCAD 扩展功能的选项；Options 功能选项内是一些关于 Capture 人机界面与绘图格式的选项；Window 功能选项内是一些关于窗口操作的选项；Help 功能选项可以打开帮助信息的窗口。

1.3.2　工具栏

把图 1-7 新建电路原理图绘制窗口最大化，将出现两行工具栏按钮（如图 1-9 所示），上面一行是 Capture 主工具栏，只要使用 Capture 程序，它就会出现；下面一行是 PSpice 工具栏，只有在绘制可仿真的电路图时才会出现。如果在绘图窗口上单击鼠标左键，使它成为工作窗口，这时屏幕画面的右边会再出现一个如图 1-10 所示的绘图工具栏。

图 1-9　主工具栏与 PSpice 工具栏

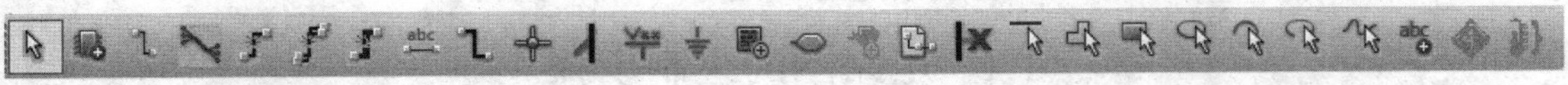

图 1-10　绘图工具栏

Capture 主工具栏中的前半部分功能比较常见，在此不再赘述。简单说明一下其他工具栏按钮对应的操作。

（1）Capture 主工具栏。

：放大显示　　：缩小显示　　：显示区域内所有对象

：显示整个文件　　：重编序号　　：反向重编

：执行 DRC 操作　　：产生网络表　　：交叉参考

：产生元件清单　　：切换元件是否定位于网格上　　：区域选择

：拖动连接对象　　：调出项目管理程序　　：帮助信息 Help

（2）PSpice 工具栏。

：编辑新的仿真设置文件　　：修改已存在的仿真设置文件　　：执行 PSpice 仿真

：观察仿真结果　　：放置电压探针　　：放置电压差探针

：放置电流探针（需在元件管脚上）：放置电功消耗探针 ：显示偏置电压

：所选节点的套索电压 ：显示偏置电流 ：所选部分的套索电流

：显示偏置电功 ：所选部分的套索电功

（3）绘图工具栏。

：选择对象 ：放置元件 ：绘制连线

：放置网络组 ：自动两点连接 ：自动多点连接

：自动连接总线 ：连线命名 ：绘制总线

：放置结点 ：放置总线分支线 ：放置电源元件

：放置接地符号 ：放置层次方块 ：放置输入/输出端口

：更正边缘的针垫失真 ：放置连接符号 ：放置“不连接”符号

：绘制直线 ：绘制折线 ：绘制矩形

：绘制椭圆 ：绘制圆弧 ：绘制椭圆弧

：贝塞尔曲线 ：放置说明文字 ：端口连接符

：引脚自动排序

1.3.3 状态栏

状态栏（Status Bas）负责显示工作窗口的工作状态，会因为不同的应用程序而呈现不同的信息。图 1-11 为 Capture 绘图页编辑程序的状态栏。

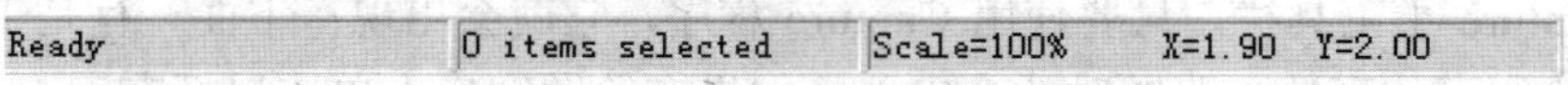

图 1-11 状态栏

状态栏左边会显示目前鼠标光标或键盘操作所在位置指令的简短说明：若是显示 Ready 字样，表示现在是待命状态，正等待着下一次的命令。状态栏中间的栏显示目前对象的选取状态。状态栏右边的栏显示目前的缩放现实比例、鼠标光标的位置。若是想关闭状态栏的显示，请切换“View”→“Status Bar”功能选项。

1.4 电路图的绘制步骤

如果想要调用 Capture 软件绘制新的电路图以及编辑修改已有的电路图，首先设置所建项目的类型和配置库文件，然后绘制新电路原理图，一般按照放置电路元件、连线、设置元件的属性以及调整绘图页规格等步骤进行。其中，放置电路元件——实际上是从 capture 符号库中调用合适的符号和元器件，如电阻、电容、晶体管、电源和接地符号等，并将他们放置在电路图的适当位置；元器件间的连接——包括互连线、总线、电连接标识符、节点符号、节点别名等；设置元件属性——元件序号和元件值都是系统的默认值，需要修改；调整绘图页规格——新绘图页的尺寸、背景、边框、标题框等规格的设定参数也使用系统的默认值，可能不符合实际要求，因此需要调整。

除上述表示电路拓扑结构的元器件及其连接关系外，有时还需绘制图纸标题栏、在电路图中添加“标签”、绘制特殊符号（如矩形、椭圆等几何图形）以及添加注释文字等。

对绘制好的电路图，通常都要根据需要进行删除无用的元素、改变元器件的放置位置、修改其属性参数等修改。

绘制好的电路图可存入文件用打印机、绘图仪打印输出，或生成供 PSpice 电路模拟程序、印刷电路板设计等其他 CAD 应用软件使用的连接网表。

1.5　打开空白绘图页与载入元件库

Capture 启动后的窗口如图 1-3 所示，每一个设计或分析任务都看作一个项目，由项目管理器（Project Manager）统一管理。先打开一个全新的项目，选择 File→New→Project…或按钮调出 New Project 设置框，如图 1-4 所示。

在 Name 栏内输入本章示范电路的项目名称 a1，然后在 Location 栏内输入本项目要储存的磁盘文件夹路径，这里选择默认路径 G：\Cadee\Orcad16.5xue 安装夹\仿真程序。建议为每一个新项目创建一个文件夹。选择“Crate a New Project Using”→“Analog or Mixed A/D”类型→“simple.opj”→【OK】，如图 1-5 所示。

直接单击【OK】键进入 OrCAD/Capture CIS 欢迎界面。在 Capture 图标下，找到带有后缀“.dsn”的文件，如 a1.dsn，直接双击“SCHEMATIC1”打开“PAGE1”文件夹，再对其双击进入绘图页面。图 1-7 是电路原理图绘制窗口。

最常用的 Simple.opj 仿真项目已经配置好五个默认库，分别是 Analog.olb、Breakout.olb、Source.olb、Sourcstm.olb 和 Special.olb，包含了最常用的仿真元器件和符号。如果选择“Create a blank project”类型，该项目下将没有任何仿真库文件。建立项目成功后 Project Manager 项目管理器窗口会列出库文件及其绝对路径，但这些库是仿真元件的外形符号库，只是定义元件的外部形状而不是 PSpice 仿真模型库。在以后的学习中，有可能会用到一些特定的元件，要求必须先载入该元件所在的元件库。例如现在要求载入 abm.olb 元件库，可以在 Place Part 菜单选择 Add Library... 按钮，弹出 Browse File 对话框如图 1-12 所示。

图 1-12　Browse File 对话框

1.6　绘图页规格的调整

新绘图页的尺寸、背景、边框、标题框等规格的设定参数均使用了系统的默认值，可能不符

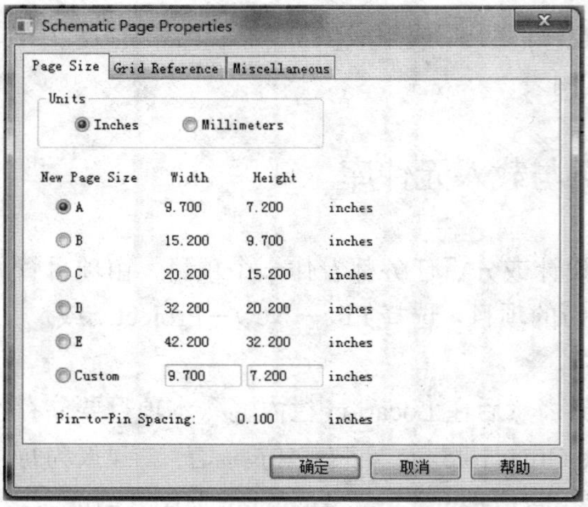

图 1-13 绘图页尺寸调整对话框

合实际要求。可以通过选择"Options"→"Schematic Page Properties"→"Schematic Page Properties"→"Page Size"的弹出对话框进行调整，定义出自己满意的绘图页规格，如图 1-13 所示。

选择 Units→Inches 选项，设为英制单位。其中 Page Size 是纸型设置页，可以通过 New Page Size 栏选为"Custom"（自定义绘图页尺寸），Width 栏（绘图页宽度）设为 5in，Height 栏（绘图页高度）设为 3in，选择【确定】按钮。若是选择了 Millimeters 选项，则以公制为单位。Grid Reference 是网格属性设置页，可以设置绘图页的水平和垂直方向的网格及边界等属性。标准绘图页尺寸见表 1-1。

表 1-1 标准绘图页尺寸

尺寸	宽度×高度（英制，in）	尺寸	宽度×高度（公制，mm）
A	9.70×7.20	A4	297×210
B	15.20×9.70	A3	420×297
C	20.20×15.20	A2	594×420
D	32.20×20.20	A1	841×594
E	42.20×32.20	A0	1189×841

新的绘图页是以全图的方式来显示的，放大局部显示功能来重新显示画面，操作如下：

如果想将电路图放大（局部元件放大）观察时，可选择 View→Zoom→In 功能选项，如图 1-14 所示。或是按键盘中的【I】键，也可以在绘图页内单击鼠标右键调出快捷功能菜单→"Zoom In"选项。

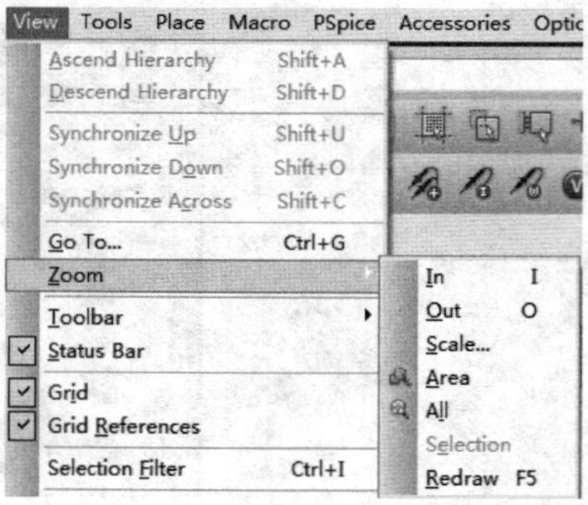

图 1-14 放大电路图

如果想将电路图缩小（局部元件缩小）观察时，可选择 View→Zoom→Out 功能选项或是按键盘中的【O】键，也可以在绘图页内单击鼠标右键调出快捷功能菜单→"Zoom Out"选项。

在 View→Zoom 功能菜单下有更多的屏幕显示控制选择。例如调出如图 1-15 所示的 View\Zoom Scale 功能选项，可以选择固定显示比例（如 400%、40%等），也可以在 custom 栏内自定显示比例。

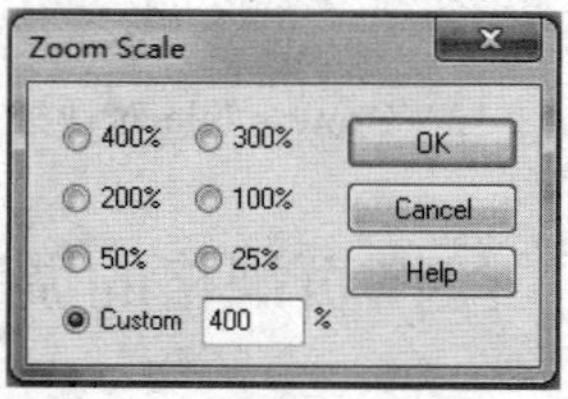

图 1-15 View\Zoom Scale 功能选项

1.7　电路元件的放置

电路由许多元件和符号之间的连线组成，需要我们把要用到的元件和符号都放置在绘图页上。电路符号和元器件的放置方法包括：选择 Place 下拉菜单的 Part 选项；单击绘图工具栏上的按钮；按快捷键 P。然后选定元件后回车。以上三种方法都可以调出元件库。总体上说，各种网络连接符号可以通过 Place 菜单直接进行放置，而放置元件的具体操作如下：选择 Place→Part...菜单命令或是单击绘图工具栏的按钮，能调出 Place Part 对话框，所有元器件库都已选定，如果将鼠标移动到某个元件上面，会弹出一个矩形提示框显示其所属库的绝对路径。

若放置电阻 R 到绘图页内，首先在 Libraries 栏内的元件库列表选好这个元件所在的元件库文件名，这时元件列表会显示出本元件库内的所有元件名称。图 1-16（a）中就是选用了 R 元件，画面右下方会出现这个对应元件的外观。

如果想要在元件列表内增加元件种类，有两种方法可以实现，一种是通过 Place Part 窗口的添加库文件，在打开的 Browse File 窗口中确定文件路径后选择元件库，单击“打开”将其添加到项目中，可以按住键盘中的【Ctrl】键后，使用鼠标左键在 Libraries 栏内的元件库列表中多选取几个元件库，也可以按住【Shift】键后，使用鼠标左键在元件库列表的某个元件库名称上单击一下，就会将这个元件库到目前工作元件库之间的所有元件库都选到；另一种是在项目管理器中选择 Library 文件夹鼠标右击，如图 1-16（b）所示，通过 Add File 添加库文件，然后在打开的 Browse File 窗口中进行操作。

在平时绘图过程中养成将所有元件库列表的元件都选到的习惯，这样方便查找想要的元件，并且可以确定在元件列表内都找不到的元件一定就是没有载入到它对应的元件库里，其实这也是 Capture 默认的状态。

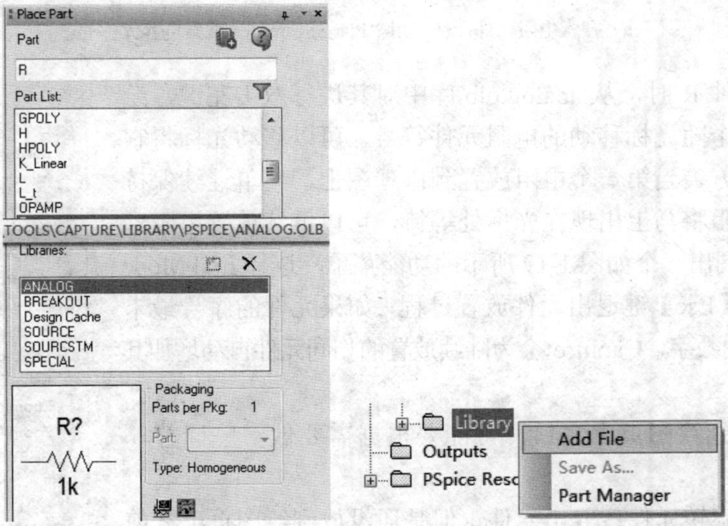

（a）　（b）

图 1-16　选择电阻元件

（a）Place Part 菜单；（b）添加库文件

点击图1-17中的图钉图标可以隐藏Place Part窗口，把鼠标放在Place Part窗口时则会再次出现。

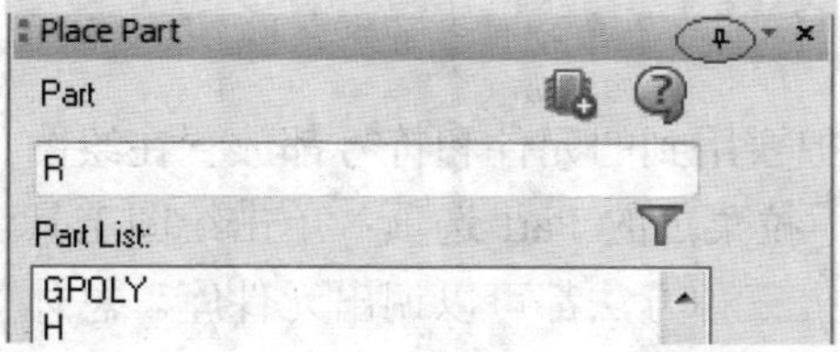

图1-17　放置、隐藏Place Part元器件菜单

如果可以确定地知道元件的名称，就可以直接在Part栏内输入元件的名称，这是调用元件最快速的方法，用于对元件的最直接调用。必要时，也可以配合“*’与“?”这两个通用字符来使用。在Part栏内输入想要的元件的前几个字母时，元件表就会自动搜寻头部含有这几个字母的元件，如电阻元件的首字母是r，在Part栏内输入字母r，如图1-18（a）所示。

另外一种常规的搜寻元件的办法就是选择Place Part→ Search for Part 按钮，搜索电容元件的Place Part如图1-18（b）所示。

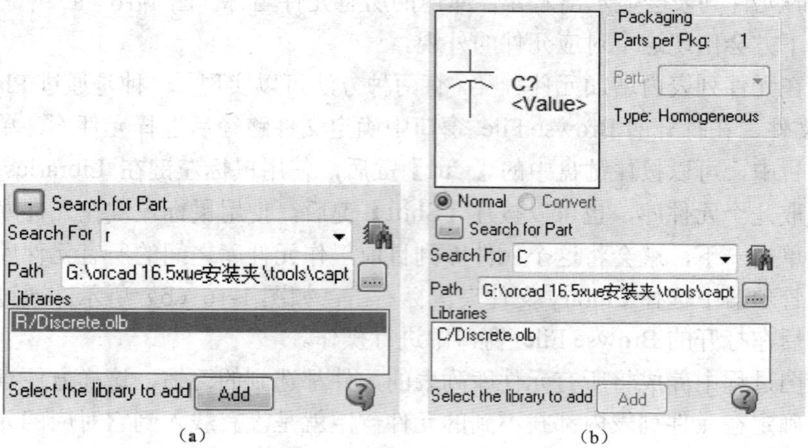

图1-18　Place Part

（a）搜索电阻元件；（b）用“Place Search”　搜索电容元件

放置电阻元件R时，从analog.olb库中对其进行双击左键，绘图页上会出现一个随光标移动的电阻元件符号，可以移动光标将它放置到希望的地方，当第一个电阻放置到原理图上，菜单继续保持打开，另一个电阻将马上出现在光标处等待，可以继续放置电阻，也可以单击右键调出一个如图1-19所示的功能菜单，选择End Mode选项，或者按下【Esc】键退出元件放置过程，如果元件的序号最末一个字母是阿拉伯数字，Capture会为陆续放置的相同元件自动增加其元件序号。

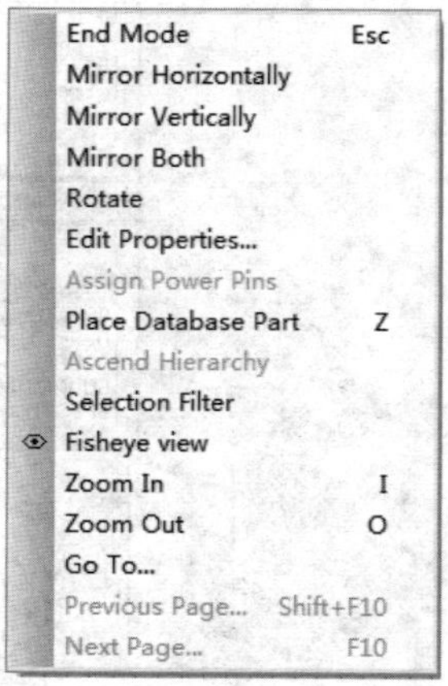

图1-19　放置元件功能菜单

元件被放置到绘图页上之后，可能要根据需要做一些调整，例如：

（1）翻转或旋转元件：取出元件，但是还没放到绘图页上之前（也就是元件随着鼠标的移动而移动）或者已经把元件放置在绘图页上，用鼠标左键单击需要处理的元件，让它处于激活状态，这时元件处于选取状态，有虚线边框。此时单击鼠标的右键弹出快捷菜单，如图1-20所示。选择

“Mirror Horizontally”选项或快捷键【H】键，可以将元件左右翻转；选择“Mirror Vertically”选项或快捷键【V】键，可以将元件上下翻转；选择“Rotate”选项或快捷键【R】键，可以将元件逆时针旋转 90°。

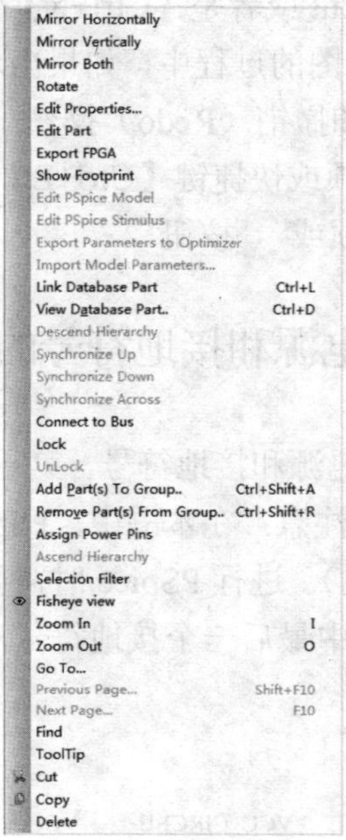

图 1-20　翻转、旋转元件功能菜单

也可以使用主功能菜单选项来操作。左右翻转：Edit→Mirror→Horizontally；上下翻转：Edit→Mirror→Vertically；逆时针旋转：Edit→Rotate；翻转 180°：Edit→Mirror→Both。

（2）移动元件。移动单一元件，可以用鼠标拖动；如果需要移动一组元件时，先用鼠标左键将需要移动的元件全部框起来，再拖动到希望的地方即可，如图 1-21 所示。

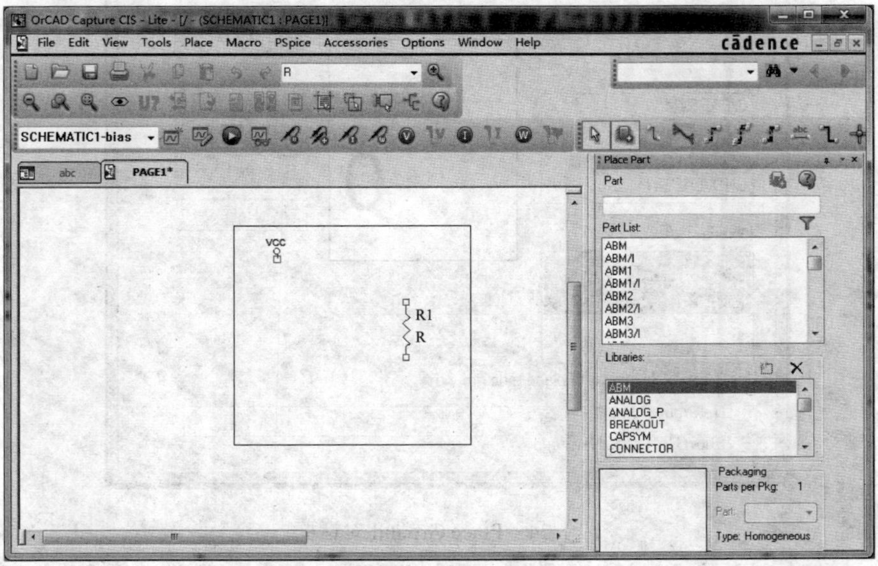

图 1-21　用鼠标选定一组元件

（3）删除元件。首先选定要删除的元件，或者是元件组用鼠标左键将其选定，然后使用单击右键的 Delete 选项，或者 Edit 菜单中的 Delete 选项，或者是单击键盘的【Del】键。

（4）复制、剪切元件。选取元件对象，复制：选择 Edit→Copy 或者是【Ctrl+C】快捷键或者是按钮；剪切：选择 Edit→Cut 或者是【Ctrl+X】快捷键或者。

（5）撤销与还原。在编辑元件绘图的过程中，如果出现误操作将删除元件，Capture 提供可以还原的操作。即还原（Undo）和撤销（Redo）操作。

还原：选择 Edit→Undo 功能选项或快捷键【Ctrl+Z】，或工具栏的按钮。

撤销：选择 Edit→Redo 功能选项或按钮。

1.8 电源和接地符号的放置

图 1-22 对话框中包含了常见的电源和接地符号，第一行是电压源符号，第二行是接地符号，0 符号是一个常用的接地符号（注意：在本书中，PSpice 电路图中，一律使用 0 符号来表示接地）。进行 PSpice 时需要对元件属性进行编辑，或直接用图 1-22 中最后一个接地符号，若没有接地元件则无法进行仿真。

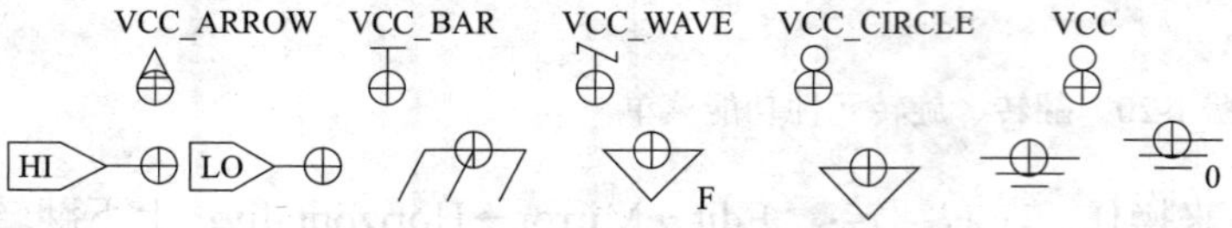

图 1-22 电源与接地符号

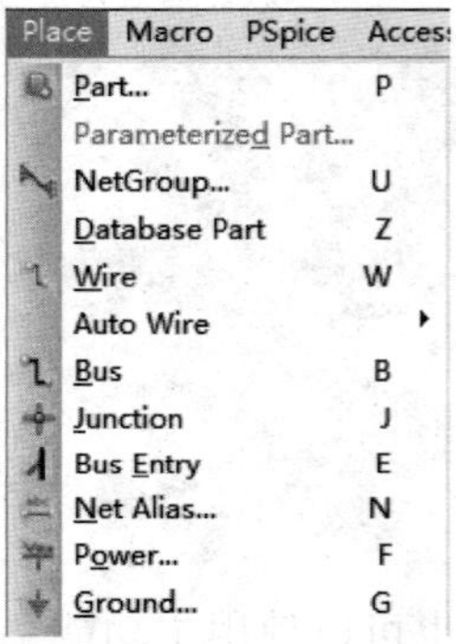

图 1-23 Place 菜单选项

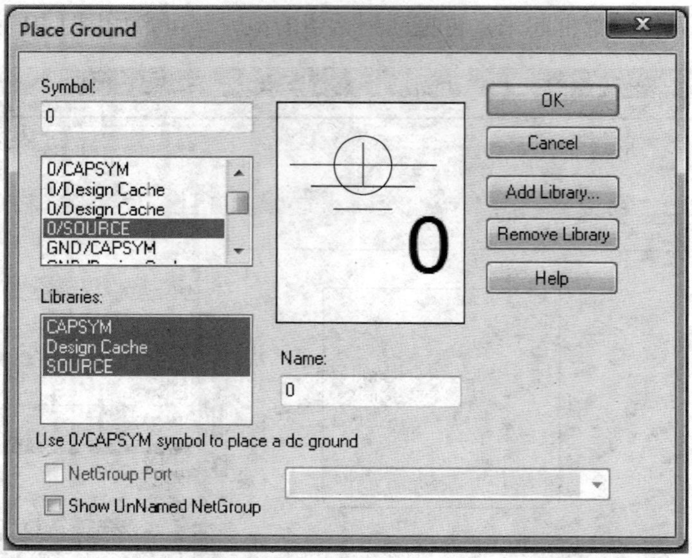

图 1-24 Place Ground 对话框

放置电源符号可以通过选择 Place→Power...实现，接地符号则通过 Place 菜单直接放置，如图 1-23 和图 1-24 所示，按下快捷键【G】后会弹出 Place Ground 菜单，放置电源符号和接地符号的操作也能通过单击和按钮分别完成，其中电池、电压源、电流源属于 source 库。

由于在执行仿真过程中，必须要给出元件的电压或电流值，例如图 1-25 电路图中的电压源元件（V1），值为 24V。

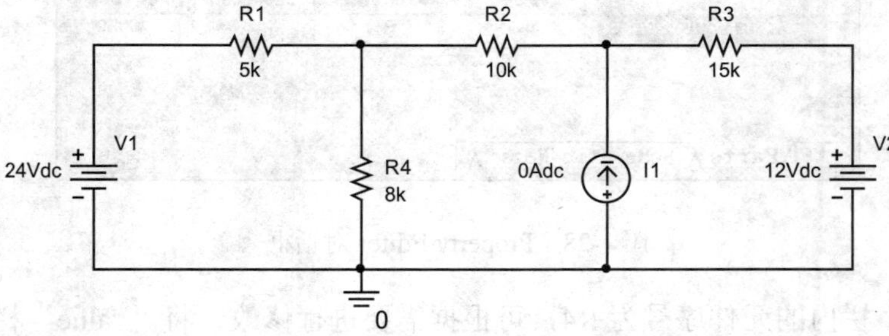

图 1-25　电路图例图[1]

1.9　改变元件序号与元件值

改变默认的元件值：选中元件→双击鼠标左键，如图 1-26 所示的 Display Properties 对话框（以电压 V1 为例），修改 Value 栏内的值即可。

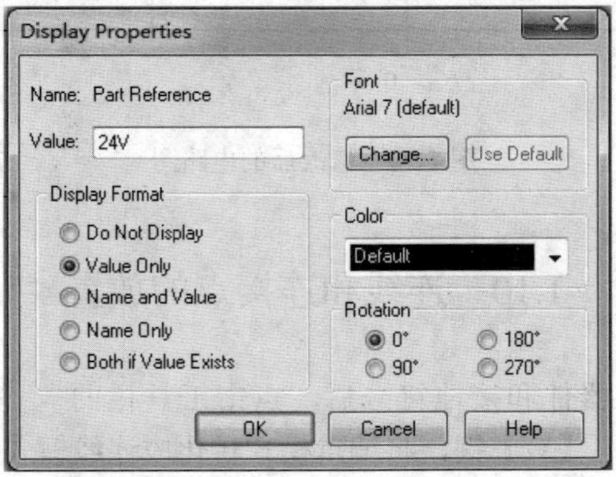

图 1-26　Display Properties 对话框

修改元件的序号：选取电阻 R4（注意，不是元件序号上），出现一个环绕电阻符号的虚线框，如图 1-27 所示，双击鼠标左键，如图 1-28 所示出现 Property Editor 对话框。

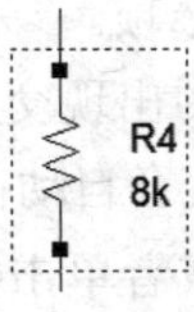

图 1-27　选定电阻符号

❶　本书所有图中的 V1、V2 均表示电压 U_1、U_2。
本书所有图中的均表示电源。
本书所有图中的均表示电阻。

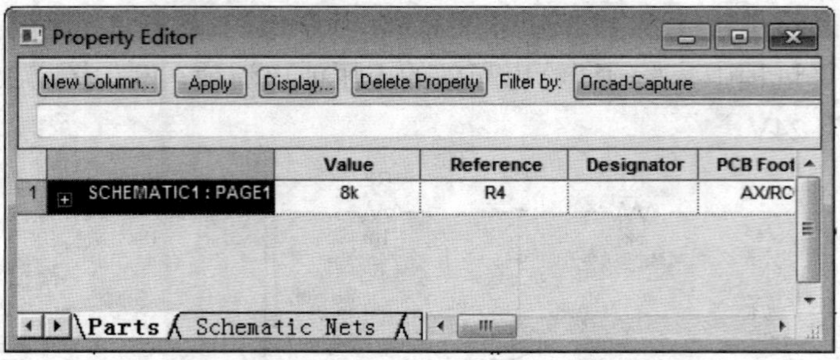

图 1-28　Property Editor 对话框

“Reference”栏内的元件序号为 R4，可根据需要进行修改，将“value”栏内的元件值由 8K 改为 10K，关闭 Property Editor 对话框。改完后的电路图如图 1-29 所示。

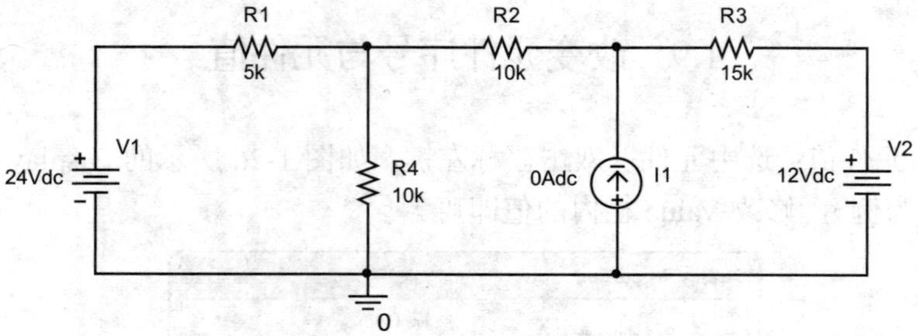

图 1-29　修改后的电路图

1.10　连线和连接点的放置

放置好需要的电路元器件和接地符号后，点击工具栏的按钮或者是选择功能菜单 Place 选择 Wire 或直接按下【W】键，将编辑模式转化成连线模式，光标变为虚十字型线，在想要连线的始端单击鼠标左键，将出现随光标移动的连线，在转弯处单击左键，到终点处双击左键结束这次连线，如果电气对象没有连接在一起，则连接点仍是空心小方块，如果连接成功则连接点变为实心小方块，如图 1-30 所示。连线过程中想要终止连线，可以按下【Esc】键或单击鼠标右键，选择 End Wire 选项。

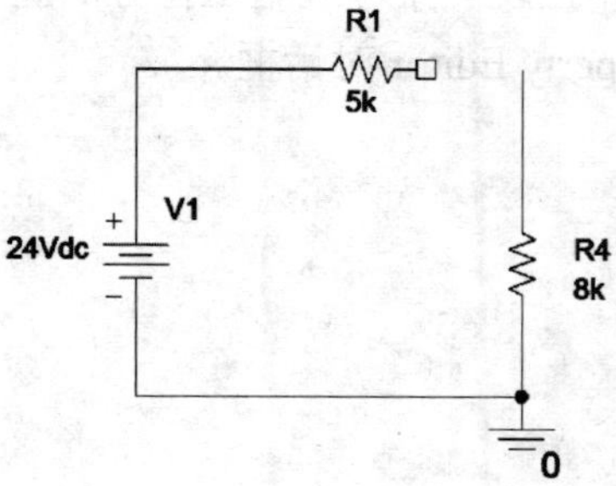

图 1-30　绘制连线过程

连线中出现交叉形成 T 型连接时，其交叉点视为连接在一起，系统会自动在此放置一个“.”，也可以选择菜单 Place→Junction 或者单击按钮手动选择放置连接点，然后单击鼠标右键，选择 End Mode 选项。

OrCAD 也提供自动连线功能，例如对两个端子进行连线：选择菜单 Place→Auto Wire→Two Points，然后点击需要连接的端子，程序会自动生成连线，如图 1-31 所示。

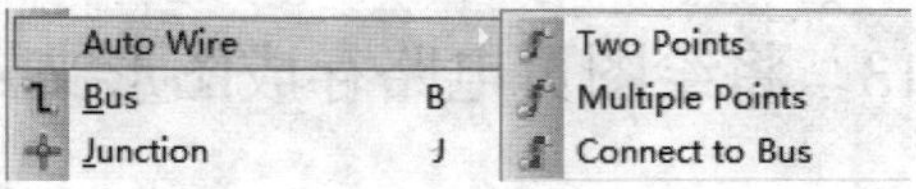

图 1-31　自动连线菜单选项

1.11　存　　档

在绘制完电路图之后，自然而然地需要存储电路图，这个过程就叫做存档。选择功能菜单 File→Save 选项或者是【Ctrl+S】键。仿真电路图的默认名称为 SCHEMATIC1，其网络表的名称是 schematic1.net。若对原理图重新命名时，先选定项目管理器中的 SCHEMATIC1 文件夹，然后单击右键选择 Rename 选项进行操作。

1.12　打　　印

用户对电路图进行打印的时候，可以对打印情况进行设置。选择菜单选项 File→Print…，或快捷键【Ctrl+P】键打开电路打印设置界面，如图 1-32 所示。用户可以设置页边距，单位可以选择 in 或者 cm；纸张方向可以选择横向或者纵向；可以对电路图进行缩放打印；可以对输出等选项进行设置等。单击 

按钮，进行打印。

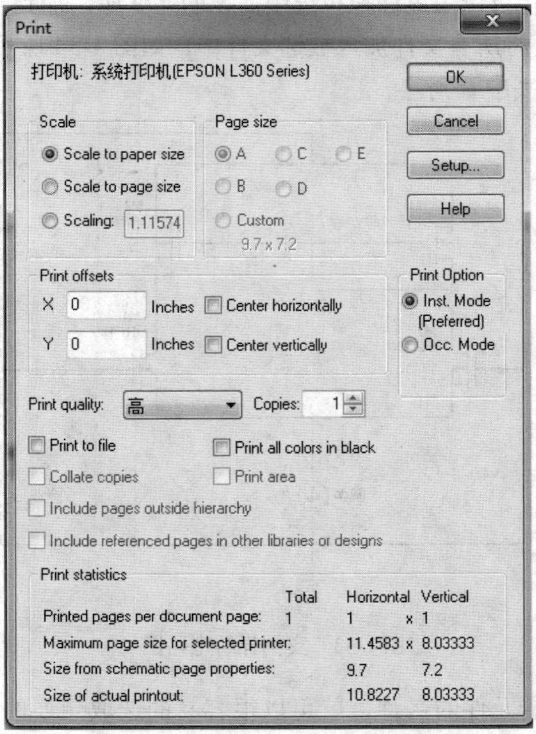

图 1-32　Print 对话框

1.13 将绘图页电路存成图形文档

另一种打印电路图的方式就是将它们转成标准图形文件后再打印，这样的图形文件可以按需要适当地放大或者缩小，也可以经由图形处理程序（如 Photoshop）作适当的图案处理，最后再放入文档内打印。

要将电路图转成标准图形文件，首先要在绘图页编辑程序的窗口屏幕下调整出适当的电路显示画面，按【Print Screen】键，即可将全屏幕画面送至 windows2013/XP 的剪贴板内，然后在其他图形处理程序中选择由剪贴板粘贴之后，进行编辑后存档即可。如果可以使用屏幕抓图程序，就可以在屏幕上直接选取到特定范围内的画面，如此可以省去全屏幕选图的繁琐。

1.14 实 例 详 解

1.14.1 寻找元件

这一节的主要任务是绘制如图 1-33 所示的电路图。

（1）打开 OrCAD 中的 Capture，形成空白图，选择 File→New→Project…功能菜单选项，其中 Location 栏内是程序所要存储的地址，在此处存在 H 盘上的 PSpice 文件夹内。输入文件名称为 1-34，单击 OK 按钮。选择“Create a blank project”，单击 OK 按钮。

（2）选取元件，单击按钮。如果现在的元件库中没有想要的元件，那么单击按钮打开 Browse File 对话框，可以用鼠标拖拉选中需要的元件库，加到查找范围中。选中之后，单击 打开(O) 按钮，即可将所有文件加入被选文件中，如图 1-34 所示。所添加的库可以从项目管理器的 Library 文件夹中看到。

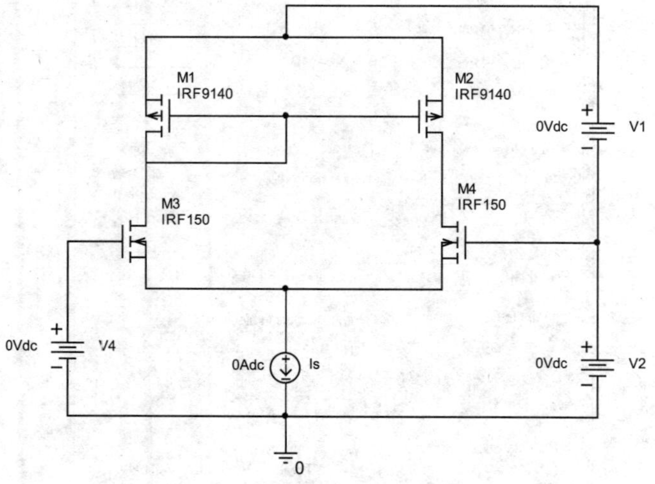

图 1-33 实例详解电路图

（3）此时，只要知道元件的名称，就可以很容易的选取想要的元件。例如，想要选取 IRF9140 元件，只需如图 1-35 所示，在 Part 栏内输入想要的元件的名称，在右下边的方框内可以看到想要的元件的形状。

（4）最后单击 OK 按钮即可完成选取过程。

图 1-34　添加库文件

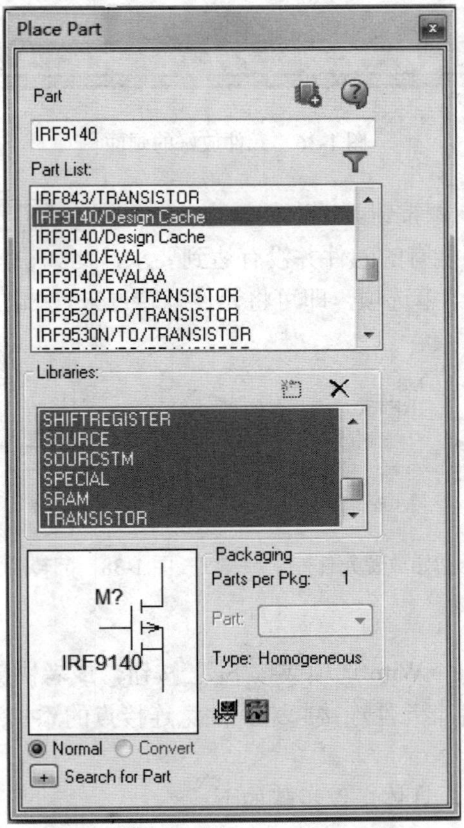

图 1-35　在 Place Part 窗口选取元件

1.14.2　放置元件

（1）选取到元件之后，单击鼠标左键，即可将元件放置到 Capture 上。逐一选取元件并放置到 Capture 上，放置完之后如图 1-36 所示。

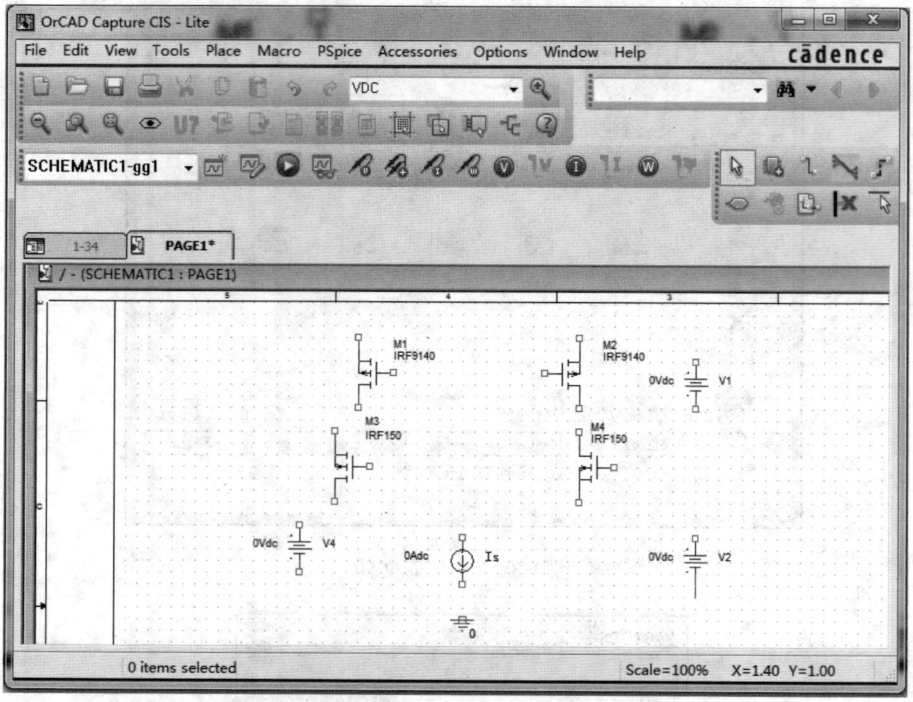

图 1-36 元件放好的画面

（2）单击主工具栏内的按钮，选取接地点 0。单击 OK 按钮。

（3）在放置过程中，可能有的元件并没有达到要求，比如说没有翻转过来，具体操作方法见 1.7 节，选择相应功能菜单选项，即可将元件翻转过来，如图 1-37、图 1-38 所示。

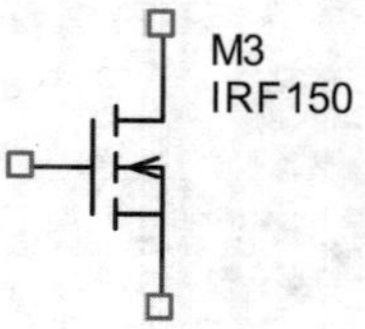

图 1-37 初始放置元件

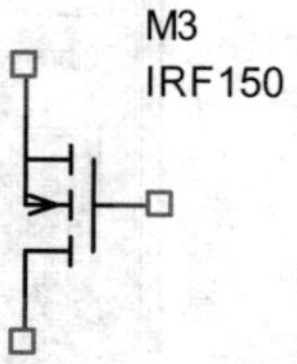

图 1-38 翻转后元件图形

1.14.3 进行连线

（1）选择功能菜单 Place→Wire 选项或按下按钮，或者快捷键【Shift+W】。

（2）如图 1-33 所示将各个元件连接起来，注意连接点的添加和去除。

1.14.4 设置编号

可以人工设置元件编号，具体操作步骤如下：

（1）现在对元件设置编号，首先对 V_3 设置编号，将其改变为 V_i（应大写），并使其属性值为 5V。可以直接在元件上双击鼠标左键，打开如图 1-39 所示的 Display Properties 对话框。将 Value 栏内的值改为 V_i，接下来在“0Vdc”上双击鼠标左键，如图 1-40 所示，在 Value 栏内输入 5Vdc，单击 OK 按钮。

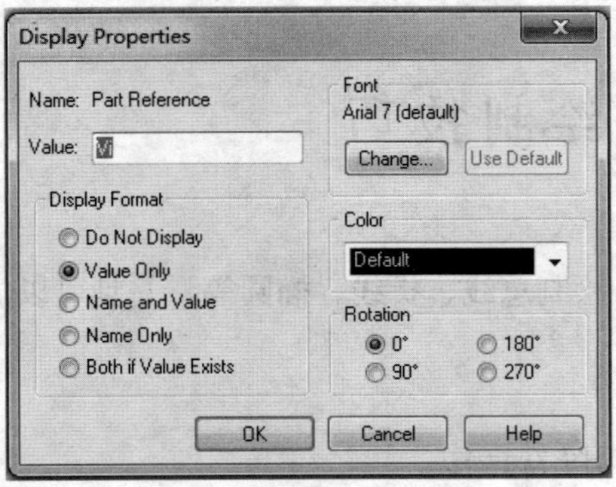

图 1-39　Display Properties 对话框

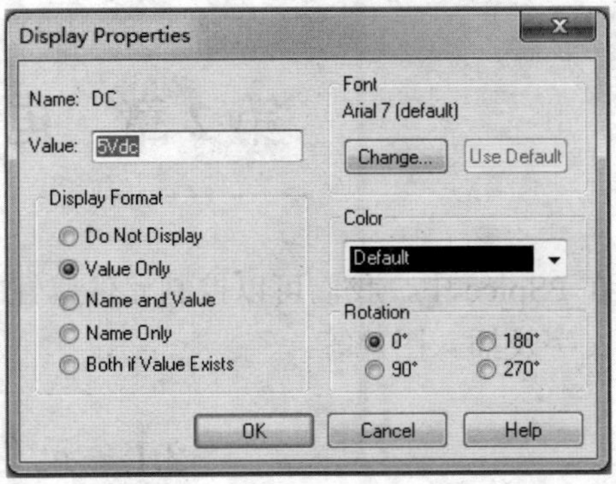

图 1-40　更改数值后

（2）逐一更改元件属性及编号之后，就可以得到如图 1-41 所示的电路图。

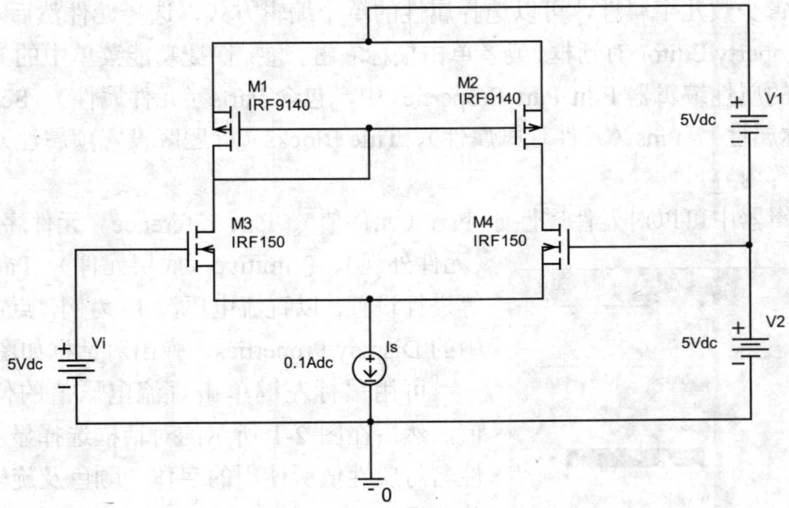

图 1-41　最终电路图

第 2 章　电路图绘制技巧

在 PSpice 中，我们可以控制元件属性的显示，绘制总线、折线、椭圆等，并且可以放置说明文字及插入图片等。

2.1　元件属性的编辑

Capture CIS 自动为每个元器件设置一个元件名和参数值，调用元件时屏幕画面上只显示该元件部分属性的设置值，且不显示其属性名称。

如果只编辑少数几个属性，可以选择属性的单个编辑方式，选择元件然后双击，出现图 1-28 所示的 Property Editor 对话框，或者单击鼠标右键，选择快捷功能菜单中的 Edit Properties 选项，在弹出的属性编辑器 Edit Part Properties 中，包含 Parts（元件属性）、Schematics Nets（网络连线名称属性）、Pins（元件管脚属性）、Title Blocks（标题区设置项属性）和 Alias（网络别名属性）等内容。

在属性编辑器中可以对元件属性如 Part（元件值）、Part reference（元件序号）、Graphic（元件外观）、Primitive（底层元件）、Package（封装）等进行设置。以直流电压源 V_1 为例，点击属性编辑器中的 Display Properties，弹出对话框如图 2-1 所示。

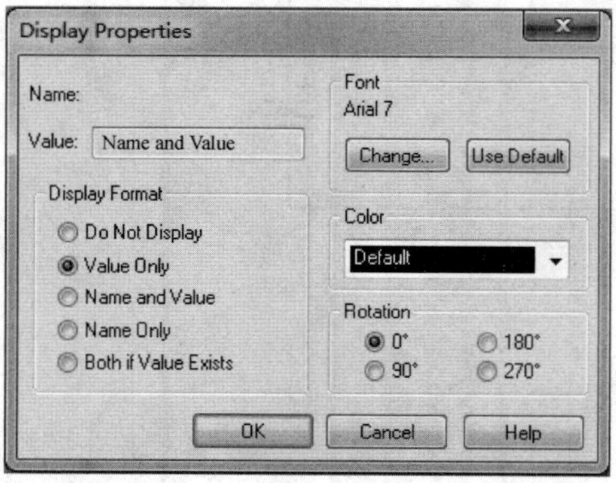

图 2-1　Display Properties 对话框

可用鼠标左键单击直流电压值的位置修改电压值，然后在图 2-1 所示的对话框选择显示形式，该属性名与属性值所使用的字体、颜色及旋转角度。此时若选择 Name and Value，那么在绘图窗口的直流电压源 V_1 元件旁，就会既显示直流电压值，又显示其属性名称。如果需要编辑的属性数量较多，可以利用属性编辑器来完成，选择 Edit→Properties 菜单，从各个属性页选择需要修改的属性，如图 2-2 所示。

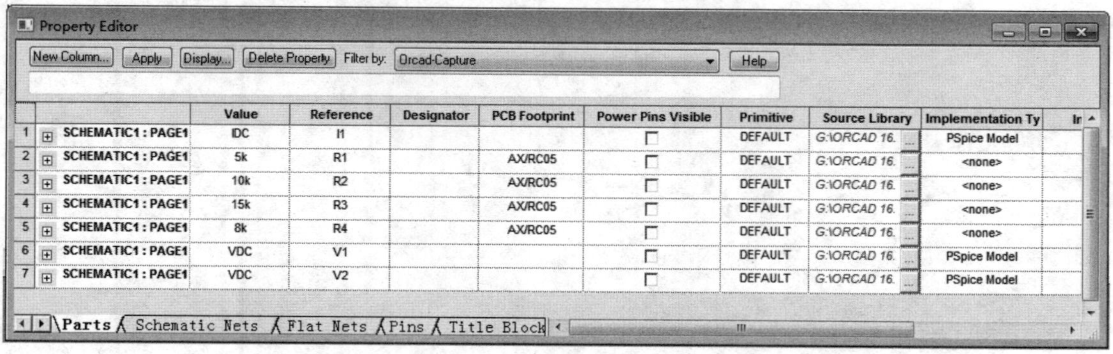

图 2-2　批量属性编辑窗口

2.2 网 络 别 名

绘制电路图时程序会自动为每条连线命名，不过它是使用序号的形式，如N00268。当某条连线需要命名为特定名称时，可调用网络别名功能。首先，使用绘图工具栏的Place\Net Alias…功能菜单或按下【N】键，弹出如图2-3所示的“Place Net Alias”对话框，输入网络别名名称（Alias）、颜色和旋转角度（Rotation），单击，Place Net Alias对话框关闭。此时，鼠标光标前会附带一个空心方框，把光标移到待命名的连线上方，单击一下鼠标左键就可以为该连线命名。若在已命名的连线上双击鼠标左键，打开其“Property Editor”对话框，就会发现在其Name栏已显示出这条连线新的名称。

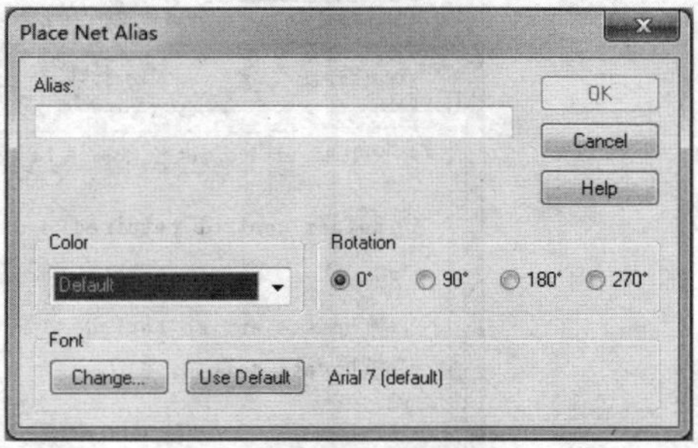

图2-3 “Place Net Alias”对话框

2.3 元件自动编号

电路图的所有元件都放置好或者连线完成后，可以对电路元件或选定电路对象进行自动编号，其操作步骤如下：

把将要操作的文件名为a1，首先打开该文件的项目管理窗口，如图2-4所示，单击按钮，弹出对话框如图2-5所示。

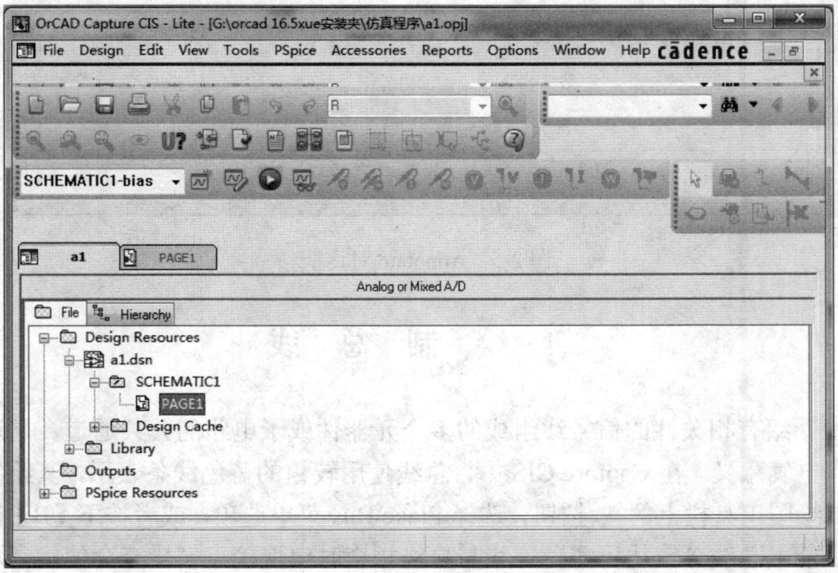

图2-4 项目管理窗口

对话框共三页，选择Packaging页，可以看到四个被线框包围的选项，其中Scope是自动编号的选项范围，可以选择Update entire design对本绘图页内所有元件进行排序；Action

是动作选项，通常选择 Incremental reference update 对元件进行排序，原来已排序的元件序号不变；Mode 是编号模式选项，OrCAD 中一个元件有两个实例（Instances 和 Occurrences），每个元件都有自己的 Occurrences，但同一类元件只有一个 Instances，在更新元件序号时，通常选择 Update Instances；Physical Packaging 是物理封装选项；Annotate 是选择编号方式。设置好选项后单击 确定 即可。

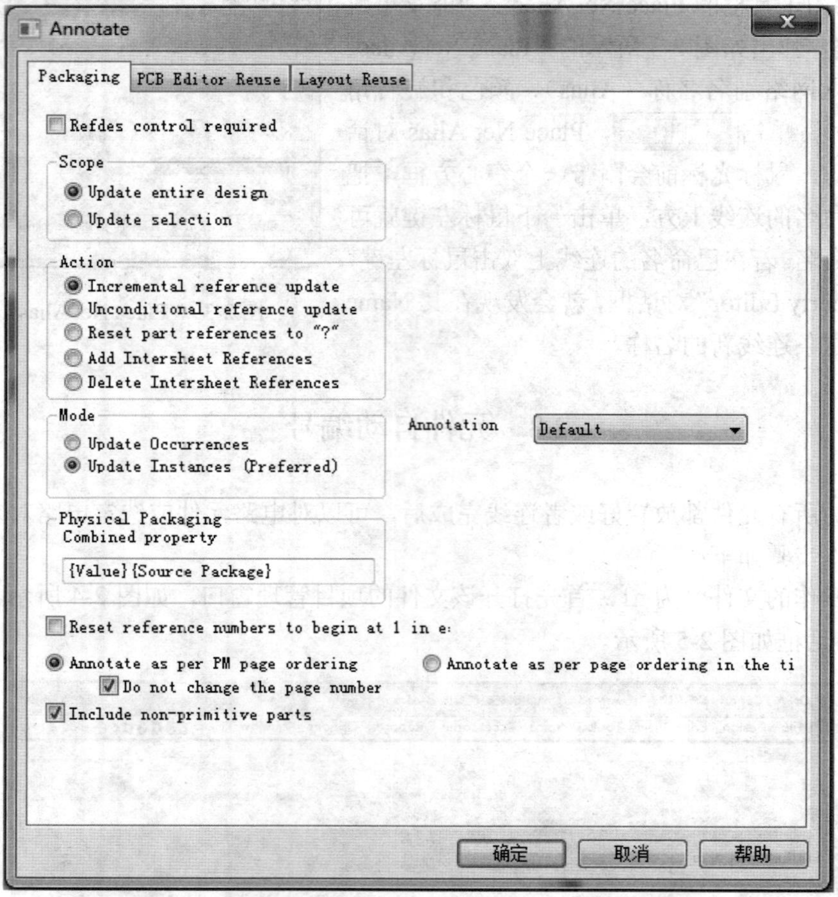

图 2-5　Annotate 对话框

2.4　绘　制　总　线

总线是由一组有相关性的信号线组成的多个元器件或子电路的公共通道，是连线的简化形式，不具有电气意义。在 Capture CIS 中，总线使用较粗的蓝色线条表示，其绘制方法和连线相似，单击绘图工具栏上的按钮，选择 Place\Bus 菜单选项，或者按下【B】键都可以打开绘制总线功能。总线分支线可避免连线与总线相交时出现接点（接点会使接到总线的所有连线短路），绘制总线分支线时，可单击绘图工具栏内图钮或选择 Place\Bus Entry 选项，或按下【E】键。同样，总线分支线也不具备实际的电气意义。总线、总线分支线与连线之间的关系如图 2-6 所示。需要注意连线可以没有名称，但是总线必须命名，一般按照“信号名称［范围］”的格式命名。

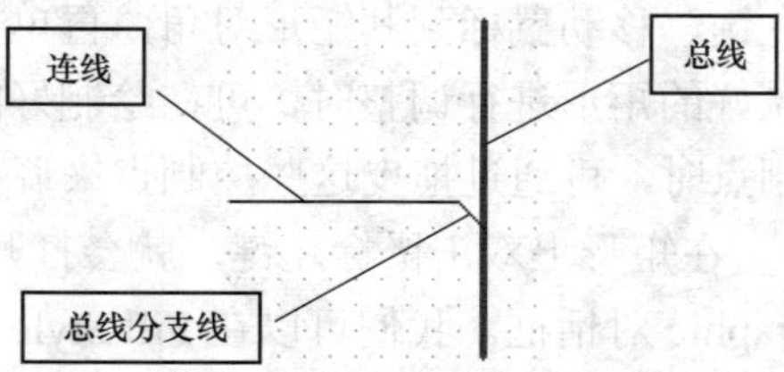

图 2-6 总线、总线分支线与连线之间的关系

2.5 绘 制 图 形

Capture CIS 为用户提供了良好的绘图功能，绘图工具栏中的按钮具有绘制直线、折线、方块、椭圆、圆弧等图形和放置说明文字的功能。

2.5.1 绘制直线

直线与连线不同，它不具备任何的电气意义，只是用它来绘制说明性的图形。

绘制直线可单击绘图窗口右侧绘图工具栏的按钮或用 Place\Line 功能选项。将十字光标移到所绘直线的一端，单击鼠标左键，移动鼠标，会出现一条随鼠标移动的预拉线，当光标到达直线的另一端时，松开鼠标左键即可。绘制完成后，可按【Esc】键回到编辑模式。

若想修改直线属性，可在直线上双击鼠标左键，打开一个如图 2-7 所示的“Edit Graphic”对话框，我们可以在 Line Style 栏内设置这条直线的形式（实线或虚线）与宽度，在 Color 栏内选择直线的颜色。

一条已绘制好的直线，可通过拖拽的方式改变其起点和终点。在直线上单击鼠标左键，直线的两端各自出现一个粉色的方框，即控制点，可通过拖曳两端的控制点来调整这条直线的起点与终点位置。

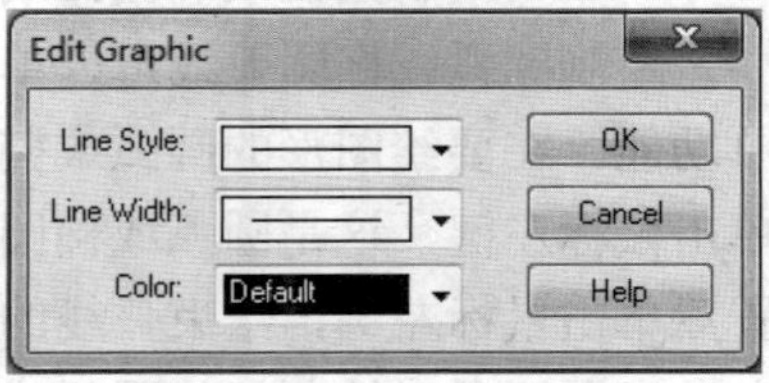

图 2-7 “Edit Graphic”对话框

2.5.2 绘制折线

折线可认为是连续绘制的直线。绘制折线可单击绘图工具栏的按钮或是使用 Place\Polyline 功能选项或按下【Y】键，当鼠标光标呈现虚线十字符号时，在一个端点处单击鼠标左键，移动鼠标到转折点处单击鼠标左键形成一条直线，然后再移动鼠标，这时会出现第二条直线的预拉线，依次移动光标到要绘制图形的其他转折点处单击鼠标左键。绘制完成后，可按【Esc】键回到编辑模式。

在画折线时，若想要绘制斜线，可在绘制的过程中按住【Shift】键。需要注意的是，由直线合成的封闭区域不能填充颜色，但使用折线绘制的封闭区域则可以填充颜色。先选取绘制好的折线封闭区域，双击鼠标左键，打开一个如图 2-8 所示的“Edit Filled Graphic”对话框，可以在 Fill Style 栏内设置填充的图案类型，在 Line Style 栏内设置折线的类型（实线或虚线）与宽度，在 Color 栏内选择填充的颜色。

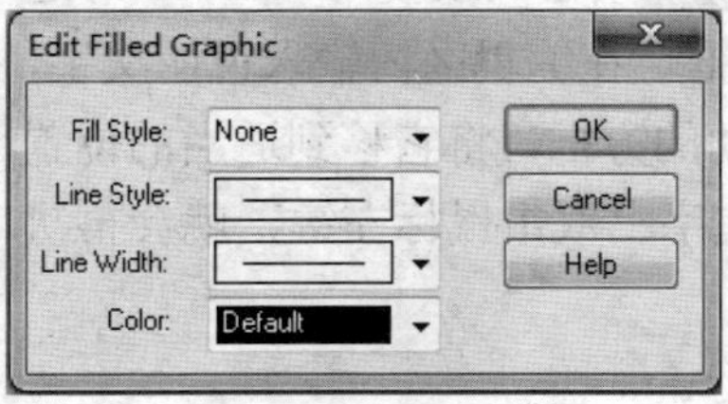

图 2-8 “Edit Filled Graphic”对话框

2.5.3 绘制矩形

绘制矩形可单击绘图工具栏的按钮或使用 Place\Rectangle 功能选项。绘制矩形时，在

要绘制矩形的一角单击鼠标左键，移动鼠标到其矩形对角，再单击一下鼠标左键，就完成了矩形的绘制。当需要对已绘制好的矩形进行调整时，可在绘制好的矩形上单击鼠标左键，在矩形的四个转折点都出现控制点时，可通过拖曳这些控制点来调整矩形的形状。

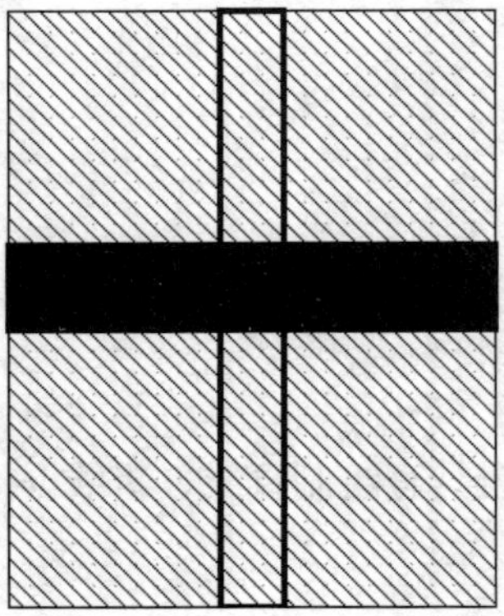

图 2-9 矩形绘制实例

在矩形上双击鼠标左键，就会打开如图 2-8 所示的 Edit Filled Graphic 对话框。我们可以在 Fill Style 栏内设置填充的图案类型，在 Line Style 栏内设置直线的类型（实线或虚线）与宽度，在 Color 栏内选择填充的颜色。矩形绘制及填充实例如图 2-9 所示。

2.5.4 绘制椭圆与圆

绘制椭圆可单击绘图工具栏的按钮或用 Place\Ellipse 功能选项，绘制椭圆时，在想要绘制椭圆的端点处单击鼠标左键，移动鼠标到所需要椭圆的对角端点处单击鼠标左键，椭圆就绘制完成。当需要对已绘制好的椭圆进行调整时，可在绘制好的椭圆上单击鼠标左键，在椭圆的通过拖曳四个端点出现的小方块来调整椭圆的形状。如果要结束绘制椭圆模式，可以单击鼠标右键，在弹出的快捷菜单中选择 End Mode 或按下 Esc 键。绘制圆可以采用同样的方法。

若在绘制好的椭圆上双击鼠标左键，也会打开前面如图 2-8 所示的 Edit Filled Graphic 对话框，我们可以在 Fill Style 栏内设置填充的图案类型，在 Line Style 栏内设置椭圆线的类型（实线或虚线）与宽度，在 Color 栏内选择填充的颜色。

2.5.5 绘制圆弧或椭圆弧线

绘制圆弧或椭圆弧线可以单击绘图工具栏的按钮，或者使用 Place\Elliptical Arc 菜单功能。在要绘图形的圆弧或椭圆弧中心处单击鼠标左键，移动鼠标，调整好弧线的半径后单击鼠标左键，这是圆弧或椭圆弧缺口的一端。将光标移到弧线缺口的另外一端，调整好位置后单击鼠标左键，结束弧线的绘制。

当需要对已绘制好的圆弧或椭圆弧弧线进行调整时，可在绘制好的弧线上单击鼠标左键，在弧线的缺口端点处将出现粉色的小方块控制点，可通过拖曳这些控制点来调整弧线的形状。

若在绘好的弧线上双击鼠标左键，也会打开前面如图 2-8 所示的 Edit Filled Graphic 对话框，可以在 Line Style 栏内设置圆弧线的类型（实线或虚线）与宽度，在 Color 栏内选择弧线的颜色。

2.5.6 放置说明文字

如果想要在绘图页上加说明文字，可以单击绘图工具栏的按钮，或使用 Place\Text 选项或按下【T】键，打开一个如图 2-10 所示的 Place Text 对话框。在编辑区内输入说明文字，单击【OK】回到绘图页窗口，此时会出现一个随鼠标光标移动的方框，将它移到适当的位置后，单击鼠标左键定位说明文字即可。如果在放置好的说明文字上双击鼠标左键，就会再次打开“Place Text”对话框以便调整属性。

在编辑区内输入多行文字时，要使用【Ctrl+Enter】键换行。

在图 2-10 中可以看到，在 Color 栏内可以选取说明文字的显示颜色，在 Rotation 栏内可以选取说明文字的显示方向，可旋转 0°、90°、180°、270°。要改变说明文字的显示字体，可按 Font 栏内的【Change】按钮，此时会打开如图 2-11 所示的“字体”对话框，可设置字体、字体式样和字体大小，若按 Font 栏内的【Use Default】按钮，将还原使用默认字体（Courier

New 7)。

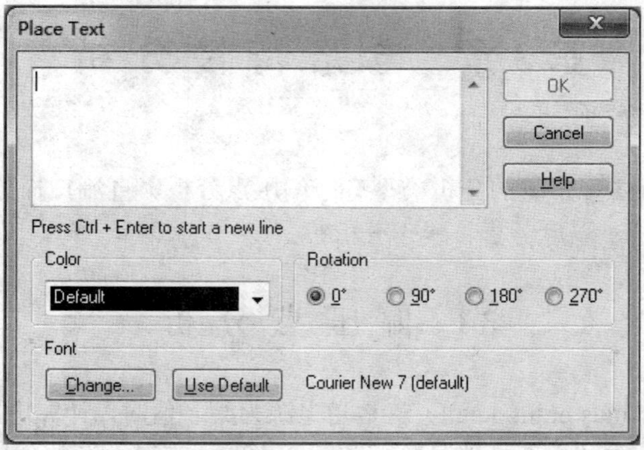

图 2-10 “Place Text”对话框

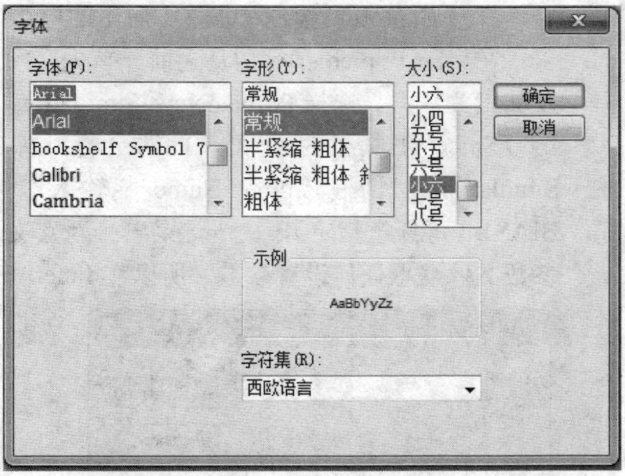

图 2-11 “字体”对话框

第3章　电路特性分析

在 OrCAD/PSpice 中，常见的分析类型有：偏压点分析、直流扫描分析、交流扫描分析、瞬态分析、傅里叶分析、温度分析、噪声分析等。

3.1　偏压点分析

所谓偏压点分析（bias point detail）就是当电源为某一值时，计算电路内各结点间的电压值与各分支的电流值。它的主要功能是验证某一个电路在直流电源的作用下，是否正常工作。

3.1.1　验证欧姆定律

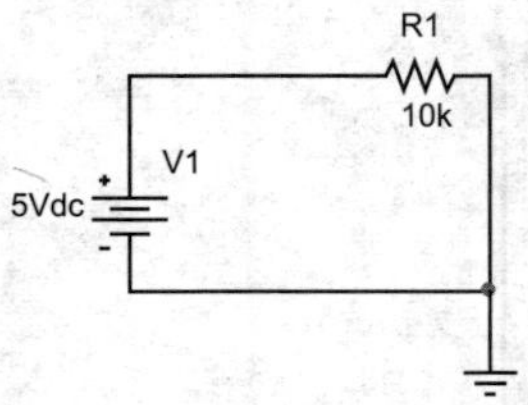

图 3-1　验证欧姆定律电路图

打开 Capture，绘制如图 3-1 所示的电路图。

在启动 PSpice 执行仿真之前，首先必须设置好执行何种仿真及其相关数据。选择 PSpice\New Simulation Profile 功能选项或单击 PSpice 工具栏的钮，此时会打开如图 3-2 所示的 New Simulation 对话框。可在 Name 栏输入本仿真参数文件的名称 BIAS1（可任意指定），由于这是一个新建文件，并不需要从别的参数文件继承任何设置参数，所以在 Inherit From 栏内设为 none。

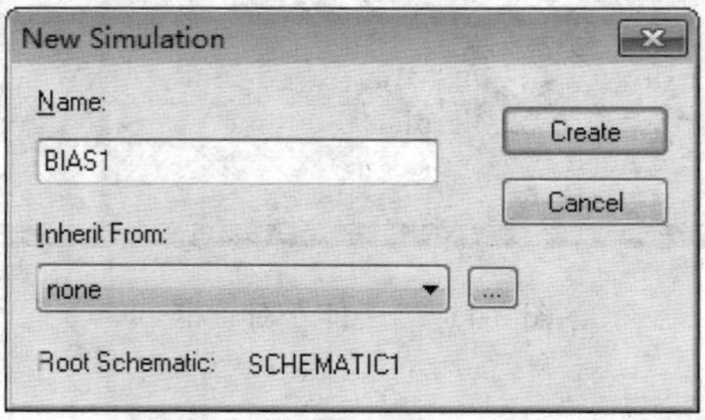

图 3-2　“New Simulation”对话框

单击【Create】按钮，打开如图 3-3 所示的 Simulation Settings-BIAS1 对话框。

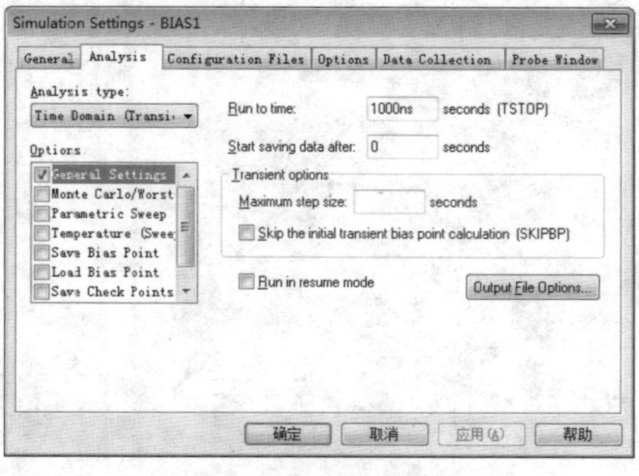

图 3-3　“Simulation Settings-BIAS1”对话框

图 3-3 是设置 PSpice 仿真参数的集成对话框，无论使用何类分析都会调出这个对话框。单击 Analysis type 栏内的▼按钮拉下列表，选择 Bias Point 选项来设置执行偏压点分析，单击【确定】按钮结束这个对话框。

设置好参数后，单击工具栏的▶按钮或 PSpice\Run 功能选项来启动 PSpice 程序执行仿真。此时会打开一个如图 3-4 所示的兼有文字编辑与波形观测功能的 PSpice 窗口。

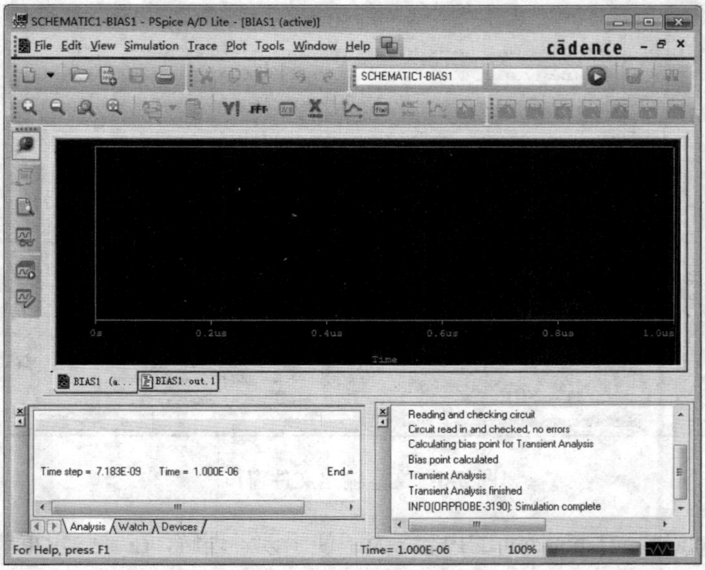

图 3-4 PSpice 窗口

PSpice 窗口中央呈现黑色的部分是输出波形区，是示波器 Probe 的主要工作区域。如果仿真过程正确，在图 3-4 右下角会出现“Simulation complete”提示，如果仿真过程有误（譬如我们现在将接地符号去掉），输出波形图区内会出现错误及警告信息，如图 3-5 所示。

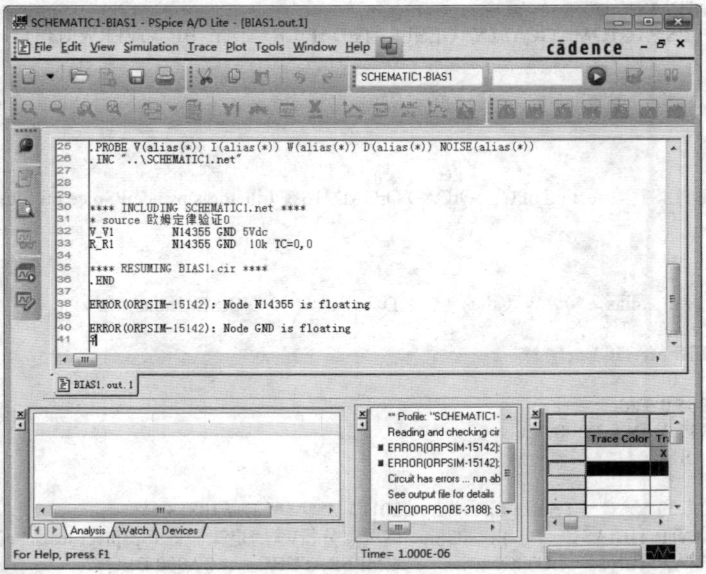

图 3-5 出现错误及警告信息

用 View\Output File 功能选项来观察执行偏压点分析后的结果，此时会出现图 3-6 所示的文本输出文件窗口，窗口内就是仿真输出文件的内容。

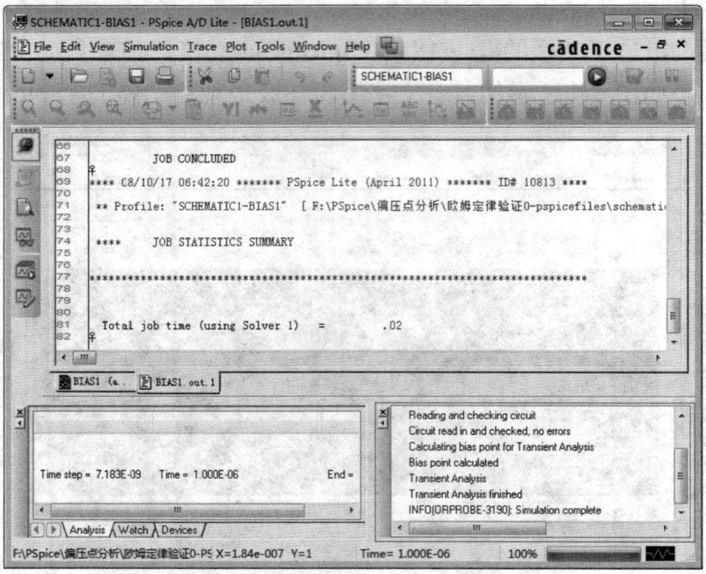

图 3-6 文本输出文件窗口

表 3-1 是 bb-schematic1-bias.out 的内容。为了便于读者理解，在一些较重要的部分直接以中文来加以标记和说明。

表 3-1 bb-schematic1-bias.out 的内容

```
**** 08/10/17 06：42：20 ******* PSpice Lite（April 2011）******* ID# 10813 ****
** Profile： "SCHEMATIC1-BIAS1"  ［ F：\PSpice\偏压点分析\欧姆定律验证 0-pspicefiles\schematic1\bias1.sim ］
****      CIRCUIT DESCRIPTION
******************************************************************************
** Creating circuit file "BIAS1.cir"
** WARNING： THIS AUTOMATICALLY GENERATED FILE MAY BE OVERWRITTEN BY SUBSEQUENT SIMULATIONS

*Libraries：
* Profile Libraries ：
* Local Libraries ：
* From ［PSPICE NETLIST］ section of C：\OrCAD\OrCAD_16.5_Lite\tools\pspice\PSpice.ini file：
.lib "nomd.lib"
*Analysis directives：
.TRAN  0 1000ns 0
.PROBE V（alias（*））I（alias（*））W（alias（*））D（alias（*））NOISE（alias（*））
.INC "..\SCHEMATIC1.net"
**** INCLUDING SCHEMATIC1.net ****
* source 欧姆定律验证 0
V_V1         N14355 0 5Vdc
R_R1         N14355 0  10k TC=0，0
**** RESUMING BIAS1.cir ****
.END
**** 08/10/17 06：42：20 ******* PSpice Lite（April 2011）******* ID# 10813 ****
** Profile： "SCHEMATIC1-BIAS1"  ［ F：\PSpice\偏压点分析\欧姆定律验证 0-pspicefiles\schematic1\bias1.sim ］
****      INITIAL TRANSIENT SOLUTION        TEMPERATURE=   27.000 DEG C
******************************************************************************
```

续表

```
NODE   VOLTAGE      NODE   VOLTAGE      NODE   VOLTAGE      NODE   VOLTAGE
(N14355)    5.0000
    VOLTAGE SOURCE CURRENTS
    NAME          CURRENT

    V_V1          -5.000E-04

    TOTAL POWER DISSIPATION    2.50E-03  WATTS
          JOB CONCLUDED

**** 08/10/17 06：42：20 ******* PSpice Lite（April 2011）******* ID# 10813 ****
** Profile：  "SCHEMATIC1-BIAS1"   [ F：\PSpice\偏压点分析\欧姆定律验证 0-pspicefiles\schematic1\bias1.sim ]
****      JOB STATISTICS SUMMARY
******************************************************************************
Total job time（using Solver 1）   =        .02
```

3.1.2 例题

【例 3-1】 由电阻和直流电压源组成的电路如图 3-7 所示，试求 R_L 两端的电压和电流。

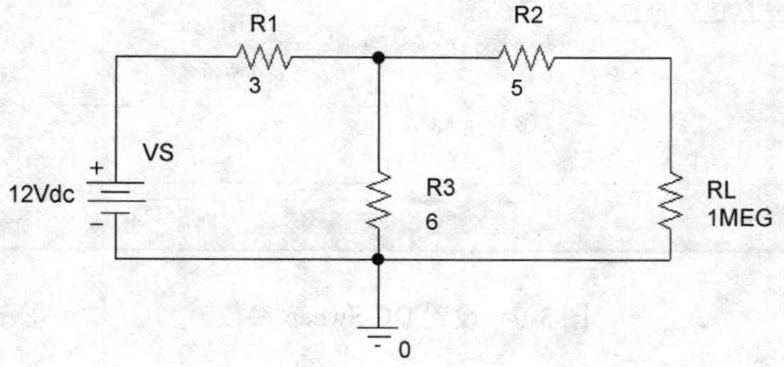

图 3-7 由电阻和直流电压源组成的电路

解 本题采用偏压点分析来解，在 RUN 后，点击 PSpice 工具栏中的 V 和 I 按钮即可，结果如图 3-8 所示。

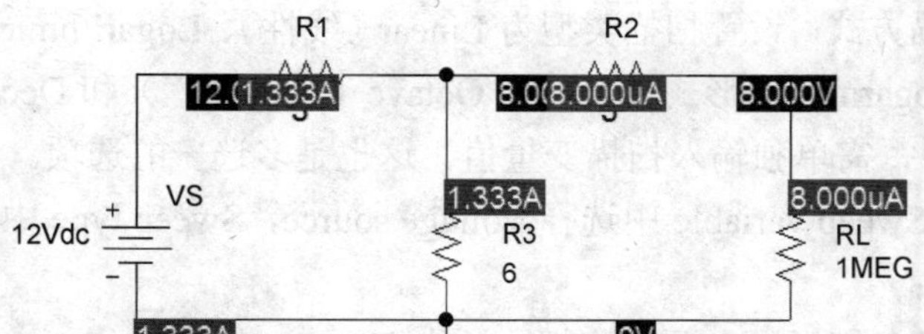

图 3-8 采用偏压点分析的结果

由图可知 R_L 两端的电压为 8V，流经 R_L 的电流为 8μA。

3.2 直流扫描分析

直流扫描分析（DC Sweep）就是当电路中某一参数（称为自变量）在一定范围内变化时，

对自变量的每一个取值计算电路的直流偏置特性（称为输出变量）。

以图 3-1 所示电路为例来说明如何设置 DC Sweep 直流扫描分析参数及仿真。打开图 3-1，然后使用 PSpice\Edit Simulation Profile 功能选项或工具栏的按钮来打开已经建好的 BIAS 仿真文件。在图 3-3 所示的“Simulation Settings-BIAS1”对话框的 Analysis type 栏内用钮拉下列表，选择 DC Sweep 选项来设置执行直流扫描分析，其参数设置页面如图 3-9 所示。

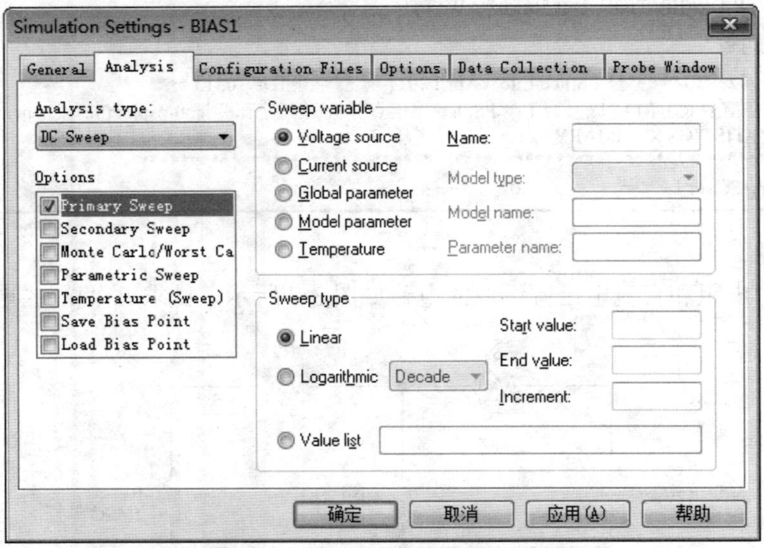

图 3-9　设置 DC Sweep 参数

各项参数说明如下：

Sweep variable：直流扫描自变量类型。可设置扫描变量为 Voltage source（电压源）、Current source（电流源）、Global parameter（全局参数）、Model parameter（模型参数）、Temperature（温度）。这是多选一的选项。

Sweep type：扫描方式。设置扫描类型为 Linear（线性）、Logarithmic（对数）或 Value list（数值列表）。其中 Logarithmic 形式又可分为 Octave（二倍频程）和 Decade（十倍频程）。如果选择 Value list 类型，需单独输入扫描变量值。这也是多选一的选项。

在图 3-9 中，在 Sweep variable 中选择 Voltage source，Sweep type 中选择 Linear，其中的参数说明及设置如下：

Name：扫描变量名称（与电源名称相同，为 V_i）。

Start value：　参数线性变化或以对数变化时分析的起始值，设为 0V。

End value：　参数线性变化或以对数变化时分析的终止值，设为 5V。

Increment：　参数线性变化时的增量，设为 0.1V（当 Sweep type 中选择 Logarithmic 时，此处为 Points/Decade、Points/Octave，是以对数变化时倍频的采样点）。

设置完毕后，单击【确定】按钮退出 Simulation Settings-BIAS 对话框。用 File\Save 功能选项或工具栏的钮或快捷键【Ctrl+S】存档后，单击 PSpice 工具栏的钮或 PSpice\Run 功能选项进行仿真，此时会自动打开一个如图 3-10 所示的 Probe（示波器）窗口（在执行直流扫描分析之前，PSpice 一定会在后台先执行一次偏压点分析）。

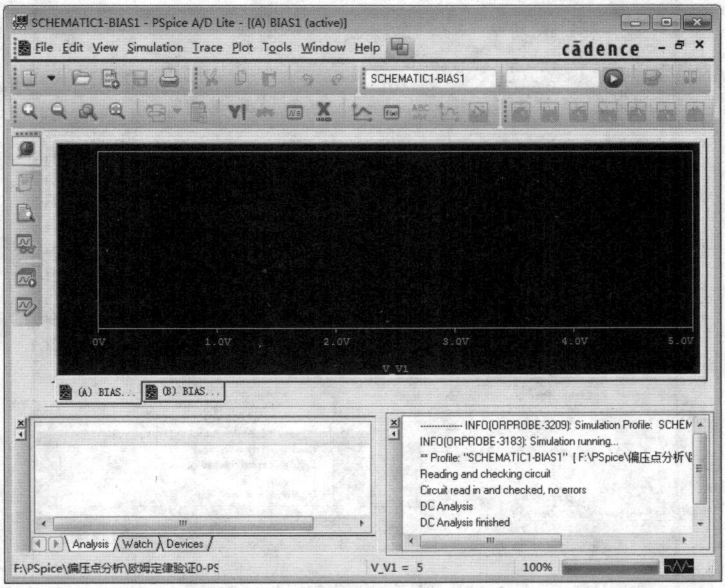

图 3-10 Probe 窗口

可以看到输出波形区内出现一个仅有横轴与纵轴的空图，横轴变量就是前面设置的扫描变量 V_i，坐标值默认为 0～6V，也可设置显示为 0～5V，纵轴变量则等待着选择。若想观察仿真结果，选择 Trace\Add Trace...或快捷图钮，就会打开如图 3-11 所示的 Add Traces 对话框。

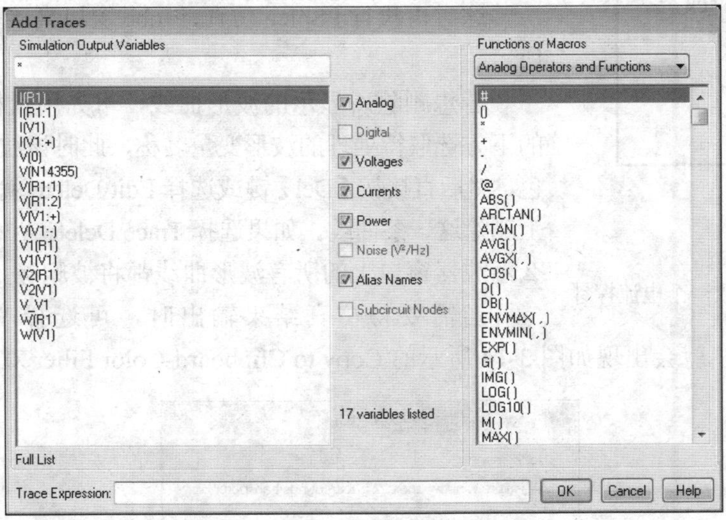

图 3-11 “Add Traces”窗口

如果以流经 R_1 的电流作为输出，观察其虽 V_i 如何变化，可在 Add Traces 对话框左边 Simulation Output Variables 栏内的“I（R1）”处单击鼠标左键，这样在窗口下方的 Trace Expression 栏处就会出现“I（R1）”的字样（也可以直接在 Trace Expression 栏处用键盘输入 I（R1）字样）。选择输出变量 I（R1）后，单击【OK】按钮退出 Add Traces 窗口。这时的 PSpice 窗口的输出波形区如图 3-12 所示。

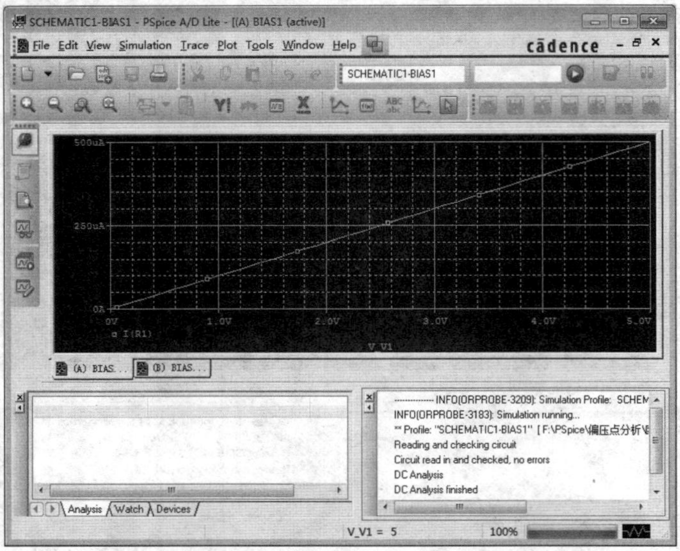

图 3-12 显示波形的 Probe 窗口

由图 3-12 可知，流过电阻的电流和电阻两端的电压成正比，符合欧姆定律。

还有一种显示波形的方法就是在 Capture 窗口用放探针的方式，此方式可直接显示波形。在 Capture 窗口内选择 PSpice\Markers\Current into Pin 或快捷图钮，此时会出现电流探针的符号，将其放入电路图中，如图 3-13 所示（注意，电流探针必须放在元件管脚端点上，不能放在连线上）。

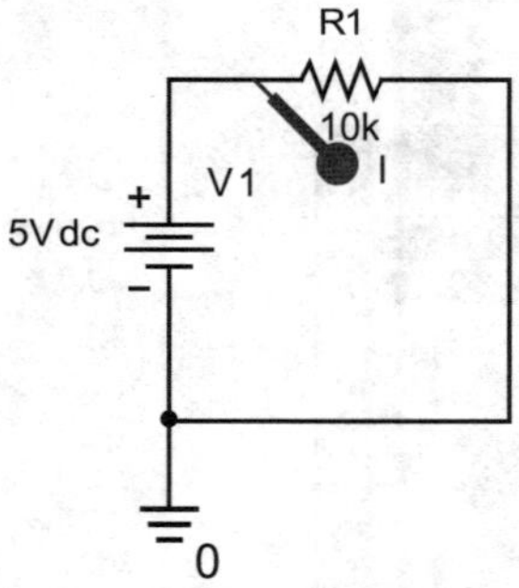

图 3-13 电路图上放一个电流探针

这时再执行 PSpice 仿真，Probe 窗口直接显示为如图 3-12 所示。

若想删除所显示的波形曲线，可先用鼠标在波形显示区的下方选取待处理的波形变量名称，此时该波形变量会变为红色，然后直接按【Del】键或选择 Edit\Delete 就可在示波器窗口上删除这一条曲线。如果选择 Trace\Delete All Traces 选项，那么示波器窗口上的所有波形曲线都将被删除。

当需要将仿真结果输出时，可选择 Window\Copy to Clipboard...选项，就会出现如图 3-14 所示的 Copy to Clipboard-Color Filter 对话框。

图 3-14 “Copy to Clipboard-Color Filter”对话框

如图 3-14 设置好选项后按【OK】按钮即可将目前工作窗口内的波形输出显示送至剪贴板内，以待进一步处理。也可按键盘右上方的【Print Screen】键，将目前电脑屏幕所显示的画面送至剪贴板内，同样可由附件中的画图板或其他图形处理程序进行处理。

3.3 交流扫描分析

交流扫描分析（AC Sweep）是针对电路性能因信号频率变化所作的频域分析，作用是计算电路的交流小信号频率响应特性（包括幅频和相频响应）。

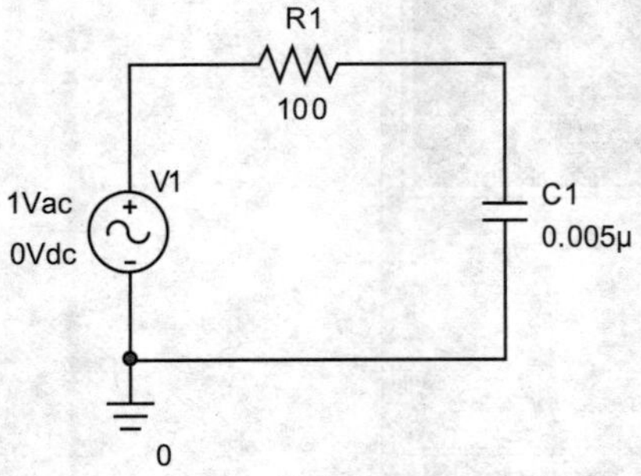

图 3-15　RC 电路

3.3.1　交流扫描分析参数设置及仿真

以一个简单的 RC 电路为例来说明如何进行交流扫描分析，电路如图 3-15 所示，其中电压源 V_1 的符号名称为 Vac（若要进行 AC Sweep，必须包含 AC 激励源），其参数 V_1=1V，此时幅值为 1V；幅角为 0°（缺省值）。

选择 PSpice\New Simulation Profile 选项或图钮，在 Name 栏输入该仿真参数文件的名称，例如 AC_SWEEP。点击【Create】按钮，出现如图 3-16 所示的 Simulation Settings-AC_SWEEP 对话框。

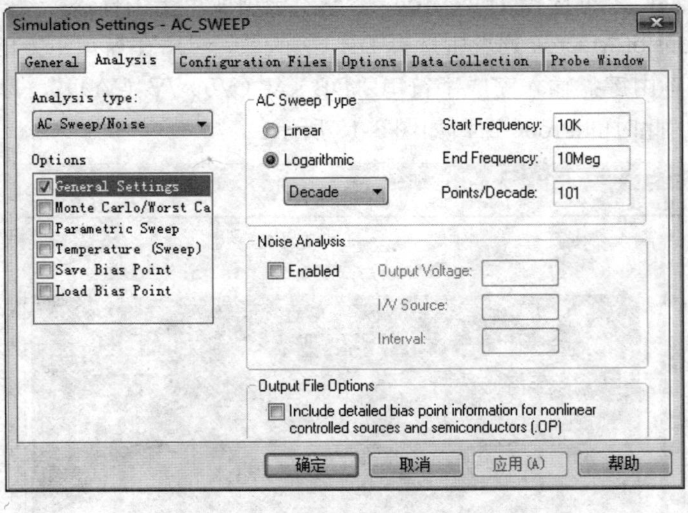

图 3-16　Simulation Settings-AC_SWEEP 对话框

在图 3-16 中的 Analysis type 栏内选择 AC Sweep/Noise 选项，其 AC Sweep Type 栏内的各项参数设置如下：

Logarthmic：Decade（以十倍频方式扫描）；

Start Frequency（起始频率）：10k；

End Frequency（终止频率）：10Meg（在分析设置中 m 与 M 均表示 10^{-3}，10^6 则用 Meg 表示，大小写无关；但在 Probe 窗口内处理波形数据时 m 代表 10^{-3}，而 M 或 Meg 则代表 10^6）；

Points/Decade（表示每十倍频所计算的点数）：101。

单击【确定】按钮退出 Simulation Settings-AC_SWEEP 对话框。此时单击 PSpice 工具栏

的![]钮或 PSpice\Run 功能选项启动 PSpice 程序执行仿真。屏幕上会自动打开一个如图 3-17 所示的 Probe 窗口。

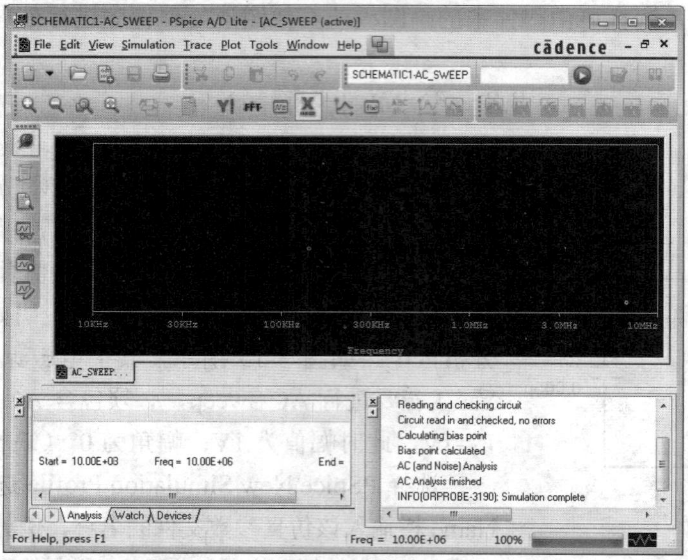

图 3-17 交流扫描分析的 Probe 窗口

若想观察幅频特性，可选择 Trace\Add Trace...选项或单击图标![]，在出现的 Add Trace 对话框右侧 Functions or Macros 列表中选择 DB（）函数，然后在窗口下方的 Trace Expression 栏内用鼠标选择或者由键盘输入完成字符串“DB（V（V0）/V（Vi））”，单击【OK】按钮退出 Add Trace 窗口，此时的 Probe 窗口如图 3-18 所示。

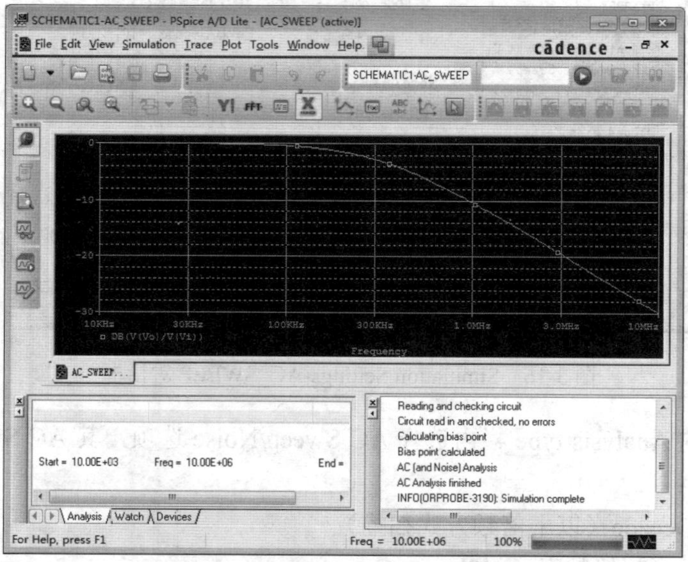

图 3-18 RC 电路的幅频特性图

如果想在同一波形图上显示二种不同的输出波形，二者可能因为波形大小相差太多或因为它们的单位完全不同，以至于显示的结果不理想，这时就必须让每个波形各自对应一条 Y 轴。所以若想在图 3-18 的波形窗口内再显示出其相频特性，可使用 Plot\Add Y Axis 选项（或按【Ctrl+Y】键）就可以添加另一个 Y 轴。然后打开 Add Traces 对话框，在 Trace Expression 栏处输入 P（V（V0）/V（Vi）），单击【OK】按钮退出 Add Traces 窗口，此时 Probe 窗口如图 3-19 所示。

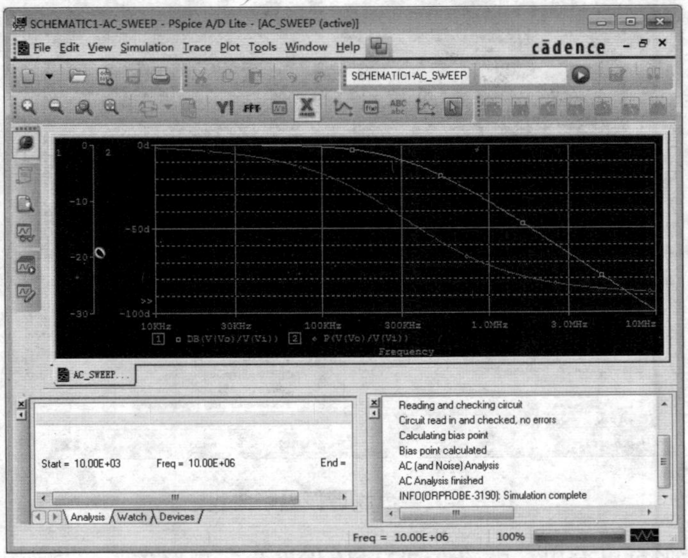

图 3-19 增加一个 Y 轴以显示相频特性

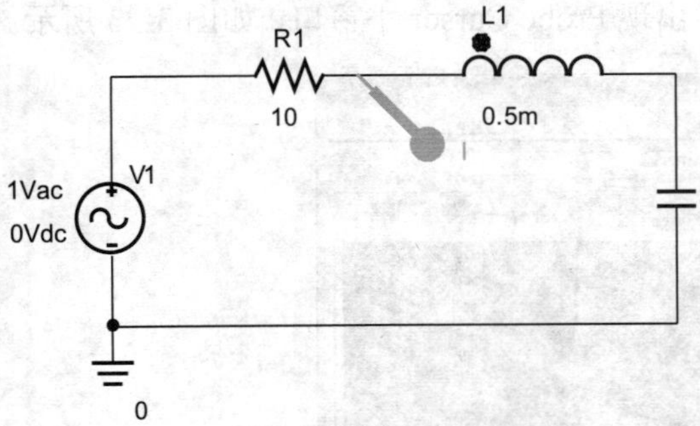

图 3-20 RLC 串联仿真电路图

若想删除 Y 轴坐标，可先用鼠标选择欲删除的 Y 轴，符号“>>”会移到此 Y 轴旁，然后选择 Plot\Delete Y Axis 选项或按【Ctrl+Shift+Y】即可删除 Y 轴。

3.3.2 例题

【例 3-2】 RLC 串联电路如图 3-20 所示，试分析该电路电流的频率响应特性。

解 仿真文件名设为 bias，交流分析 bias 参数设置如 3-21 所示。

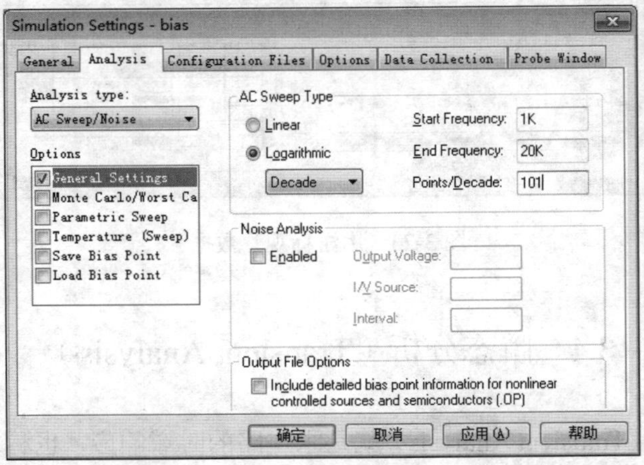

图 3-21 AC_SWEEP1 交流分析参数设置

执行 PSpice 程序，电流 I（R_1）与信号源 V_1 的频率关系曲线如图 3-22 所示。

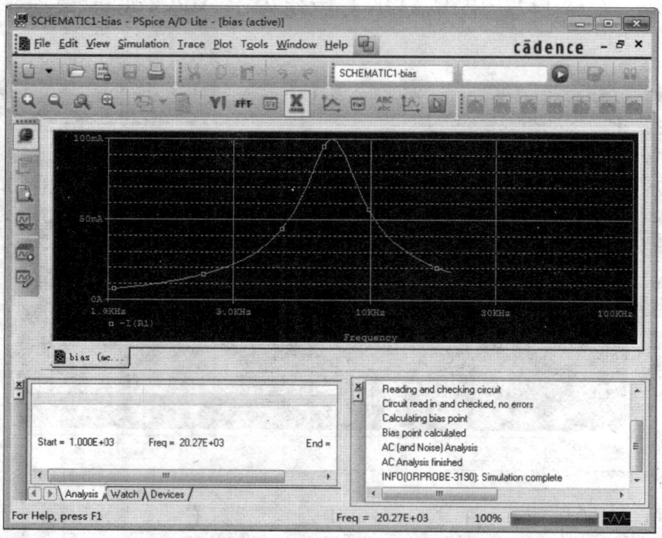

图 3-22 串联谐振电路曲线

从图 3-22 的波形可以看出，电流在 7kHz 附近发生了串联谐振，谐振电流值为 100mA。

若想从波形图中得到精确的数值关系可借助游标功能。选择 Trace\Cursor\Peak 功能选项或单击图形窗口上方的图钮，就会在图 3-22 中出现 Probe Cursor 小窗口，如图 3-23 所示。

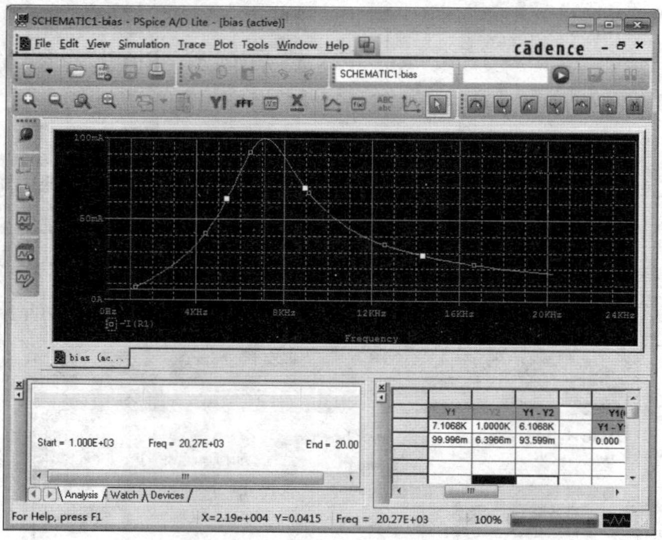

图 3-23 用游标观察数据

3.4 瞬态分析（Transient Analysis）

电路的瞬态分析（Transient Analysis）就是求电路的时域响应，也称为时域扫描。它可对大信号非线性电子电路进行分析，可以在给定激励信号情况下求电路输入端的时间响应、延迟特性；也可以在没有任何激励信号的情况下，仅由电路中储能元件（如 L 和 C）存储的电磁场能量作用下求振荡波形、振荡周期。

3.4.1 瞬态分析常用独立源

做瞬态分析时，常用的有以下 5 种独立源：

（1）脉冲波 VPULSE、IPULSE。其参数说明见表 3-2。

表 3-2 脉冲源 VPULSE、IPULSE 参数说明

参数	含义	单位
V_1 或 I_1	初始值	V 或 A
V_2 或 I_2	脉动值（幅值）	V 或 A
TD	延迟时间	s
TR	上升（沿）时间	s
TF	下降（沿）时间	s
PW	脉冲宽度	s
PER	周期	s

（2）正弦电源 VSIN、ISIN。其参数说明见表 3-3。

表 3-3 正弦电源 VSIN、ISIN 参数说明

参数	含义	单位
V_{OFF} 或 I_{OFF}	直流偏移电压/电流	V 或 A
V_{AMPL} 或 I_{AMPL}	振幅	V 或 A
F_{REP}	频率	Hz
TD	延迟时间	s
DF	阻尼系数	1/s
PHASE	相位延迟	度（°）

（3）指数源 VEXP 或 IEXP。其参数说明见表 3-4。

表 3-4 指数源 VEXP 或 IEXP 参数说明

参数	含义	单位
V_1 或 I_1	初始值	V 或 A
V_2 或 I_2	脉动值（幅值）	V 或 A
TD1	上升延迟时间	s
TC1	上升时间常数	s
TD2	下降延迟时间	s
TC2	下降时间常数	s

（4）分段线性源 VPWL 或 IPWL。对分段线性源来说，每对值（T_1，V_1 或 I_1）确定了时间 $t = T_1$ 时分段线性波形的值 V_1，中间值用线性插值方法来确定。例如设定参数如下：$t_1 = 0s$，

$V_1 = 1V$，$t_2 = 10ns$，$V_2 = 2V$，$t_3 = 15ns$，$V_3 = 2V$，$t_4 = 20ns$，$V_4 = 4V$，$t_5 = 25ns$，$V_5 = 0V$，可得如图 3-24 所示波形。

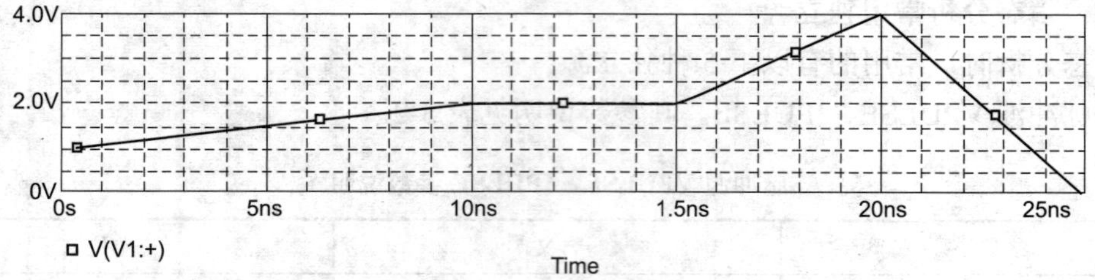

图 3-24 分段线性电源波形

（5）周期性折线源 VPWL_ENH 和 IPWL_ENH。其参数的设置见表 3-5，该电源实际上是分段线性源的一个简化。

表 3-5 周期性折线源参数的设置

参数	含义	单位
T_{SF}	时间基准值	s
V_{SF} 或 I_{SF}	电压或电流基准值	V 或 A
FIRST_nPAIRS	转折点的坐标对	无
SECOND_nPAIRS	转折点的坐标对	无
THIRD_ nPAIRS	转折点的坐标对	无
REPEAT_VALUE	重复次数	次数

例如设定参数如下：T_{SF} =0.5s，V_{SF} =5V，坐标对为（0，−1）、（1，1）、（2，−1），REPEAT_VALUE=3，可得如图 3-25 所示的波形。

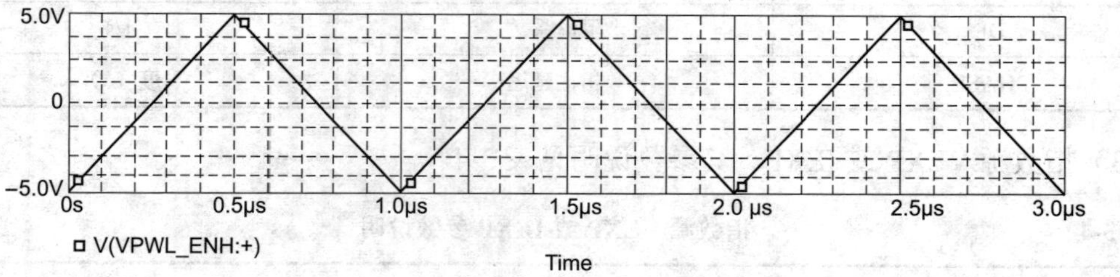

图 3-25 周期性折线电源波形

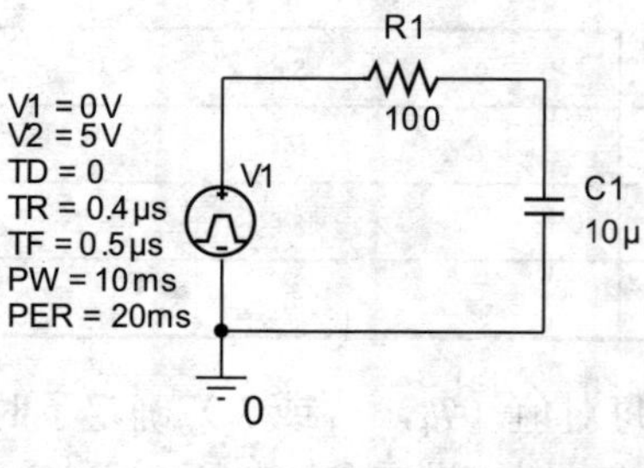

图 3-26 带有 VPULSE 电压源的电路图

3.4.2 瞬态分析参数设置

进入到 Capture 绘图窗口中，绘出如图 3-26 所示的电路图，其中电压源（VPULSE）的元件编号及其设置值均标于图内。

选择 PSpice\New Simulation Profile 功能选项或单击 PSpice 工具栏的按钮，打开 New Simulation 对话框，在 Name 栏输入本仿真参数文件的名称 ti，在 Inherit From 栏内设为 none，点击 Create 按钮，将会打开一个如

图 3-27 所示的 Simulation Settings-ti 对话框。

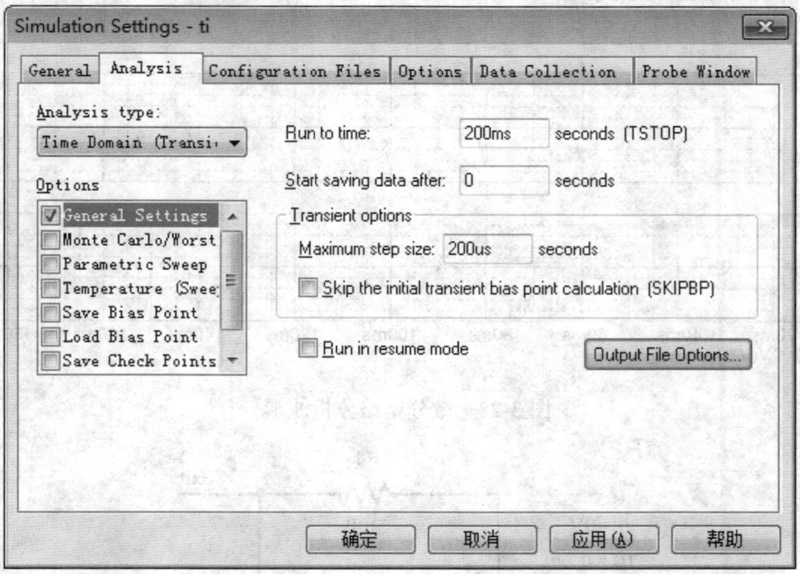

图 3-27 "Simulation Settings-ti"对话框

在 Analysis 页的 Analysis type 栏内用按钮拉下列表，选择 Time Domain（Transient）选项来设置瞬态分析参数值。Time Domain（Transient）Analysis 各项参数设置说明见表 3-6。

表 3-6　　Simulation Settings-ti 对话框的各项目设置说明

Run to Time：瞬态分析的终止时间，设为 200ms。 Start saving data after：表示瞬态分析文件或波形输出的起始时间，此处设为 0。 Maximum step size：设置各记录点间的时间间隔。PSpice 在执行模拟信号的瞬态分析时，会使用自定义的内部时间间隔来计算，但使用这种方式产生的信号波形有时会不够平滑，这时可通过设置本参数，强制使 PSpice 以此设置值作为内部时间间隔。一般而言，在屏幕为 800×600 分辨率时，这个值最好设为 Run to Time 参数的 1/1000 较适宜，此处设为 200μs。 Skip the initial transient bias point calculation：此项如果被选中，将跳过起始瞬态偏压点分析。单击 Output File Options... 按钮将会打开一个 Transient Output File Options 对话框，可在 Print values in the output file every 栏内设置每隔多少时间才将一个记录点数据存入文本输出文件内。

设置完毕后，选择【确定】按钮退出 Simulation Settings-ti 对话框。对该项目进行存档，并单击按钮或选择 PSpice\Run 选项来启动 PSpice 程序执行仿真。屏幕上会自动打开 Probe 窗口。

若想在同一画面、不同窗口中观察波形，可使用增加窗口命令。选择"Plot"命令，2 次选用"Add Plot to Window"命令，就会出现尚未添加波形的 3 个窗口（如图 3-28 所示）。

执行 PSpice 分析程序，电路的时间常数 $\tau = RC = 100\times10\times10^{-6}\mathrm{s} = 1\mathrm{ms}$，而矩形输入脉冲的周期是 20ms，因此该 *RC* 电路为微分电路，输出的电压波形仍是矩形波，而电流波形是一个尖顶波，如图 3-28 所示。

◆ 思考：当 $R_1 \geqslant 2\mathrm{k}\Omega$时，输出电压和电流波形有何变化？

3.4.3　例题分析

图 3-29 是一个简单的 *RC* 电路，试分析其在脉冲信号作用下的输出瞬态响应。

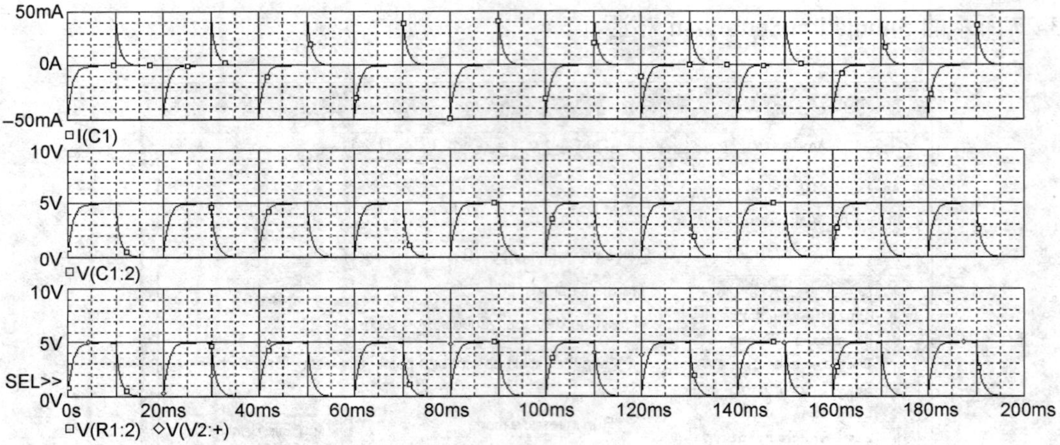

图 3-28　微分电路分析波形

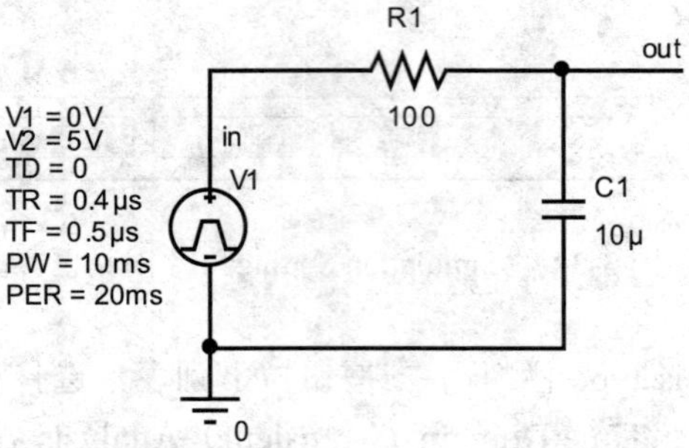

图 3-29　*RC* 电路图

脉冲信号的参数设置如图 3-30 所示。瞬态分析的参数设置为：Run to time=1000ns，Start saving data after=0，Maximum step size=1n。

Probe 模块显示的输入和输出信号波形如图 3-30 所示。

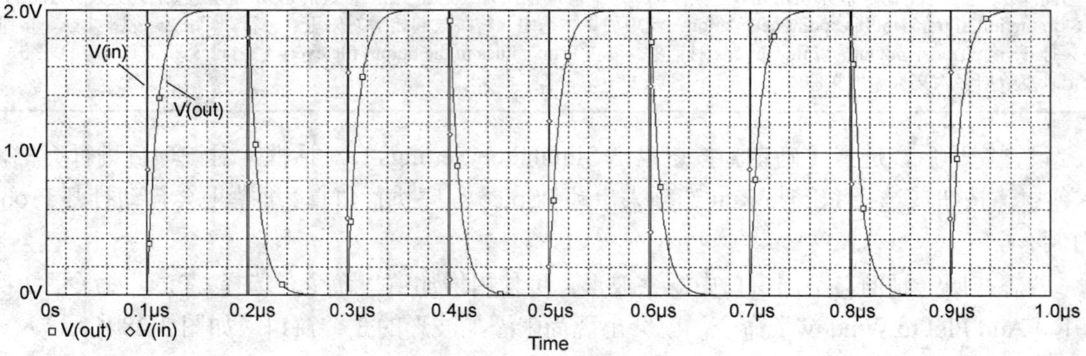

图 3-30　*RC* 电路瞬态分析波形

3.5　傅 里 叶 分 析

傅里叶分析（Fourier Analysis）的作用是在瞬态分析完成后，通过傅里叶积分来计算瞬态分析输出结果波形的直流、基波和各次谐波分量。

以 3.4 节中图 3-20 为例，当瞬态分析完成后，若要进行傅里叶分析（每次瞬态分析后不一定都进行傅里叶分析），需先在图 3-21 中选择 Output File Options... 按钮，此时出现如图 3-31 所示设置框。

选中 Perform Fourier Analysis 选项，进行傅里叶分析参数设置：

（1）Center Frequency：指定傅里叶分析中采用的基波频率，瞬态分析结束时间不能小于傅里叶分析确定的基波周期。

（2）Number of Harmonics：确定傅里叶分析要计算到几次谐波，PSpice 的默认值是计算直流分量及从基波一直到 9 次谐波。

（3）Output Variables：确定进行傅里叶分析的输出变量名。

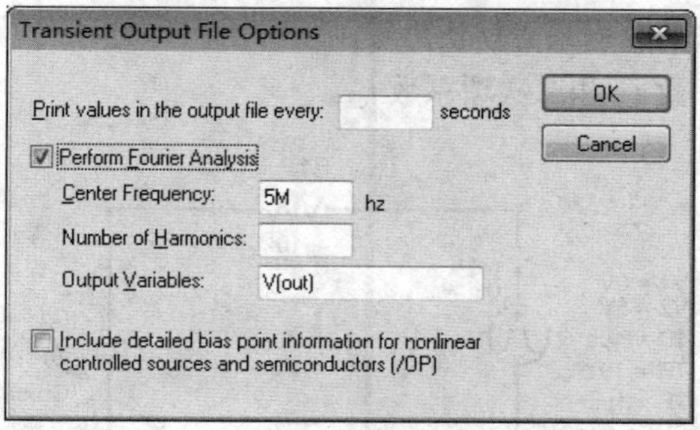

图 3-31　输出文件中的内容设置

此次傅里叶分析的参数设置如图3-31所示，分析结果自动直接存入输出文件中，见表3-7。

表 3-7　　傅里叶分析结果

****

FOURIER COMPONENTS OF TRANSIENT RESPONSE V（OUT）

DC COMPONENT=　2.500000E-03

HARMONIC NO	FREQUENCY （HZ）	FOURIER COMPONENT	NORMALIZED COMPONENT	PHASE （DEG）	NORMALIZED PHASE（DEG）
1	5.000E-03	5.000E-03	1.000E+00	8.981E+01	0.000E+00
2	1.000E-02	5.000E-03	1.000E+00	8.963E+01	-9.000E+01
3	1.500E-02	5.000E-03	1.000E+00	8.944E+01	-1.800E+02
4	2.000E-02	5.000E-03	1.000E+00	8.926E+01	-2.700E+02
5	2.500E-02	5.000E-03	1.000E+00	8.907E+01	-3.600E+02
6	3.000E-02	5.000E-03	9.999E-01	8.889E+01	-4.500E+02
7	3.500E-02	5.000E-03	9.999E-01	8.870E+01	-5.400E+02
8	4.000E-02	5.000E-03	9.999E-01	8.852E+01	-6.300E+02
9	4.500E-02	4.999E-03	9.999E-01	8.833E+01	-7.200E+02

TOTAL HARMONIC DISTORTION=　2.828274E+02 PERCENT

3.6 温度分析

3.6.1 功能

温度分析（Temperature Analysis）是在不同温度下分析电路特性的变化。在前面几节的范例中，我们默认所使用元件的工作温度为室温 27℃。但实际上电子元件的值受温度影响而改变，所以在电路仿真中应加入温度的考虑。

对于电子元件参数值受温度影响的情况，一般是以温度系数来描述。温度系数并不是一个固定不变的常数值，可用一个函数来表示。如果电子元件的参数值受温度上升而变大，我们称它具有正温度系数效应；如果电子元件的参数值受温度上升而变小，我们称它具有负温度系数效应。

PSpice 内建元件库中的电阻（R）、电容（C）和电感（L），其元件值并不受温度变化的影响。也就是说这三个基本元件无法设置温度系数，所以要作温度分析的电路必须改用具有温度系数的元件，它们分别是电阻（Rbreak）、电容（Cbreak）、电感（Lbreak）。这三个元件的温度系数默认为零，但可由用户另外设置，而且可以设置两个温度系数，分别是一次项系数 t_{c1} 和二次项系数 t_{c2}。

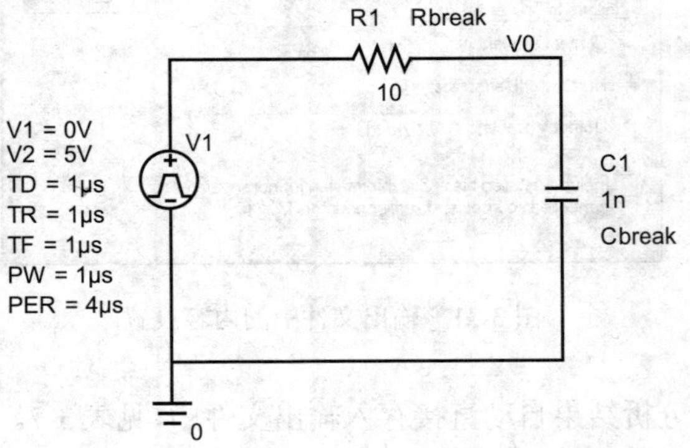

图 3-32　RC 充放电电路图

3.6.2　参数设置

绘制如图 3-32 所示的电路图，其中电压源 V_1 的元件编号为 VPULSE，Rbreak 和 Cbreak 元件定义于 Breakout.olb 元件库内。

首先说明如何设置电阻、电容的温度系数。首先在 Rbreak 元件上单击鼠标左键，然后选择 Edit\PSpice Model 选项，打开如图 3-33 所示的 Model Editor 窗口，如图键入 t_{c1}=0.01 t_{c2}=0.02。窗口参数意义如下：

（1）R 表示电阻值的倍数值，一般设为 1。

（2）t_{c1} 表示一次项温度系数，设为 0.01。

（3）t_{c2} 表示二次项温度系数，设为 0.02。

等效电阻值=设置电阻值×R×［$1+t_{c1}\times(T-T_{\text{nom}})+t_{c2}\times(T-T_{\text{nom}})^2$］，其中，$T$ 为该次仿真时的工作环境温度；T_{nom} 为默认的工作环境温度，一般为 27℃。

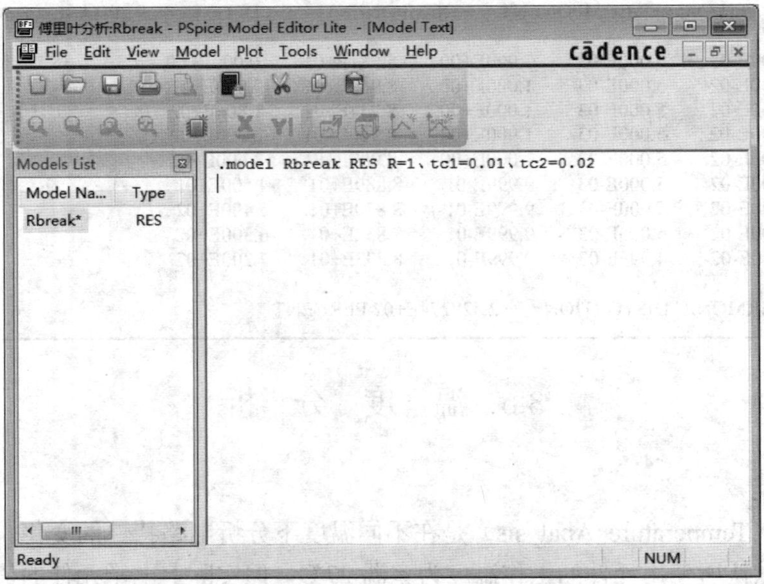

图 3-33 “Model Editor”窗口

同样在 Cbreak 的 Model Editor 窗口内输入 t_{c1}=0.02、t_{c2}=0.05。

在 Rbreak 和 Cbreak 元件的温度系数设置完毕后，可设置温度分析参数。在 3.4 节的基础之上，令 PSpice 同时完成瞬态分析和温度分析。瞬态分析参数设置为：Run to time=6μs，Maximum step size=6ns；再将 Options 栏内的 Temperature（Sweep）选项选中，此时 Simulation Settings 对话框右侧会出现两个选择，如图 3-34 所示。如果选中 Run the simulation temperature 选项，PSpice 将只在选项右方空白栏内所设置的温度环境下执行仿真；如果选中 Repeat the simulation for each of the temperature 选项，PSpice 将在选项下方空白栏内所设置的每个温度环境下执行一次仿真。本例输入如图 3-34 所示的 30、35、40℃这三个温度值。

现已设置在 30、35、40℃这三个温度下各完成一次瞬态分析，瞬态分析由 0s 开始，直到 6μs，每隔 6ns 记录一点。执行仿真，由于设置了温度分析，所以，要观察何种温度下的瞬态分析，只要在 Probe 窗口打开前选择温度即可。

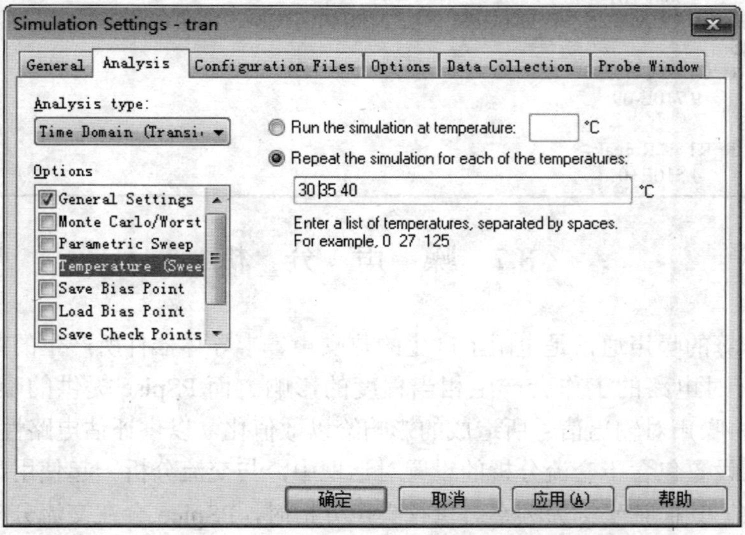

图 3-34 Temperature Analysis 的设置

可根据需要选择想观测的温度，默认为全选状态。现在单击 OK 按钮，要求显示所有设置过的温度分析，此时打开一个显示瞬态分析结果的 Probe 窗口空图，要观察图 3-32 中 V_0 处的电压值，所以选择 V（V_0），此时 Probe 窗口如图 3-35 所示。

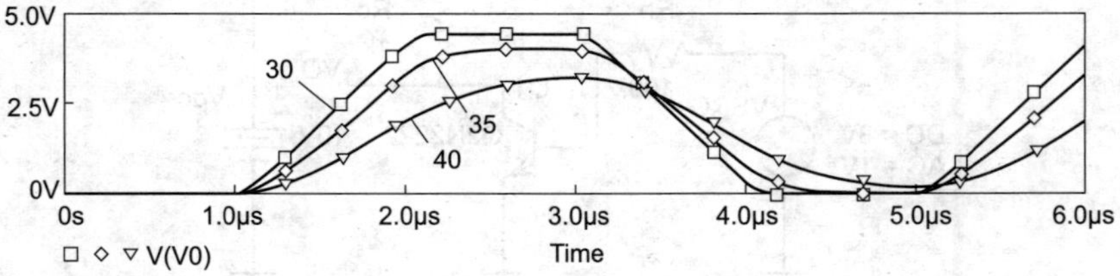

图 3-35 温度分析结果

由图 3-35 可以看出温度越高，输出的波形失真度越大，这是因为所键入的 R、C 温度系数均为正值。也就是说，温度越高，R、C 值就越大，波形失真就越明显。R、C 值因温度而改变的值见表 3-8。

表 3-8 **文本输出文件的部分结果**

```
****     TEMPERATURE-ADJUSTED VALUES        TEMPERATURE=    30.000 DEG C
 **** CAPACITORS
              C_C1  <Cbreak>
         C          1.510E-09
 **** RESISTORS
              R_R1  <Rbreak>
         R          1.210E+01
****     TEMPERATURE-ADJUSTED VALUES        TEMPERATURE=    35.000 DEG C
 **** CAPACITORS
              C_C1  <Cbreak>
         C          4.360E-09
 **** RESISTORS
              R_R1  <Rbreak>
         R          2.360E+01
****     TEMPERATURE-ADJUSTED VALUES        TEMPERATURE=    40.000 DEG C
 **** CAPACITORS
              C_C1  <Cbreak>
         C          9.710E-09
 **** RESISTORS
              R_R1  <Rbreak>
         R          4.510E+01
```

3.7 噪声分析

电路中所计算的噪声通常是电阻上产生的热噪声、半导体器件所产生的散粒噪声和闪烁噪声。这些噪声对电路的工作会产生相当程度的影响。而PSpise提供的噪声分析（Noise Analysis）就是将噪声对输出信号所造成的影响给以数值化，以供评估电路性能之用。

噪声分析的设置包含于交流分析的设置对话框中，与交流分析一起使用，也就是说，噪声分析的输出数据其横轴坐标为频率。执行噪声分析时，PSpice会在交流分析的每个频率点上对指定输出端计算出等效输出噪声，同时对指定输入端计算出等效输入噪声。输出噪声信号规定以ONOISE命名，而等效输入噪声信号则以INOISE命名。

3.7.1 噪声分析参数设置

绘出如图3-36所示的电路图。要求输入信号须同时具有直流和交流的特性，所以使用元件名称为VSRC的电压元件。

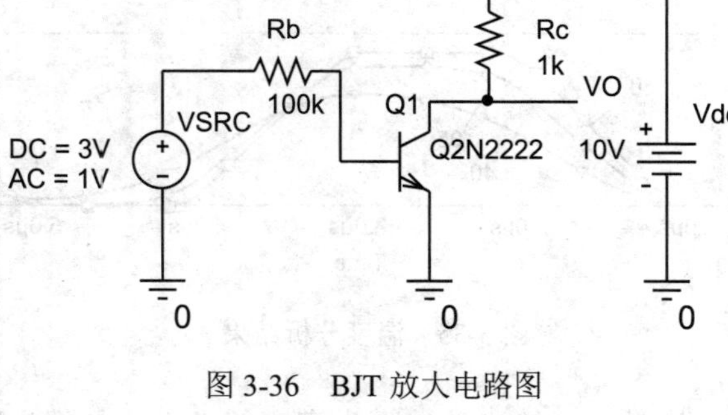

图3-36 BJT放大电路图

设定步骤如下：

（1）交流分析。分析类型选AC SWEEP，频率范围从10Hz～1GHz，Points/Decade栏设为101。

（2）噪声分析。在同一设置页面的 Noise Analysis 框内，点选 Enabled 小方框，选中噪声分析。设置内容说明如下：

1）Output Voltage：设为 V（V0），指明对此输出结点电压执行噪声分析。

2）I/V Source：设为 VSRC，指定等效输入噪声信号源，实际上就是将各元件的噪声以均方根形式合并到本信号源。

3）Interval:：设为 10，表示每隔 10 个频率点便在输出文档中输出一份噪声资料。

设置完毕后，其交流和噪声分析设置窗口如图 3-37 所示。

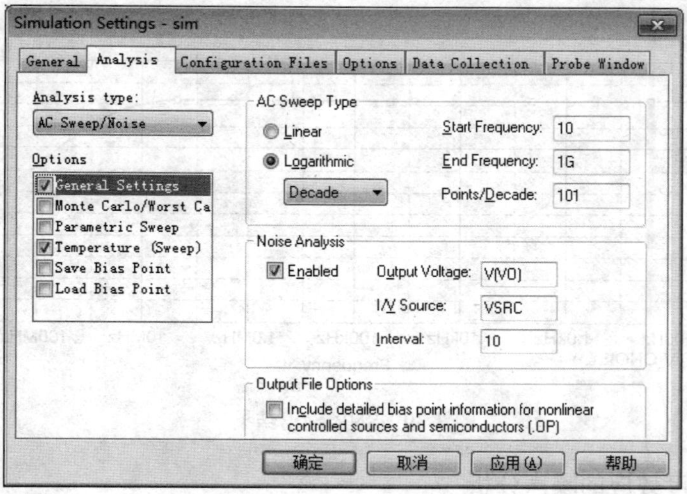

图 3-37 交流和噪声分析设置窗口

存档并单击 PSpice 工具栏的按钮或选择 PSpice\Run 功能选项来启动 PSpice 程序执行仿真，屏幕上会自动打开 Probe 窗口。

选择 Trace\Add Trace…功能选项或使用快捷图标打开 Add Traces 对话框，分别在不同 Y 轴下选择 V（INOISE）和 V（ONOISE），并将横轴坐标的范围调整为 10Hz～1GHz，此时的 Probe 窗口如图 3-38 所示。

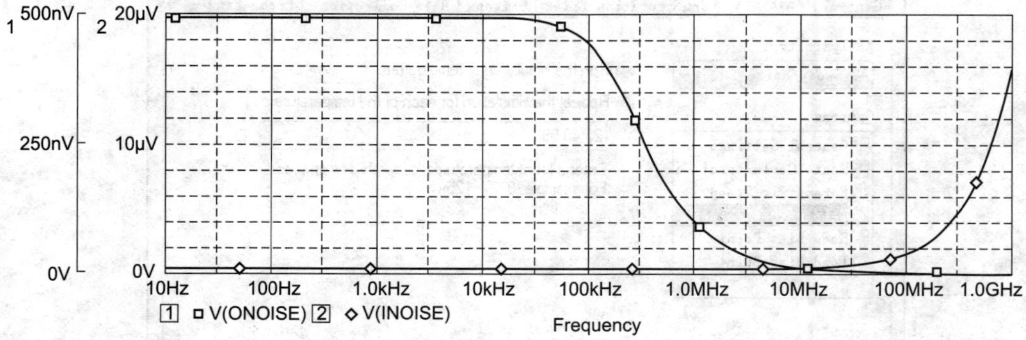

图 3-38 噪声分析结果

从输出噪声（ONOISE）的频谱分布图可以看出曲线在高频时会下弯，也就是噪声振幅会变小。这是由于 BJT 元件有输出频宽的限制，因此高频时输出噪声会受到压制。电路受噪声影响的评估标准是信噪比（SNR），其公式如下：

$$\mathrm{SNR}=\frac{\text{输出信号（Signal）幅度或能量}}{\text{输出噪声（Noise）幅度或能量}}$$

SNR越大，电路受噪声影响的情况就越低。

通过Probe也可以观察SNR的频谱分布图。使用Trace\Add Trace…功能选项或快捷图标打开Add Traces对话框，在Trace Expression栏处输入SNR的表示式DB（V（Vo）/V（ONOISE））[注：DB（x）等同于$20\lg|x|$]，图3-39就是对信号SNR的分析曲线，可以看到在高频时SNR曲线会下弯，也就是它的值变小了，说明该电路在高频时比在低频时更容易受噪声干扰。

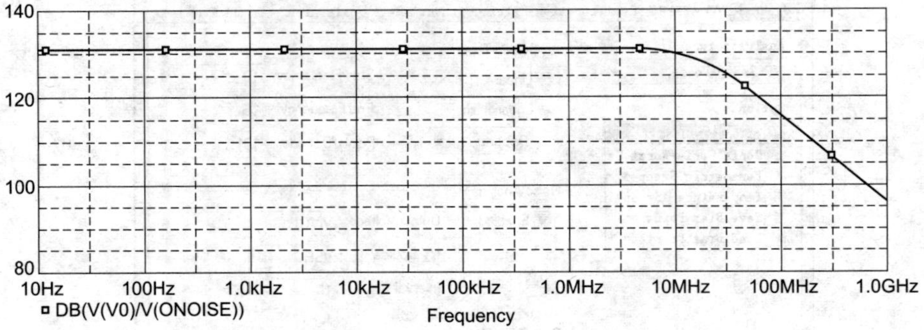

图3-39 SNR输出结果

3.7.2 带有温度效应的噪声分析

噪声能量会随着温度的升高而增加，SNR也会随之下降。即：在高温时，电路较易受噪声影响，此现象可通过在噪声分析中加入温度分析来加以验证。

在Simulation Settings-sim对话框中，将Options栏内的Temperature（Sweep）选项选中，并将该对话框右边的Repeat the simulation for each of the temperature选项选中，在选项下方的空白栏内增加仿真温度为25、40、55℃，此时带有温度分析的噪声分析窗口如图3-40所示。

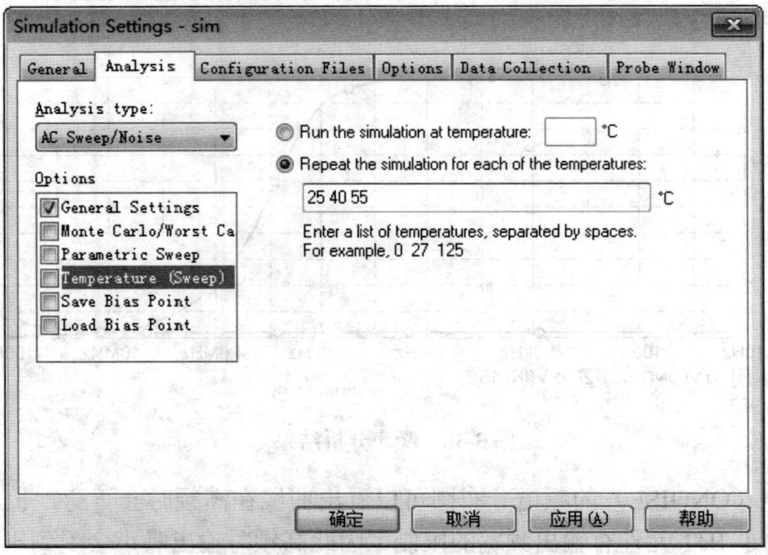

图3-40 带有温度分析的噪声分析窗口

保存并启动 PSpice 仿真程序，由于设置了温度分析参数，所以 Probe 刚打开时会出现如图 3-41 所示的 Available Sections 对话框，询问现在要先观察哪种温度下的噪声分析，默认情况下是全部选中。

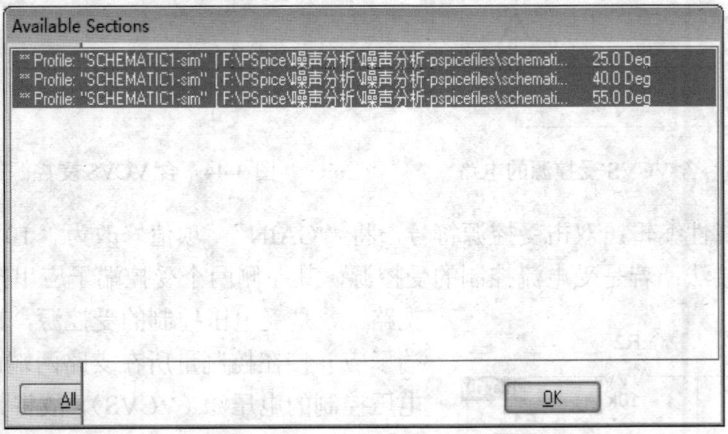

图 3-41 Available Sections 对话框

单击 OK 按钮，打开 Add Traces 对话框，在 Trace Expression 栏处输入 DB（V（V0）/V（ONOISE））。由于三条曲线几乎重叠在一起，所以应适当调整 *X* 轴频率范围，此时的 Probe 窗口应如图 3-42 所示。

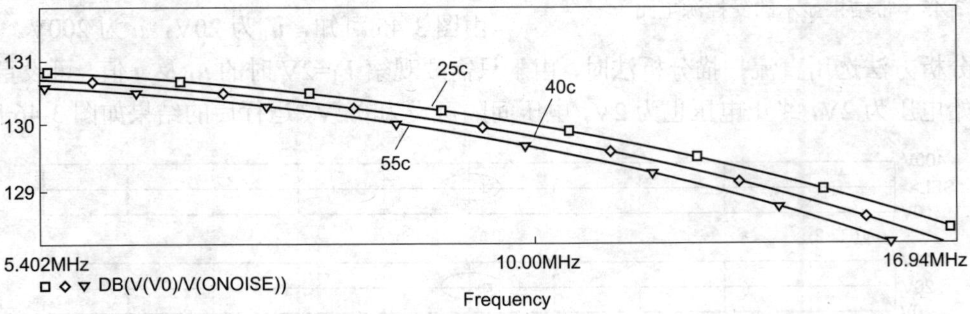

图 3-42 温度对 SNR 的影响

由图 3-42 可以看到，在同一频率情况下，随着温度的升高，电路受噪声影响的程度也会变大。

3.8 电路分析例题

本节通过列举例题来说明如何应用 OrCAD/PSpice 软件进行电路分析。

【例 3-3】 含 VCVS 受控源的电路如图 3-43 所示，求电路中控制量 u_1 及 u。

解 其对应的 PSpice 电路如图 3-44 所示。

其中元件编号为 E 的元器件就是 VCVS（VCCS、CCCS、CCVS 的元件编号分别为 G、F、H，它们都在 ANALOG 元件库内）。

（1）受控源选取步骤：执行 Place/Part 命令，或点击专用绘图工具中的按钮，在 ANALOG 库中选取“E”符号。

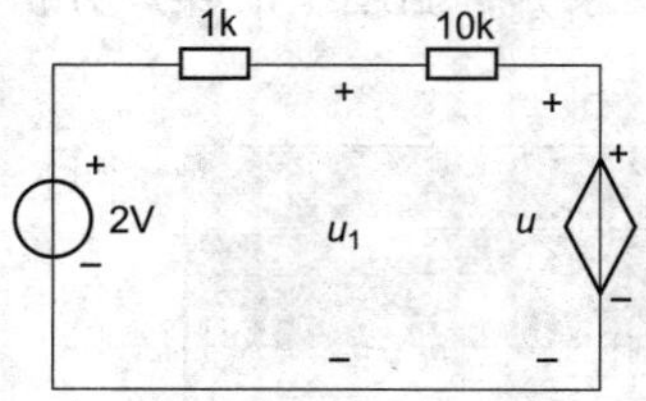

图 3-43 含 VCVS 受控源的电路

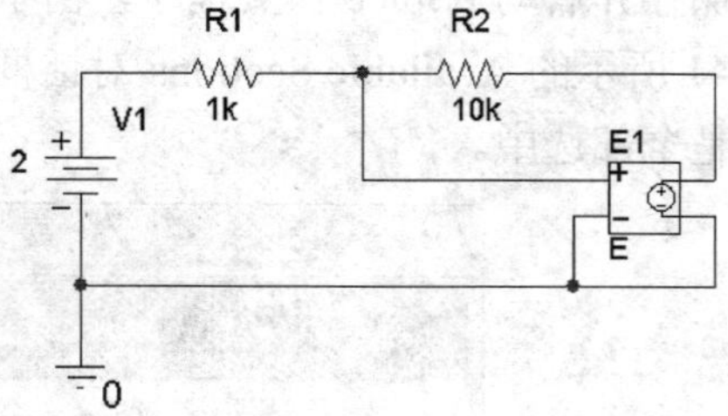

图 3-44 含 VCVS 受控源的 PSpice 电路

（2）受控源属性编辑：双击受控源符号，将“GAIN” 项值修改为“10”（因 $u=10u_1$）。

（3）受控源接法：若是受电流控制的受控源，其左侧两个受控端子应串接在控制量所在支路；若是受电压控制的受控源，其左侧两个受控端子应并接在控制量所在支路两端。本例受控源为电压控制的电压源（VCVS），故将其左边一对接脚并接到控制电压的两端，右边一对接脚串接到电路中（注意正负极）。

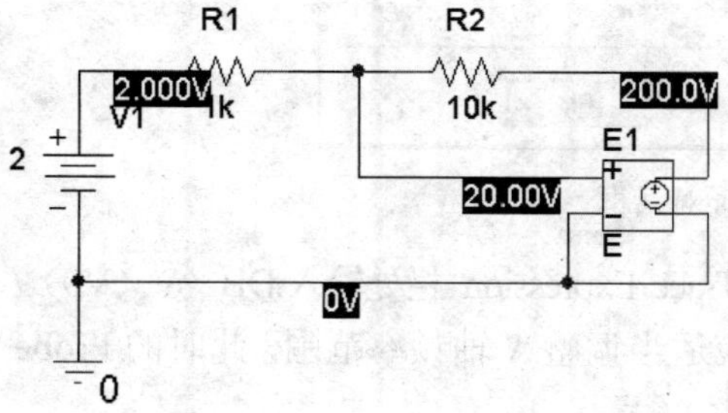

图 3-45 带结果显示的受控源电路

本题可用偏压点分析法和直流扫描分析法求解。当分析方法选用偏压点分析法运行时，结果可显示在图上，如图 3-45 所示。

由图 3-45 可知，u_1 为 20V，u 为 200V。

当分析方法选用直流扫描分析法时，由于只需要观察 V_1=2V 时的 u_1 及 u 值，可设直流分析中起始电压为 2V，终止电压也为 2V，电压间隔可设为 0.2V，运行后的结果如图 3-46 所示。

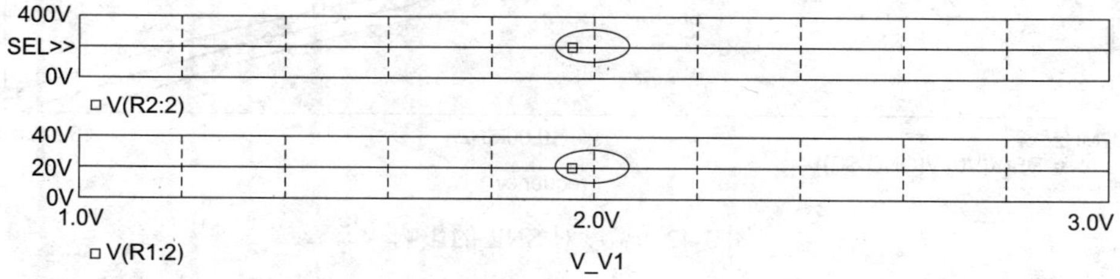

图 3-46 直流分析结果

由图 3-46 可知，u_1＝20V，u＝200V。

【例 3-4】 *RL* 一阶串联电路加一折线电压源，如图 3-47 所示，试求 L_1 的电压与电流。

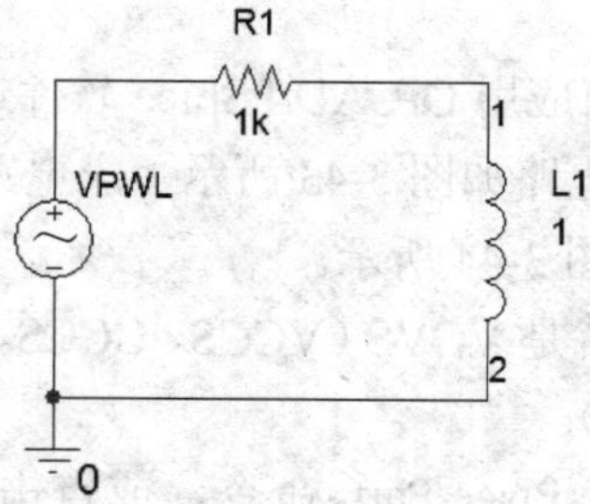

图 3-47 一阶 *RL* 串联电路

解 电源参数设置为：T_1=0s，T_2=1μs，V_1=0V，V_2=10V，电源的波形如图 3-48 所示。

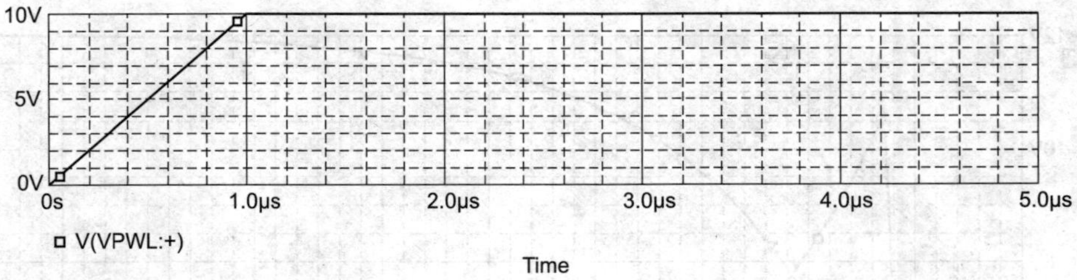

图 3-48 VPWL 电源波形图

图 3-47 中是用 VPWL 来描述开关合上的动作，运行的波形图如图 3-49 所示。

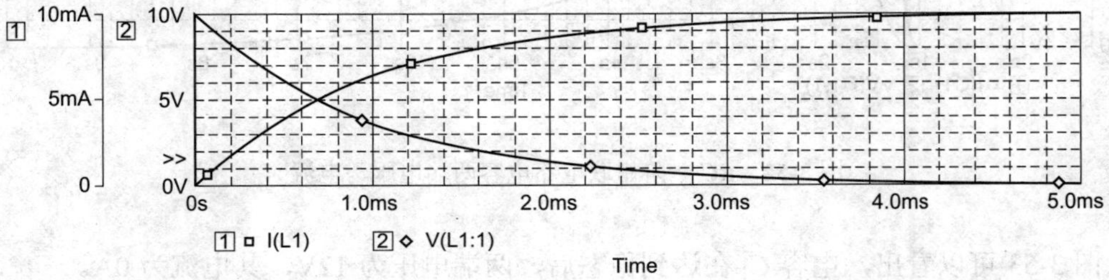

图 3-49 L_1 的电压、电流

从图 3-49 中可以看出需要时间常数 L/R=1ms 的 5 倍时间（5ms）才能达到 10V（新的稳定值）。

思考：若不用 PWL 来描述开关合上的动作，改用开关，如何连接电路？画出 I（L_1）的波形，与［例 3-4］的结果对比一下（开关可用文件名 sw*搜索而得，TTRAN 栏可用时间常数作为参考进行填写）。

【例 3-5】含开关的 RC 一阶串联电路如图 3-50 所示，开关在 t=1s 时打开，试求 C_1 的电压与电流。

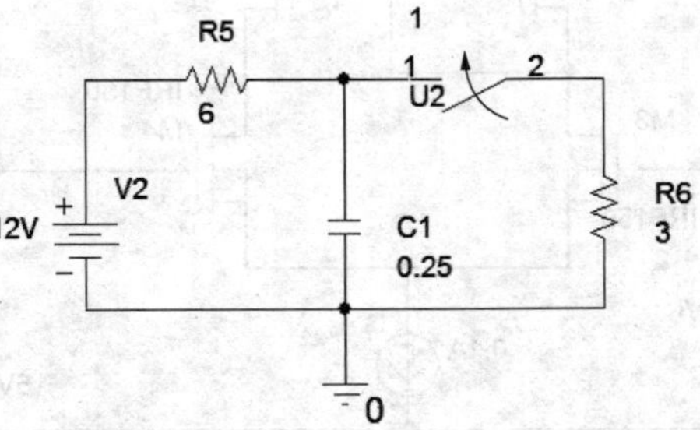

图 3-50 RC 一阶串联电路

解 开关 U2 填写的数据如图 3-51 所示。

TOPEN	TTRAN	Value
1	0.5	Sw_tOpen
1	0.5	Sw_tOpen

图 3-51 开关 U2 填写的数据

运行时间 10s，C_1 的电压与电流波形如图 3-52 所示。

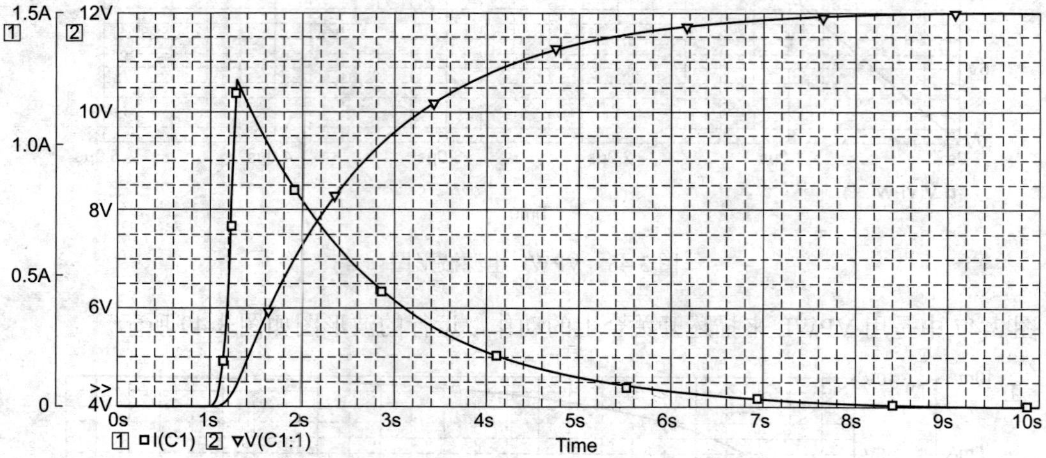

图 3-52 *RC* 一阶串联电路电容两端电压、电流

从图 3-53 可以看出，电容 C_1 在达到稳态后，两端电压为 12V，其电流为 0A。

习 题

1．对图 3-53 所示电路先执行偏压点分析，观察其文本输出文件，后执行直流扫描分析，画出 *V*（M4:d）的波形图。

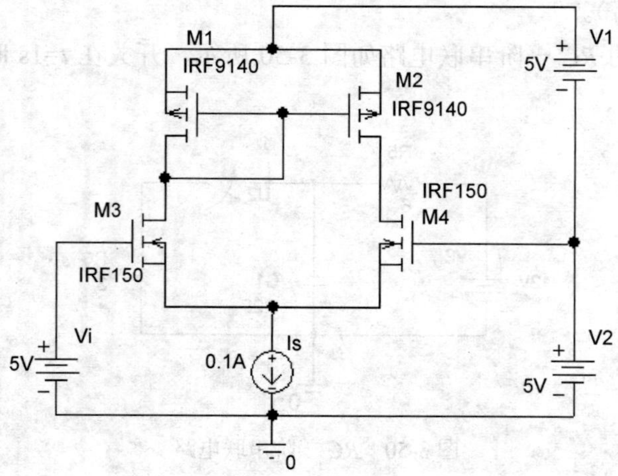

图 3-53 CMOS 差动放大电路

2．对图 3-54 所示电路先执行偏压点分析，观察其文本输出文件，后执行直流扫描分析，画出 *V*（U1：OUT）的波形图。

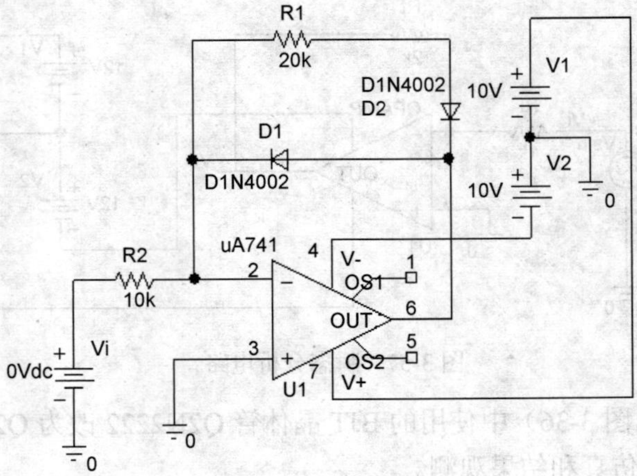

图 3-54 OP-Amp 全波整流电路

3．对图 3-55 所示电路进行直流扫描分析，在同一窗口中画出 I（R_1）和 I（R_2）的波形图，观察流经 R_1 和 R_2 的电流方向是否是同一方向，为什么？

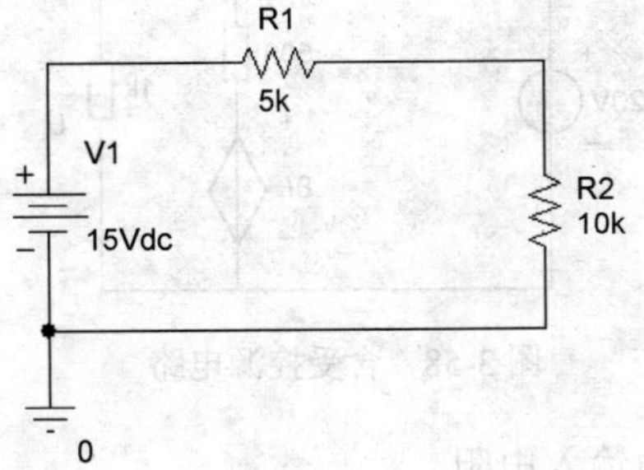

图 3-55 直流分压电路

4．对图 3-56 所示电路执行交流扫描分析，画出 DB（V（V0）/V（Vi））及 P（V（V0）/V（Vi））的波形图。

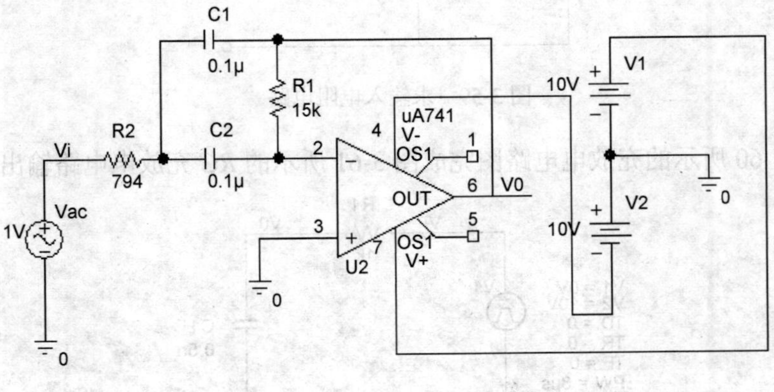

图 3-56 OP-Amp 低通滤波器电路

5．对图 3-57 所示电路进行瞬态分析。将 Maximum step size 设为 0.2μs，Run to Time 设为 0.2ms，在同一个窗口屏幕下显示 V（V_i）和 V（V_0）两个信号的波形曲线。

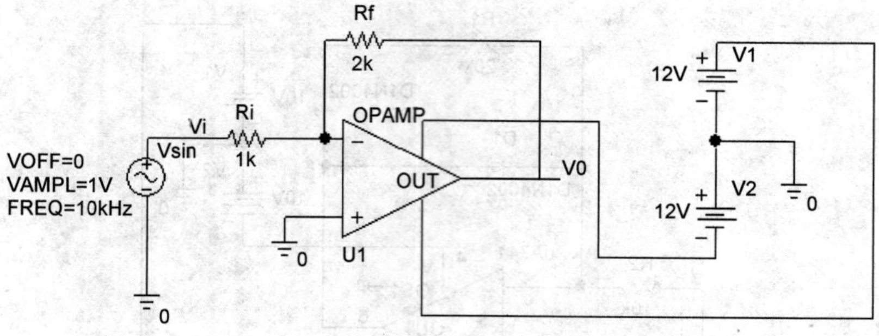

图 3-57　瞬态分析电路

6．将 3.7 节范例（图 3-36）中使用的 BJT 晶体管 Q2N2222 改为 Q2N3904，然后按照范例的操作步骤依次完成仿真和结果观测。

7．将 3.6 节范例（图 3-32）中 R_1 的温度系数改为 t_{c1}=0.02、t_{c2}=0.04，c_1 的温度系数改为 t_{c1}=0.03、t_{c2}=0.04，并将仿真温度改为 20、30、40、50，然后重做范例。

8．求图 3-58 所示电路中的控制量 I 及 U。

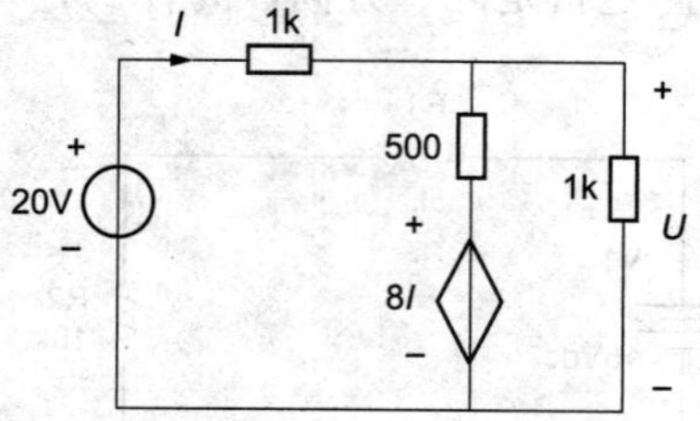

图 3-58　含受控源电路

9．计算图 3-59 所示电路的输入电阻。

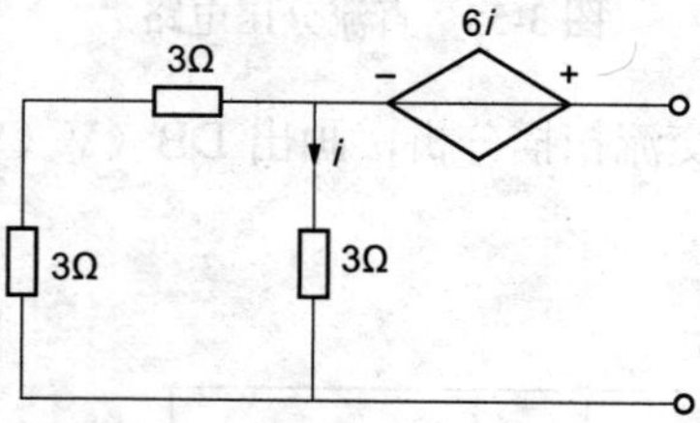

图 3-59　求输入电阻电路

10．由图 3-60 所示的充放电电路图完成图 3-61 所示的 RC 充放电电路输出波形图。

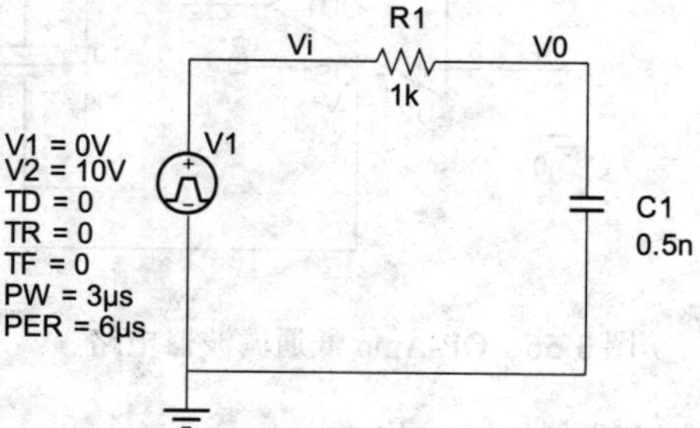

图 3-60　RC 充放电电路

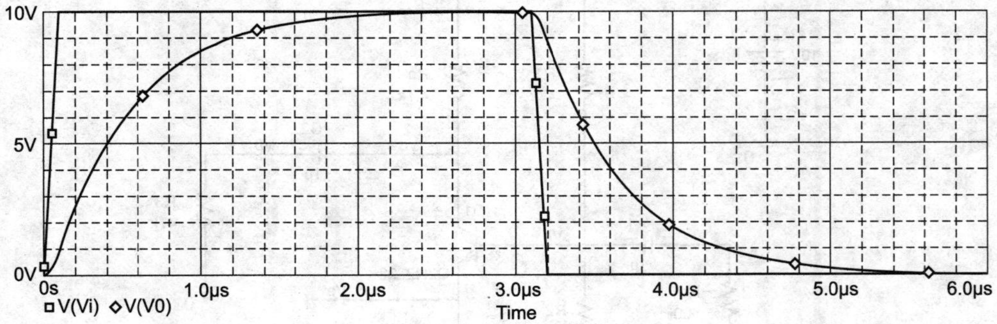

图 3-61 *RC* 充放电电路输出波形

11．画出图 3-62 所示电路，执行偏压点分析，并观察其文本输出文件；执行直流扫描分析，然后得到图 3-63 所示波形图。

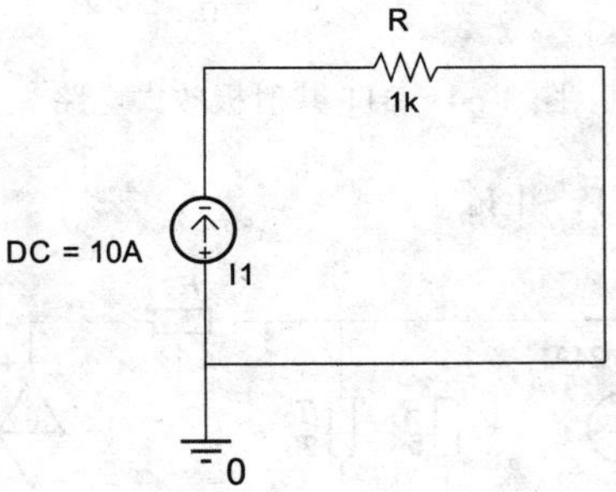

图 3-62 执行偏压点分析电路

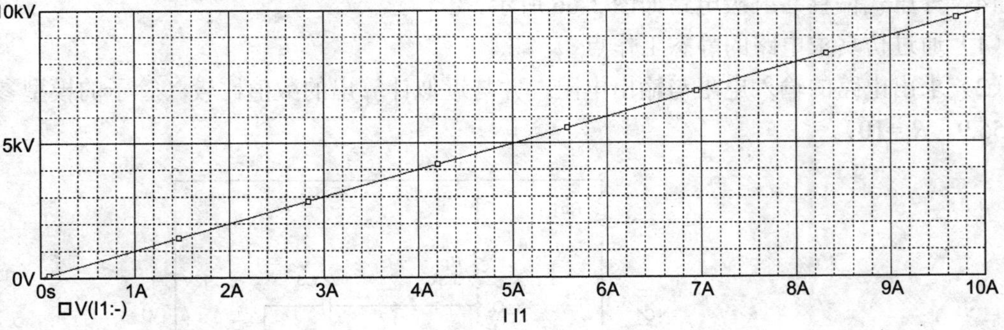

图 3-63 直流扫描分析结果

12．图 3-64 为 BJT 共射极放大电路。要求对输出电压 V_0 进行噪声分析，温度分析的设置为 30、45、60，并观察文本输出文件的内容。

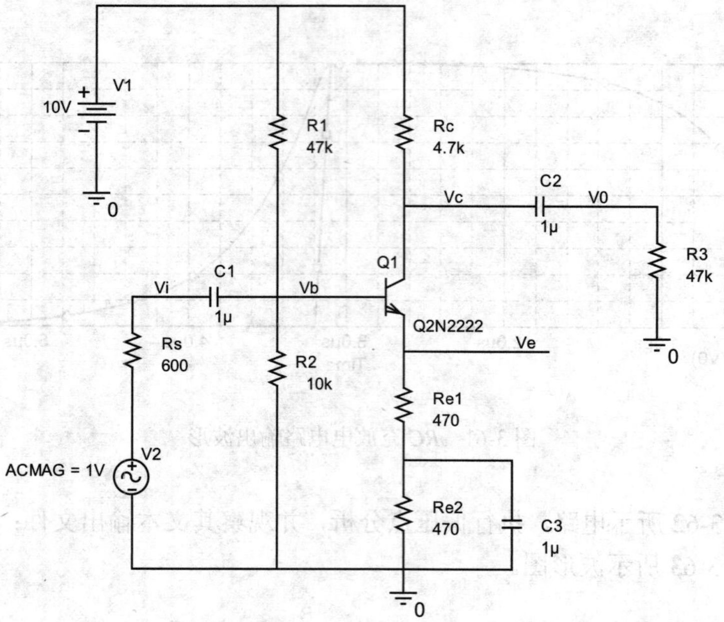

图 3-64 BJT 共射极放大电路

13．求出图 3-65 中的电压 V_a 和 V_b。

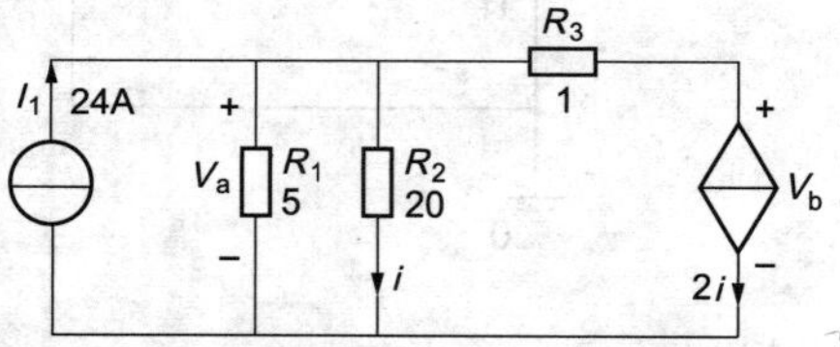

图 3-65 习题 13 图

14．分压式偏置共射极电路如图 3-66 所示。

（1）通过仿真求电路的静态工作点；

（2）求出电路的输入电阻与输出电阻，并与近似计算出的数值比较（管子的模型参数为 B_f=255.9，R_b=10）。

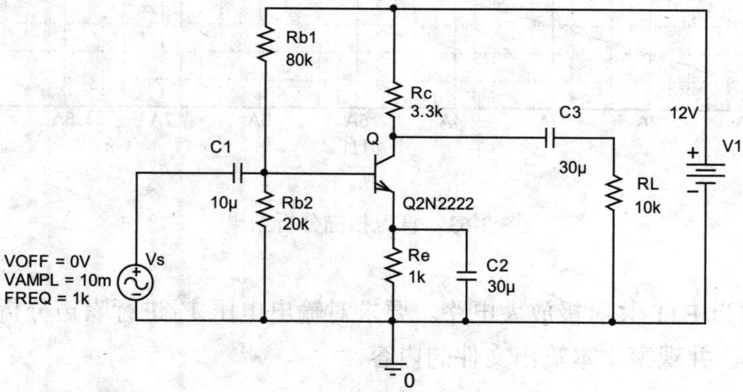

图 3-66 习题 14 图

15．差动放大电路如图 3-67 所示，已知 $v_{i1}=12\sin 2\pi 1000t$， $v_{i2}=2\sin 2\pi 1000t$ 。

（1）通过仿真画出 v_{o1}、v_{o2} 及 $v_{o1}-v_{o2}$ 的波形；

（2）求出共模抑制比、输入及输出电阻。

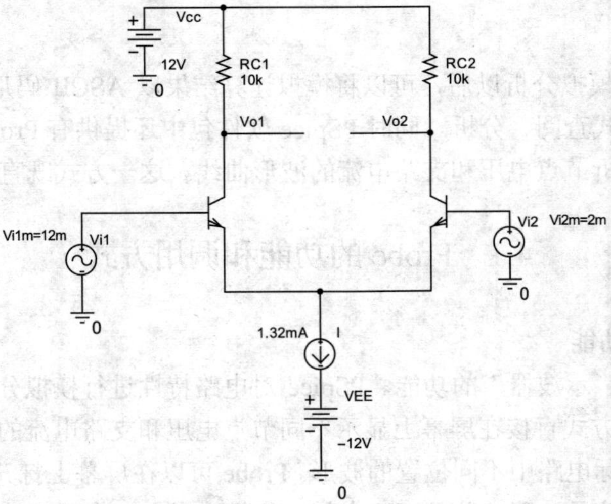

图 3-67　差动放大电路

第 4 章　波形显示和分析模块 Probe

PSpice 进行电路模拟分析以后，可以将模拟计算结果以 ASCII 码形式存入 OUT 输出文件，供用户以文本方式查阅、分析。同时 PSpice 软件包中还提供有 Probe 后处理模块，供用户以人机交互方式分析节点电压和支路电流的波形曲线。这一方式既直观又方便。

4.1　Probe 的功能和调用方式

4.1.1　Probe 的功能

（1）基本功能—“示波器”的功能。PSpice 对电路特性进行模拟分析以后，用户可以调用 Probe 模块以交互方式直接在屏幕上显示不同节点电压和支路电流的波形曲线，就像用一台示波器显示观察实际电路中不同位置的波形。Probe 可以在屏幕上打开多个窗口，在每个窗口中可同时显示多个信号波形，并且可以在每个信号波形上加注释用符号和字符。

（2）信号波形的运算处理。Probe 除了可以在屏幕上直接显示节点电压和支路电流的信号波形外，还可以对信号进行包括傅里叶变换在内的多种运算处理，并能显示运算处理后的结果波形，从而可直接得到多种参数的计算结果。对数模混合模拟，可以用同一条时间坐标轴表示模拟部分和数字部分的结果波形。

（3）关于电路设计的性能分析。调用 PSpice 对电路特性进行模拟分析后，再利用 Probe 的电路性能分析功能就可以得到电路基本特性与电路中某些元器件参数取值之间的关系，这样就可以根据电路特性的要求，确定元器件参数的最佳设计值。

（4）信号波形数据的显示和处理。在用 Probe 显示和分析信号波形的过程中，可以根据需要将窗口中显示的一条或多条波形曲线转换为数据描述的形式。这时 Probe 窗口自动转为文本工作模式，可以对这些数据进行编辑处理并存入文件。

4.1.2　Probe 调用和运行模式的设置

Probe 有多种不同的运行模式，这些模式可以由用户设置确定。其中，最基本的调用方式是先在 OrCAD/Capture 中绘制好电路图，接着调用 PSpice 对电路进行模拟分析，并在完成模拟以后自动调用 Probe。

在绘图窗口 Capture/PSpice 子命令菜单中，选择执行 Edit Simulation Profile 子命令，再从屏幕上出现的设置对话框中选择 Probe Window 标签，屏幕上将出现如图 4-1 所示标签页。

（1）Probe 运行中参数设置状态的选定。在图 4-1 中若选中“Display Probe window when profile is opened”，则在调用 Probe 模块时自动采用上次对该电路进行同一种分析并显示分析结果时采用的参数设置。

（2）Probe 调用方式的设置。在图 4-1 中若选中“Display Probe window”，将自动调用 Probe 模块。这时还需进一步在其下方选中一项，用于设置 Probe 的调用方式。

1）during simulation：若选中本项，则在启动电路特性模拟分析的同时，自动调用 Probe 模块并在 Probe 窗口中及时显示模拟分析数据波形的变化，从而起到监测模拟进程的作用。

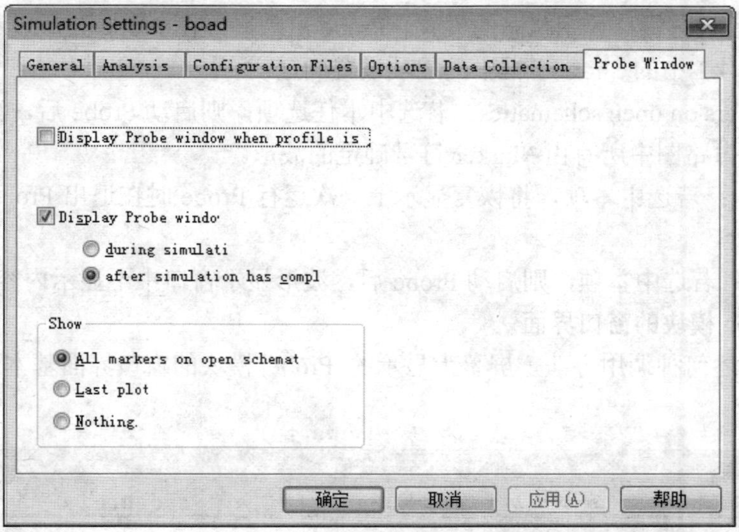

图 4-1　Probe window 标签页

2）after simulation has completed：若选中本项，则在 PSpice 完成了电路特性模拟分析后，将以模拟分析时产生的 PROBE 数据文件为输入文件自动调用 Probe 模块。

若在图 4-1 中未选中“Display Probe window”，在 PSpice 完成电路特性的模拟分析以后，就不会自动调用 Probe 程序，用户可选用 Probe 程序的直接调用方法调用 Probe 模块。

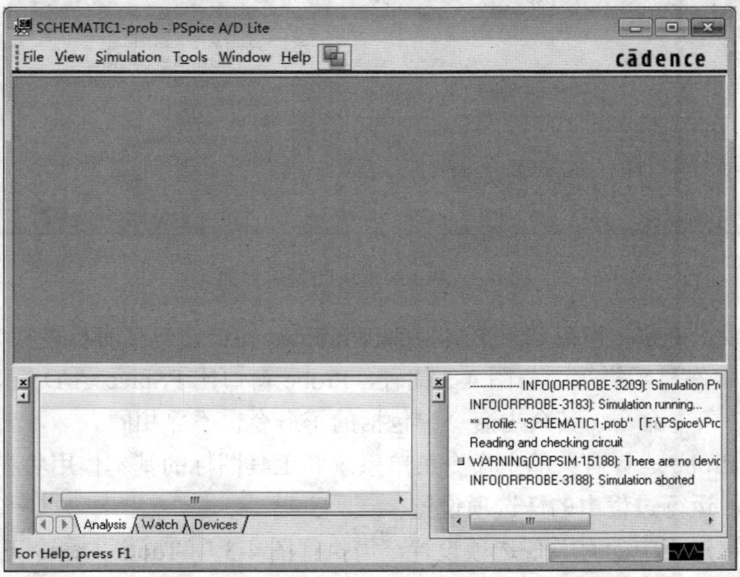

图 4-2　PSpice A/D 窗口

在图 4-2 的 PSpice A/D 窗口下面可采用的 2 种直接调用 Probe 模块的方法为：

1）在图 4-2 中选择执行 File 命令菜单中的 Open 子命令或快捷图标，打开一个 DAT 文件，同时自动调用 Probe 模块。

2）在图 4-2 中选择执行 PSpice 命令菜单中的 View、Simulation、Results 子命令，也可调用 Probe 模块，并以电路模拟中产生的 PROBE 数据文件为输入文件。

（3）Probe 启动时窗口显示状态的设置。Probe 启动后，在 Probe 波形显示窗口中将显示哪些内容，由图 4-1 中的 Show 子框中的 3 项设置确定。

1）All markers on open schematics：若选中本任选项，则启动 Probe 后，波形显示窗口中将同时自动显示电路图中所有由 Marker 符号确定的波形。

2）Last Plot：若选中本项，将恢复显示上一次运行 Probe 时在退出 Probe 之前波形显示窗口中显示的内容。

3）Nothing：若选中本项，则启动 Probe 后，波形显示窗口中不显示内容。

4.1.3 Probe 模块的窗口界面

无论采用上述何种调用方法，屏幕上显示的 Probe 模块的窗口界面基本形式都如图 4-3 所示。

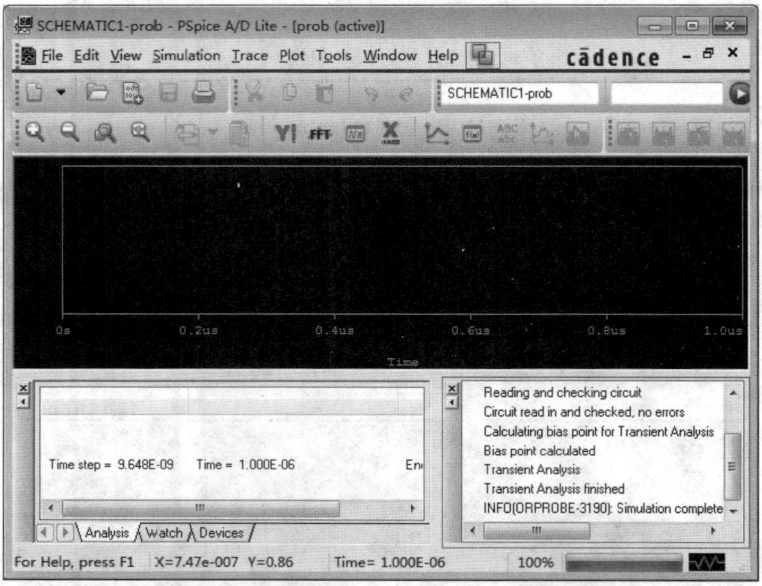

图 4-3 Probe 模块的窗口界面

由图 4-3 可见，Probe 窗口是一个典型的 Windows 窗口，包括有标题栏、主命令菜单、波形显示窗口、状态显示栏等。与图 4-2 比较，Probe 窗口比 PSpice A/D 窗口新增了 Edit、Trace 和 Plot 共 3 条主命令。其余主命令中包括的子命令也不尽相同。

图 4-3 中与 Probe 运行有关的主命令菜单系统和工具图标的基本作用将在 4.2 节介绍。

4.1.4 Probe 运行过程中的任选项设置

对 Probe 运行过程中的有关任选项设置，需执行图 4-3 中 Tools 主命令下的 Options 子命令。选择执行 Tools/Options 子命令后，屏幕上出现如图 4-4 所示的 Probe Settings 设置框。

如图 4-4 中 Probe Settings 中 General 的设置框，按其参数设置类型，可将其任选项分为 3 类。

（1）选择型任选项。图 4-4 中的 4 个子框为选择型任选项。在每个子框内只能选中一项。

1）Use Symbols：确定在 Probe 窗口中显示信号波形时，每根波形曲线上是否同时显示波形符号。

（a）Propertie：若选中本项（这是系统内定默认设置），系统根据实际情况决定在显示的波形曲线上是否采用波形符号。其目的是为了能清晰地区分不同波形曲线。例如，若波形数大于可采用的色彩数时，系统将自动在波形曲线上添加波形符号。

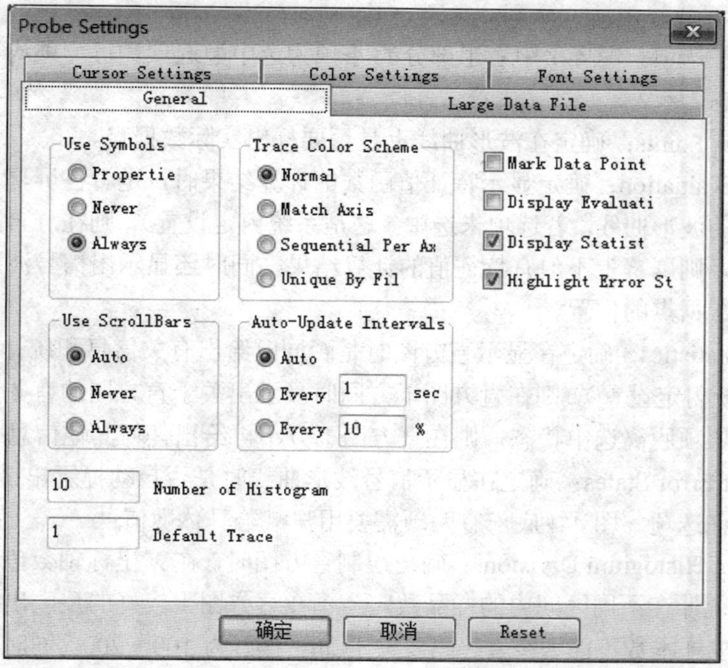

图 4-4　Probe Settings 设置框

（b）Never：任何情况下，在波形曲线上均不采用波形符号。

（c）A1ways：任何情况下，在波形曲线上均采用波形符号。

2）Use Scroll Bars：确定在 Probe 窗口中显示滚动条的模式。

（a）Auto：自动调节滚动条的出现与否，这是 Probe 的内定设置。

（b）Never：在任何情况下都不出现滚动条。这样可增大屏幕上波形显示区的面积。

（c）Always：不管波形是否全部显示在屏幕上，波形显示区总出现滚动条。但是如果设置的坐标轴范围已全部显示在屏幕上，那么尽管选中 Always，滚动条也不会出现。

3）Trace Color Scheme：确定在 Probe 窗口中显示不同的波形曲线时，采用的色彩模式。

（a）Normal：本项是系统内定的默认设置。选中本项后，系统以区分不同波形为目的选用色彩，即在色彩数目允许的情况下，不同信号波形采用不同的色彩。系统中关于色彩的规定取决于 PSpice 软件包初始化文件 PSPICE.INI 中的有关设置。

（b）Match Axis：同一 Y 轴中的所有信号波形采用同一种颜色。

（c）Sequential Per Axis：对每一根 Y 轴，分别按 PSPICE.INI 中规定的色彩顺序显示各自 y 轴中的信号波形。

（d）Unique By File：对来自同一个数据文件中的所有信号波形，均采用相同的颜色（仅适用于模拟信号波形）。

4）Auto-Update Intervals：确定 Probe 工作于监测模式时，窗口中显示信号波形的更新频次。

（a）Auto：由 Probe 根据模拟中产生的数据情况，确定更新的频率。这是系统内定设置。

（b）Every [ ] sec：括号内设置的数值确定了每隔多少秒更新一次屏幕波形显示。

（c）Every [ ] %：括号内设置的数值确定了完成模拟分析的百分比达到多少时，更新一次屏幕波形显示。

（2）选中型任选项。图 4-4 中右半部分的 4 项为选中型选项。每一项均可由用户设置为选中或不选中状态。

1）Mark Data Points：确定在波形曲线上是否要标出实际数据点。

2）Display Evaluation：确定显示特征值函数的计算结果时，是否在屏幕上给出计算结果的同时给出相应的波形曲线。若选项未选中（这是系统内定设置），则在屏幕上只给出数值结果；若选中该项，则屏幕上不但有特征值的计算结果，同时还显示出信号波形，并在波形曲线上标示出特征数据点的位置。

3）Display Statistics：确定在显示直方图时是否同时给出有关信息和统计分析结果。若选项选中（这是系统内定设置），则在直方图下方同时显示出关于直方图的有关信息说明和统计分析结果；若使该项脱离选中状态，则在直方图下方不再给出任何其他信息。

4）Highlight Error States：确定在显示信号波形曲线时是否自动标示出错误状态。

（3）赋值型任选项。图 4-4 底部有两项需要用户赋给具体数值。

1）Number of Histogram Divisions：确定绘制直方图时，在 X 坐标轴数值范围内一共划分的区间数，用于统计在不同区间内的样品数。为了在直方图上较好的反映出参数的统计分布情况，一方面要求样本数不能太少，起码要大于 30，最好为 100～200。同时对区间的划分个数也有一定的要求。从直方图绘制的基本原理考虑，应根据样本数确定区间划分数。一般来说，若样本不到 50 个，可分为 5～7 区间；50～100 个样本，可分为 6～10 区间；100～200 个样本，可分为 7～12 区间；若样本大于 200 个，可分为 10～20 区间。Probe 的内定默认值是划分 10 个区间。

2）Default Trace：允许的设置范围为 1～7 的整数，Probe 的内定设置为 1。

（4）Reset 按钮。Probe Options 设置框中各任选项都有内定默认值。单击 Reset 按钮，将使各任选项恢复采用其内定值。

图 4-4 中确定、取消和 Reset 按钮的作用分别为确认、放弃和重新设置，并退出任 Probe Settings 选项设置。

4.2 Probe 模块的命令系统

4.2.1 Probe 的主要命令菜单

（1）File 命令菜单。在图 4-3 中选择 File 主命令，屏幕上出现的下拉式 File 命令菜单如图 4-5 所示，其中共包括 20 条子命令。

1）New：该条子命令又包括 2 条子命令。其中，Simulation Profile 用于设置一个新的电路模拟进程；Text File 用于建立一个新的文本文件，存放与 Probe 窗口中信号波形对应的数据，这时 Probe 窗口自动变为显示数据的状态。

2）Open：打开一个以 DAT 为扩展名的 PROBE 数据文件。

3）Append Waveform（. DAT）：用 Open 子命令调入 Probe 数据文件后，即可用本章介绍的方法显示、分析有关信号的波形。如果用户希望同时分析比较已调入的 PROBE 文件和其他 PROBE 数据文件中的信号波形，可以用图 4-5 中的 Append Waveform（.DAT）子命令，打开另外一个 PROBE 文件。刚打开的 PROBE 文件将附于原先打开的 PROBE 文件后面，用户可以像处理单个 PROBE 文件那样分析包含在这两个文件中的信号波形数据。

4）Close：关闭 Probe 波形显示窗口。

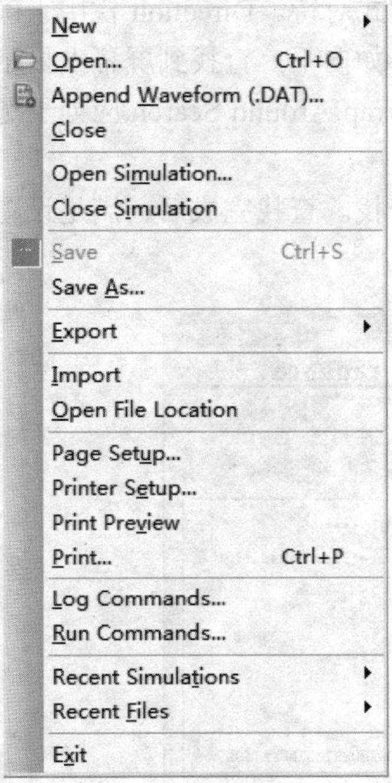

图 4-5　Probe 窗口的 File 命令菜单

5）Open Simulation 和 Close Simulation：分别用于启动和关闭电路模拟分析进程。

6）Save 和 Save As：在 Probe 窗口用作显示波形数据的文本窗口时，这 2 条子命令用于将文本窗口中的数据存入文件或用另 1 个文件名存放。

7）Export：将模拟分析结果导出。

8）Import：将模拟分析结果导入。

9）Open File Location：显示波形的位置。

10）Page Setup、Printer Setup、Print Preview 和 Print：这 4 条子命令分别用于打印波形的页面设置、打印机设置、打印预览和启动打印。

11）Log Commands：本条子命令用于设置 CMD 文件的文件名。选择执行本命令后在屏幕上显示的对话框中键入文件名即可。

12）Run Commands：本条子命令指定一个以前运行 Probe 时用 Log Commands 命令生成的 CMD 命令文件。本条子命令的调用过程与 Open 子命令相同，只是现在要打开的是一个以 CMD 为扩展名的文件。

13）Recent Simulations 和 Recent Files：分别列出 PSpice 程序最近进行的电路模拟和处理过的文件名。

14）Exit：退出 Probe 模块。

（2）Edit 命令菜单。在图 4-3 中选择 Edit 主命令后，屏幕上出现的下拉式 Edit 命令菜单，其中包括的 18 条子命令可分为 5 组，如图 4-6 所示。

Probe 窗口可以工作于波形显示和波形数据处理两种模式。图 4-6 中的大部分子命令只能用于其中的一种模式。只有第 2 组中的 Cut、Copy 和 Paste 在两种模式下均可调用。第 2 组的 Delete 和 Select All 以及第 5 组子命令只能在波形显示模式下调用，第 1 组、第 3 组和第 4 组子命令只能在波形数据处理模式下调用。

1）Undo 和 Redo：分别用于删除和恢复刚刚进行的操作。

2）Cut、Copy、Paste、Delete 和 Select All：与通常的编辑命令一样，图 4-6 中的这 5 条子命令分别用于对 Probe 窗口中的内容作剪切、复制、粘贴、删除和全部选中等处理。

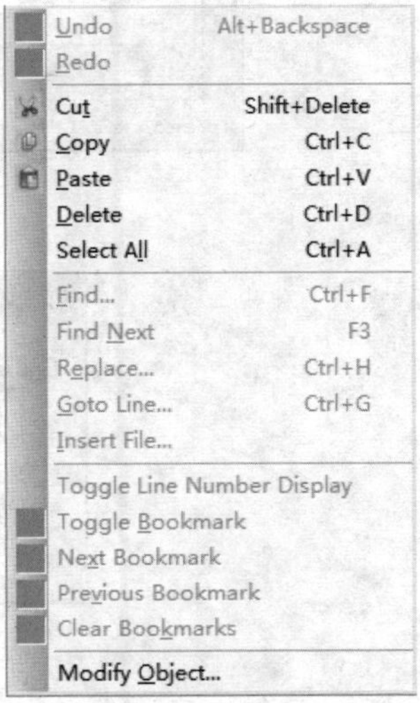

图 4-6　Probe 的 Edit 命令菜单

3）Find、Find Next、Replace、Goto Line 和 Insert File：在 Probe 窗口用于处理波形数据的文本模式（如图 4-7 所示）时，这几条子命令用于对窗口中显示的波形数据进行查询和编辑处理。

（a）Find：查找窗口中显示的波形数据，选择执行 Edit/Find 子命令后，显示出 Find 对话框，如图 4-8 所示。

Find what 栏用于键入欲查找的字符串。若选中 Match case，则在查找中要区分查找字符的大小写。若选中 Regular expression，则将查找的字符作为表达式对待。Direction 栏用于确定查找的方向是向上（Up）还是向下（Down）。沿指定的方向（如向下）查找到屏幕上显示数据的最后一行时，如果还要继续从头开始再次向下查找，则 Wrap Around Search 应处于选中状态。

完成上述设置后，按【Find Next】按钮或按【F3】键开始查找。查找完成后，满足设置要求的字符串所在行的左侧均添加实心圆点标志。

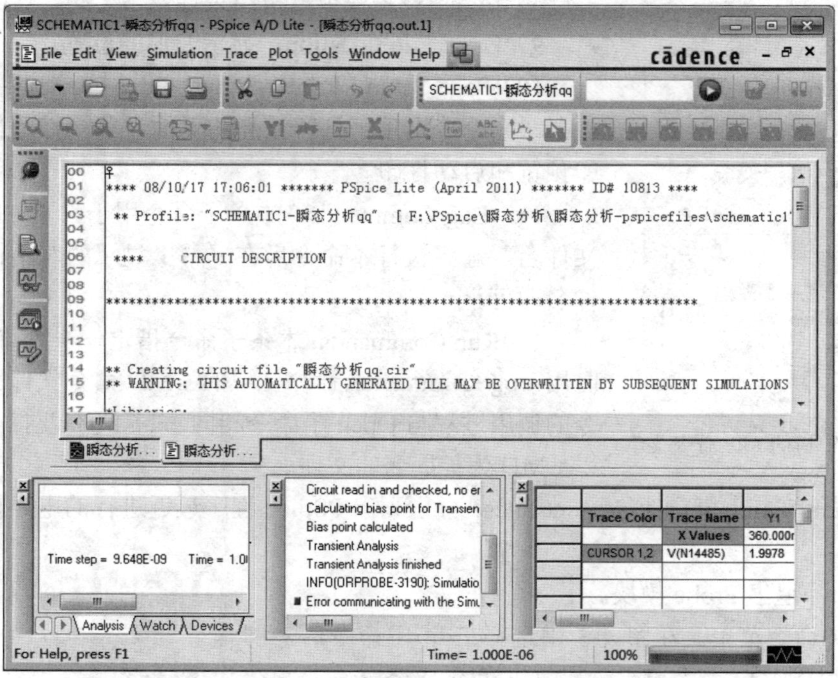

图 4-7 Probe 文本工作模式

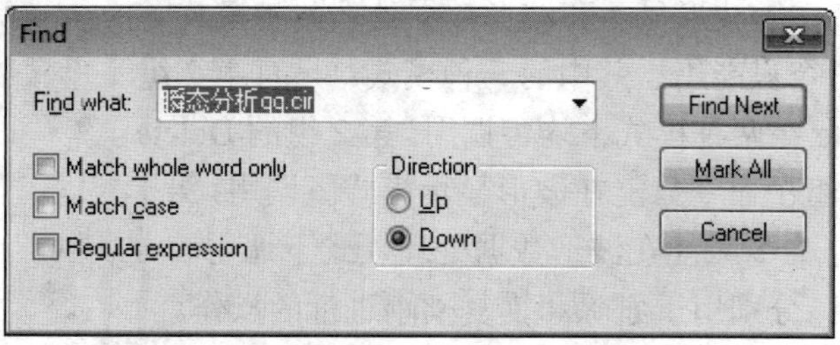

图 4-8 “Find”对话框

（b）Go to Line：选中此项，在弹出的对话框中键入行号数，按【OK】按钮，则将光标移于该行位置。

（c）Replace：替换。选中此命令，屏幕出现如图 4-9 所示对话框。在 Find what 和 Replace

with 栏分别键入被替换的以及替换成的字符串，图中其他选项与图 4-8 查找对话框中选项的功能是相同的。完成设置后，按【Replace】按钮，将对满足设置要求的第一个字符串进行替换处理。按【Replace All】按钮，则窗口中所有满足替换要求的字符串均同时被替换。

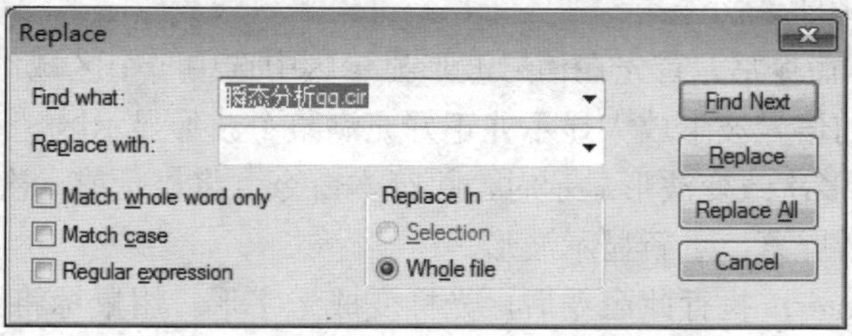

图 4-9 “Replace”对话框

（d）Insert File：插入文件。选择此命令后，在弹出对话框中选定要调入的文本文件名，按【打开】按钮，则该文本文件中的内容将插入在窗口中光标所在位置。

4）书签（Bookmark）的添加和处理。为了便于查找，可以给 Probe 窗口中不同的数据行加书签。

（a）Toggle Line Number Display：切换显示行号。

（b）Toggle Bookmark：书签的添加。若该行尚未加有书签，执行本条子命令后，该行左端将加有实心圆点状的书签。若该行已加有书签，则执行本条子命令后，书签将被删去。

（c）根据书签进行查询：选择 Next Bookmark 子命令，将使光标移至下一个带有书签的数据行。Provious Bookmark 子命令，将使光标移至上一个带有书签的数据行。

（d）书签的删除：选择 Clear Bookmark 子命令，将删掉 Probe 窗口中的全部书签符号。

（e）Toggle Bookmark、Next Bookmark、Previous Bookmark 和 Clear Bookmarks：用于书签的添加、去除或查找等处理，是对在 Probe 文本工作模式窗口中给某些数据进行的处理。

5）Modify Object：此命令的作用一是修改 Probe 窗口中已显示的信号波形。二是在波形曲线上加多种形式的标注符，以更好的区别不同的信号波形。

（3）View 命令菜单。Probe 窗口中 View 主命令的作用是确定窗口中显示的内容和方式，同时控制窗口中辅助内容的显示与否。View 命令菜单如图 4-10 所示，其中共包括 17 条子命令。

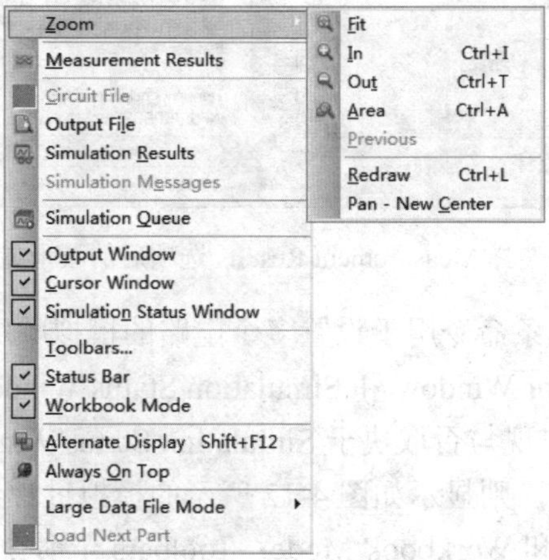

图 4-10　Probe 的 View 菜单命令

1）Zoom：用于确定窗口中波形显示的方式。

（a）Fit：自动调节波形显示区坐标轴的刻度，使整个信号波形都得以在显示区中显示。

（b）In：将波形图形放大显示。

（c）Out：将波形图形缩小显示。

（d）Area：执行本命令后，首先在信号波形显示区中选中一个区域，Probe 模块将调节坐标刻度，使该区域内的信号波形放大显示并正好充满整个波形显示区。

（e）Previous：当多次改变波形显示时，执行本命令，将显示前一次的波形显示情况。

（f）Redraw：刷新屏幕，重新显示波形。

（g）Pan-New Center：执行此命令后，光标变成十字形。用鼠标将该十字形光标移至显示区中某一位置后，单击鼠标左键，则 Probe 重新显示波形，使十字形光标所在位置成为显示区的中心位置。

2）Measurement Results：显示测量结果，单击此项后，Probe 窗口如图 4-11 所示。

3）Circuit File、Output File、Simulation Result 和 Simulation Messages：电路模拟后，调用本组中的一条子命令可以确定在 Probe 窗口中显示电路描述文件、模拟结果输出文件、DAT 波形描述文件或电路模拟中产生的信息文件中的一种。

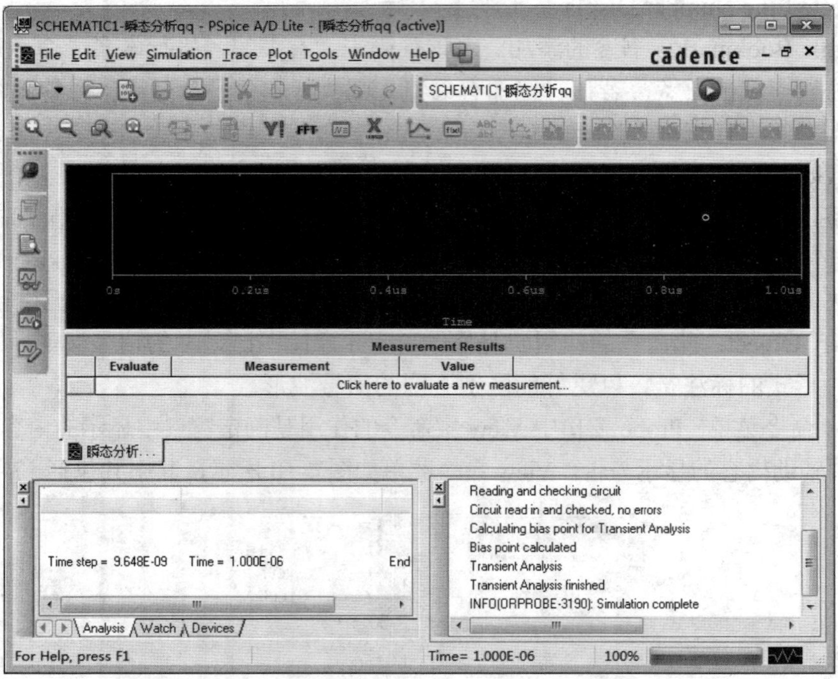

图 4-11 选择 Measurement Results 选项后的波形显示窗口

4）Simulation Queue：本条命令用于设置多个电路的模拟顺序和查询模拟进程。

5）Output Window、Cusor Window 和 Simulation Status Window：图 4-3 中下面显示电路模拟的有关参数结果的窗口出现与否取决于 Simulation Status Window 子命令是否被选中。若 Output Window 子命令被选中，则显示如图 4-12 所示的模拟过程信息显示窗口。

6）Toolbars、Status Bar 和 Workbook Mode：Toolbars 子命令确定 Probe 窗口中是否显示工具按钮栏，Status Bar 子命令则确定在 Probe 窗口的最底部是否出现状态栏。另外，在图 4-3

中波形显示窗口底部是工作窗口列表栏，同时有多个窗口处于工作状态的情况下，该栏列出了每一个窗口的名称，包括数据文本窗口。从名称列表中可以选定在屏幕上显示哪一个窗口的内容。工作窗口列表栏出现与否取决于 Workbook Mode 是否选中。

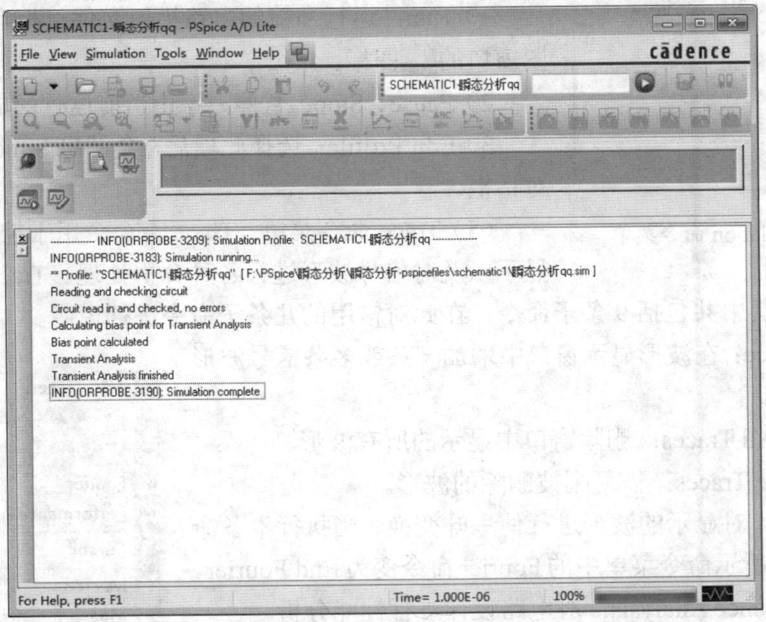

图 4-12　模拟过程信息显示窗口

7）Alternate Display：改变显示方式。选择此项后，Probe 的窗口如图 4-13 所示。

8）Always On Top：使波形显示窗口始终处于最上部。

9）Large Data File Mode：选中波形数据显示。

10）Load Next Part：加载其余波形数据。

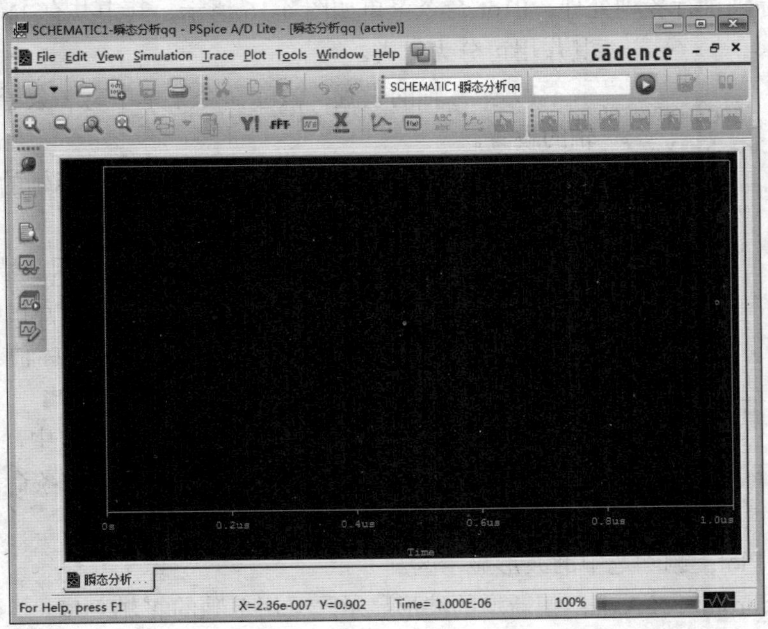

图 4-13　改变显示方式后的 Probe 窗口

（4）Simulation 命令菜单。Simulation 主命令控制电路模拟的进程。在图 4-3 中选择 Simulation 主命令，屏幕上出现的下拉式 Simulation 命令菜单如图 4-14 所示，其中包括 6 条子命令，其中主要功能如下：

图 4-14　Simulation 命令菜单

1）Run：运行当前的电路模拟文件，相当于 Capture 绘图窗口的图标。

2）Pause、Stop：暂停、停止当前运行的电路模拟文件。

3）Edit Profile：选择此项后，会调出 Simulation Settings 对话框。

（5）Trace 命令菜单。Trace 主命令用于控制信号波形的显示以及对信号波形进行各种分析处理。Trace 命令菜单如图 4-15 所示，其中共包括 9 条子命令，在此对常用的几条子命令进行说明。

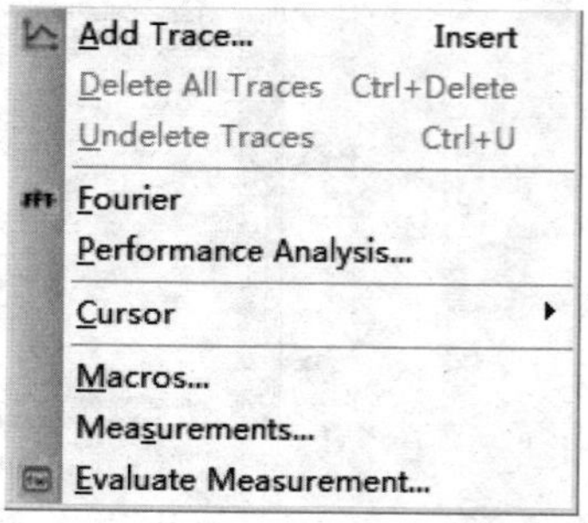

图 4-15　Probe Trace 命令菜单

1）Add Trace：在波形显示窗口中增加一条或多条信号波形曲线。

2）Delete All Traces：删除窗口中显示的所有波形。

3）Undelete Traces：恢复刚被删除的波形。

4）Fourier：对显示的波形进行傅里叶变换。当执行本条命令后，如图 4-15 所示命令菜单中的 Fourier 命令变为 End Fourier。

5）Performance Analysis：对电路设计进行性能分析。

6）Cursor：在波形显示区中加基准线，测量波形上特定位置的数据。

7）Macros：其子命令是对波形显示中使用的“宏命令”作新建、修改、删除等处理。

（6）Plot 命令菜单。Plot 主命令是选定要显示哪种电路特性分析的结果，并对信号波形显示区域和坐标轴进行各种处理。Plot 命令菜单如图 4-16 所示，其中共有 11 条子命令，按其作用可分为 4 类。

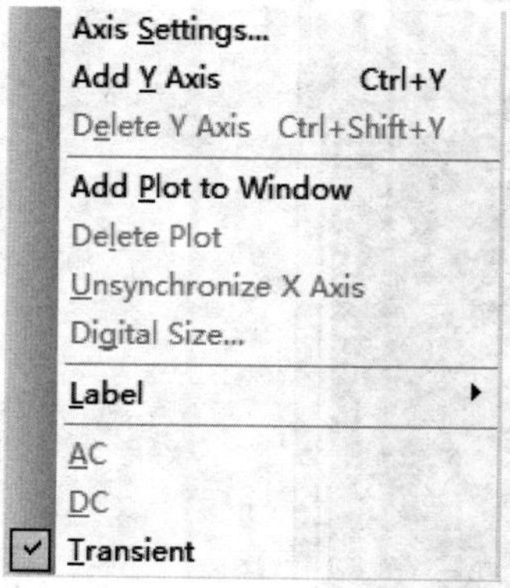

图 4-16　Probe 的 Plot 命令菜单

1）坐标轴的设置：Plot 命令菜单中有 3 条子命令用于坐标轴的设置。

（a）Axis Settings：用于设置 X 和 Y 坐标轴的范围、刻度等属性。

（b）Add Y Axis 和 Delete Y Axis：在显示信号波形时，有时为了在同一个坐标系中同时显示具有不同特点的信号波形而需要用两个 Y 轴。使用该命令增加或删除 Y 坐标轴。

2）波形显示区的控制：涉及 4 条子命令。

（a）Add Plot to Window：在 Probe 窗口中，同一个坐标系及其中的信号波形称为一个波形显示区。本条命令可以在同一个 Probe 窗口中再增加一个波形显示区。

（b）Delete Plot：删除选中的波形显示区。

（c）Unsynchronize X Axis：使新增的波形显示区采用单独的 X 轴刻度。

（d）Digital Size：与数字信号的显示有关。

3）Label：为窗口中显示的信号波形添加标注字符。

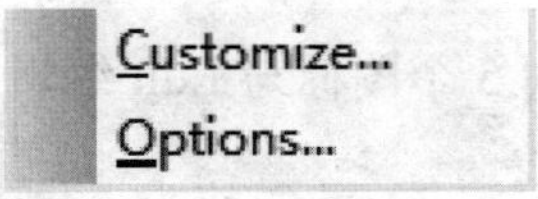

图 4-17　Probe 的 Tools 命令菜单

4）AC、DC、Transient 为分析类型的选择：Probe 主要用于显示交流（AC）分析、直流（DC）分析和瞬态（Transient）分析的结果波形。

（7）Tools 命令菜单。Tools 命令菜单如图 4-17 所示，共有 2 条子命令。

1）Customize：根据用户的要求，设置工具按钮、快捷键等。

2）Options：对 Probe 运行过程中的某些状态参数进行设置。

（8）Window 命令菜单。Window 主命令用于新增或关闭波形显示窗口。当存在多个窗口时，可改变窗口的排列方式。Window 命令菜单如图 4-18 所示，包括有 9 条子命令和图形窗口名列表。前三条命令是对图形显示窗口进行打开、关闭处理。

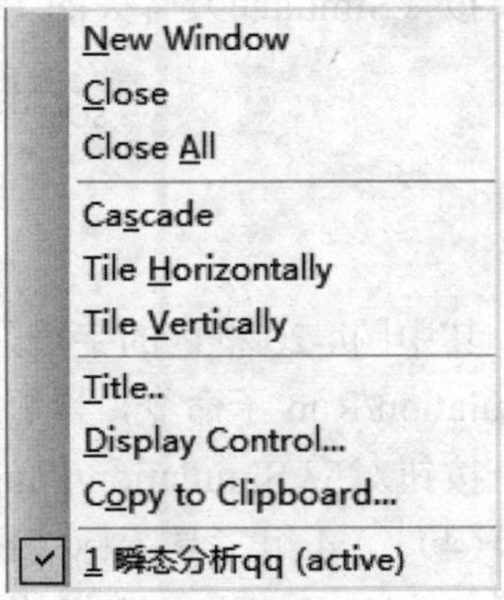

图 4-18　Probe 的 Window 命令菜单

1）Cascade、Tile Horizontally 和 Tile Vertically：在存在多个图形显示窗口的情况下，使这几个窗口呈层叠式、水平式或并列式排列。

2）Title：修改选中的图形显示窗口的标题名称。

3）Display Control：对信号波形进行存储、调入、删除、恢复显示等处理。

4）Copy to Clipboard：将窗口中显示的波形复制到剪贴板上，供其他应用程序调用。

5）图形窗口名：图 4-18 中最下面部分是已打开的图形显示窗口的名称及编号，其名称对应于在该窗口中打开的 Probe 数据文件名称。

（9）Help 命令菜单。与通常的 Windows 应用程序一样，Help 主命令的作用是在程序运行过程中提供在线帮助。Help 命令菜单共有 6 条子命令，在其中可以选择帮助项目。

4.2.2　Probe 窗口的工具按钮

Probe 窗口的工具按钮图标形式分为 5 组排列在主命令行的下方，如图 4-19 所示。选择执行 View/Toolbars 子命令，可确定在图 4-3 所示的 Probe 窗口中是否显示工具按钮图标。选择执行 Tools/Customize 子命令，可以增减工具按钮。本节介绍这 5 组工具图标按钮与子命令之间的对应关系以及增减工具按钮的具体方法。

图 4-19　Probe 窗口的工具按钮

（1）第 1 组工具图标按钮（File）的作用。图 4-19 中第 1 行左侧 5 个图标是与 File 文件处理有关的工具图标。

1）第 1 个工具图标对应 File/New/Text File 子命令。

2）第 2 个工具图标对应 File/Open 子命令。

3）第 3 个工具图标对应 File/Append Waveform（.DAT）子命令。

4）第 4 个工具图标对应 File/Save 子命令。

5）第 5 个工具图标对应 File/Print 子命令。

（2）第 2 组工具图标按钮（Edit）的作用。图 4-19 中第 1 行中间 5 个图标与 Edit 编辑处理有关。它们的作用为：

1）第 1 个工具图标对应 Edit/Cut 子命令。

2）第 2 个工具图标对应 Edit/Copy 子命令。

3）第 3 个工具图标对应 Edit/Paste 子命令。

4）第 4 个工具图标对应 Edit/Undo 子命令。

5）第 5 个工具图标对应 Edit/Redo 子命令。

（3）第 3 组工具图标按钮（Simulate）的作用。图 4-19 中第 1 行右侧的 2 个图标是与电路模拟（Simulate）有关的工具图标，如图 4-20 所示。

图 4-20　第 3 组（Simulate）工具图标

其中图4-20 框内的字符是当前已调入的电路模拟设置的名称。形状为向右箭头的按钮对应 Simulation/Run 子命令，紧邻的那个按钮对应 Simulation/Save simulation State 子命令，最右面一个按钮对应 Simulation/Pause 子命令。

（4）第 4 组工具图标按钮（Probe）的作用。图 4-19 中第 2 行左侧 15 个图标与信号波形显示（Probe）有关，它们的分别为：

1）第 1 个工具图标对应 View/Zoom/In 子命令。

2）第 2 个工具图标对应 View/Zoom/Out 子命令。

3）第 3 个工具图标对应 View/Zoom/Area 子命令。

4）第 4 个工具图标对应 View/Zoom/Fit 子命令。

5）第 5 个工具图标对应 View/Load Next Part 子命令。

6）第 6 个工具图标对应 View/Toggle Large Data File Mode 子命令。

7）第 7 个工具图标对应 Plot/Axis Settings 子命令下的 *Y* 轴坐标刻度类型变换。

8）第 8 个工具图标对应 Trace/Fourier 子命令。

9）第 9 个工具图标对应 Trace/Performance Analysis 子命令。

10）第 10 个工具图标对应 Plot/Axis Settings 子命令下的 *X* 轴坐标刻度类型变换。

11）第 11 个工具图标对应 Trace/Add Trace 子命令。

12）第 12 个工具图标对应 Trace/Evaluate Measurment 子命令。

13）第 13 个工具图标对应 Plot/Text Label 子命令。

14）第 14 个工具图标对应 Tools/Options 子命令中的 Mark Data Points 选项。

15）第 15 个工具图标对应 Trace/Cursor/Display 子命令。

（5）第 5 组工具图标按钮（Cursor）的作用。图 4-19 中第 2 行右边 10 个图标中的 9 个是与 Trace/Cursor 子命令菜单中的 9 条子命令对应的工具图标。

这 10 个按钮的作用为：

1）第 1 个工具图标对应 Trace/Cursor/Peak 子命令。

2）第 2 个工具图标对应 Trace/Cursor/Trough 子命令。

3）第 3 个工具图标对应 Trace/Cursor/Slope 子命令。

4）第 4 个工具图标对应 Trace/Cursor/Min 子命令。

5）第 5 个工具图标对应 Trace/Cursor/Max 子命令。

6）第 6 个工具图标对应 Trace/Cursor/Point 子命令。

7）第 7 个工具图标对应 Trace/Cursor/Search Commands 子命令。

8）第 8 个工具图标对应 Trace/Cursor/Next Transition 子命令。

9）第 9 个工具图标对应 Trace/Cursor/Previous Transition 子命令。

10）第 10 个工具图标对应 Plot/Label/Mark 子命令。

4.2.3　工具按钮和快捷键的设置

选择执行 View/Toolbars 子命令，只是确定在 Probe 窗口中是否显示工具按钮区。选择执行 Tools/Customize 子命令，屏幕上将出现如图 4-21 所示的设置框，供用户自行增减工具按钮区中的工具按钮图标并设置快捷键。

（1）工具按钮区中显示内容和显示方式的设置。图 4-21 对应于 Tools/Customize 设置框内选中“Toolbars”标签的情况，用于设置工具按钮栏中的显示内容、显示方法以及建立用户个人专用的工具按钮组。

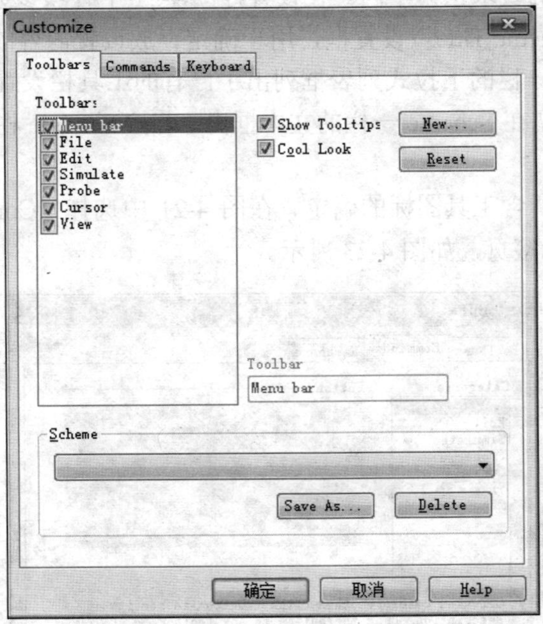

图 4-21　Tools/Customize 标签页

1）用户专用工具按钮组设置：在图 4-21 中按 New... 按键，屏幕上将出现 New Toolbar 对话框供用户确定新建的工具按钮组名称。在 Probe 窗口工具按钮栏下方同时增加显示新建的带有名称的工具按钮组。双连击新出现的工具按钮组名称，可将该工具按钮组移至工具按钮栏，按钮组名称同时消失。

2）工具按钮栏中显示内容的设置：图 4-21 中 Toolbars 列表框内显示的是已有的工具按钮组名称。只有其左边出现选中标志的工具按钮，其工具图标才会出现在 Probe 窗口的工具按钮栏中。

3）工具图标显示方式的设置：图 4-21 中有 3 个选项用于设置工具图标的显示方式。

（a）Show Tooltips：选中本项，则光标指向工具图标时，该图标下方出现其功能提示。

（b）Cool Look：本选项确定工具图标的显示样式。图 4-19 中每个工具图标均有一个边框，使工具按钮有立体感，这是本选项未被选中时的显示样式。若选中 Cool Look，则整个工具栏中工具图标的显示样式为每个工具图标不带边框，呈平板式显示，一组工具图标带一个边框，组中不同类型图标之间用框线隔开。如图 4-22 所示。

图 4-22 工具图标的 Cool Look 显示

4）自建工具按钮组的改名和删除：在工具按钮组列表中选择自建的工具按钮组后，图 4-21 中 Toolbars 文本框中显示出按钮的名称，用户可以在此用常规的文本编辑方法修改该名称。此时 New 按钮下面的按钮名变为“Delete”，按此按钮，将删除选中的工具按钮组。

5）设置结果的存放和调用：多个用户共用 PSpice 软件时，由于习惯不同，用户对工具栏显示内容和显示方式的要求也会不同。在设置好图 4-21 中各项参数后，按图中 Save As 按钮，屏幕上即出现“Scheme Title”设置框，用于确定存放设置内容的文件名。

图 4-21 中 Scheme 一栏的下拉式列表框列出了已有的工具栏设置文件的名称，供用户选用。选中的设置名将出现在 Scheme 一栏的文本框内。若按 Scheme 栏中的 Delete 按钮，被选中的设置名将被删除。

（2）工具按钮组内所含工具图标的确定。在图 4-21 中选择“Commands”标签后，屏幕上出现“Commands”标签页，如图 4-23 所示。

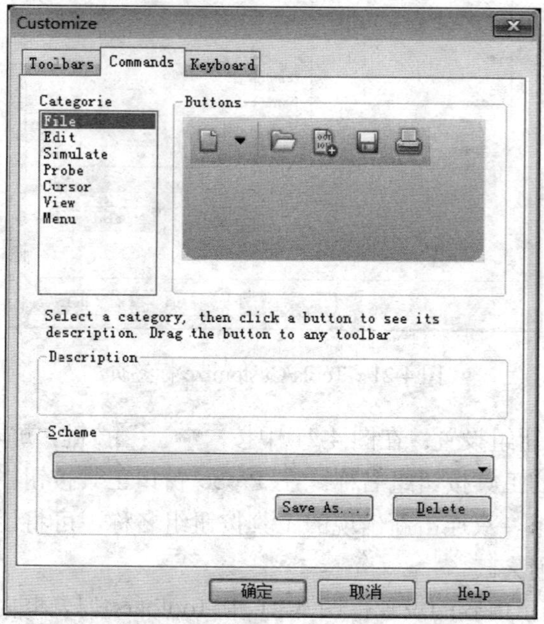

图 4-23 Customize/Commands 标签页

图 4-23 中的 Categorie 栏列出了系统提供的 7 个工具按钮组名称。选择一个按钮组名称后，图 4-23 的 Buttons 栏显示出该组中包括的工具按钮图标。在其中选中一个图标，图中 Description 栏将列出该图标的作用说明。用“拖动”的方法，将 Buttons 一栏内选中的图标拖拉至 Probe 窗口某个工具按钮组，即将该图标放至该按钮组中。反之，将 Probe 窗口工具按钮栏中的某工具图标拖拉至图 4-23 中 Buttons 一栏范围，即从 Probe 窗口工具栏中删除该工具图标。上述方法也适用于系统提供的 7 个工具按钮组中工具图标的增、减。系统提供的这 7 个工具按钮组中的工具图标不管经过多少次增减处理，只要在图 4-21 的 Toolbars 栏选中工具按钮组的名称，再按图中 Reset 按钮，即可使其恢复为系统内定设置。

（3）快捷键的创建与修改。在图 4-21 中选择“Keyboard”标签，屏幕上将出现如图 4-24 所示设置框。

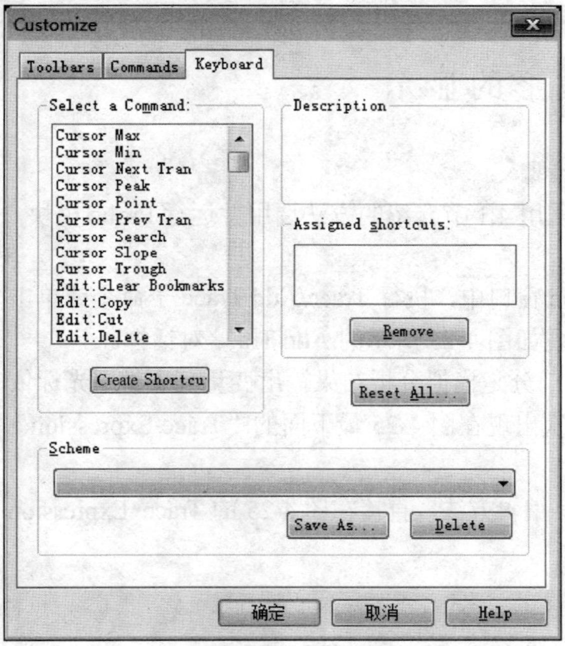

图 4-24　Customize/Keyboard 标签页

该设置框用于修改快捷键的设置。图 4-24 中的 Select a Command 栏列出了 Probe 窗口中的各条子命令。选中一条子命令后，Description 栏即显示出该子命令的功能。若该命令已有快捷键，则 Assigned Shortcuts 栏中会列出与该命令对应的快捷键；若对应有几个快捷键，例如 Edit/Paste 的快捷键有【Ctrl+V】和【Shift+Ins】，则它们同时出现在该栏中。

1）创建快捷键：选中一条子命令后，按图中 Create Shortcut 按钮，屏幕上即出现 Assign Shortcuts 设置框。若同时按下用作为快捷键的键，包括【Ctrl】键和【Shift】键等，再按设置框中的【OK】按钮，即为该子命令设置了快捷键。新设置的快捷键立即显示在 Assigned Shortcuts 栏中。

2）快捷键的删除：选中一条子命令后，该子命令对应的所有快捷键同时出现在 Assigned Shortcuts 栏中，从中选择一个快捷键并按栏中的【Remove】按钮，选中的快捷键即被删除。

3）快捷键内定设置的恢复：不管对快捷键进行了上述哪些处理，按图 4-24 中的【Reset All】键，将使快捷键设置恢复为内定状态。

4.2.4　Probe 中的数字和单位

（1）Probe 中的数字表示。在 Probe 中表示数字的方法与 PSpice 基本相同，但在表示方式上存在以下 4 点区别：

1）Probe 中用小写字母 m 表示 10^{-3}，而 PSpice 中用 M 表示；

2）Probe 中用大写字母 M 表示 10^{6}，而 PSpice 中必须用 Meg 表示；

3）Probe 中不支持 MIL 或 mil；

4）Probe 中除了用大小写字母 M 和 m 分别表示 10^{-3} 和 10^{6} 以外，其他情况大小写字母没有区别。例如 V（5）和 v（5）都可用来表示 5 号节点的电压。

（2）Probe 中的单位。Probe 中可采用的单位见表 4-1。

表 4-1　　Probe 中采用的单位

单位符号	含义
V	伏特
A	安培
W	瓦特
D	（相位的单位）度
S	秒
H	赫兹

4.3 信号波形的显示

4.3.1 Probe 窗口中显示信号波形的基本步骤

（1）调用 Probe 模块。绘制完电路图后，采用 4.1 节介绍的方法调用并运行 Probe 模块，使屏幕上出现如图 4-3 所示的 Probe 窗口界面。

（2）执行 Trace/Add Trace 子命令。在 Probe 窗口中，执行 Trace/Add Trace 子命令或单击快捷图标或按快捷键【Insert】，屏幕上即出现如图 4-25 所示的 Add Trace 对话框。

（3）选择信号变量名。图 4-25 对话框左边部分是模拟分析结果输出变量列表。用光标依次点中要显示的变量名，被选中的变量名将依次出现在图 4-25 最下面的“Trace Expression”文本框中。

选择变量名的另一种途径是采用通常的文字编辑方法，直接在图 4-25 的 Trace Expression 文本框中键入变量名。

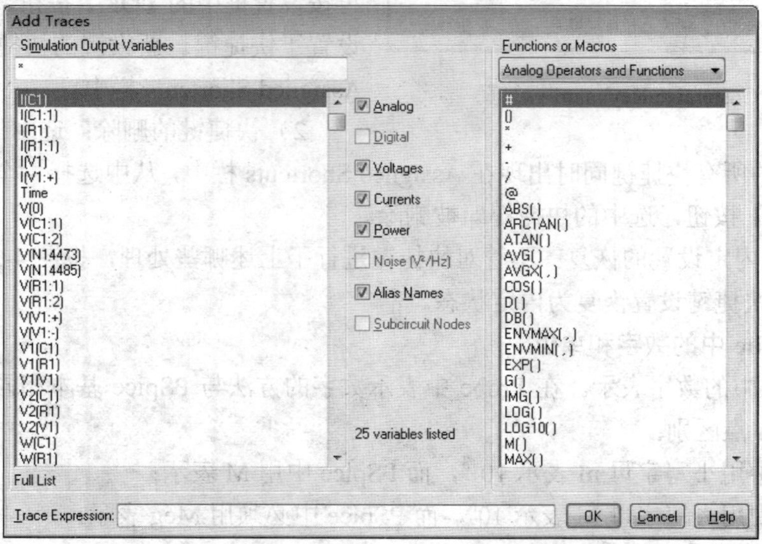

图 4-25 “Add Trace”对话框

（4）显示信号波形。按图 4-25 中的【OK】按钮，屏幕上将立即显示出与所选变量名对应的信号波形（如图 4-26 所示），在此以温度分析中的 Probe 窗口为例。如果在图 4-25 中用鼠标左键双击某变量名，则对应的信号波形也将显示在屏幕上。

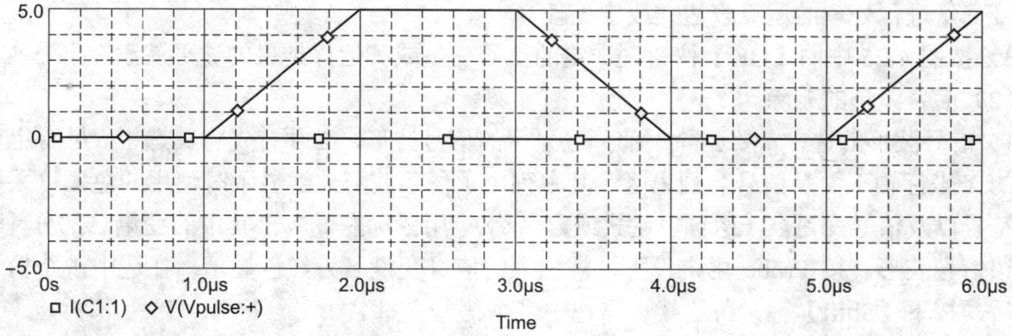

图 4-26　Probe 窗口中显示的信号波形

（5）与波形显示有关的 Probe 任选项设置。屏幕上显示波形时采用什么色彩模式，波形曲线上是否出现波形符号以及波形曲线上是否显示实际数据点，这 3 个问题都由 Probe Options 的有关设置确定。

1）色彩选用模式：在 Probe 任选项设置框中，“Trace Color Scheme”子框内的 4 项决定了显示信号波形的色彩模式，具体设置见 4.1.4 节。

2）波形曲线上波形符号的选用：显示信号波形时是否采用波形符号，由 Probe 任选项设置框中“Use Symbols”子框内 3 项的选中情况确定。具体设置见 4.1.4 节。

3）波形曲线上实际数据点的显示：若在图 4-4 Probe 选中型任选项设置框中，选中“Mark Data Point”，则在显示的波形曲线上同时标示出这次实际计算的数据点。

系统的内定默认设置是 Mark Data Points 处于未被选中状态。

（6）波形曲线显示属性设置和信息显示。在 Probe 窗口用光标指向某一条波形曲线后点击鼠标右键，屏幕上将弹出包含 Information 和 Properties 两条命令的菜单。

1）Information：选择本命令，屏幕上将弹出信息显示框。该显示框中给出了该波形曲线的名称、模拟批次、模拟中采用的温度、模拟日期和时间以及该条波形曲线上包括的数据点的个数。

2）Properties：选择本命令，屏幕上将弹出波形曲线显示属性设置框，4 种参数可设。

（a）Color：可从下拉列表中选择一种颜色（黑、红、兰、紫）显示波形曲线。

（b）Pattern：其下拉式列表中选择显示波形曲线时采用的线型，包括实线、长虚线、短虚线、点划线和双点划线 5 种线型。

（c）Width：可从下拉式列表中包括的 9 种不同线宽中选择一种用于显示波形曲线。

（d）Symbol：下拉式列表中包括正方形、菱形、三角形、圆形等 10 种符号供选用。

（e）Show Symbol：选中本项，将在波形曲线上显示选中的 Symbol 符号。即使未选中 Show Symbol，只要图 4-4 中 Use Symbols 子框内 Always 处于选中状态，波形曲线上仍会显示选定的波形符号。

4.3.2　信号波形的编辑修改

调用 Probe 模块并在屏幕上显示出信号波形后，可以对信号波形进行各种编辑处理。

（1）信号波形的添加。在已打开的 Probe 窗口种添加显示信号波形的步骤：

1）执行 Trace/Add Trace 子命令或单击快捷图标或按快捷键【Insert】，打开图 4-25。

2）在对话框中选择要显示波形的信号变量名。如果需要的话，还可以进一步选取对这几个信号变量进行处理的运算表达式或宏处理。

3）按图 4-25 中的【OK】按钮，选定的信号变量或其运算结果的波形就添在屏幕上。

（2）信号波形的删除。

1）信号波形的选中：要删除一部分已显示的信号波形，必须首先将其选中。屏幕上显示波形的 *X* 坐标轴下面是信号名列表区，其中列出了每条波形曲线显示时使用的色彩、采用的波形符号以及信号变量名（运算表达式或宏名称）。用鼠标左键单击其中的变量名部分，即可选中该信号波形。按 Probe 内定设置，被选中的信号变量名为红色显示。在选中一个信号变量名后，按下【Shift】键，可连续单击选中多个信号变量名。

2）删除选中的信号波形：按【Del】键即可将被选中的信号波形删除，若同时选中了几个信号变量名，则这几个信号波形同时被删除。

3）全部波形的删除：若要将波形显示区中的所有信号波形都删除，只需选择执行 Trace/Delete All 子命令即可。删除全部信号波形以后，若选择执行 Trace/Undelete 子命令，已删除的信号波形将恢复显示在屏幕上。

（3）换显示的信号波形。如果要将已显示的一个信号波形改换为另一个信号波形，可以先删除原来的信号波形，然后再添加需要显示的波形，也可以按下述步骤通过修改信号变量名的方法一次完成。

1）在信号名列表区中选中一个信号名，再选择 Edit/Modify Object 子命令或用鼠标左键双击信号变量名（不管该信号波形是否处于选中状态）后，屏幕上将出现图 4-25 所示的“Add Trace”对话框并在该框的“Trace Expression”文本框内显示出待修改的信号变量名。

2）采用通常的文本编辑修改方法将该信号变量名改为新的信号变量名。

3）按图 4-25 中的【OK】按钮，新改的信号变量名对应的波形将显示在屏幕上并替换原来的信号波形。

4.3.3 输出变量列表控制

在 Probe 窗口中显示哪些波形取决于图 4-25“Add Trace”对话框中的选项。该对话框中的“Simulation Output Variables”是输出变量列表，该列表框内显示的是在模拟分析中产生的节点电压和支路电流信号的变量名。这些变量代表的信号波形均可以在 Probe 窗口中显示。电路规模较大时，该列表中的变量名会很多。为了方便用户选定要显示的信号名，用户可以从位于图 4-25 中间部分的 Analog（模拟信号）、Digital（数字信号）、Voltages（电压信号）、Currents（电流信号）、Noise（V2/Hz）（噪声信号）、Alias Names（变量名的等效表示形式）、Subcircuit Nodes（子电路内部节点信号）7 项中，选择需在列表框中显示的信号变量名（如果该电路模拟分析中不存在某类信号，则该类信号名呈灰色显示，不可能被选中）。选中信号类别后，还可以在图 4-25 左上方文本框中键入适配符“*”和“？”，进一步限定变量名称。例如 I（R*）代表流过所有电阻的电流信号。这样，只有满足上述双重条件的变量名才会显示在输出变量列表框中，符合条件的变量名个数统计则列于图 4-25 的中下部。在图 4-25 左上方文本框内为符号“*”，这就意味着所有的变量名均显示在列表框中。

4.3.4 模拟信号的运算处理

在 Probe 窗口中不但可以直接显示信号波形，而且可对信号波形进行运算处理并将结果波形显示出来。在图 4-25 的“Function or Macros”子框内列出了可供选用的运算符、函数或者“宏”（Macro）。该框最上面为运算对象类别的选择，供用户从下拉式列表中选择运算符、函数或宏。若选择运算符和函数，则其下方列出可供选用的运算符和函数，用户可按常规的表达方式选用。

表 4-2 为 Probe 提供的函数。表 4-3 为 Probe 中可采用的运算符。

表 4-2　Probe 提供的函数

函数	含　义	PSpice 中是否采用
ABS（x）	绝对值 x	是
SGN（x）	等于+1（若 $x>0$），或 0（若 $x=0$），或−1（若 $x<0$）	是
SQRT（x）	开平方	是
EXP（x）	以 e 为底数的 x 次方	是
LOG（x）	自然对数 ln（x）	是
LOG10（x）	常用对数 log（x）	是
M（x）	x 的模值	是
P（x）	x 的相位（单位为度）	是
R（x）	x 的实部	是
IMG（x）	x 的虚部	是
G（x）	x 的群延迟（单位为秒）	否
PWR（x，y）		是
SIN（x）	正弦函数 sin（x）	是
COS（x）	余弦函数 cos（x）	是
TAN（x）	正切函数 tan（x）	是
ATAN（x）	反正切函数	是
ARCTAN（x）	反正切函数	是
d（x）	求变量 x 对 X 轴的导数	否
s（x）	在 X 轴范围对变量 x 求积分	否
AVG（x）	在 X 轴范围对变量 x 求平均	否
AVGX（x，d）	在 X 轴上从（x−d）到（x）范围对 x 求平均	否
RMS（x）	在 X 轴范围求变量 x 的均方根值	否
DB（x）	x 模的分贝数	否
MIN（x）	x 实部的最小值	否
MAX（x）	x 实部的最大值	否

表 4-3　PSpice 中的运算符

符号	含　义	符号	含　义
+	加	/	除
−	减	()	分组
*	乘	@	指定模拟批次或文件名

4.3.5 “宏”（Macro）

（1）“宏”的概念。在显示信号波形时，用户不但可以直接利用 Probe 提供的运算符和函数对信号进行运算处理，而且还可以将这些运算符和函数组合在一起构成新的关系式，用于处理信号，然后再显示经处理的结果波形。这些由用户自行定义的关系式称之为“宏”（Macro）。定义的“宏”将被存入以 PRB 为扩展名的文件。对存入文件的宏可以进行修改、删除等处理。

（2）“宏”的定义格式。定义“宏”与定义一个运算关系式一样。其一般格式为

宏名称（变量名 1 [，变量名 2…]）＝表达式

其中“宏名称”是以后调用该宏时采用的名称，在其后的括号内为变量名。若变量多于一个，则每个变量之间用逗号隔开。等号后面表达式是该“宏”的具体内容，其中可以包括 Probe 提供的运算符、函数以及已定义的“宏”。在“宏”定义行的后面可以用分号引导注释用字符串。例如，下面三式均是符合规定的宏定义表达式：

Pi＝3.14159265

ADD（A，B）＝A+B

ADD（A，B）＝A+B；the SUM of A and B

（3）“宏”文件。“宏”存放在以 PRB 为扩展名的文件中。在 Probe 窗口中选择执行 Trace/Macros 子命令，屏幕上将出现如图 4-27 所示 Macros 对话框。该框中同时显示出全局（G1obal）PRB 和本地（Local）PRB 文件中已定义的“宏”。

1）定义与存储新的宏：在图 4-27 对话框的 Definition 文本框中，按“宏”的定义格式键入新定义的宏，然后按【Save】按钮，新定义的“宏”就存入本地 PRB 文件，同时显示在 Macros 框中，而且还自动加至图 4-27 的 Macros 列表框供用户使用，若要将新建的宏存入其他 PRB 文件，则应按【Save To】按钮，屏幕上显示出“文件打开”对话框，供用户选择或新建一个存放新定义的“宏”的文件。

2）“宏”的调用：其他 PRB 文件中调用已定义的“宏”，应按【Load】按钮，在屏幕上出现的文件打开对话框中选择确定欲调入的 PRB 文件。调入后，该文件中包含的“宏”将出现在图 4-27 所示的 Macros 框中，同时添加到图 4-25 的 Macros 列表框中供用户选用。

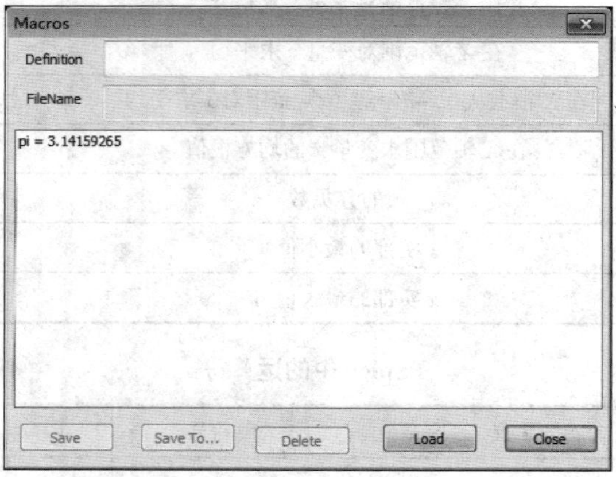

图 4-27 “Macros”对话框

3）“宏”的修改：在图 4-27 显示的“宏”定义列表中，选择要修改的“宏”，该“宏”

将出现在 Definition 框中，用户对其修改后，按【Save】键，修改后的“宏”将替换原来的“宏”。

4）“宏”的删除：在图 4-27 显示的“宏” 定义列表中选择“宏”，再按【Delete】按钮，该“宏”被删除。若要删除的“宏”不属于本地 PRB 文件，应按【Delete】按钮，在文件打开对话框中选择要删除的“宏”所隶属的 PRB 文件，该“宏”才被删除。否则，屏幕上将显示出错信息。

5）PRB 文件中的“宏”：在全局和本地 PRB 文件中以（MACROS）开头的部分为已定义的“宏”。为了增强可读性，用户可用文本编辑软件在其中加入注释行。注释行的标志是该行第一个字符为星号（“*”）。注释的内容将不会出现在 Macros 列表框中。

4.4　显示波形的处理

Probe 可以对窗口中显示的信号波形作进一步的分析处理，以改善波形显示状态。

4.4.1　坐标轴的设置

在 Probe 窗口中显示出波形后，用户可根据需要，改变坐标轴和坐标网格的设置。在 Probe 窗口中选择执行 Plot/Axis Settings 子命令，屏幕上出现图 4-28 所示设置框。在波形显示窗口中 x 坐标轴下方标注坐标值的区域内用鼠标左键双击，也可以调出该设置框。

（1）*X* 轴的设置。图 4-28 中显示的是选择图中 X Axis 标签的情况，X Axis 标签用于设置 *X* 轴。

1）Data Range：该项子框用于设置波形显示窗口中 *X* 轴的刻度范围。若选中 Auto Range（Probe 的内定设置），则 Probe 根据波形数据情况自动调整 *X* 轴刻度范围；若选中 User Defined，用户还需在其下方图的左右两边分别确定显示的 *X* 轴刻度的起始值和终止值。

2）Scale：该子框用于设置 *X* 轴的刻度方式。Linear 和 Log 分别代表均匀刻度坐标和对数坐标，两者之中只能选中一项。Probe 的内定设置为 Linear。

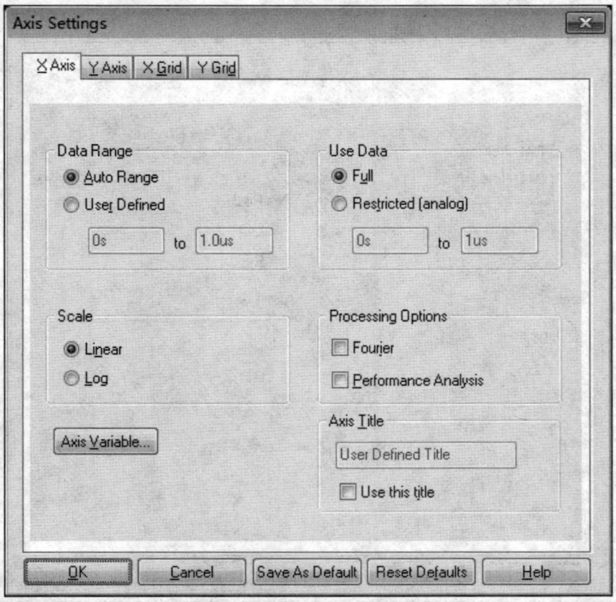

图 4-28　Axis Settings 标签页

3）Use Data：该项子框用于设置显示波形时整个 X 轴的取值范围。若选中 Full（Probe 的内定设置），则根据模拟分析结果，显示全部波形。若选中 Restricted（analog），则用户还需在其下方图的左右两侧分别确定显示时 X 轴的取值范围（适用于模拟电路信号）。

若本项设置的范围大于上述（1）中确定的 X 轴刻度范围，则在波形显示窗口中的 X 轴刻度范围不变，同时，在 X 轴下方将出现水平滚动条，用户可借助滚动条查阅由本项设置确定的 X 轴范围内的波形。

4）Processing Options：该子框中的选项用于进行傅里叶分析（Fourier）和电路设计性能分析。

5）Axis Title：定义显示波形时 X 轴变量类型。

完成设置后，若按【Save As Default】按钮，可将已设置值作为内定设置存储；若按【Reset Defaults】按钮，则恢复原有的内定设置。

完成全部设置后，按【OK】按钮即可按新的设置重新显示波形。若按【Cancel】按钮，则放弃刚刚修改的设置。

（2）Y 轴的设置。在图 4-28 中按 Y Axis 标签，屏幕上出现如图 4-29 所示的 Y 轴设置标签页。

Y 轴设置标签页中除 Y Axis Number 和 Axis Title 两项外，其他设置项目和按钮的作用与设置方法和 X 轴设置标签页类似。

1）Y Axis Number：如果显示窗口中有多根 Y 坐标轴，则在对 Y 轴进行设置中包括给 Y 轴添加名称。这时，首先应通过本项子框的设置，确定是对哪一根 Y 轴进行设置处理。

2）Axis Title：若要给 Y 轴加名称，只需在图 4-29 中 Axis Title 子框内键入表示名称的字符即可。

3）Axis Position：Y 轴所加的位置。

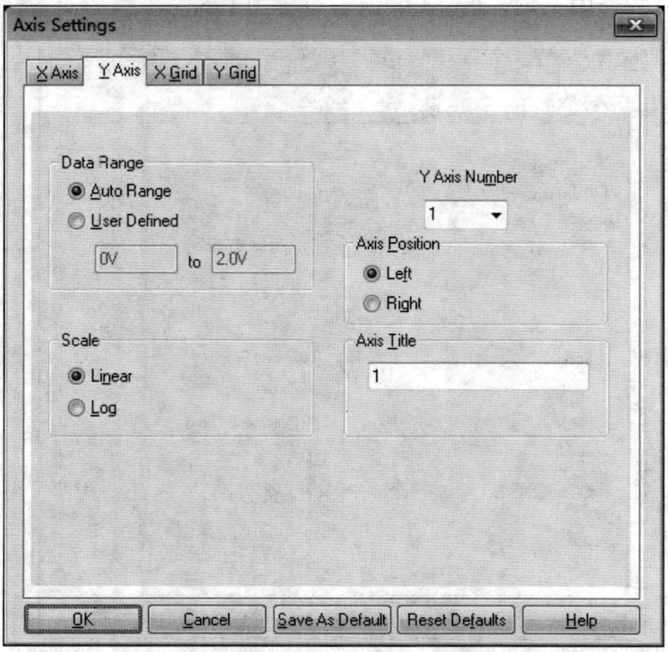

图 4-29 Y 轴设置标签页

4.4.2　坐标网格的设置

（1）X 轴网格的设置。在图 4-28 中按 X Grid 标签，屏幕上出现如图 4-30 所示 X 轴网格设置标签页。Probe 窗口中的网格线分为主网格线（Major）和将两根主网格线中间进一步细分为多个区间的细网格线（Minor）两种。若使图中上方的 Automatic 处于选中状态，将由系统自动确定网格线的安排。否则，需由用户分别对主网格线和细网格线进行设置。

1）主网格线的设置：图 4-30 中的 Major 子框用于主网格线的设置。

Spacing：当 X 轴为线性刻度时，两条主网络线之间的距离由 Spacing 栏中 Linear 项的设置值确定；当 X 轴为对数刻度时，两条主网格线之间代表的数量级数由 Spacing 栏中 Log 项的设置值确定，该项设置值只能从其下拉列表中列出的 10、5、4、3、2、1、0.5、0.2、和 0.1 中选定。

Grid：本栏中的 4 个选项分别确定主网格线的表示形式是否是直线（Lines），主网格线与其他网格线交叉处表示为点（Dots）、十字叉（+），还是不显示（None）。若选用点或十字叉，还可进一步确定是在与其他主网格线的交叉处（只选中 with other major）、与其他细网格线的交叉处（只选中 with other minor）还是在与所有网格线的交叉处（同时选中 with other major 和 with other minor）显示点或十字叉。

Ticks inside plot edge：在 X 坐标轴上用短竖线标出主网格线的位置。

Numbers outside plot edge：在 X 坐标轴下方标出主网格线的坐标值。

2）细网格线的设置：如图 4-30 所示，对细网格线的确定需用图中 Minor 子框中的 3 项设置。其中 Grids 和 Ticks inside plot edge 两项与主网格线中的类似。

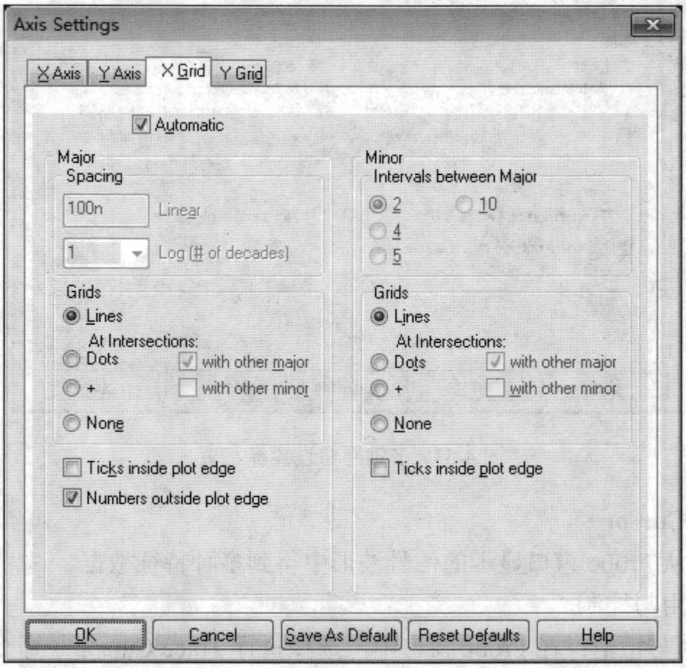

图 4-30　X 轴网格设置标签页

Intervals between Major 的作用是确定在两条主网格线之间用细网格线划分为几个区间。用户只能从 2、4、5 和 10 中选用一个。

（2）*Y* 轴网格的设置。在图 4-28 中按 Y Grid 标签，屏幕上出现如图 4-31 所示的 *Y* 轴网格设置标签页。该标签页只是增加了 Y Axis 一项。在同一个波形显示窗口采用多条 *Y* 坐标轴的情况下，该项设置值决定了图 4-31 中的设置是针对哪一个编号的 *Y* 轴。其余参数与图 4-30 设置方法相同。

（3）坐标网格线显示属性的设置。在 Probe 窗口中，将光标指向 *X* 轴主网格线（或细网格线）后点击鼠标右键，屏幕上将弹出一个快捷命令菜单，该菜单包括 Settings 和 Properties 两条命令。若选择 Settings，将调出图 4-30 所示 *X* 轴网格线设置框，供用户修改有关设置。若选择 Properties，屏幕上将出现网格线显示属性设置值，供用户确定 *X* 轴网格线的 Color、Pattern 和 Width，设置方法与波形显示属性的设置方法相同。同时还可确定对 *X* 轴的设置是否也用于 *Y* 轴网格线的设置。

（4）坐标轴框线显示属性的设置。在 Probe 窗口中，将光标指向坐标轴框线后，点击鼠标右键，屏幕上将弹出坐标轴框线显示属性设置框，用于设置颜色、线型和线宽等显示属性。设置方法与坐标网格线显示属性的设置方法相同。

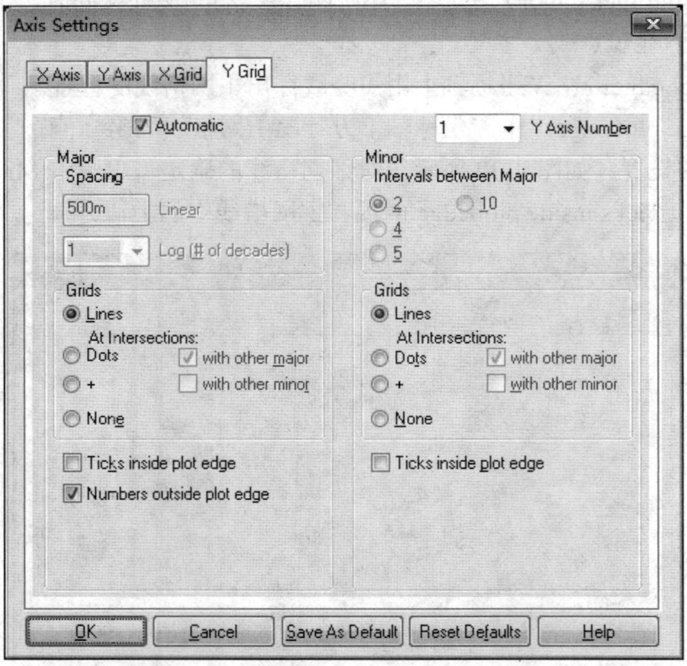

图 4-31 *Y* 轴网格设置标签页

4.4.3 标尺（Cursor）

使用标尺可以从 Probe 窗口显示的信号波形中得到多种特征数据。

（1）标尺的启用与控制。

1）标尺的启用与撤消：在 Probe 窗口中，选择执行 Trace/Cursor 子命令，屏幕上出现图 4-32 所示下拉式 Cursor 子命令菜单。

选中图 4-32 的 Display，使该条子命令前面出现选中标志符号或按快捷图标按钮，即可在 Probe 窗口中启动两组十字型标尺，同时在屏幕右下方弹出标尺数据显示框（如图 4-33 所示）。标尺启动后，若再次选择图 4-32 中 Display 子命令，使其前面的选中标志符号消失，

或按快捷工具图标按钮，将停止标尺的使用。

2）标尺位置的锁定：若选中图 4-32 的 Freeze 子命令，或按【Ctrl+Shift+F】键，将使两组坐标尺锁定在当前位置，而且所有与标尺有关的操作均不起作用。

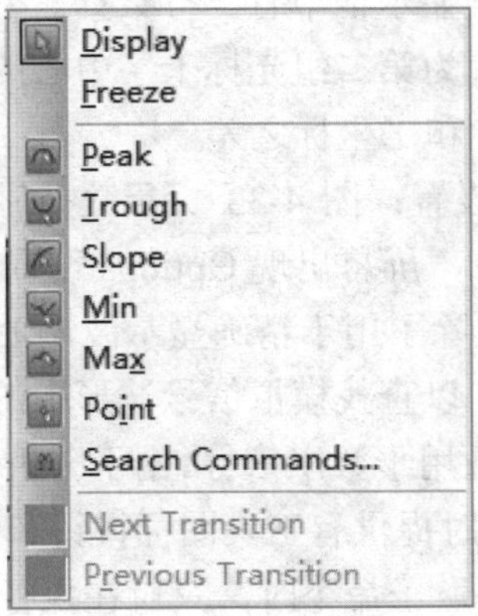

图 4-32　Cursor 子命令菜单

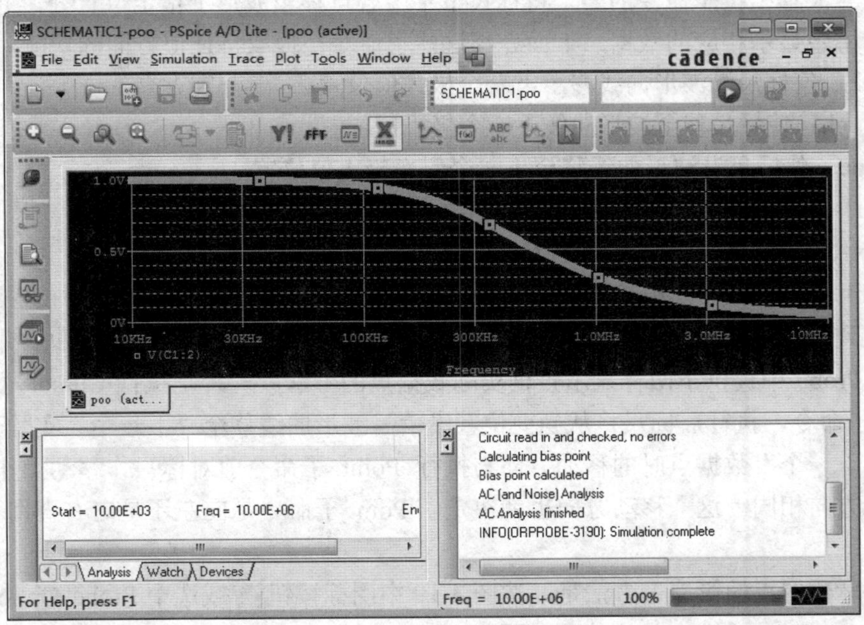

图 4-33　带标尺数据显示框的 Probe 窗口

3）两组标尺的控制：为了区分两组标尺，Probe 中第一组标尺是由较密点构成的十字形虚线，第 2 组标尺是由较疏点构成的十字形虚线。第 1 组标尺受鼠标左键控制，第 2 组标尺受鼠标右键控制。为了控制标尺的移动，首先需要确定每一组标尺用于哪一个信号波形。用鼠标左键点击窗口左下方信号名列表区中信号名前的波形符号（Symbol），该符号四周出现由较密点组成的方框，则表示第 1 组标尺移动时将沿该信号波形移动。同样，用鼠标右键点击信号名列表区中某信号名前的波形符号（Symbol），该符号四周出现由较疏点组成的方框，则表示第 2 组标尺移动时将沿该信号波形移动。

在波形显示区中用鼠标左键点击某一位置，将使第 1 组光标的垂直线移至该位置，这时若使鼠标左键保持按下的状态，还可进一步拖动第1组标尺。第1组标尺的十字中心点一直在选定的信号波形上移动。按同样方式，可以用鼠标右键控制第2组标尺的移动。

（2）标尺数据显示框。

1）标尺数据的显示：标尺数据显示框中有三行数据。第一行两个数据分别是第一组光标十字中心的 *X* 和 *Y* 坐标值。第二行为第二组光标十字中心的 *X* 和 *Y* 坐标值。第三行“dif=”后面则为这两组光标十字中心点 *X* 和 *Y* 坐标之差。

2）标尺坐标数据有效位数的设置：图4-33标尺数据显示框中坐标数据的有效位数可由用户设置。执行Tools/Options命令，屏幕出现Options设置框，具体设置见4.1.4节。

（3）波形特征值的提取。标尺除了用于精确显示波形上任一点的坐标数据外，还可用于选择执行Cursor菜单中的子命令，以查找模拟信号波形上的特殊位置，提取特征值。

图4-32中的最后两条子命令适用于数字信号。由于分析波形时频繁使用Cursor菜单中的子命令，故Probe为这些子命令同时提供有工具图标按钮和快捷键。

需要指出的是，执行特征值提取子命令时，只对在执行前最后一次标尺操作中涉及的那一组标尺起作用。例如，对第二组标尺进行移动操作后再执行这些子命令将使第二组标尺在其作用的信号波形上按子命令的要求将标尺十字中心点移至波形上指定位置处，并同时在标尺数据显示框中显示相应的数据。下面介绍这些子命令在提取特征值方面的功能。

1）Peak：使标尺沿波形曲线移至下一个极大值位置。

2）Trough：使标尺移至波形曲线下一个极小值位置。

3）Slope：使标尺沿波形曲线移至下一个斜率极大值位置。

4）Min：使标尺移至波形曲线的最小值位置。

5）Max：使标尺移至波形曲线的最大值位置。

6）Point：DC、AC、Transient等电路模拟实际上都是对自变量的变化进行扫描分析，从而得到一系列数据点。Probe可对这些数据点进行平滑处理，得到连续的波形曲线并将其显示在屏幕上。Probe中提供了两种显示查询实际数据点的方法。一种是执行Cursor子命令菜单中的Point子命令，执行后标尺将从当前位置沿信号波形曲线移至“下一个”实际数据点。

移至“下一个”数据点时的移动方向与执行Point子命令前对标尺作移动操作时，该组标尺的移动方向相同。这一移动方向也就决定了Point子命令是向左还是向右查询“下一个”实际数据点。

显示实际数据点的第二个方法是，按图4-19中图标按钮或选中Probe Options设置框中的Mark Data Point选项，然后按【OK】按钮。这时在Probe窗口中所有信号波形上都同时显示出实际数据点。

7）Search Commands：上述6条子命令都有明确的特征值提取功能。若用户还需要提取其他类型的特征值，可以利用本条子命令，按Probe规定的语句格式自行编制搜寻命令。

4.4.4 标注符

为了进一步区分和识别信号波形，Probe可以给不同的波形添加多种形式的标注符，包括标示出波形曲线上数据点的坐标值，添加说明字符以及与之匹配的直线、折线、方框、圆、椭圆等，使说明字符更加清晰、直观。

（1）注符的添加。在Probe窗口中选择执行Plot/Label子命令，屏幕上出现如图4-35所示下拉式子命令菜单。其中共有8条子命令，按其作用可分为3类。

1）在波形曲线上添加说明字符：选择执行图 4-35 中 Text 子命令或按图 4-35 中的图标按钮，屏幕上将出现图 4-34 所示设置框。

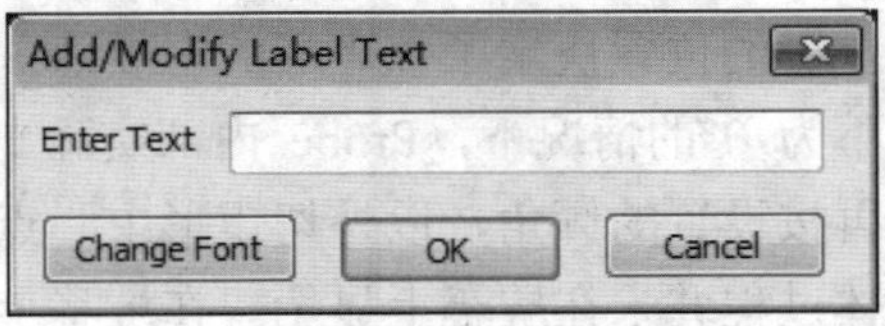

图 4-34　Text Label 设置框

在设置框中键入说明字符串，框中最多允许 124 个字符串（包括空格），然后按【OK】按钮，该字符串即出现在 Probe 窗口。可用鼠标控制该字符串在窗口中的移动。将其移至合适位置后，按鼠标左键，就将说明字符固定放于该位置。这时字符呈红色显示，表示其处于选中状态，按【Delete】键即可将其删除。若在固定放置字符之前按鼠标右键，字符串也将被删除。

2）在波形曲线上标示坐标数据：将标尺移至波形曲线某一位置后，选择执行图 4-35 中 Mark 子命令或按图 4-19 中图标按钮，波形曲线上标尺十字中心点所在位置的坐标数据立即标示于该点附近，这些数据一直保留，不会因标尺的移动而变化或消失。

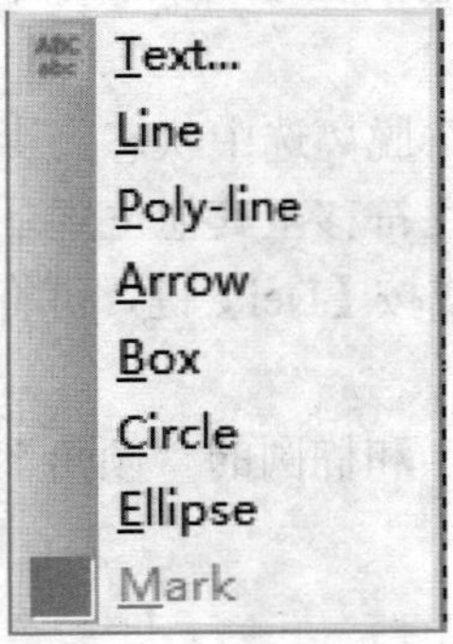

图 4-35　Plot/Label 子命令菜单

3）图形标示符：为了使说明字符更加直观，可以选用图 4-35Plot/Label 子命令菜单中的其余 6 条子命令在 Probe 窗口中添加直线段、折线、箭头、矩形框、圆或椭圆。

（a）Line（直线段）：选择执行图 4-35 中 Line 子命令后，光标变成铅笔形状。移动光标至某位置后单击鼠标左键，该点即成为直线段的起点。然后随着光标的移动，在起点和当前光标点之间就出现直线段，单击鼠标左键就将该直线段固定。

（b）Poly-Line（折线）：选择执行图 4-35 中 Poly-Line 子命令后，光标变成铅笔形状。单击鼠标左键，确定折线起点。在移动光标过程中，每单击一次鼠标左键，就在相邻两次单击鼠标左键的位置之间出现一条直线段，连续多根直线段构成折线。绘制好折线后单击鼠标右键，即退出折线绘制状态，光标恢复常规形状。

（c）Arrow（箭头）：执行图 4-35 中 Arrow 子命令，绘制带箭头直线段的过程与上述绘制直线段的过程是一样的，只是在两次单击鼠标左键的位置之间出现的是一个在终端带有箭头的直线段。

（d）Box（矩形框）：选择执行图 4-35 中 Box 子命令，可以绘制矩形。绘制的过程与上述绘制直线段以及绘制箭头的过程都一样，只是在两次单击鼠标左键的位置之间，出现的是以这两点为对角顶点的矩形。

（e）Circle（圆）：选择执行图 4-35 中 Circle 子命令，可以绘制圆。绘制的基本步骤与上述绘制 Box 基本相同，只是现在绘制出的是一个圆。该圆以第一次单击鼠标左键的位置为圆心，以两次单击鼠标左键位置之间的距离为半径。

（f）Ellipse（椭圆）：选择执行图 4-35 中 Ellipse 子命令，可以绘制一个椭圆。绘制的基本步骤与上述绘制 Circle（圆）基本相同，但有下述区别。

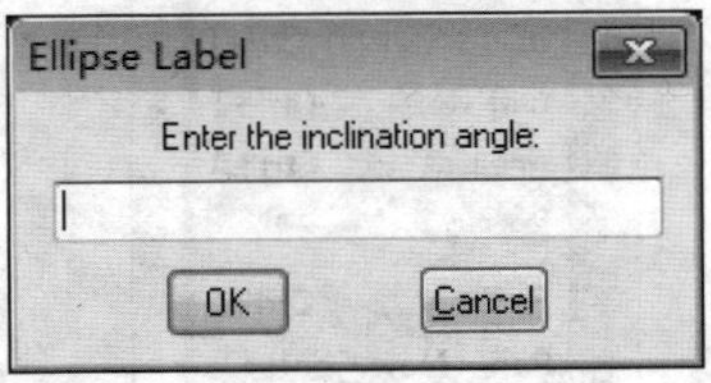

图 4-36　椭圆倾角设置框

绘制椭圆时可以指定椭圆的倾角。选择执行 Ellipse 子命令后，屏幕上出现图 4-36 所示设置框，供用户确定椭圆的倾角［以度（°）为单位］。Probe 的内定值为 0°，即为正椭圆。

在倾角为 0°的情况下，绘制的是一个正矩形的内切椭圆。绘制过程中，第一次单击鼠标左键的位置决定了该矩形的中心点；第二次单击鼠标左键，确定了矩形的一个顶点。在倾角不为 0°的情况下，Probe 内部实际上还是首先由两次单击鼠标的过程确定一个正椭圆，然后再按设置的倾角，以外切矩形中心点为支点，将正椭圆逆时针旋转规定的倾角。当然上述具体过程并未在屏幕上显示。在屏幕上出现的是最终旋转后的结果。这样就使用户觉得绘制的椭圆与两次单击鼠标左键之间的关系不很直接。用户应在第二次单击鼠标左键之前，注意观察椭圆形状随光标移动的变化情况。待其形状符合要求后再单击鼠标左键，将其固定下来。

（2）标注符的选中。各种标注符均可进行编辑修改，可以移动标注符的位置、修改注释用的字符内容或椭圆倾角，也可以将标注符删除。在对标注符进行编辑修改之前必须首先使其处于选中状态。

用鼠标左键单击标注符的轮廓线，即可使该标注符处于选中状态。按 Probe 内定设置，处于选中状态的标注符为粉色显示。单击时并不严格要求对准轮廓线，即使单击的位置与轮廓线有较小的间距，也可以将该标志符选中。选中一个标志符后，可用按住【Shift】键单击的方法继续选中多个标注符。

在与标志符轮廓线距离较大的任一位置单击鼠标左键，可使标志符脱离选中状态。

（3）标注符的移动。选中某个标注符后，可用拖拉的方法将该标注符移至其他位置。

（4）标注符的删除。选中某个标注符后，执行 Edit/Delete 子命令或按【Del】键，可将该标注符删除。

（5）标注符的修改。在已添加的各种标注符中，只有“说明字符”和椭圆的“倾角”两项内容可由用户按下述步骤修改：

1）选中说明字符或椭圆。

2）采用下述方法之一打开图 4-34 所示 Text Label 设置框（若被选中的是说明字符）或图 4-36 所示椭圆倾角设置框（若被选中的是椭圆）。

（a）选择执行 Edit/Modify Object 子命令。

（b）用鼠标左键双击已选中的说明字符或椭圆轮廓线。

3）在设置框中对显示的内容进行修改，然后按【OK】按钮，将修改的效果显示在屏幕上。

4.4.5 波形的缩放

为了方便用户对波形全貌和细节的分析，Probe 窗口中的波形可进行缩放显示。这个功能是通过 View 主命令菜单中 Zoom 子命令下的子命令完成的。在 Probe 窗口中选择执行 View/Zoom 命令后，屏幕上出现下拉式命令菜单（如图 4-37 所示），其中共有 7 条子命令。

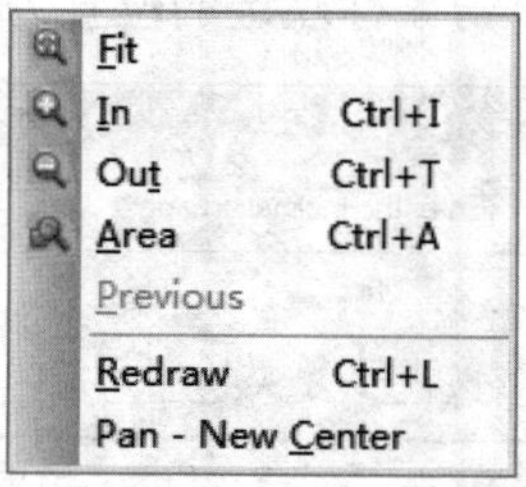

图 4-37 View Zoom 子命令菜单

（1）Fit：将自动调节波形显示区坐标轴的刻度，使整个信号波形在显示区中显示出来。

（2）In：减小坐标轴刻度，重新显示信号波形。相当于将波形图形放大显示。选择执行 In 子命令后，光标变成十字形。移动鼠标，将光标移到某一位置后，单击鼠标左键，则信号波形将被放大显示，并且该单击位置成为波形显示区中心。

（3）Out：增大坐标轴刻度，重新显示信号波形，相当于将波形图形缩小显示。调用过程与 In 命令类似。

（4）Area：在模拟信号波形显示区中，放大显示选中的某区域内的信号波形。选择执行 Area 子命令后，光标变成十字形。以双击鼠标左键时的位置为两个顶点位置，形成一个以这两个顶点为对角顶点的矩形区域。该区域内的波形将被放大显示，并正好充满整个波形显示区。

（5）Previous：在多次执行上述几条子命令改变波形显示的过程中执行本项子命令，可恢复前一次波形的显示情况。本条子命令可连续执行多次，依次返回原先的显示结果。

（6）Redraw：在分析波形的过程中，如果出现屏幕上波形显示状态混乱的情况，可选择执行 Redraw 子命令刷新屏幕，重新显示波形。

（7）Pan-New Center：执行此命令后，光标变成十字形。用鼠标将该十字形光标移至显示区中某一位置后，单击鼠标左键，则 Probe 更新显示波形，使十字形光标所在位置成为显示区的中心位置。

4.4.6　滚动条的控制

按 Probe 的内定设置，如果整个信号波形已全部显示在窗口中，屏幕上就不会出现滚动条。如果波形经缩放处理（或新增波形显示）后，信号波形不能全部显示在屏幕上，那么在屏幕波形显示区的右边和底部就会自动出现滚动条，以方便用户观察波形的各个部分。

滚动条出现与否除了可由 Probe 自动调节外，也还可以人为设置。在 Probe 中选择执行 Tools/Options 子命令，屏幕上出现图 4-4 所示 Options 设置框。

Options 设置框中 Use Scroll Bars 子框的 3 个选项用于设置滚动条的显示情况（具体设置见 4.1.4 节）。

4.4.7　波形色彩设置

在 Probe 窗口显示波形时，前景色、背景色和信号波形的色彩均取决于 PSpice 软件包配置文件 PSPICE.INI 中有关参数的设置。

PSPICE.INI 是一个可读的 ASCII 码文件。该文件中的［PROBE DISPLAY COLORS］部分为色彩设置。其设置格式如下所示：

NUMTRACECOLORS=n
BACKGROUND=色彩名
FOREGROUND=色彩名
TRACE_1=色彩名
…
TRACE_12=色彩名

其中，第 1 行设置显示波形曲线使用的色彩总数 *n*，其值可以在 1～12 之间，内定值为 12；第 2 和第 3 行设置 Probe 窗口的背景色（内定值为 black）和前景色（内定值为 White）。接下来的 12 行具体设置显示信号波形时采用的色彩，其中 TRACE_1，…，TRACE_6 的内定的设置值分别为 brightgreen、brightred、brightblue、brightyellow、brightmagenta 和 brightcyan。在信号波形数不超过设置的波形显示色彩数时，不同的波形按 TRACE_1，…，TRACE_12 的设置顺序采用相应的色彩。若信号波形超过设置的波形显示色彩数，则重复使用上述顺序。

在色彩设置格式中，色彩名可以设置为下述 30 种中的一种。

black　blue　brown　cyan　green　magenta　mustard　orange　pink
purple　red　white　yellow

brightblue brightcyan brightgreen brightmagenta brightred
brightwhite brightyellow
darkblue darkcyan darkgray darkgreen darkmagenta darkred darkpink
lightgreen lightblue lightgray

注意： 必须重新启动 Probe 模块才能使 PSPICE.INI 文件中的新设置生效。

4.5 Probe 中的多窗口显示

4.5.1 波形显示区的控制

在同一个坐标系下显示两类信号或数值相差太大的几个信号波形时，将会出现部分波形曲线形状显示不明显的问题。可采用两根 *Y* 轴的方法，除此之外 Probe 模块对这一问题还有一个解决办法，这就是采用不同的波形显示区。

（1）添加波形显示区。在 Probe 窗口中，同一个坐标系及其中的信号波形统称为一个波形显示区。若显示的是模拟信号，波形显示区以虚线框划定其边界；显示数字信号的波形显示区则以实线框划定边界。

选择执行 Plot/Add Plot to Window 子命令，即可在当前屏幕上添加一个空白的波形显示区。若 Add Plot to Window 子命令不能被选中（呈灰色显示），可先关闭 Simulation Status Window 窗口，此时该项就可以被选中了。在一个窗口中可以添加多个波形显示区。

（2）选中波形显示区。在存在多个波形显示区的情况下，只有一个波形显示区处于“选中”状态，其标志是在该显示区的虚线框左下边界外有个“SEL≫”符号。对信号波形的各种处理只对处于选中状态的波形显示区中的信号波形起作用。

在某一个波形显示区范围内任一位置用鼠标左键点击，就使其成为“选中”的波形显示区。执行 Plot/Add Plot to Window 子命令增添的波形显示区自动加于屏幕上处于选中状态的波形显示区的上方，同时新添加的波形显示区自动成为选中状态。

（3）删除波形显示区。选中某个波形显示区，然后执行 Plot/Delete Plot 子命令，即可同时删除该波形显示区及其中显示的所有波形。如果当前窗口中只有一个波形显示区，则该条子命令呈灰色显示，不起作用。

（4）不同波形显示区 *X* 坐标轴的控制。用 Plot/Add Plot to Window 子命令增加一个波形显示区后，新增波形显示区将加于原先处于选中状态的波形显示区的上方，而且这两个波形显示区共用同一个 *X* 轴刻度。选择执行 Plot/Unsynchronize 子命令，可使新增的波形显示区自行采用单独的 *X* 轴刻度。

4.5.2 波形显示窗口的控制

（1）波形显示窗口的添加。Probe 允许在屏幕上同时打开多个波形显示窗口。波形显示窗口的最上面一行是标题栏，栏中列有窗口的名称。采用下述两种方法均可以在屏幕上打开一个窗口：

1）在 Probe 窗口中执行 File/Open 子命令打开一个 Probe 数据文件（以.DAT 为扩展名）的同时，自动打开一个波形显示窗口，该数据文件主名同时作为窗口的名称。

2）在 Probe 窗口中选择执行主命令 Window，出现下拉式命令菜单，如图 4-38 所示。在该命令菜单中选择执行 New Window 子命令，就在屏幕上新打开一个波形显示窗口。

（2）活动窗口。在存在多个波形显示窗口的情况下，只有一个窗口处于选中状态，称之为活动窗口。活动窗口的窗口标题栏呈高亮显示。屏幕上所有波形显示窗口共用一个主命令菜单和工具栏。但是，命令菜单的选择执行、键盘或光标操作等均只对活动窗口起作用。新打开一个窗口时，新打开的窗口自动成为活动窗口。而采用下述两种方法则可以使任一个窗口成为活动窗口。

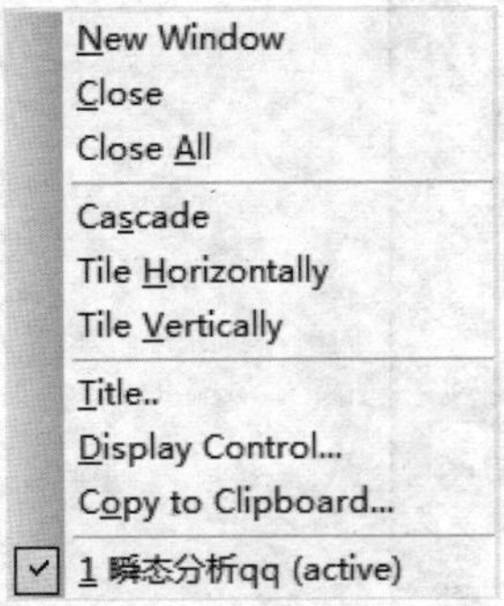

图 4-38　Probe 的 Window 命令菜单

1）用鼠标左键单击某一个波形显示窗口内的任一设置，就使该窗口成为活动窗口。

2）在图 4-38 中的 Window 命令菜单的最后面列出了屏幕上现有波形显示窗口名称列表。列表中的每一行由窗口的顺序编号和该窗口的名称组成，活动窗口名的前面有选中标志。从列表中选择一个窗口名称，该窗口即成为活动窗口。

（3）窗口标题名的改变。要改变某个窗口的标题名称，首先应使该窗口成为活动窗口，然后执行图 4-38 中的 Title 子命令。在屏幕上弹出修改标题名对话框，修改标题名后，按【OK】按钮即可。

（4）窗口的关闭。要关闭某个窗口，首先应使该窗口成为活动窗口，然后执行图 4-38 中的 Close 子命令。在存在多个窗口的情况下，执行图 4-38 中的 Close All 子命令，可关闭所有窗口。

（5）多窗口的排列。在图 4-38 中的 Cascade、Tile Horizontally 和 Tile Vertically 这 3 条子命令与通常 Windows 应用程序中的同名子命令作用相同，即在存在多个波形显示窗口的情况下，使这几个窗口呈层叠式、水平式或并列式排列。

（6）“窗口－波形显示区－波形”层次结构。Probe 模块显示波形时采用的是一种层次结构。整个屏幕可看作一个 Probe 窗口。在其中可以打开一个或多个波形显示窗口，每个波形显示窗口都有一个标题栏和窗口标题名称。在一个波形显示窗口中可以建立一个或多个波形显示区，每个波形显示区都有一个边界框线，其内部是一个坐标系统。在一个波形显示区中可显示一个或多个信号波形。

图 4-38 中的 Display Control 和 Copy to Clipboard 两条子命令用于信号波形的传送。

4.6　信号波形的传送

为了能在不同的应用程序之间调用 Probe 窗口中显示的信号波形，共享 PSpice 模拟分析结果，Probe 采用了两种信号波形数据格式，并提供了多种关于信号数据的复制、传送等功能。这些功能包括屏幕显示信号的存储与调用，bitmaps 图形文件的生成，在其他 Windows 应用程序以及 CAD 程序中调用信号波形图像等。

4.6.1　波形显示窗口内容的存储与调用

在分析、显示不同信号波形的过程中，屏幕显示会发生多次变化。用户可以根据需要将其中某些屏幕显示的内容存储起来，供以后随时调用。波形显示窗口内容的存储和调用功能主要由 Window/Display Control 子命令完成。信号波形可以存储在本地或其他 PRB 文件中。信号波形存储以后，可以进行复制、删除、编辑等处理。

选择执行 Window/Display Control 子命令后，将弹出屏幕显示控制对话框（如图 4-39 所示）。该对话框中列出存放的屏幕显示内容名称列表。

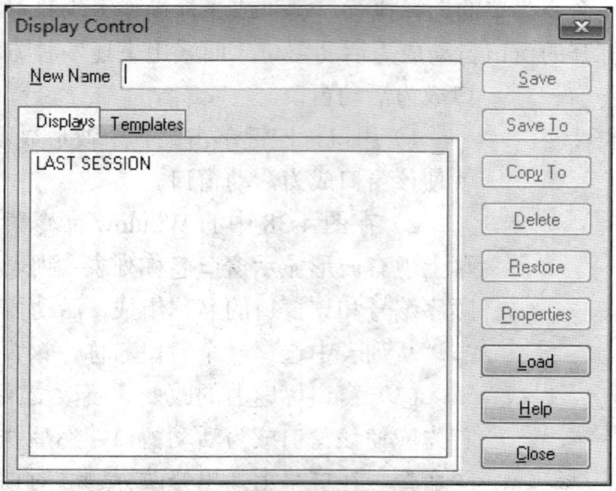

图 4-39 “Display Control”对话框

（1）屏幕显示内容的存储。

1）首先在波形显示窗口中显示出需要保存的信号波形显示区和信号波形，设置好坐标轴和添加标注符。

2）选择执行 Window/Display Control 子命令，在图 4-39 的 New Name 子框中键入为波形显示窗口显示的信号波形所起的名称。

3）按【Save】按钮，则所幕上显示的内容将以键入的名称存入本地（Local）PRB 文件，同时在屏幕显示名列表中增加该名称。

4）若要将屏幕显示的内容存入另一个电路设计的 PRB 文件中，应按【Save To】按钮，并在屏幕上弹出“Save To File”对话框，确定 PRB 所在的路径及其文件名。然后按【打开】按钮，就可以将屏幕显示的内容以指定的名称存入该 PRB 文件。

（2）屏幕显示存储文件的复制。利用图 4-39 中的 Copy To 子命令可以将屏幕显示内容复制到另一个文件中。

1）在图 4-39 所示屏幕显示内容名列表中，选中待复制的屏幕显示内容名称。

2）按【Copy To】按钮。

3）在屏幕上弹出的“Copy To File”对话框中，按常规方法确定路径名和文件名后按【打开】按钮，即将上述选中的屏幕显示内容复制到该文件中。

（3）屏幕显示存储内容的调用。

1）本地 PRB 文件中存储内容的调用：在图 4-39 屏幕显示内容名列表区选中要调用的内容名称，然后按【Restore】按钮，该名称代表的信号波形将立即显示在屏幕上。

2）其他 PRB 文件中存储内容的调用：如果要调用的内容不属于本地 PRB 文件，只要在当前文件中有与该信号变量名相同的变量名称，则该名称代表的屏幕显示内容也可以调用显示。调用时首先应按图 4-39 中的【Load】按钮，在屏幕上弹出的“Load Display”对话框中按通常方法选中待调用的存储文件名，然后按【打开】按钮，则被选中文件包含的屏幕显示内容名将增添在图 4-39 的列表区中。从列表区中选中要显示其内容的屏幕显示内容名，并按【Restore】按钮，该名称代表的信号波形将显示在屏幕上。

（4）列表区中屏幕显示存储内容的删除。

1）本地 PRB 文件中存储内容的删除：在图 4-39 屏幕显示内容名列表区，选中待删除的屏幕显示内容名，然后按【Delete】按钮，即将选中的屏幕显示内容删除。

2）其他 PRB 文件中存储内容的删除：如果待删除的内容不属于当前的本地 PRB 文件，则在选中其名称后，还需按【Delete From】按钮，从屏幕上弹出的“Delete From File”对话框中，选中待删除内容所在的 PRB 文件名，然后按下【打开】按钮即将其删除。

（5）屏幕显示内容的自动存储。在分析、显示信号波形的过程中，屏幕显示内容经常变化。屏幕显示内容改变或退出 Probe 模块时，Probe 自动在本地 PRB 文件中存储其显示变化前的内容。

1）LAST DISPLAY：屏幕显示内容每次改变的同时，Probe 将以 LAST DISPLAY 为名称，将改变前的屏幕显示内容存储起来。若该名称存在，就用改变前的屏幕显示内容替换该名称中已有的内容。显然，该名称中的内容经常变换。

2）LAST SESSION：该名称也是由 Probe 模块自动产生的，用于存放退出 Probe 模块时屏幕上显示的内容，供下次运行 Probe 模块时调用。

4.6.2　信号波形曲线和数据的传送

Probe 向 Windows 应用程序传送信号波形的方式有两种：一种将屏幕上显示的波形转换为数据，再传送出去；另一种方式是将信号波形以 bitmaps 图像格式传送。

（1）信号波形数据的传送。在其他应用程序中以数据形式引用 Probe 窗口中波形的步骤如下：

1）在波形显示区下方的信号变量名列表区中用鼠标左键单击波形数据的信号名，使其处于选中状态。按住【Shift】键，单击鼠标左键可连续选中多个信号。

2）选择执行 Edit/Copy 子命令，将选中的信号波形转换为 ASCII 码数据形式，并传送到剪贴板上。

3）切换到其他 Windows 应用程序并打开一个文件，选择执行 Edit/Paste 子命令，即将剪贴板上的信号波形数据粘贴到刚打开的文件中。

按上述方式传送到剪贴板上的数据也可以在 Probe 窗口中显示并进行编辑处理。

（2）信号波形曲线的传送。将 Probe 窗口中的信号波形以图像的形式传送到其他应用程序中的操作步骤与以 ASCII 码格式传送信号波形数据的步骤基本相同。

1）在波形显示区下方的信号变量名列表区中选中一个或多个信号名。

2）选择执行 Windows/Copy to Clipboard 子命令，选中的信号波形曲线将以 bitmaps 格式传送到剪贴板上。窗口中的主命令栏、工具条、状态栏等均不传送。

3）切换到其他 Windows 应用程序并打开一个文件，选择执行 Edit/Paste 子命令，即将剪贴板上的信号波形曲线粘贴到刚打开的文件中。这时用户可以按通常 Windows 应用程序中处理 bitmaps 图像的方法，对刚粘贴的波形曲线进行编辑处理。

4.6.3　通用模拟数据文件（CSDF）

前面介绍了如何存取或发送 Probe 窗口中信号波形的方法。有些情况下需要在不同的计算机辅助设计（CAD）软件之间交换模拟分析的结果。PSpice 完成了电路模拟分析以后，将模拟计算的结果存入 PROBE 数据文件（以 DAT 为扩展名），供 Probe 调用。PROBE 数据文件是二进制文件，文件结构紧凑、占用空间小。但只能供 Probe 程序调用，其他模拟软件无法使用，其他模拟软件无法共享该文件中的数据。为此，目前提出了一种通用模拟数据文件（CSDF：Common Simulation Data File）的建议。CSDF 是一种 ASCII 码文件，不同硬件平台上不同 CAD 软件应该都能接受 CSDF。PSpice 完成电路模拟分析以后，也能生成 CSDF 格式文件。

在 Probe Setup/Data Collection 设置对话框中选中“Text Data File Formal（CSDF）”，就可以将模拟分析的结果以 CSDF 格式存为 ASCII 码文件，其扩展名自动取为 CSDF。Probe 程序打开一个 CSDF 格式文件时，首先将其转化为二进制文件，再对其进行本章介绍的各种波形分析、显示处理。

第2篇 电子线路实习

第5章 电子线路实习概述

5.1 电子线路实习简介

电子线路实习是为配合模拟电子技术基础课程的教学而开设的。首先采用EDA技术中的Multisim软件来对模拟电路进行仿真运行，让学生完成EDA技术方面的初步训练，然后再搭接出实际电路。以计算机仿真为基础的电子设计自动化即EDA技术已成为当代电子电路及集成电路设计中不可缺少的重要手段，Multisim 是一个优秀的电子技术训练工具，利用它可以以更灵活的方式进行电子电路实验，并在实验室难以达到的实验条件下进行模拟，从而提高学生设计、分析电路的能力。通过综合性电子线路实习能使学生学会解决较复杂实际问题的能力，为其后续课的学习和以后从事实际工作打下坚实的基础。

5.2 电子线路设计方法

5.2.1 电子线路设计一般步骤

（1）分析系统设计要求，拟定系统总体方案。

（2）划分功能模块，建立总体结构框图。

（3）设计实现各个单元电路。

（4）计算电路参数。

（5）选择元器件。

（6）绘制总体电路图。

（7）用EDA工具进行电路性能仿真和优化设计。

（8）实际搭接电路，测试性能。

5.2.2 电子线路的调试与故障检测技术

1. 调试技术

一个按照理论设计要求安装好的电子装置，往往不能达到预期的效果。这是因为人们在设计时，不可能周全地考虑各种复杂的客观因素（如元件值的误差、器件参数的分散性、分布参数的影响等）。必须通过测试和调整，来发现、纠正和弥补设计方案的不足，使其达到预期的功能和技术指标。因此，调试电子电路的技能对从事电子技术及其相关领域技术人员来说，是不可缺少的。电子线路实习的一个重要任务，就是通过典型电路的实验，来学习电子电路的调试技术。

（1）调试前的准备。

1）技术准备。了解被测电路的基本工作原理、主要性能指标、各参数的调试方法和步骤等。

2）仪器准备。要准备好测试仪器和测试设备，检查是否处于良好的工作状态，各个功能选择开关、量程挡位是否处于正确的位置，尤其要注意测量仪器和设备的精度能否满足测试精度的需要。

3）被测电路的准备。调试前要检查被测电路是否按电路设计要求正确安装连接，有无短路、断路现象，检查元器件的好坏等。经检查无误后方可进行通电调试。

（2）调试方法。调试包括测试和调整两个方面。所谓电子电路的调试，是以达到电路设计指标为目的而进行的一系列测量—判断—调整—再测量的反复进行过程。具体调试步骤简介如下，仅供参考。

1）静态调试。交、直流并存是电子电路工作的一个重要特点，直流是电路工作的基础。静态调试一般是指在没有外加信号的条件下所进行的直流测试和调整过程。例如，模拟电路中用分立元器件组成的放大器静态工作点的调试；集成运放的“消振”和“调零”；数字电路各输入端、输出端的高低电平值及逻辑关系测试等。静态调试可以及时发现已经损坏的元器件，判断电路工作情况，并及时调整电路参数，使电路工作状态符合实际要求。

2）动态调试。动态调试是在静态调试的基础上进行的。调试的方法是在电路的输入端接入适当频率和幅值的信号，然后采用信号跟踪法，即用示波器和毫伏表沿着信号的流向逐级检测各有关点的波形、参数和性能指标。

因此，调试的关键是善于对实测的数据、波形和现象进行分析和判断，发现电路中存在的问题和异常现象，并采取有效措施进行处理，使电路技术性能指标满足预定的要求。动态调试是一项技术性很强的工作，因为电子电路的各项指标互相影响，在调试某一项指标时，往往会影响另一项指标。所以，在动态调试时，要全面考虑各项指标间的相互影响，以检测电路各项指标是否满足设计要求，如必要，再进一步对电路参数提出合理的修正。

2. 常见故障的检测与排除

在实验调试过程中，是不希望出现故障的，但故障又是不可避免的。如实验中出现有输入、无输出或输出波形异常；实验数据与理论计算值相差太大；出现自激振荡等。出现故障是常有的事，应该正确对待。不要为了快点做完实验而匆匆忙忙草率从事，结果漏洞百出，或遇到问题就怨仪器设备、元器件不好，而自己很少动脑筋独立思考，导致收获不大。在实验中注意培养提高自己发现、分析和排除故障的能力，这无论是对于实验任务的完成还是以后实际工作都是大有益处的。

检查故障应遵循的有效原则是：“决不要假定任何部分在正常工作”。整个故障检测过程始终以有条不紊的方式进行，不应因开始时所作的假设而改变。

（1）产生故障的原因及排除方法。

1）实验元器件的故障及排除方法。这里包括两方面原因，一是元器件特性指标不满足实验要求；二是对元器件的使用错误（例如接反、接错）。排除方法是：在实验前对实验所用元器件必须进行测试，确保各元器件的参数、性能指标满足要求，并掌握正确的使用方法。

2）测量仪器、设备原因及排除方法。

a. 测量仪器本身有故障，功能不佳、测试线损坏等，都使测量仪器无法正常测试。

b. 仪器使用错误。如仪器的开关挡位错位；测量交、直信号电压时用错仪表；用示波器测量频率和幅度没有先校准等，这都将造成测量结果错误，误差过大。

排除避免这类故障的方法是，必须熟练掌握测试仪器的性能和使用方法，调试前必须正确地校验仪器。

3）布线错误原因。实验中，这种故障占很大比重，有往往因为某一根导线的问题，造成实验结果不对，浪费很多时间，因此在实验时应该充分引起注意。

a．接线应可靠，避免接触不良。组装电路时，应将连接导线逐根测试，将断线排除，消除故障引患。必要时，应用数字万用表“通断”显示功能测量电路中各元件引脚连线，这可以及时发现接触不良问题。

b．接线布局要合理，既要考虑调整测量方便，又要简单明了，并且接线要短。电源线、输入、输出测试线要分开走线，不要纠缠在一起，以免产生交叉耦合带来干扰，这在对多级放大器测试时尤其应该注意。

4）实验系统没有共地。电子实验测试中，应特别注意电子仪器的“共地”问题，既各台仪器以及被测电路的公共地端应按信号输入、输出的顺序可靠地连在一起，组成一个测量系统。若没有“共地”，轻则给电路带来干扰，重则将信号短路或烧坏元器件。

（2）检查故障的一般方法。

1）直接观察法。

a．直接观察法是指不使用任何仪器，也不改动线路，直接观察待测实验电路表面现象来发现、分析和寻找故障。

b．观察电路供电情况：电源电压的极性和数值是否符合要求，是否已确实接入电路。观察仪器使用情况：仪器功能、量程的选用有无差错，量程开关是否错位，共地连线的处理是否妥当等。

c．观察电路元器件的组装情况：电解电容的极性；电阻的阻值；二、三极管的管脚及型号；集成器件的引脚等有无错接、漏接、互碰情况。

d．观察布线情况：输入线和输出线、交流和直流布线是否违反布线原则。

e．接通电源后，观察元器件有无发烫、冒烟等情况。

直接观察法，适于对故障作初步检查时用，一般明显的故障可以用此方法。

2）参数测试法。参数测试法是借助于仪器帮助发现问题、寻找故障的方法。这种方法分为通电前测试和通电测试两种。

a．通电前测试：利用万用表检查元器件的好坏，各触点的接触情况。

b．通电测试：如用万用表检查静态工作点是否正常，集成器件的静态参数是否符合要求等。

3）代替法。用好的器件去代替有故障或有嫌疑的器件，以寻找故障点。

4）补偿法。当有寄生振荡时，可以用几种容量不同的电容器，在电路各个合适部位通过电容对地短路，如果测量到某点，寄生振荡消失，表明振荡产生在此点附近，再用该法继续跟踪测试，直至消振为止。

5）信号跟踪法。在被测电路的输入端接入适当幅度、频率的信号，用示波器按信号的走向，由前级到后级逐渐观察信号电压波形及幅值的变化情况，以确定故障点。这种方法对各种电路普遍适用，在动态调试中得到广泛应用。

实验过程中故障诊断的方法很多，上面只列举了几种常用的方法。只要实验过程中坚持在理论指导下培养自己分析和解决实际问题的能力，就能不断提高诊断和排除故障的技能。在一般情况下，寻找故障的常规做法是：首先采用直接观察法，排除明显故障；然后再采用参数测试法，先进行通电前测试，再进行通电测试；信号跟踪法是对各种电路普遍适用而且简单直观的方法，在动态调试中广为应用。

5.2.3 设计举例

【例 5-1】 设计一个具有射极偏置电路的单管共射放大电路。已知条件如下：U_{CC}=12V，R_L=5.1kΩ，晶体管为 3DG6（或其他 NPN 类型的管子），其 β=50～60；设 I_{CQ}=1mA，A_U= −80。根据以上要求，设计、计算并选取电路元件参数，使放大器能够不失真地放大常用的正弦波信号，并达到｜A_U｜≥80 的要求。

解（1）偏置电路形式的选择。由于分压式电流负反馈偏置电路应用十分广泛，所以本实验选用如图 5-1 所示的分压式电流负反馈偏置电路。

（2）发射极电阻 R_E 的确定。因为工程估算中一般取

$$U_{EQ}=(0.2\sim0.3)U_{CC}$$

这里取 U_{EQ}= 0.25U_{CC}=3V，则

$$R_E=\frac{U_{EQ}}{I_{EQ}}\approx\frac{U_{EQ}}{I_{CQ}}=\frac{3\text{V}}{1\text{mA}}=3\text{k}\Omega$$

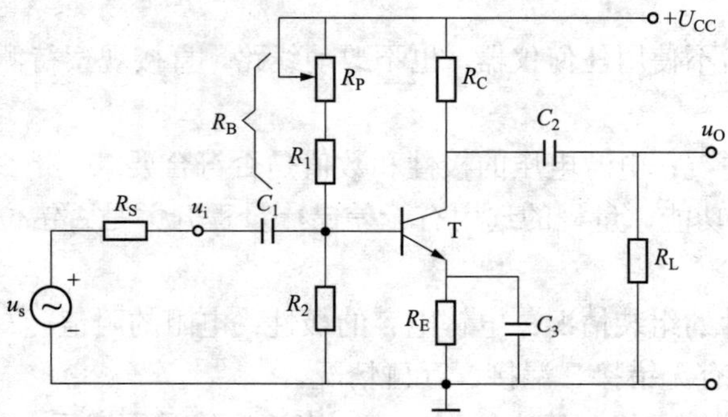

图 5-1 单管放大器实验电路

（3）上、下偏置电阻 R_B、R_2 的确定。为使放大器能更稳定的工作，满足 $I_Q \gg I_{BQ}$ 的条件（I_Q 为 R_B、R_2 电阻里流过的电流），上、下偏置电阻取值应小，但过小会使静态功耗增大，且引起信号源 u_S 的分流过大，使放大器输入电阻变小，故工程上一般取

$$I_Q=(5\sim10)I_{BQ}，这里取 I_Q=10I_{BQ}$$

则下偏置电阻 R_2 的设计值为

$$R_2\approx\frac{U_{BQ}}{I_Q}=\frac{U_{EQ}+U_{BEQ}}{10(I_{CQ}/\beta)}=\frac{3.7\text{V}}{10(1\text{mA}/50)}=18.5\text{k}\Omega$$

由于没有 18.5kΩ 的标称电阻，所以这里选择 18.7kΩ 的电阻。

上偏置电阻 R_B 的设计值为

$$R_B=R_1+R_P\approx\frac{U_{CC}-U_{BQ}}{I_Q}=\frac{U_{CC}-U_{BQ}}{10(I_{CQ}/\beta)}=\frac{(12-3.7)\text{V}}{10(1\text{mA}/50)}=41.5\text{k}\Omega$$

由于没有 41.5kΩ 的标称电阻，所以这里选择 42.2kΩ 的电阻。

（4）集电极电阻 R_C 的确定。R_C 应根据实际电阻的标称值和放大倍数要求来确定（I_{EQ} 的单位 mA），当 $R_C \ll r_{ce}$ 时

$$A_U = \frac{-\beta R'_L}{r_{be}} = \frac{-\beta(R_L // R_C)}{r_{be}}$$

其中

$$r_{be} = 300\Omega + (1+\beta)\frac{26\text{mV}}{I_{EQ}} = 1.63\text{k}\Omega$$

所以得

$$R_C \geqslant \frac{-A_U r_{be} R_L}{A_U r_{be} + \beta R_L}$$

代入已知参数即可求得 R_C，这里取 R_L=5.1kΩ。

（5）C_1 C_2、C_3 电容的选取。一般来说 C_1、C_2、C_3 越大，低频特性越好，但电容过大体积也大，既不经济又会加大分布电容，影响高频特性，再者电容量大的电解电容漏电流也大。一般能满足放大器的下限频率即可。工程估算时 C_1、C_2 一般取 10～50μF，这里 C_1、C_2 取 40μF，C_3 取 30～100μF，这里 C_3 取 50μF。

【例 5-2】设计一个低频信号发生器，能够产生方波、三角波和正弦波三种波形，频率范围为 1～10Hz 和 10～100Hz；输出电压：方波 $U_{p\text{-}p}$≤24V，三角波 $U_{p\text{-}p}$=8V，正弦波 $U_{p\text{-}p}$>1V；波形特性：方波上升时间小于 100μs，三角波非线性失真小于 2%，正弦波谐波失真小于 5%。

解（1）波形转换原理。

1）方波和三角波的产生。方波—三角波—正弦波信号发生器电路由运算放大器电路及分立元件构成，其结构如图 5-2 所示。它利用比较器产生方波输出；方波通过积分产生三角波输出。

2）利用差分放大电路实现三角波—正弦波的变换。波形变换原理是利用差分放大器传输特性曲线的非线性，波形变换过程如图5-3所示。由图 5-3 可以看出，传输特性曲线越对称，线性区域越窄越好；三角波的幅度 U_{im} 应正好使晶体接近饱和区域或者截至区域。

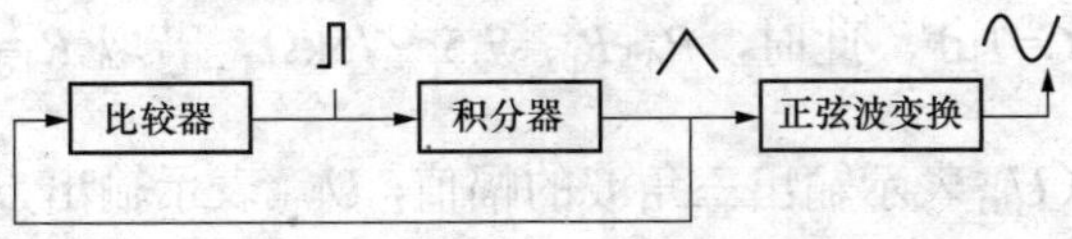

图 5-2 方波—三角波—正弦波信号发生器结构图

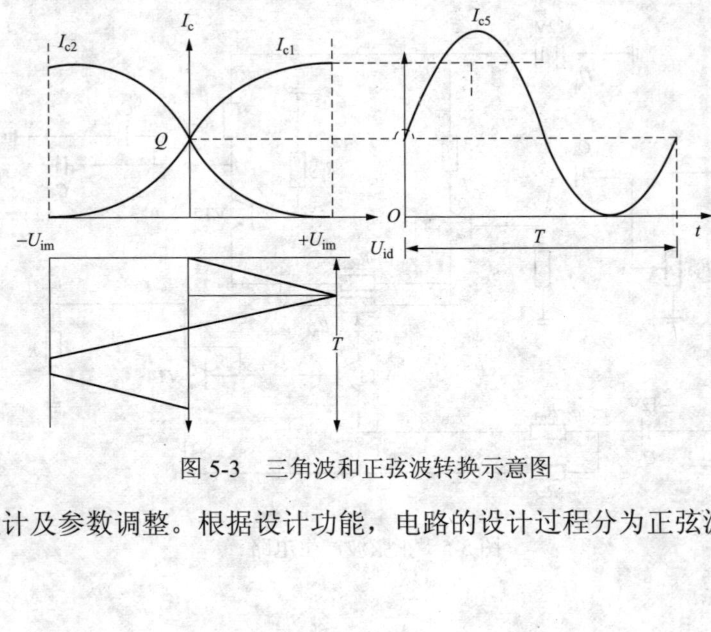

图 5-3 三角波和正弦波转换示意图

（2）电路设计及参数调整。根据设计功能，电路的设计过程分为正弦波、方波、三角波 3 部分。

1）方波与三角波的产生及转换电路。图 5-4 中 U1 构成同相输入迟滞比较器电路，用于产生输出方波。运算放大器 U2 与电阻 R_{p2} 及电容构成积分电路，用于将 U1 电路输出的方波作为输入，产生输出三角波。

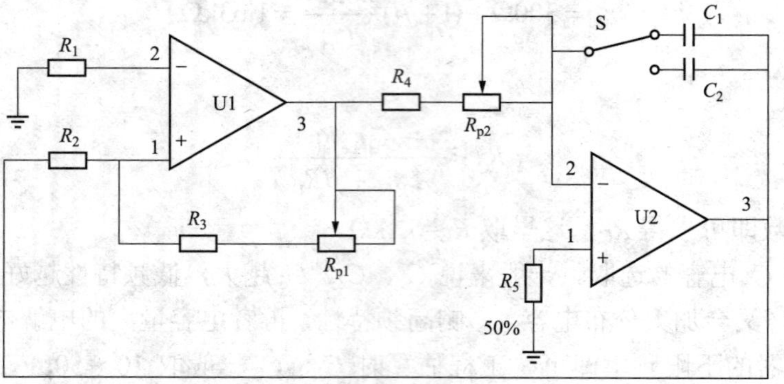

图 5-4 方波与三角波的产生及转换电路

方波部分与三角波部分的参数确定如下：

根据性能指标可知

$$T=\frac{4R_4(R_4+R_{p2})C}{R_3+R_{p1}}=\frac{1}{f}$$

可见，f 与 C 成正比，若要得到 1～10 Hz 输出，C=10μF；若要得到 10～100 Hz 输出，C=1μF。此时，R_4+R_{p2}=7.5～75kΩ，若取 R_4=5.1kΩ，可取 R_{p2}=100kΩ。由于 $U_{tri}=\frac{R_2}{R_3+R_{p1}}U_{sqv}$（$U_{tri}$ 表示输出三角波的幅值，U_{sqv} 表示输出方波的幅值）根据输出的三角形幅值 4V 和输出的方波幅值 12V，若 R_2=10kΩ，则有 R_{p1} 可取 47kΩ，R_3=20kΩ。根据方波的上升时间为 2ms，可以选择 74141 型号的运放。由此可得调整电阻为 $R_1=R_5$=10kΩ。

2）正弦波产生电路。正弦波产生电路如图 5-5 所示，其中 R_{p3} 调整三角波的幅度，R_{p4} 调整

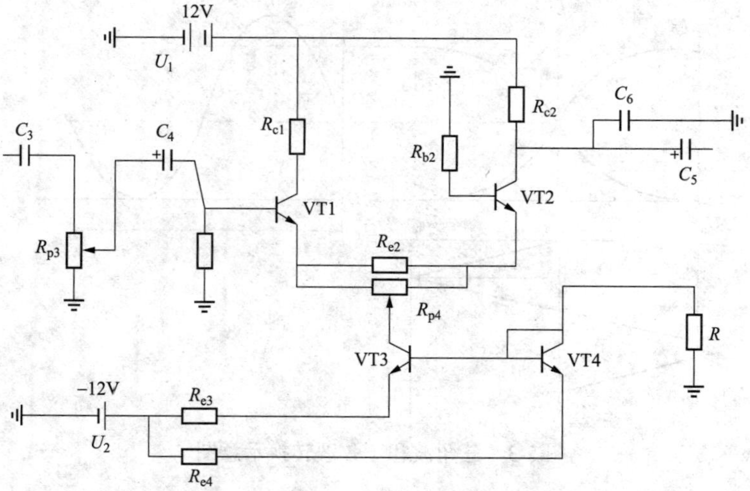

图 5-5 正弦波产生电路

电路的对称性，其并联电阻 R_{e2} 用来减小差分放大电路的线性区，电容 C_3、C_4、C_5 为隔直电容，C_6 为滤波电容，以滤除谐波分量，改善输出波形。由于选取差分放大电路对三角波—正弦波进行变换，选择 KSP2222A 型的三极管，其静态特性曲线图像如图 5-6 所示。

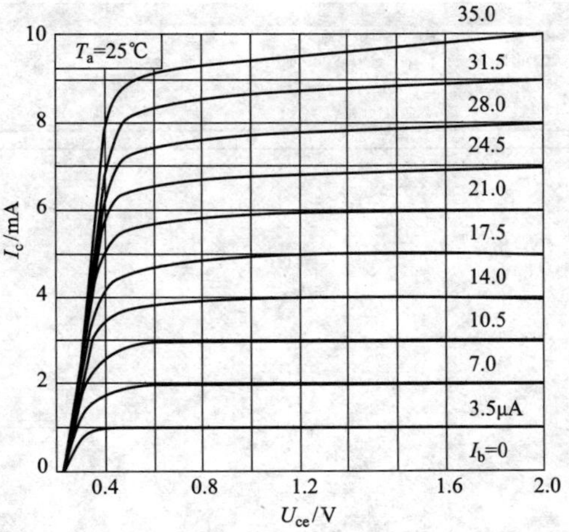

图 5-6　三极管静态特性曲线

根据 KsP2222A 的静态特性曲线，选取静态电流和电压分别为：I_c=0.6mA，I_b=0.017mA，U_{ce}=0.12V。

根据静态电流值和电压值对直流通路列式计算可得

$R_{c1}=R_{c2}=20\text{k}\Omega$，$R_{b2}=6.8\ \text{k}\Omega$，$R_{e3}=R_{e4}=2\text{k}\Omega$，$R=8\text{k}\Omega$

（3）系统总图的绘制。把各分电路连接在一起，总电路图如图 5-7 所示。

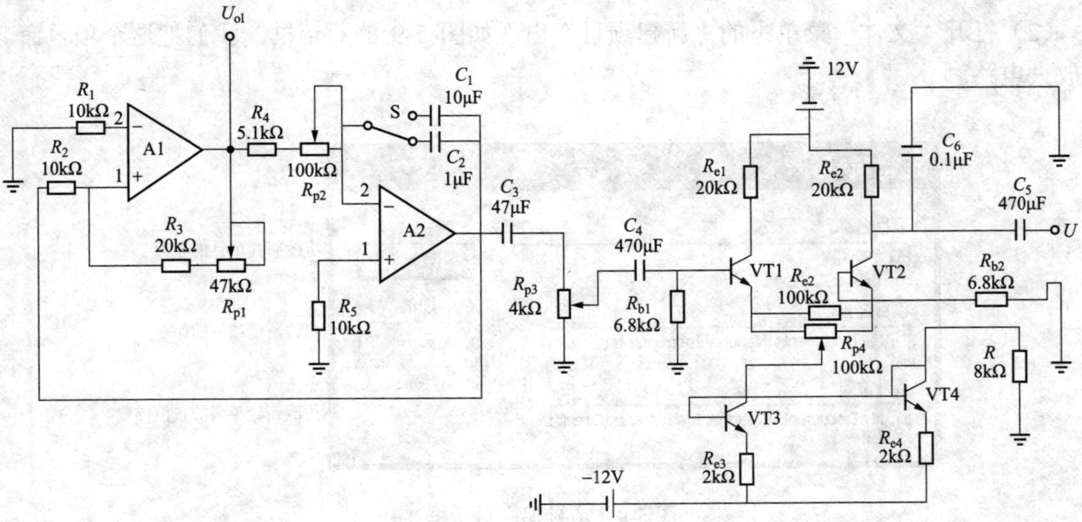

图 5-7　系统总体电路图

5.2.4　Multisim10 软件仿真

根据 5.2.3 节具有射极偏置电路的单管共射放大电路设计，现在用 Multisim10 对其进行仿真。

1. 建立新文件

（1）启动 MultiSim10 程序，出现如图 5-8 的主界面。

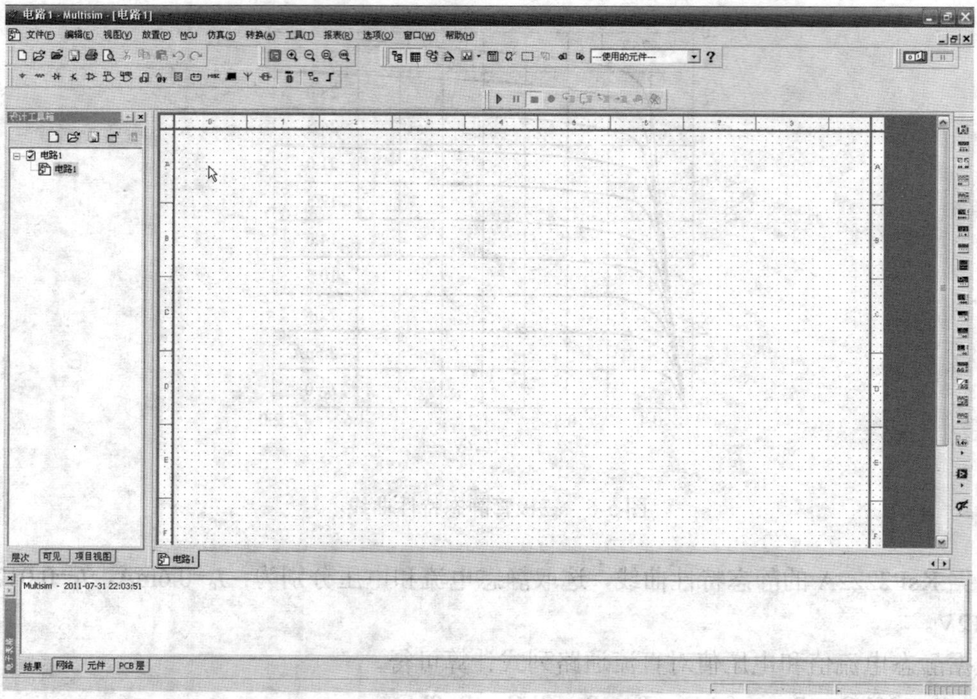

图 5-8 MultiSim10 主界面

（2）打开“文件”菜单下的“新建项目”出现如图 5-9 的对话框。我们把这个项目命名为放大电路。

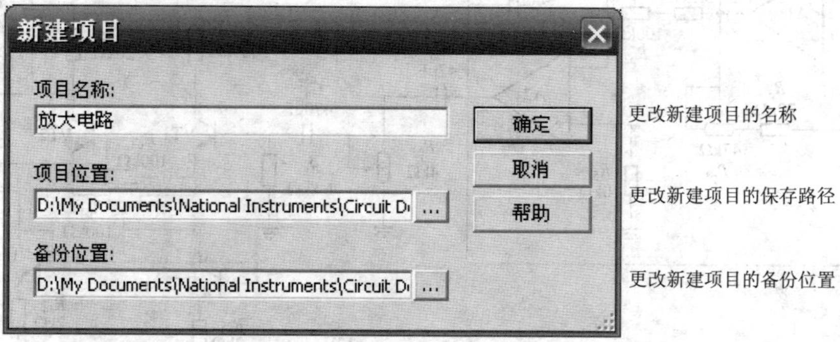

图 5-9 项目建立对话框

设置完毕后单击确定按钮即可，单击设计工具箱下面的项目视图标签可以看到新建立的项目，如图 5-10 所示。

此时，可以把新建原理图文件保存到新建项目中，此处把文件命名为共射极放大电路，单击“文件”→“另存为”，在文件名里输入“共射极放大电路”即可，界面如图 5-11 所示。

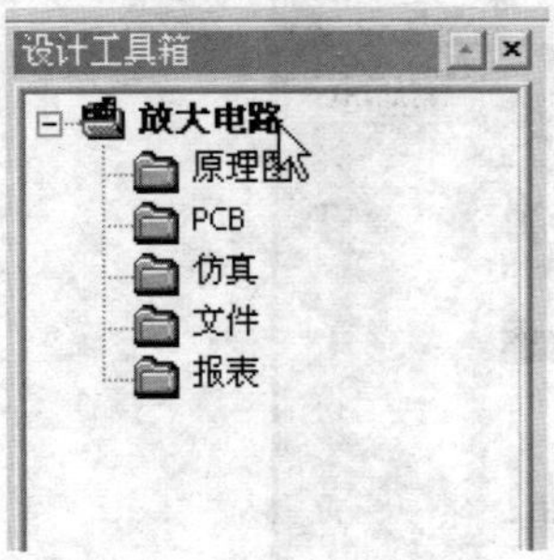

图 5-10　设计工具箱下面的项目视图标签

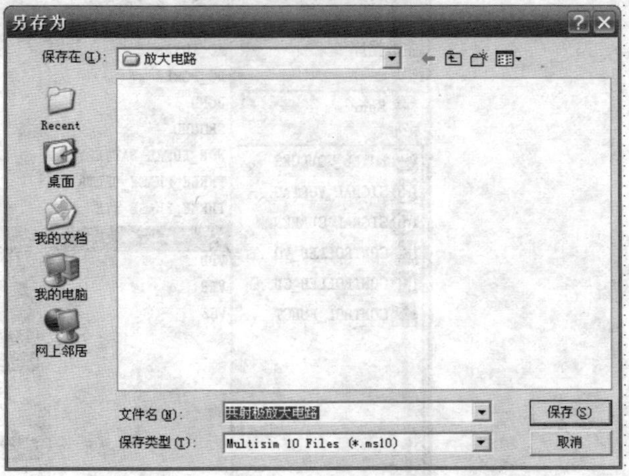

图 5-11　保存界面

为了便于管理，需要添加文件到项目，在设计工具箱上的“原理图”上单击右键，弹出“添加文件”按钮，如图 5-12 所示，单击该按钮即可按照路径搜寻插入一个已经绘制好的文件到该项目中。例如把刚才保存的“共射极放大电路”文件添加到“放大电路”这个项目中，添加后的界面如图 5-13 所示。

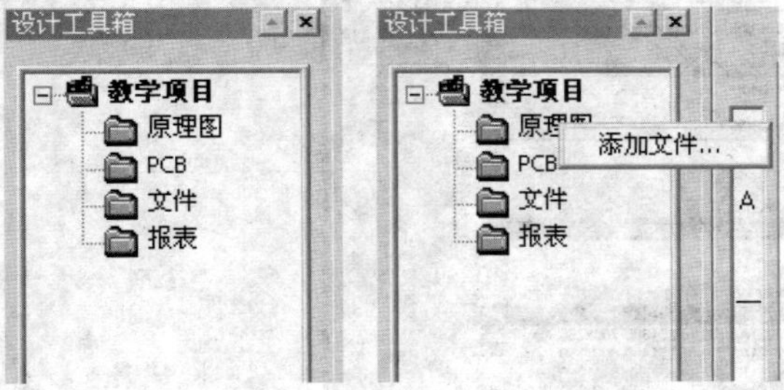

图 5-12　设计工具箱

图 5-13　把保存的文件添加到项目中

2. 创建电路图

按照上述设计的单管共射极放大电路，把电路图画好。

（1）选择元件。单击“放置”菜单，选择“元件项”，弹出元件选择对话框，如图 5-14 所示，也可单击鼠标右键，选择“元件项”，还可以在主窗口下用直接单击基本元件工具栏的任意一项来完成。

（2）放置元件。比如我们要放置图 5-1 电路图中电阻 R_B，则选择元件组里面的“Bacic（基本库）”选项，再选器件系列里面的“RESISTER”，找到元件里面的“18.7k”，单击 OK 按钮或双击所选器件，界面如图 5-15 所示。此时鼠标指针下悬停着选中的器件，在绘图区合适的位置单击左键即可放置该器件到指定位置上。可以放置的元件更改元器件属性、更改标识名称、更改元器件方向等操作，具体软件使用参见后面各章节。

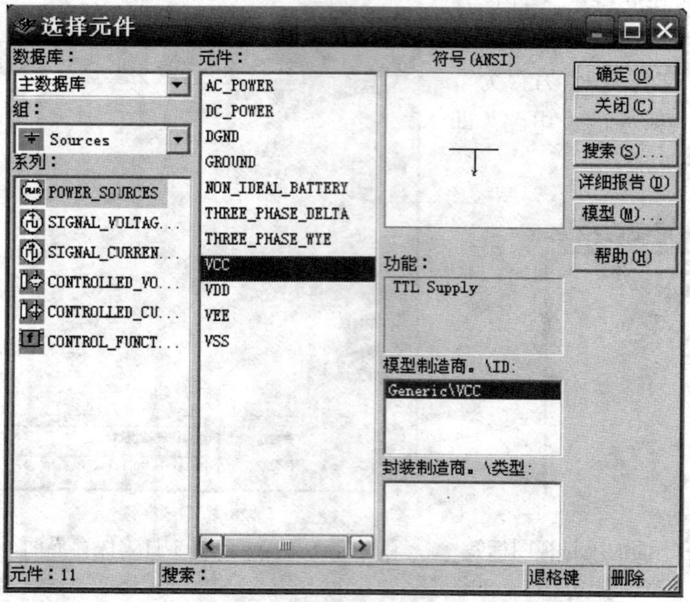

图 5-14 器件选择对话框

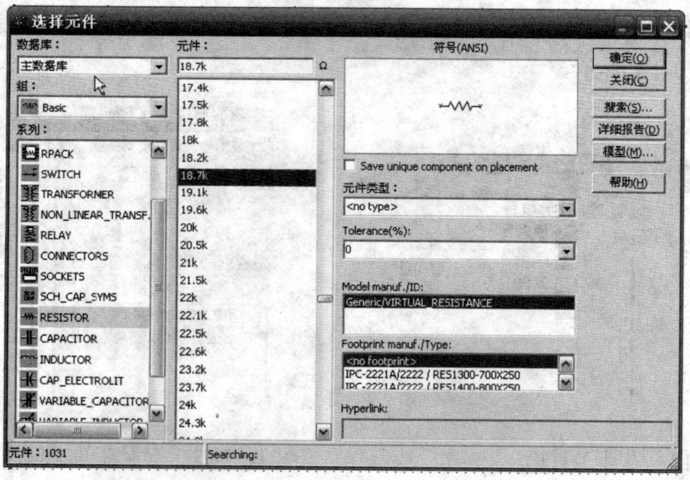

图 5-15 选择元器件界面

（3）连接电路。将鼠标指针移动到所要连接元件的引脚上，鼠标指针就会变成中间有黑点的十字。单击鼠标左键拖动指针至另一元件的引脚，单击鼠标，就会将两个元件的引脚连接起来。

共射放大电路连接好的电路图如图 5-16 所示。

3. 性能分析

按照设计要求，需要对电路进行静态分析和动态分析。

（1）静态分析。静态分析指对电路的静态值（直流量）进行测量，例如要测量基极电位，双击虚拟仪器工具栏上的万用表图标，放置到画图区域，用连线把万用表的正极接到电路的基极上，万用表的负端接到地上，如图 5-17 所示。

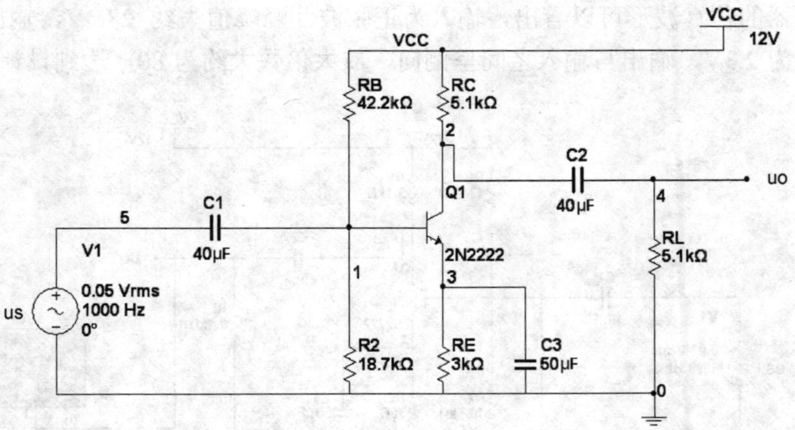

图 5-16 共射放大电路

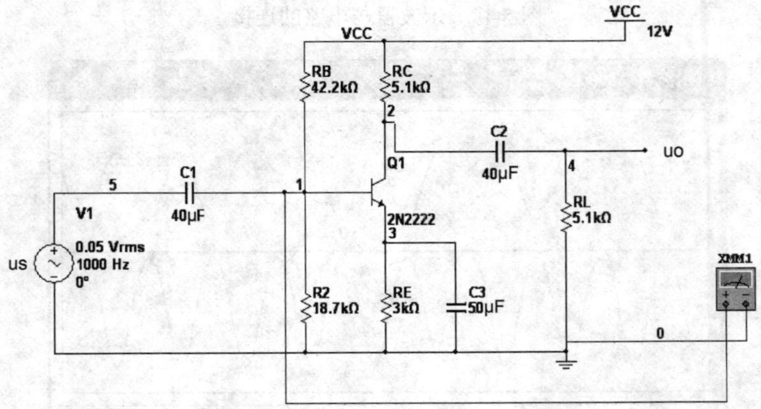

图 5-17 万用表与电路的连接

单击仿真按钮▶，双击万用表图标，即可得到基极电位的测量值，如图 5-18 所示。

图 5-18 基极电位值

（2）动态分析。通常用示波器来分析和观察电压的波形，计算放大倍数等性能指标。单击示波器图标，放置到画图区域，把输入信号接到示波器的 A 通道上，把输出信号接到示波器的 B 通道上，如图 5-19 所示。

单击仿真按钮▶，双击示波器图标，即可得到输入信号和输出信号的电压波形，如图 5-20 所示。

从示波器的仿真波形可以看出，输入为正弦波，峰峰值大约 28mV，输出为放大的正弦波，峰峰值为 2.3V，输出与输入之间呈倒向，放大倍数大约为 80，达到设计要求。

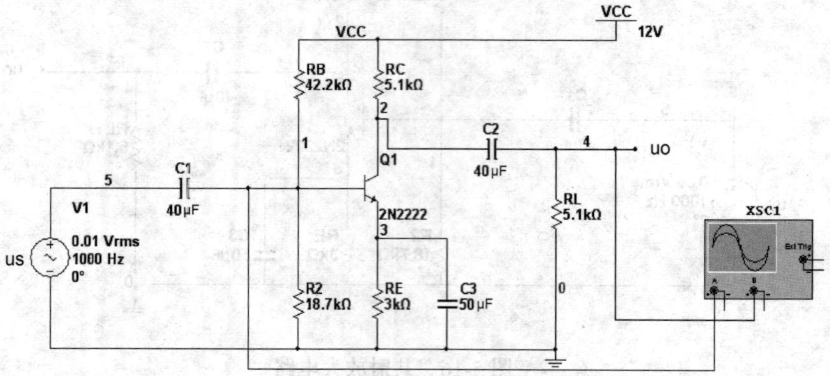

图 5-19 示波器与电路的连接

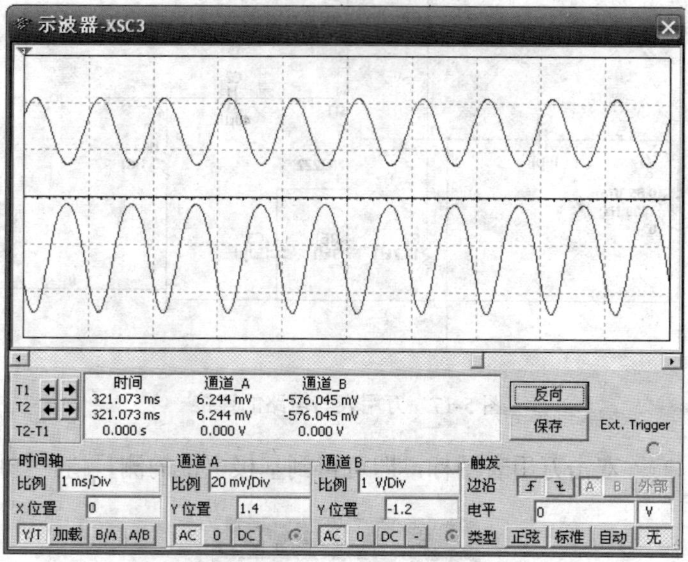

图 5-20 示波器测得的输入/输出信号电压波形

5.3 电子线路实习设计题目

1．设计一个基本共射极放大电路，设 U_{CC}=12V，β=40，I_{BQ}=40μA，$A_U\approx-92$。根据以上要求，设计、计算并选取电路元件参数，使放大器能够不失真地放大常用的正弦波信号，要求对电路进行静态和动态分析。

2．设计一个由运算放大器组成的单电源供电的交流放大器。

技术要求：电压增益约为 20dB；输入电阻不低于 10kΩ；$f_L\leqslant$10Hz；$f_H\geqslant$100kHz。

集成运放组件选用 μA741 或其他型号器件，用 Multisim10 仿真其功能，输入信号自行给定。

3．设计一个数学运算电路，实现下面运算关系

$$u_o=10u_{i1}-5u_{i2}$$

技术要求：$u_{i1}=0.5\sin\omega t$（V）；$u_{i2}=1\text{v}$（直流）；$R_i\geqslant 10\text{k}\Omega$，用Multisim10仿真其功能。

4．设计一个积分运算电路，用以将方波信号转换成三角波。

技术要求：输入信号为$u_{ip-p}=\pm 4\text{V}$，周期T=1ms的方波；要求输出波形与输入信号同相；幅度$u_{op-p}\geqslant 2/3u_{ip-p}$；输入电阻$R_i\geqslant 10\text{k}\Omega$。

5．设计一个运算电路，实现$u_o=3u_{i1}-2u_{i2}$运算关系。

6．设计一个运算电路，实现$u_o=4\int u_{i1}-u_{i2}$运算关系。

7．设计一个双电源射极耦合差分放大电路，射极电流源提供1mA的电流，双入双出电压放大倍数$A_{Ud}\approx -190$，选择元器件和参数，并对电路进行静态分析和动态分析。

8．用集成运放设计一个负反馈放大电路，它的输入信号来自一个内阻$R_s=2\text{k}\Omega$的电压源U_s，负载电阻$R_L=50\Omega$。要求该电路向负载提供的输出电压$U_0=10U_s$，且当负载变化时，输出电压趋于稳定。设计合适的反馈网路，并用Multisim10仿真其功能。

9．分别设计一个乙类单电源推挽功率放大电路和甲乙类单电源推挽功率放大电路，观察乙类单电源推挽功率放大电路的交越失真现象，并分别计算两种功率放大电路的最大不失真输出功率、直流电源提供的平均功率和电源的效率。

10．用给定型号的集成运算放大器、模拟开关等器件设计一个增益自动切换的电压放大电路。设输入信号是直流电压信号，其最大值为2V。设计要求：

（1）当$0<u_i<0.5\text{V}$时，放大电路的增益约为10倍。

（2）当$0.5\leqslant u_i\leqslant 1.0\text{V}$时，放大电路的增益约为5倍。

（3）当$1.0\leqslant u_i<2.0\text{V}$时，放大电路的增益约为2.5倍。

11．以集成运放为放大器设计一个RC正弦波振荡器，设计要求如下：

（1）振荡频率在1000×（1±10%）Hz范围内连续可调。

（2）振荡幅度峰—峰值不小于10V。

（3）波形无明显失真。

12．以集成运放为放大器设计一个正弦波—方波—三角波发生器，设计要求如下：

（1）信号频率在1～2kHz之间可调；

（2）方波输出信号幅度为±4.7V；

（3）为了使输出信号稳定，每级信号输出要加电压跟随器。

13．设计一个能产生方波、三角波和正弦波等多种波形的函数发生器，具体要求如下：

（1）输入信号频率在10Hz～10kHz范围内连续可调。

（2）正弦波幅值±10V，失真度小于2%。

（3）三角波峰峰值20V，波形幅值连续可调。

14．设计一个二阶有源低通滤波器，要求截止频率f_H=1000Hz，通带内电压放大倍数$A_{up}=2$，品质因数Q=0.707。

15．设计一个二阶有源高通滤波器，要求截止频率f_L=1000Hz，通带内电压放大倍数$A_{up}=2$，品质因数Q=0.707。

16．设计一个二阶有源带通滤波器，要求中心频率f_0=1000Hz，通带内电压放大倍数$A_{up}=2$，品质因数Q=0.707。

17．设计一个串联反馈式直流稳压电源，要求输出直流电压3.8～8.8V。

18．设计一个开关型直流稳压电源，设计要求如下：

（1）输入交流电压220V（50～60Hz）。

（2）输出直流电压在5～15V之间连续可调，输出电流3A。

（3）输入交流电压在180～250V之间变化时，输出电压相对变化量小于2%。

（4）输出电阻R_O＜0.1Ω。

（5）输出最大纹波电压小于10mV。

19．设计一个串联型直流稳压电源电路。

输出电压可调，U_O=+3V～+15V；

最大输出电路I_{omax}=800mA；

输出电压变化量ΔU_O≤15mV；

稳压系数S_V≤0.003。

第 6 章　Multisim10 操 作 环 境

为了方便初学者快速入门，本章以汉化后的 Multisim10 进行讲解，实际的英文原版在界面风格、操作方式等方面和汉化后的 Multisim10 没有区别。通过介绍 Multisim10 的基本工作界面，使读者认识 Multisim10 的操作环境。

运行 Multisim10 主程序后，出现 Multisim10 工作界面，如图 6-1 所示。Multisim10 是基于 Windows 的仿真软件，其界面风格与其他 Windows 应用软件相似，主要由菜单栏、系统工具栏、设计工具栏、使用中的元件列表、仿真开关、元件工具栏、仪表工具栏、电路窗口和状态栏等项组成，模拟了一个实际的电子工作台。

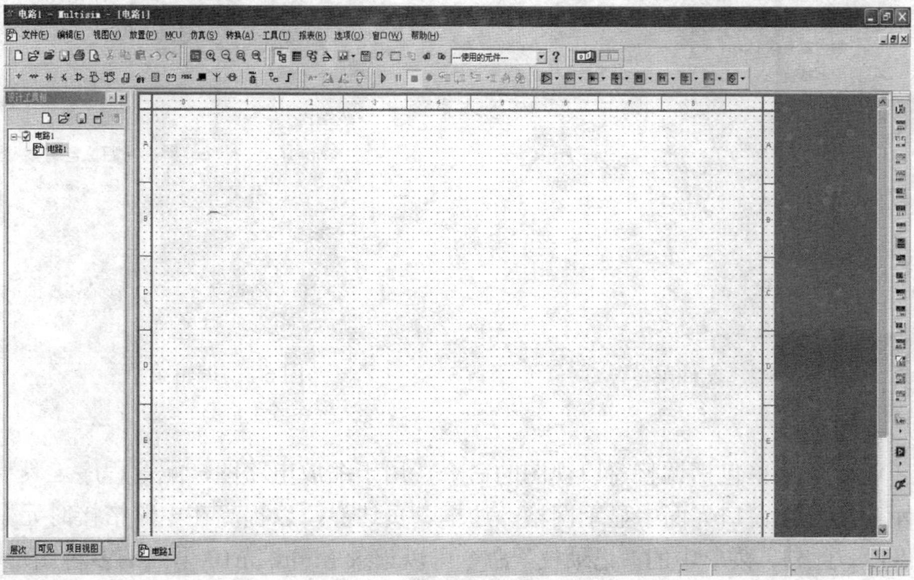

图 6-1　Multisim10 工作界面

6.1　菜　单　栏

Multisim10 的菜单栏（Menus）位于主窗口的上方，包括文件、编辑、视图、放置、MCU、仿真、转换、工具、报表、选项、窗口和帮助共 12 个主菜单。每个主菜单下都有一个下拉菜单。

6.1.1　文件菜单

文件（File）菜单主要用于管理所创建的电路文件，其中包括新建、打开、关闭、保存、打印、退出程序等基本文件操作命令，如图 6-2 所示。其中的“打印选项”是 Multisim10 特有的功能。此外，还有“Recent Designs”和“历史项目”命令，用于调出最近使用过的文件和项目。

6.1.2 编辑菜单

编辑（Edit）菜单包括一些最基本的编辑操作命令，如剪切、复制、粘贴、删除等，类似于 Windows 的常规操作；以及元件的位置操作命令，如对元器件进行旋转和对称操作的定位等，如图 6-3 所示。

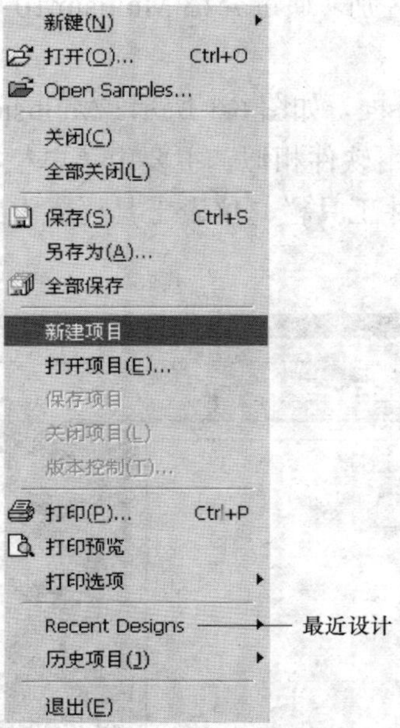

图 6-2 文件菜单

图 6-3 编辑菜单

6.1.3 视图菜单

视图（View）菜单包括调整窗口视图的命令，用于缩放电路图，配置程序工具栏等，如图 6-4 所示。还可在窗口界面中显示网格、边框、页边界，以提高在电路搭接时元器件相互位置的准确度。此外，菜单中的“记录仪”命令可以记录 Multisim10 里面的多种图形和表格，例如分析结果、示波器波形等。

6.1.4 放置菜单

放置（Place）菜单包括放置元件、连结点、导线、总线、注释、文本、图形等常用的绘图选项，同时包括创建新层次模块、层次模块替换、新建子电路等关于层次化电路设计的选项，如图 6-5 所示。其中，大部分选项有外部快捷按钮，需要时可在菜单“视图”→“工具栏”选项中选用。

6.1.5 MCU 菜单

MCU（微控制器）菜单包括一些与 MCU 调试相关的选项，如调试视图格式、MCU 窗口等，该选项还包括一些调试状态的选项，如单步调试的部分选项，如图 6-6 所示。

6.1.6 仿真菜单

仿真（Simulate）菜单包括一些与电路仿真相关的选项，如运行、暂停、停止、仪器、交互仿真设置等，如图 6-7 所示。其中，“仪器”选项提供各种仿真所需的仪器仪表，通常设置成快捷按钮方式的“仪器工具栏”，放置在 Multisim10 工作界面的右侧以便使用。

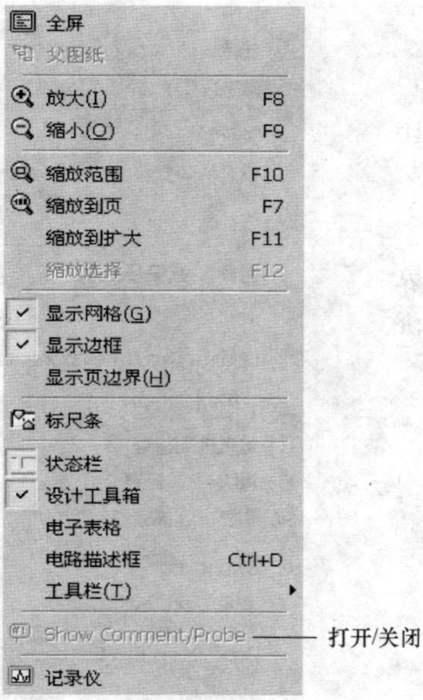

图 6-4 视图菜单

图 6-5 放置菜单

图 6-6 MCU 菜单

图 6-7 仿真菜单

6.1.7 转换菜单

转换菜单用于将电路及分析结果传送给其他应用程序，如传到 Ultiboard10、传到 Ultiboard9 或者其他早期版本、输出 PCB 设计图等，如图 6-8 所示。主要为生成其他 PCB 软件使用文件而设置的选项。

6.1.8 工具菜单

工具（Tools）菜单包括其他辅助工具、向导等，如图 6-9 所示。

6.1.9 报表菜单

报表（Reports）菜单包括与各种报表相关的选项，如材料清单、元件详细报告、网络表报告等，如图 6-10 所示。

6.1.10 选项菜单

选项（Options）菜单包括全部参数设置、工作台界面设置、用户界面设置选项，可对程序的运行和界面进行设置，如图 6-11 所示。

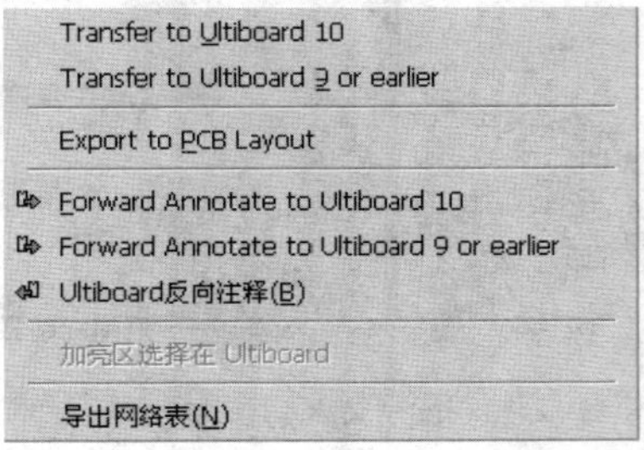

图 6-8 转换菜单

图 6-9 工具菜单

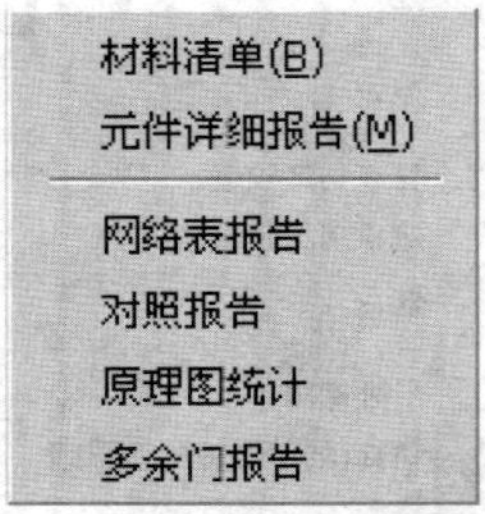

图 6-10 报表菜单

图 6-11 选项菜单

6.1.11 窗口菜单

窗口（Window）菜单包括新建窗口、关闭、排列、窗口切换等选项，如图 6-12 所示。

6.1.12 帮助菜单

帮助（Help）菜单为用户提供在线技术帮助和使用指导，按下键盘上的 F1 键也可获得 Multisim 帮助，如图 6-13 所示。

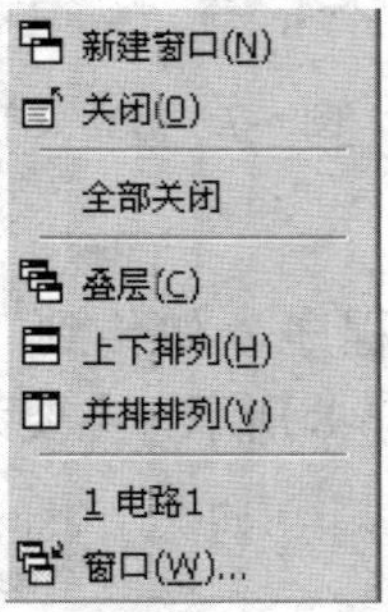

图 6-12 窗口菜单

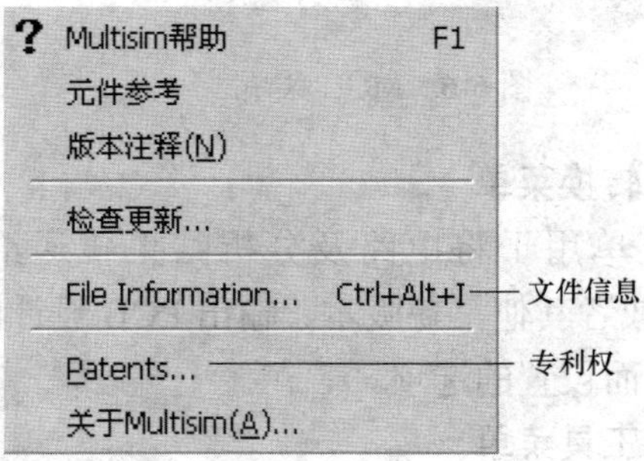

图 6-13 帮助菜单

6.2 常 用 工 具 栏

常用工具栏包括标准工具栏、视图工具栏、主要工具栏、元件工具栏、仪器工具栏、仿真工具栏、虚拟（元器件）工具栏等主菜单里最常用的工具选项外部快捷方式按钮。也可通过菜单“视图”→“工具栏”选项自定义工具栏，配置自己常用的外部工具按钮，如编辑工具栏、仿真开关等。

6.2.1 标准工具栏

标准工具栏包括新建、打开文件、打开设计范例、保存文件、打印电路、打印预览、剪切、复制、粘贴、撤销、取消撤销等常见的功能按钮，如图 6-14 所示。类似于 Windows 的常规操作，在此不再赘述。

图 6-14 标准工具栏

6.2.2 视图工具栏

视图工具栏包括切换全屏幕、增加缩放、减少缩放、缩放到已选择范围、缩放到页等功能按钮，如图 6-15 所示。

图 6-15 视图工具栏

6.2.3 主要工具栏

主要工具栏对工程、图纸等进行管理，可进行电路的建立、仿真、分析并最终输出设计数据，如图 6-16 所示。其中的记录仪 ▾、电气规则检查最为常用。

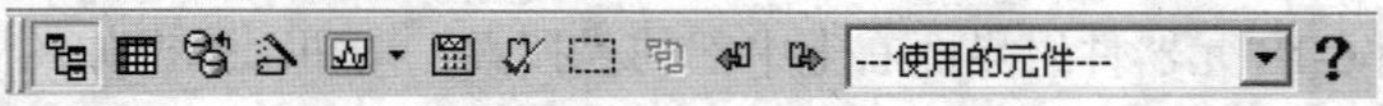

图 6-16 主要工具栏

6.2.4 元器件工具栏

元器件工具栏实际上是用户在电路仿真中可以使用的所有元器件符号库，它与 Multisim10 的元器件模型库对应，每个库中放置着同一类型的元器件。在取用其中的某一个元器件符号时，实质上是调用了该元器件的数学模型，如图 6-17 所示。

图 6-17 元器件工具栏

用鼠标左键单击元器件工具栏中的某一个图标即可打开该元器件组。此时，会弹出一个窗口，现以电源（Sources）元器件组为例说明该窗口的内容，如图 6-18 所示。其他元器件组的窗口所展示的信息基本相似，将不再赘述。

元器件组界面包括以下内容：

（1）数据库。包含主数据库（本机内）、公司数据库（网络版）、用户数据库（个人建立的数据库）。其中主数据库为默认的数据库。

（2）组。在主数据库下，建有各种元器件组（库）。

（3）系列。按组分类的器件系列。每个组包含的系列。

（4）元件。每个系列包含的元件。

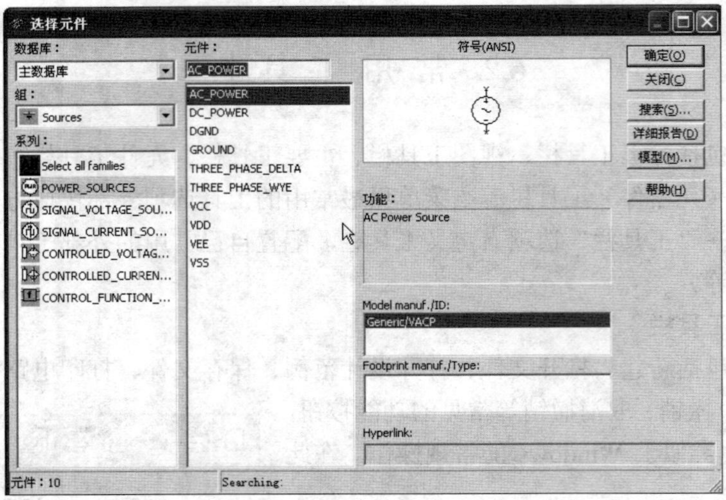

图 6-18 元器件组界面

（5）符号。元器件符号。

（6）功能。元器件功能描述。

选择和放置元器件时，只需从相应对话框中选择一个元器件，单击对话框中的“确定”按钮即可，此时元器件组界面关闭，鼠标移到电路编辑窗口后将变成需要放置的元器件的图标，这表示元器件已准备被放置，单击鼠标左键放置。如果要取消放置元器件，则单击“关闭”按钮。

也可以点击图 6-18 元器件组界面右上中部的“搜索”按钮，弹出如图 6-19 所示对话框，在元件条内输入元器件名称如“VCC”点击“搜索”按钮，即可找到我们要搜寻的元器件。

现将各组件详解如下：

（1）电源库（Sources）：其对应电源系列如图 6-20 所示。

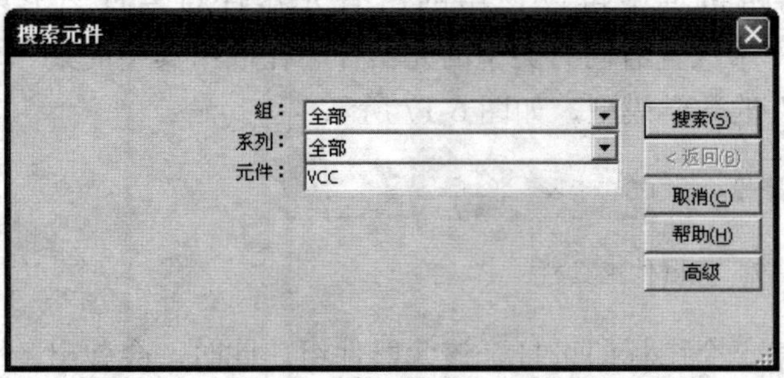

图 6-19 搜索元件界面

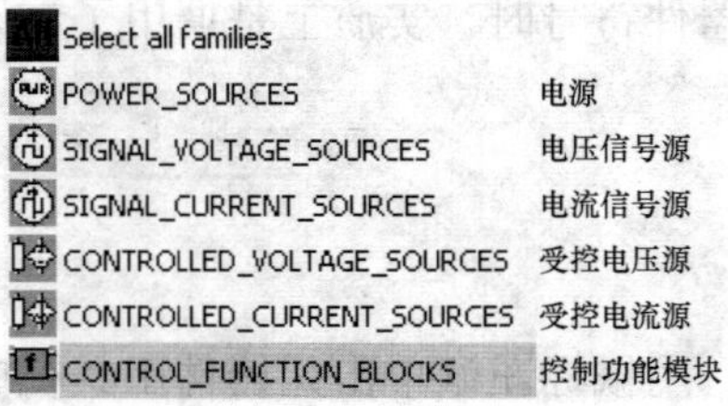

图 6-20 电源系列图

（2）基本元器件库（Basic）：其对应元器件系列如图 6-21 所示。其中带绿色衬底的按钮（BASIC_VIRTUAL 和 RATED_VIRTUAL）为虚拟元器件箱。在选择元器件时还是应该尽量到实际元器件箱中去选取，这不仅是因为选用实际元器件能使仿真更接近于实际情况，还因为实际的元器件都有元器件封装标准，可将仿真后的电路原理图直接转换成 PCB 文件。但在选取不到某些参数，或者要进行温度扫描或参数扫描等分析时，就要选用虚拟元器件。

基本元器件库中的元器件可通过双击元器件或者选择菜单“编辑”→“属性”命令，选择“参数”选项卡对其参数进行设置。实际元器件和虚拟元器件选取方式有所不同。

（3）二极管库（Diodes）：其对应元器件系列如图 6-22 所示。该图中虽然仅有一个虚拟元器件箱，但发光二极管元器件箱中存放的是交互式元器件（Interactive Component），其处理方式基本等同于虚拟元器件（只是其参数无法编辑）。使用时应注意，发光二极管有 6 种不同颜色，只有正向电流流过时才产生可见光。

Select all families	
BASIC_VIRTUAL	基本虚拟器件
RATED_VIRTUAL	标准虚拟器件
RPACK	电阻排
SWITCH	开关
TRANSFORMER	变压器
NON_LINEAR_TRANSFORMER	非线性变压器
RELAY	继电器
CONNECTORS	连接器
SOCKETS	插座
SCH_CAP_SYMS	原理图捕获
RESISTOR	电阻
CAPACITOR	电容
INDUCTOR	电感
CAP_ELECTROLIT	电解电容
VARIABLE_CAPACITOR	可调电容
VARIABLE_INDUCTOR	可调电感
POTENTIOMETER	电位器

图 6-21　基本元器件系列图

Select all families	
DIODES_VIRTUAL	虚拟二极管
DIODE	二极管
ZENER	齐纳二极管
LED	发光二极管
FWB	全波桥式整流器
SCHOTTKY_DIODE	肖特基二极管
SCR	可控硅整流器（晶闸管）
DIAC	双向开关二极管
TRIAC	三端双向可控硅（晶闸管）开关
VARACTOR	变容二极管
PIN_DIODE	PIN二极管

图 6-22　二极管系列图

（4）晶体管库（Transistors）：其对应元器件系列如图 6-23 所示。

Select all families	
TRANSISTORS_VIRTUAL	虚拟晶体管
BJT_NPN	NPN 晶体管
BJT_PNP	PNP 晶体管
DARLINGTON_NPN	达林顿 NPN 晶体管
DARLINGTON_PNP	达林顿 PNP 晶体管
DARLINGTON_ARRAY	达林顿晶体管阵列
BJT_NRES	电阻偏置 NPN 型晶体管
BJT_PRES	电阻偏置 PNP 型晶体管
BJT_ARRAY	双极结型晶体管阵列
IGBT	绝缘栅双极性晶体管
MOS_3TDN	N 沟道耗尽型 MOS 管
MOS_3TEN	N 沟道增强型 MOS 管
MOS_3TEP	P沟道增强型MOS管
JFET_N	N沟道JFET管
JFET_P	P沟道JFET管
POWER_MOS_N	N 沟道功率 MOS 管
POWER_MOS_P	P 沟道功率 MOS 管
POWER_MOS_COMP	比较型功率 MOS 管
UJT	单结晶体管
THERMAL_MODELS	热效应管

图 6-23　晶体管系列图

（5）模拟元件库（Analog），其对应元器件系列如图 6-24 所示。

（6）TTL 元件库（TTL）：其对应元器件系列如图 6-25 所示。有些 TTL 元器件是复合型结构，即在同一个封装里有多个相互独立的对象，如 74LS00D，有 A、B、C、D 这 4 个功能完全相同的二输入与非门，可在选用元件时弹出的下拉列表框中任意选取，如图 6-26 所示。

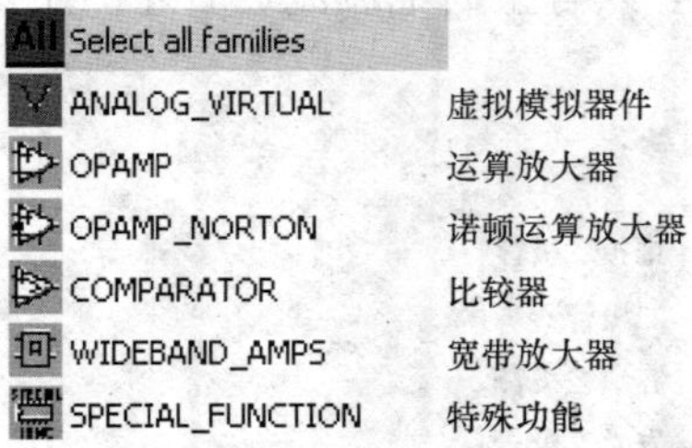

图 6-24 模拟元件系列图

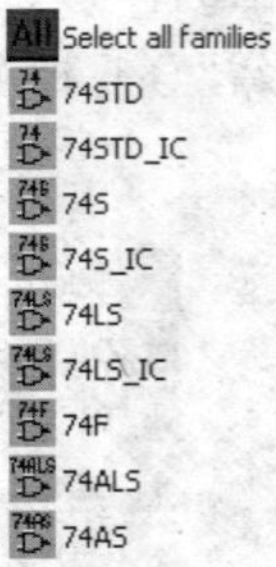

图 6-25 TTL 元件系列图

图 6-26 下拉列表框

（7）COMS 元件库（COMS）：其对应元器件系列如图 6-27 所示。

（8）杂项数字元件库（Misc Digital）：其对应元器件系列如图 6-28 所示。

图 6-27 COMS 元件系列图

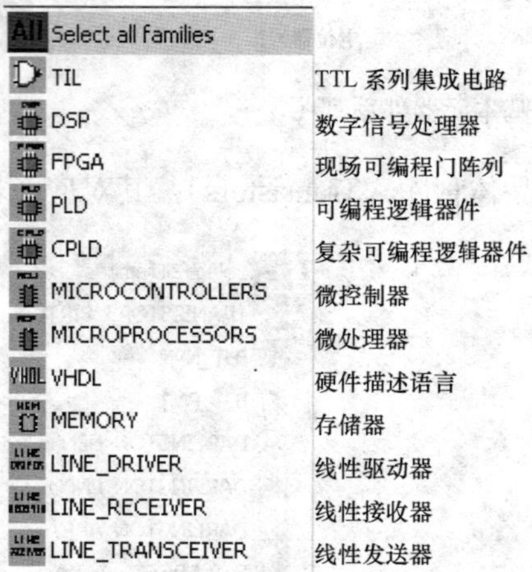

图 6-28 杂项数字元件系列图

（9）杂项混合元件库（Mixed）：其对应元器件系列如图 6-29 所示。其中 ADC_DAC 虽无绿色衬底也属于虚拟元器件。

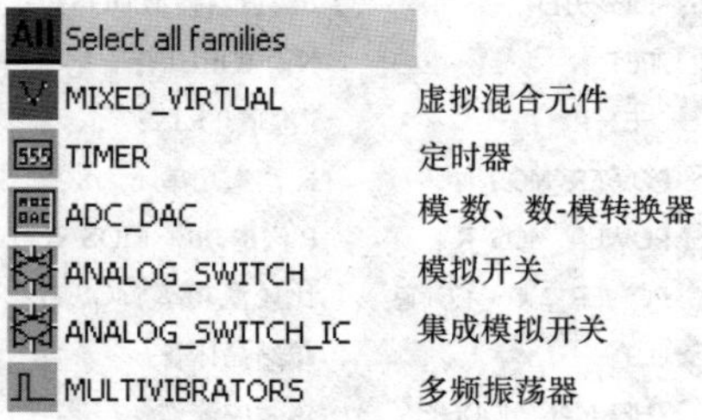

图 6-29 杂项混合元件系列图

（10）指示器件库（Indicators）：其对应元器件系列如图 6-30 所示。用来显示电路仿真结果的显示器件。

（11）电源元件库（Power），其对应元器件系列如图 6-31 所示。

图 6-30 指示器件系列图

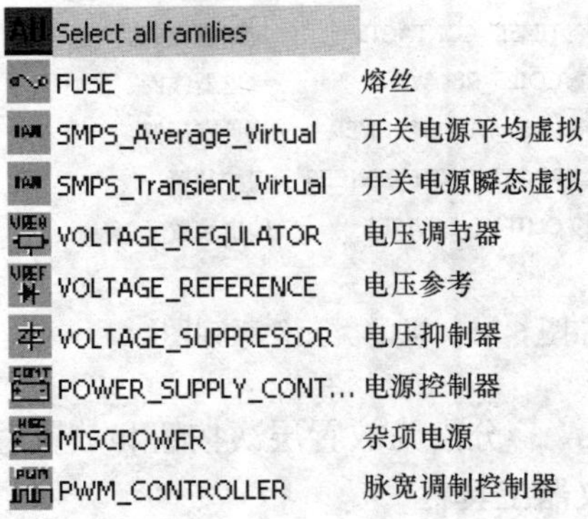

图 6-31 电源元件系列图

（12）杂项元件库（Misc），其对应元器件系列如图 6-32 所示。

（13）高级外设元件库（Advanced_Peripherals），其对应元器件系列如图 6-33 所示。

（14）射频元件库（RF）：其对应元器件系列如图 6-34 所示。提供一些适合高频电路的元器件，这是目前众多电路仿真软件所不具备的。

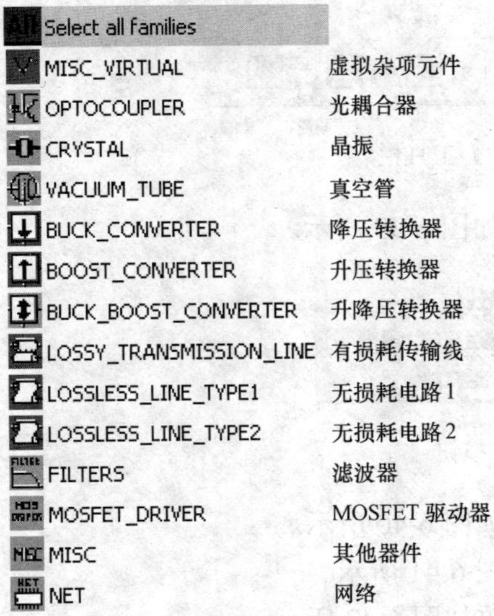

图 6-32 杂项元件系列图

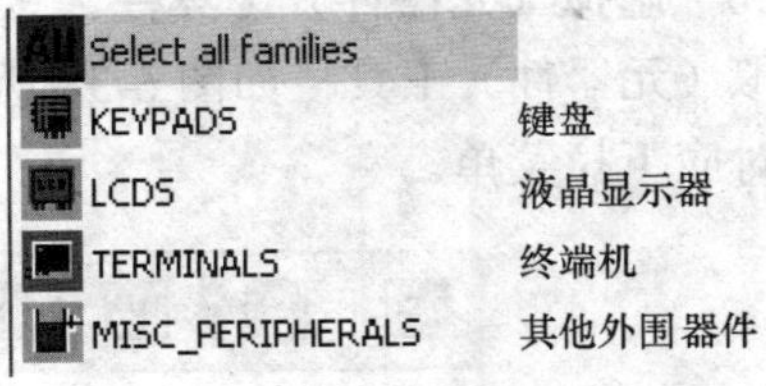

图 6-33 高级外设元件系列图

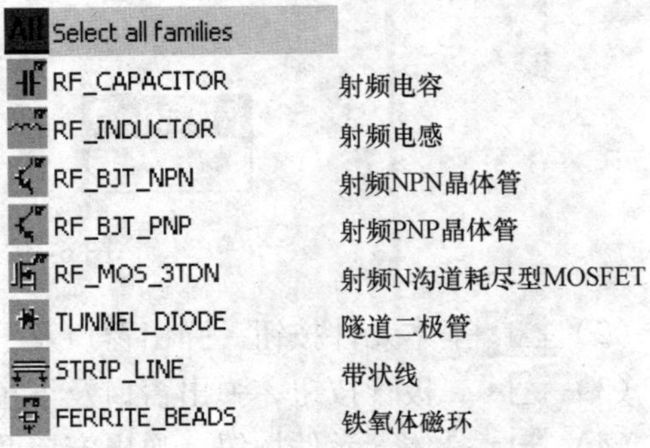

图 6-34 射频元件系列图

（15）机电类元件库（Electro_Mechanical）：其对应元器件系列如图 6-35 所示。

（16）微控制器库（MCU Module）：其对应元器件系列如图 6-36 所示。

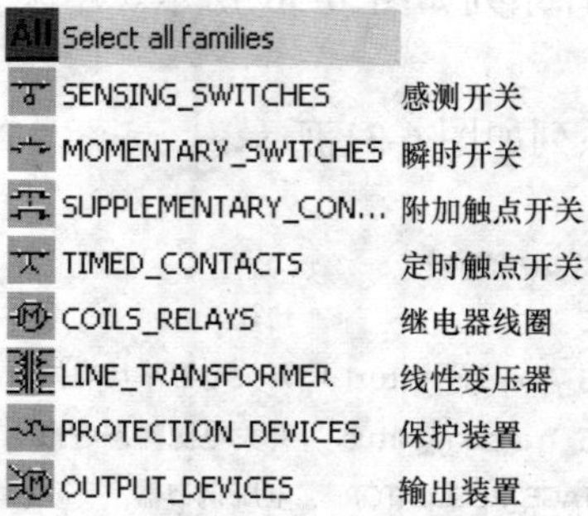

图 6-35 机电类元件系列图

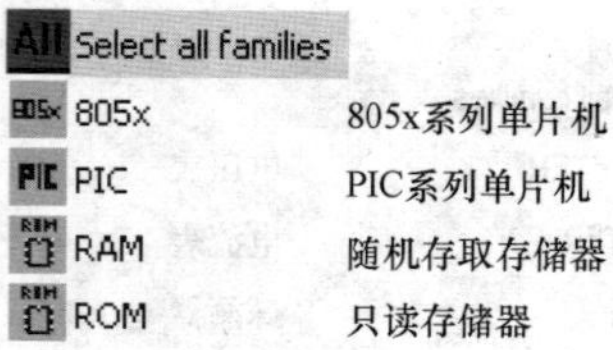

图 6-36 微控制器系列图

（17）分别为放置层次按钮和放置总线按钮。

6.2.5 仪器工具栏

仪器工具栏提供了用来对电路工作状态进行测试的虚拟仪器，如图 6-37 所示。这些虚拟仪器外观和使用方法与实验室使用的真实仪器基本一样，完全可以满足我们仿真的需要。具体内容将在第 8 章中作介绍。

图 6-37 仪器工具栏

6.2.6 虚拟（元器件）工具栏

虚拟（元器件）工具栏如图 6-38 所示。鼠标左键单击图标按钮显示弹出窗口，单击箭头显示其对应下拉菜单。

图 6-38 虚拟（元器件）工具栏

（1）模拟元件按钮。弹出窗口及下拉菜单如图 6-39 所示。

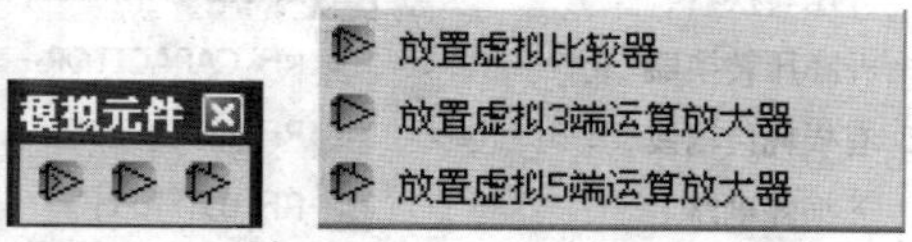

图 6-39 模拟元件按钮

（2）基本元件按钮。弹出窗口及下拉菜单如图 6-40 所示。
（3）二极管按钮。弹出窗口及下拉菜单如图 6-41 所示。
（4）晶体管元件按钮。弹出窗口及下拉菜单如图 6-42 所示。
（5）测量元件按钮。弹出窗口及下拉菜单如图 6-43 所示。
（6）杂项元件按钮。弹出窗口及下拉菜单如图 6-44 所示。
（7）电源元件按钮。弹出窗口及下拉菜单如图 6-45 所示。
（8）标准虚拟元件按钮。弹出窗口及下拉菜单如图 6-46 所示。

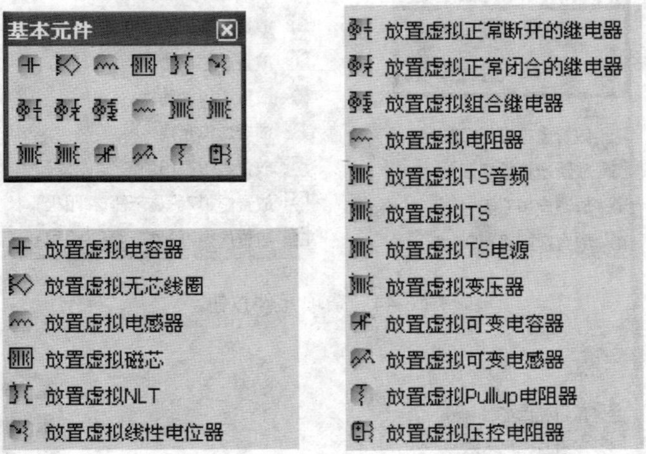

图 6-40　基本元件按钮

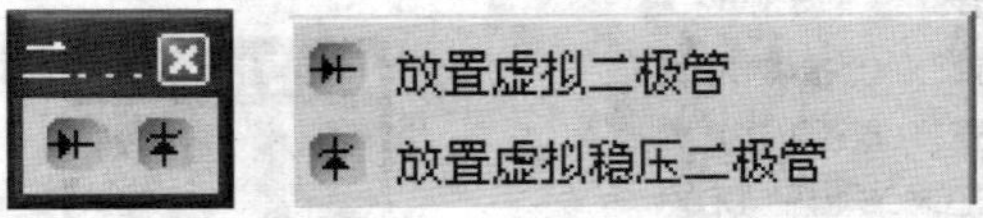

图 6-41　二极管按钮

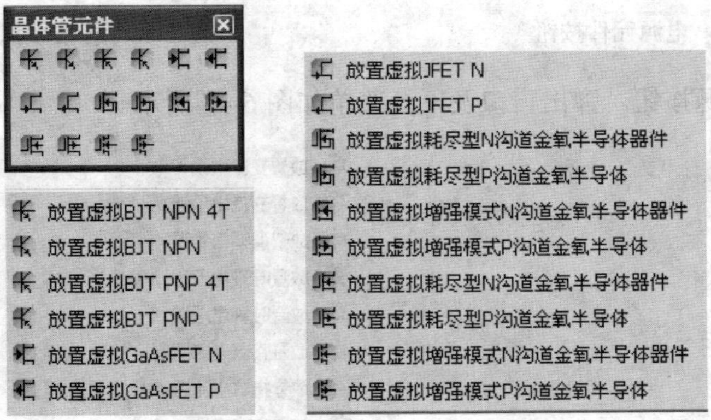

图 6-42　晶体管元件按钮

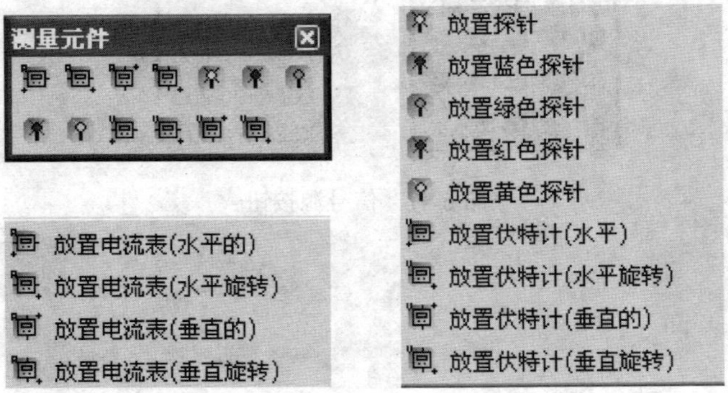

图 6-43　测量元件按钮

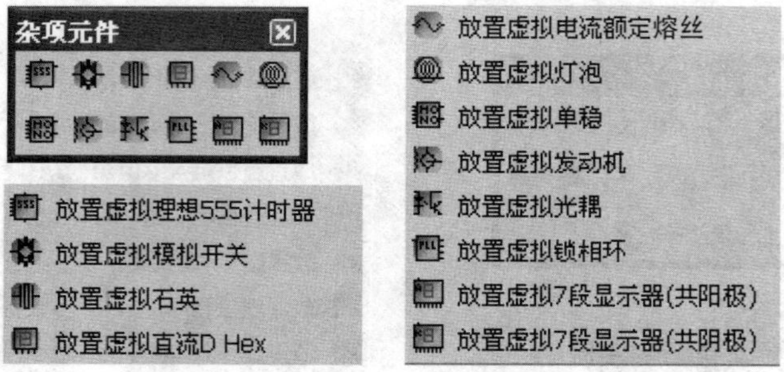

图 6-44 杂项元件按钮

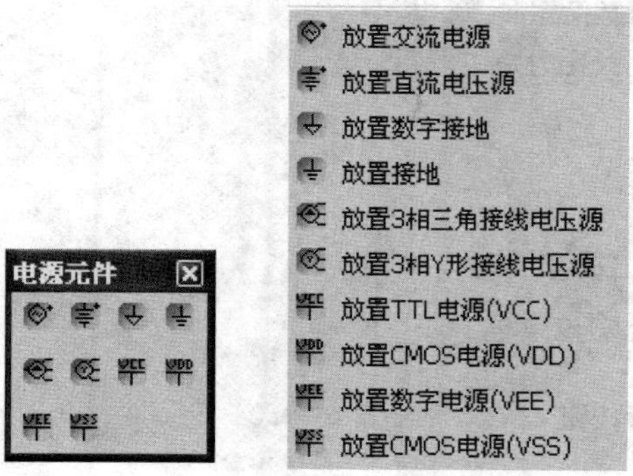

图 6-45 电源元件按钮

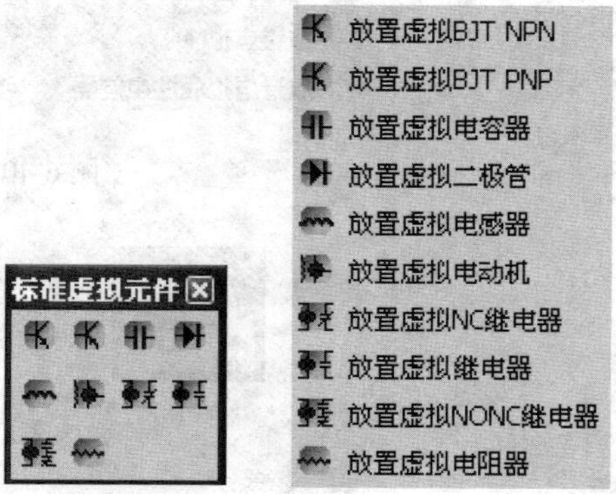

图 6-46 标准虚拟元件按钮

（9）信号源按钮。弹出窗口及下拉菜单如图 6-47 所示。

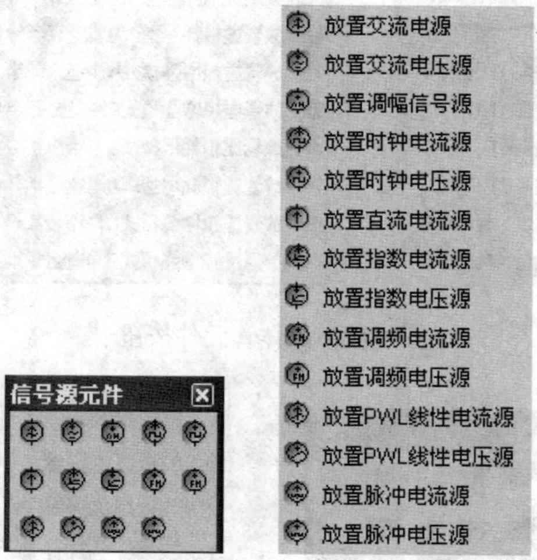

图 6-47 信号源按钮

第 7 章 Multisim10 基 本 操 作

7.1 新 建 电 路

运行 Multisim10 软件（可以通过“开始”→“程序”→“Multisim10”打开或者单击桌面上的 Multisim10 快捷方式）就可以打开一个供用户创建电路的工作区域，用户也可以新建任意一个空白的电路窗口（通过“文件”→“新建”→“原理图”或者单击工具栏上的按钮）。初次新建电路窗口，使用的是默认选项，用户可以对默认选项进行修改，包括界面大小、网格、页数、页边框等。通过滑动鼠标滑轮或者单击工具栏上的缩放工具可以对电路窗口实现放大或缩小。

7.1.1 设置工作页面

选择菜单“选项”→“Sheet Properties”→“工作区”命令，系统会弹出设置工作区域的界面，如图 7-1 所示。

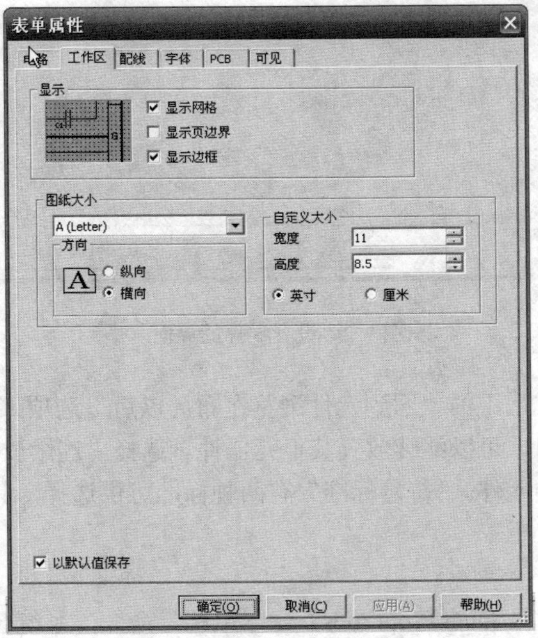

图 7-1 设置工作区域的界面

在“显示”下拉列表框，选中 “显示网格”选项，电路界面上将显示背景网格，用户可以方便的根据网格对元器件进行定位。选中“显示页边界”选项，电路界面上将显示纸张界面。选中“显示边框”选项，电路图界面将显示电路图边框。在“图纸大小”下拉列表框用户可以选择需要的图纸型号，“方向”可以选择纵向或者横向。用户也可以对界面自定义大小，例如宽度、高度和单位等。选择“以默认值保存”复选框，可将当前设置保存为默认设置。在“表单属性”对话框内，也可以对“电路”“配线”“字体”等进行设置，这里不再详述。

7.1.2 元器件设置

选择菜单“选项”→“Global Preferences”→“零件”命令，系统会弹出设置零件的界面，如图 7-2 所示。

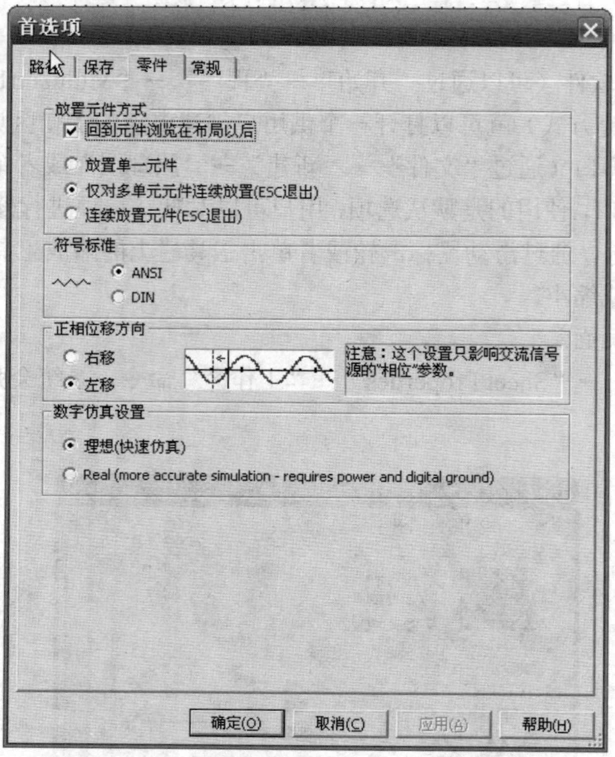

图 7-2 设置零件的界面

选择“放置元件方式”下的“回到元件浏览在布局以后”选项，则放置一个元器件以后自动返回元器件浏览窗口，可以继续放置其他元器件。选择“连续放置元件（ESC 退出）选项，可以连续放置相同的元件。“符号标准”有两种标准可供选择，其中 ANSI 为美国标准，DIN 为欧洲标准。

7.1.3 电路设置

选择菜单“选项”→“Sheet Properties”→“电路”命令，系统会弹出设置电路的界面，如图 7-3 所示。

在“显示”选项内，选择“标签”“参考标识”“数值”“初始条件”“公差”等，在电路图上放置好元件，元件周围会显示相应内容。用户可以对显示信息加以设置，双击元器件或者选择菜单“编辑”→“属性”命令，系统将弹出属性界面，选择“显示”选项卡，界面如图 7-4 所示。选择“使用原理图全局设置”复选框，则元器件按预先设置的显示信息显示；如果不选择这个复选框，则下面的各个复选框变为有效，想要显示哪些，选中即可。在“颜色”选项，可以设置电路的背景颜色。

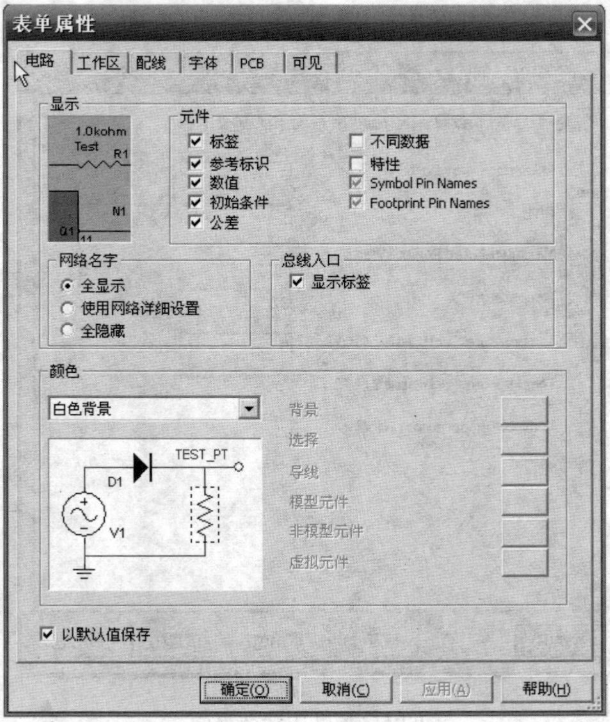

图 7-3　设置电路的界面

图 7-4　属性中显示界面

7.1.4　查看或修改标称值

双击元器件或者选择菜单“编辑”→“属性”命令，系统将弹出属性对话框，选择“参数”选项卡，界面如图 7-5 所示。用户可以查看到该元器件的标称值，也可以根据需要对其进行修改。

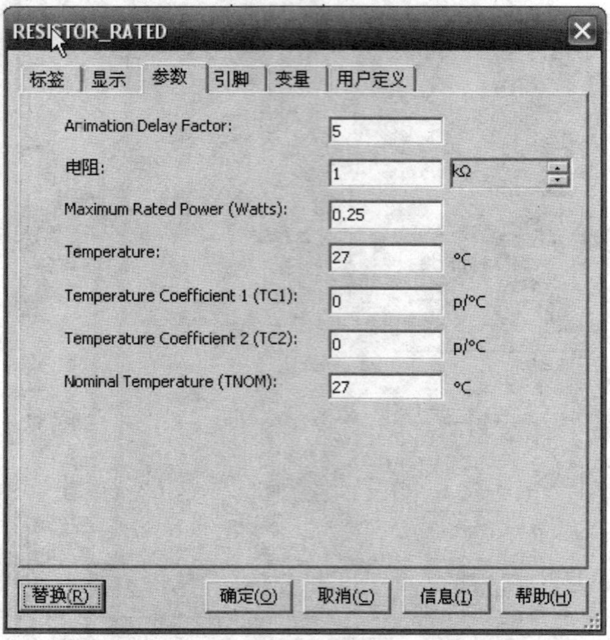

图 7-5 属性中参数界面

7.1.5 自动故障设置

用户可以对电路进行自动故障设置。选择“仿真”→“自动故障设置”，界面如图 7-6 所示，即可打开自动故障设置界面，如图 7-7 所示。

图 7-6 选择自动故障设置界面

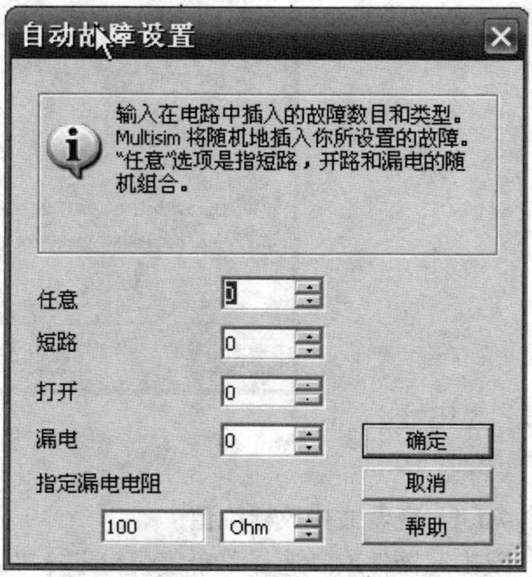

图 7-7 自动故障设置界面

用户可以设置短路、打开、漏电和任意等故障的个数，其中设置漏电故障需要设置漏电电阻的阻值和单位，任意故障为短路、打开、漏电中的任意故障。

7.1.6 字体设置

选择菜单“选项”→“Sheet Properties”→“字体”命令，系统会弹出设置字体的界面，如图 7-8 所示。通过设置可以选择不同字体和风格。

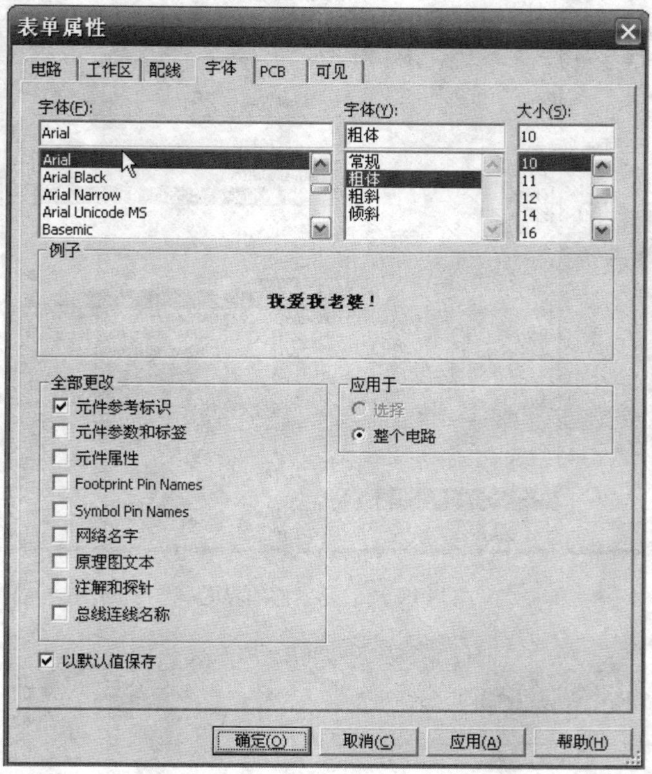

图 7-8 设置字体的界面

7.2 选取和放置元器件

7.2.1 选取元器件

Multisim10 提供 3 个数据库：“主数据库”“公司数据库”和“用户数据库”。“主数据库”是厂商提供的元器件库，“公司数据库”是用户自行向各厂商索取的元器件库，“用户数据库”是用户自己建立的元器件库。由于我们安装的是个人专业版，所以只有“主数据库”。选取元器件有 4 种方法：

（1）选择菜单“放置”→“Component”，即可进入到选取元器件的界面，选中所需要的元器件，点击确定即可。界面如图 7-9 所示。

主数据库下面有不同的“组”，“组”下面又分“系列”，“系列”下面又分“元件”，用户可以按照需要进行选择，例如主数据库下面包含的组如图 7-10 所示，“Basic 组”里面包含的“系列”界面如图 7-11 所示，“Basic 组”里面包含电阻、电容、开关等基本元器件。

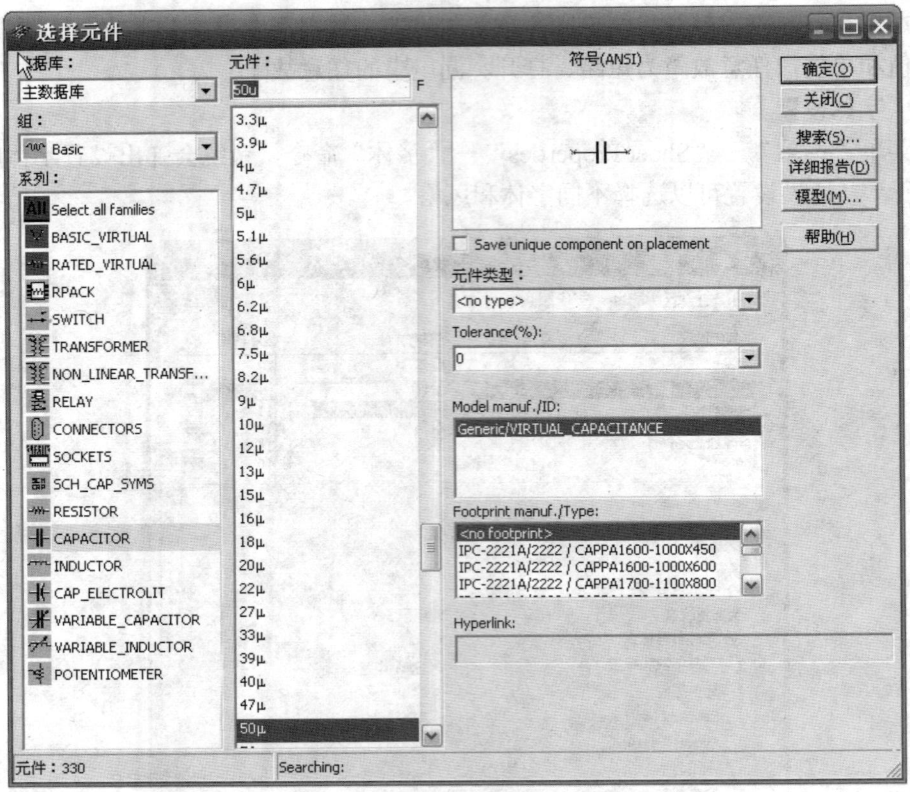

图 7-9 选取元器件的界面

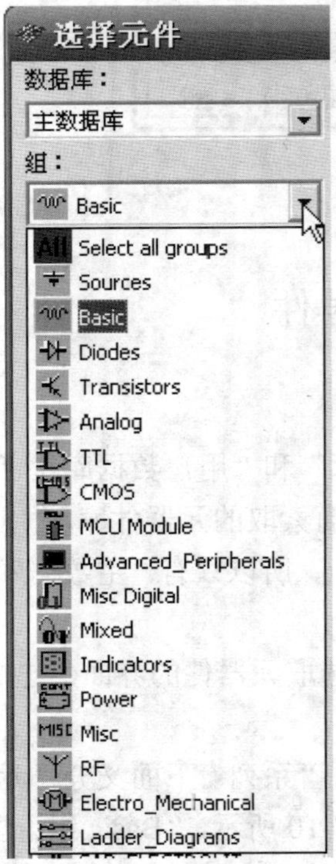

图 7-10 主数据库下面包含的“组”图

7-11 “Basic 组”里面包含的“系列”界面

（2）单击右键，选择“Component”，也可进入选取元器件的对话框。

（3）单击显示工具栏，上的图标。显示工具栏可以通过选择“视图”→“工具栏”，选择想要显示的工具栏即可，方法如图 7-12 所示。

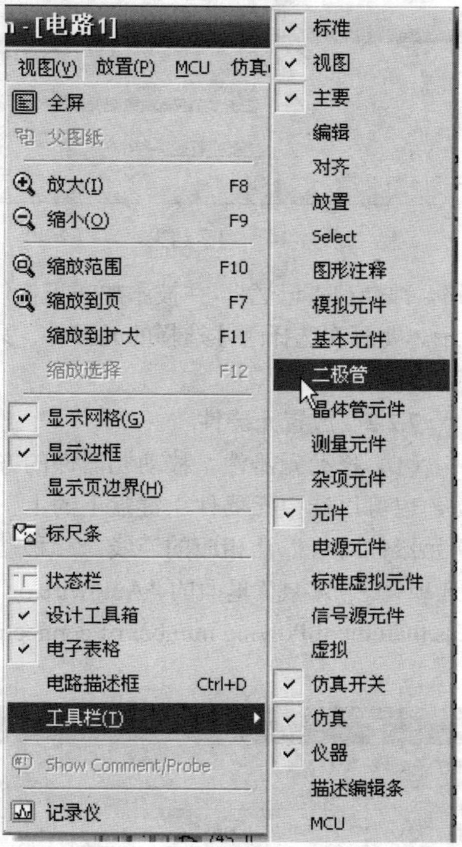

图 7-12　显示工具栏方法

（4）通过搜索方法选取元器件。单击图 7-9 中的搜索按钮，进入如图 7-13 界面。

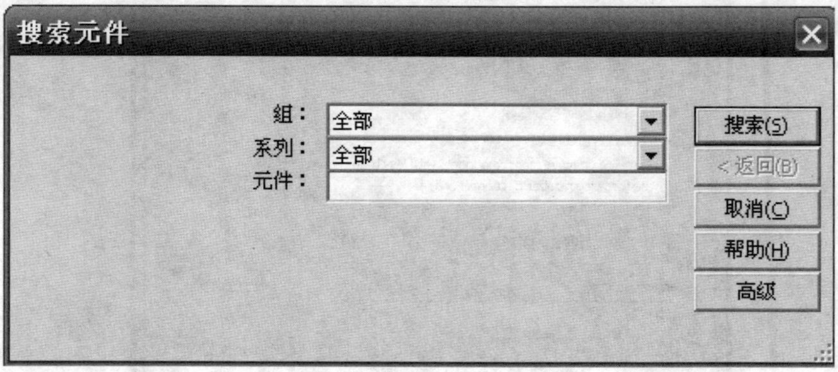

图 7-13　搜索元件界面

例如我们要放置电源 “VCC”，单击“搜索”按键，即可找到我们搜寻的器件，如图 7-14 所示。单击确定，放置到电路图中即可（注：此方法快速便捷，可搜索元件库内存在的各种元件，务必掌握该方法，可大大提高绘图效率）。

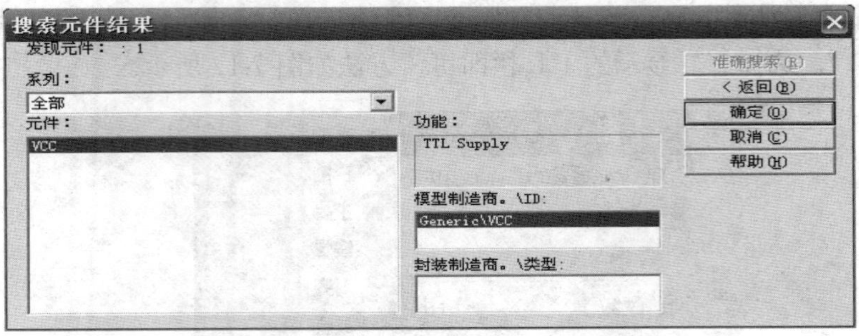

图 7-14　搜索结果

放置完的元器件或子电路，都会被“记忆”，并被添加在正在使用的元器件清单——“使用的元件”中，如图 7-15 所示。要再次选择刚才选择的元器件，只要在“使用的元件”中选取即可。

图 7-15 “使用的元件”清单

7.2.2　放置元器件

（1）移动元器件。移动元器件的方法有两种，可以用鼠标拖动，也可以选中元器件用键盘上的上下左右移动按键来移动。移动元器件时可以让相应的连线一起移动，这个功能可以通过选择“选项”→“常规”里面的“Autowire on move，for components with less than the following number of connections”选项来实现，选择该选项的界面如图 7-16 所示。

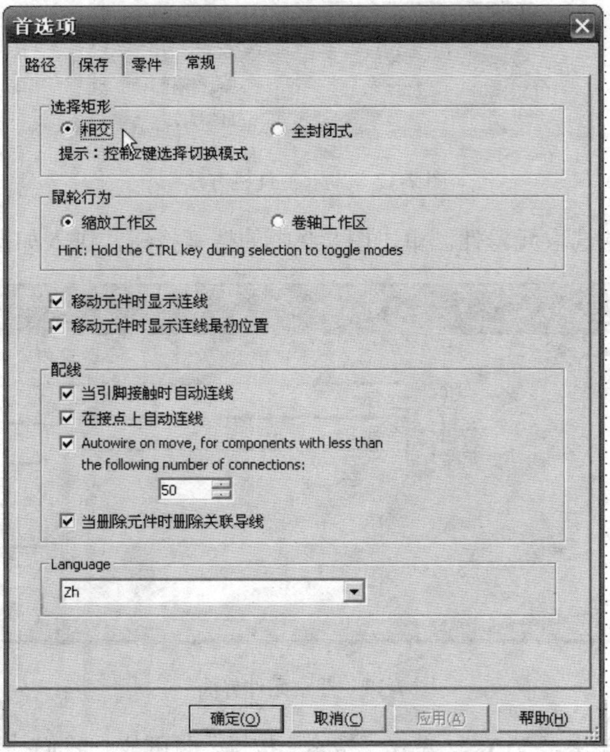

图 7-16　自动连线设置

（2）复制元器件。选择菜单“编辑”→“复制”或者单击鼠标右键选择复制命令，再选择菜单“编辑”→“粘贴”或者单击鼠标右键选择粘贴命令，即可复制一个已经放置好的元器件，也可以用快捷键来实现。两种方式的复制方法界面如图 7-17 所示。

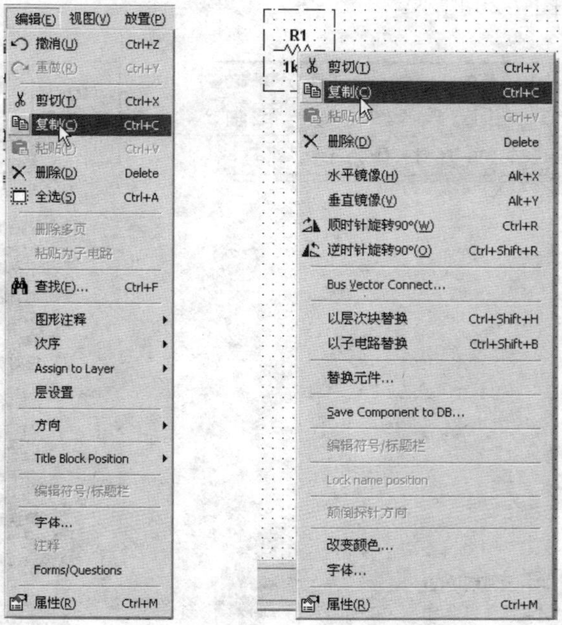

（a）　　　　　　　　　　　　（b）

图 7-17　复制方法选择

（a）菜单复制方法；（b）鼠标右键复制方法

（3）替换元器件。选中元器件，选择“编辑”→“属性”命令，或者双击元器件即可进入属性对话框，界面如图 7-18 所示，选择替换按钮，即可进入新的元器件选择的界面，用户可以选择要替换的新的元器件。

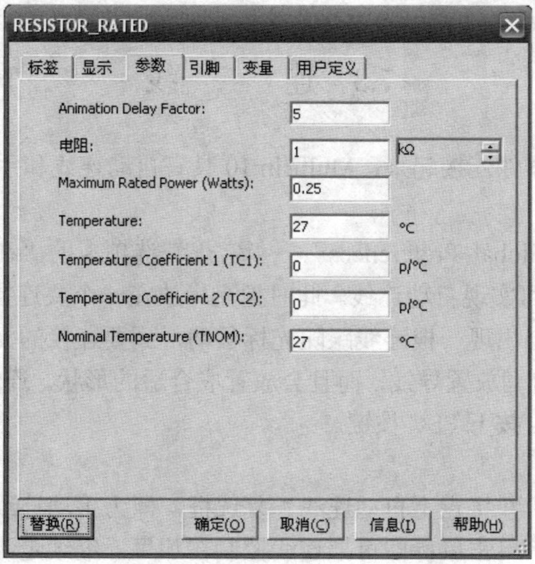

图 7-18　替换元器件界面

（4）旋转元器件。一般放置的元器件都是横着的，可以通过旋转把元器件竖着放置。方法有两种，一种是通过选择菜单“编辑”→“方向”，选择其中的“顺时针旋转 90°”和“顺逆针旋转 90°”，界面如图 7-19 所示；第二种方法是单击右键选择“顺时针旋转 90°”和“顺逆针旋转 90°”，界面如图 7-20 所示。

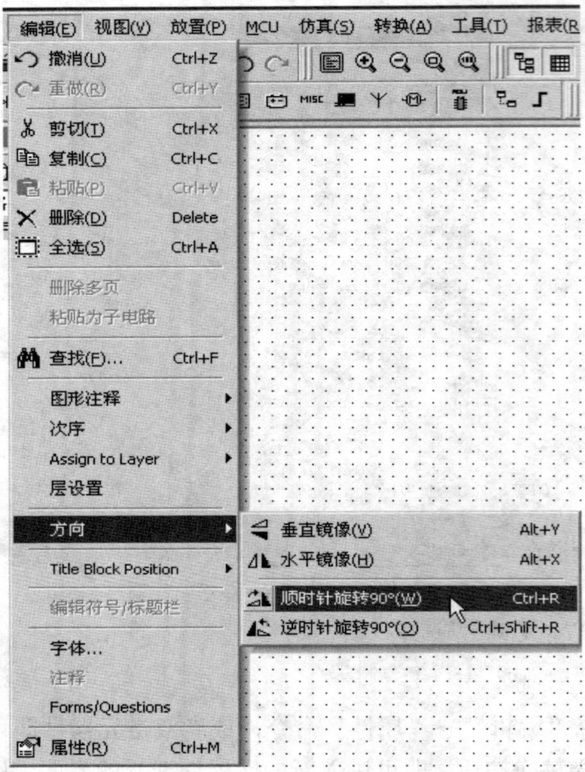

图 7-19 旋转元器件方法（一）

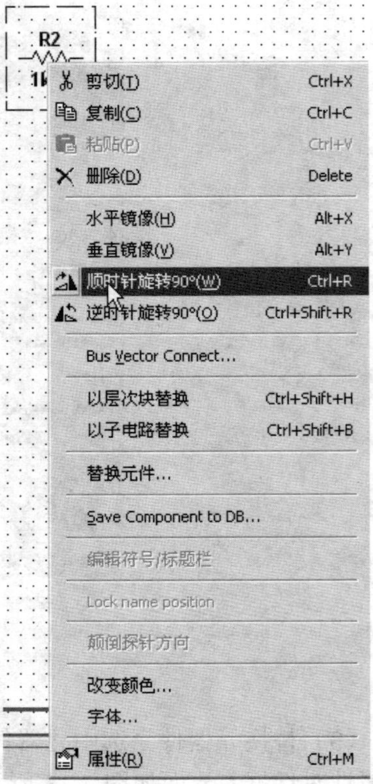

图 7-20 旋转元器件方法（二）

7.3 连 线

连线是把放置的元器件连接起来，Multisim10 具有自动连线和手动连线两种方式。

7.3.1 自动连线

选择“选项”→“Global Preferences”→“常规”选项卡的“在接点上自动连线”复选框，如图 7-16 所示，则可实现自动连线。此时把光标放在一个要连接的元器件的引脚上，单击鼠标，移动鼠标，就会出现一根连线跟随光标移动，到要连接的元器件的引脚上，单击鼠标即可，Multisim10 会自动放置导线，而且会放置成合适的形状。连线过程中想要终止连线，点击鼠标右键即可，也可按下 ESC 按键。

7.3.2 手动连线

不选择上文提到的“在接点上自动连线”复选框，即为手动连线方式。连线时，会出现一条连线跟随鼠标延伸，单击鼠标即可把连线控制在那里，继续走线直到连接到要连接的元器件的引脚上。通常可以把自动连线和手动连线结合起来使用。

7.3.3　手动添加节点

在电气上连接的连线需要有节点，通常 Multisim10 会自动在连接处添加节点，如果缺少可以通过手动方式添加，方法如下：

（1）单击要放置结点的位置，会出现一个节点。

（2）选择菜单“放置”→“节点”。

（3）单击鼠标右键，选择“Pace Schematic”→“节点”，界面如图 7-21 所示。

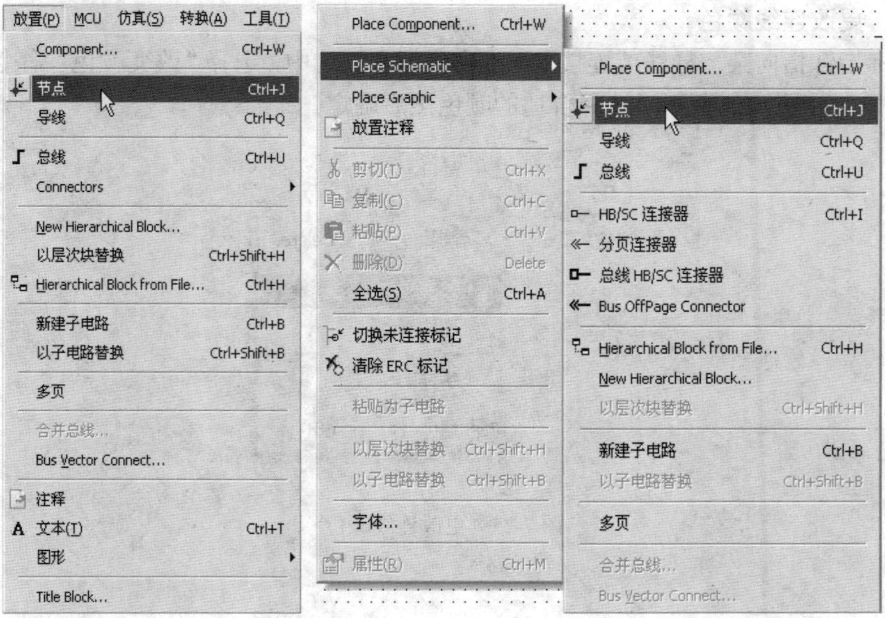

图 7-21　手动添加节点

7.3.4　连线的设置

选择“选项”→“Sheet Properties”→“配线”选项卡，在“画图选项”选项组可以选择连线和总线的宽度。在“总线配线模式”选项组可以选择“网络”和“总线连接”两种总线模式。界面如图 7-22 所示。

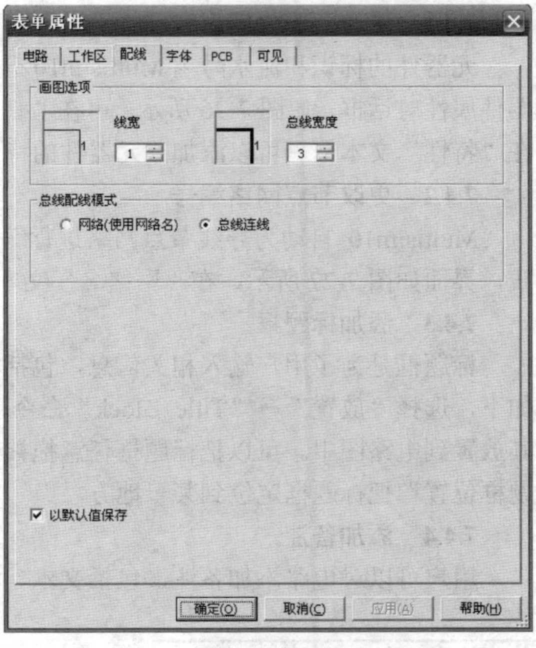

图 7-22　连线设置

7.3.5　调整连线

（1）轨迹的调整。如果需要按照特定的走向绘制导线，则可以在绘制导线的过程中到达预定位置后单击鼠标左键一次，然后继续移动鼠标，直至该导线绘制完毕，如图 7-23 所示。

（2）导线的删除。如果绘制导线不合意或者错误，可先将指针对准予调整的导线，点击鼠标右键，导线的两端出现两个蓝色方块，此时按键盘的“Delete”键即可删除该导线。

（3）导线的修改。在导线的选中状态，点

击导线走向上的蓝色方块按住不放并拖动，即可实现导线路径的更改。如图 7-24 所示。

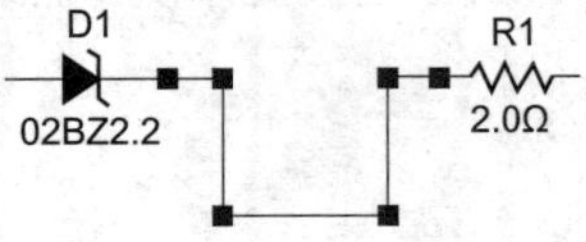

图 7-23 导线调整❶

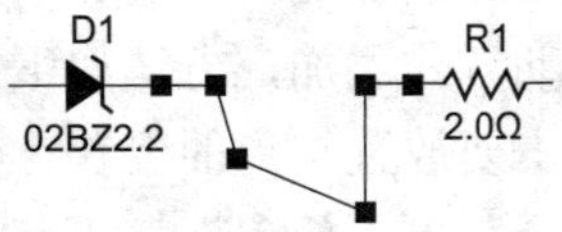

图 7-24 导线修改

7.3.6 更改连线颜色

将鼠标指针指向某一导线或连接点，点击鼠标右键选中，选择“改变颜色”命令打开“颜色”对话框，如图 7-25 所示，选择合适的颜色然后确定。

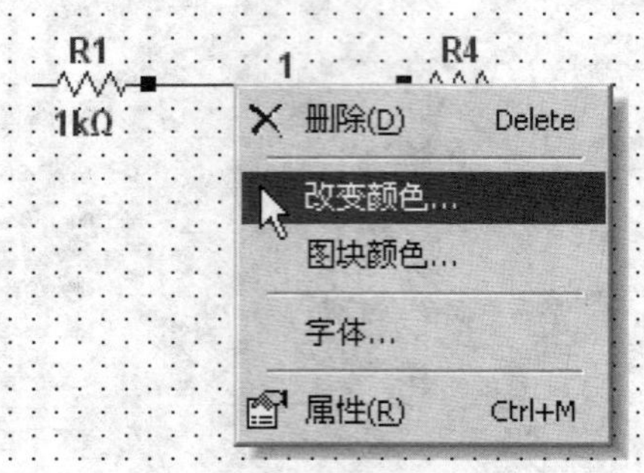

图 7-25 更改连线颜色

7.4 标 识

7.4.1 更改元器件标识和属性

元器件的标识和流水号由 Multisim10 分配，用户可对其进行修改。双击元器件，打开元器件属性对话框，如图 7-26 所示。可在“参考标识”和“标签”文本框里修改标识和流水号。在“特性”文本框里可以添加改元器件的特性。

7.4.2 更改节点网络编号

Multisim10 自动为导线节点网络进行编号，用户可以对这些网络编号进行修改。双击导线，界面如图 7-27 所示，在“网络名”文本框里填写需要更改的编号即可。

7.4.3 添加标题框

标题框是为了用户输入相关信息，包括标题、描述性文字和尺寸等。添加标题框的方法如下，选择“放置”→“Title Block”命令，界面如图 7-28 所示，选择标题框模版，单击将其放置到电路图中。可以把标题框任意拖拽到合适的地方，也可以通过选择“编辑”→“标题框位置”把标题框定位到某一地方。

7.4.4 添加备注

用户可以对电路添加备注，包括文本、注释、图形等，方法为选择“放置”菜单，选择

❶ 本书中—▶̸—均表示稳压管—▶|—。

要放置的备注类型即可，界面如图 7-29 所示。例如选择添加文本，则出现放置文本光标，在该位置输入文本即可，单击电路其他地方即可结束文本输入状态。

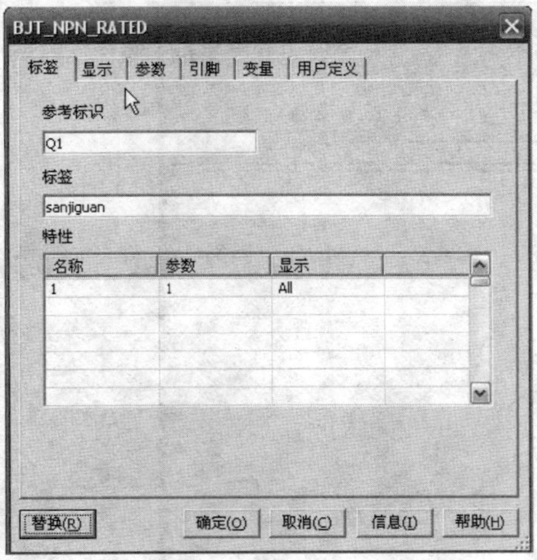

图 7-26　元器件属性对话框图

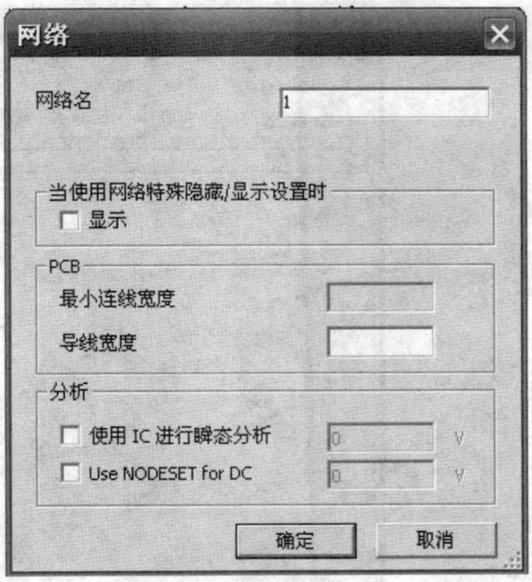

图 7-27　更改节点网络编号

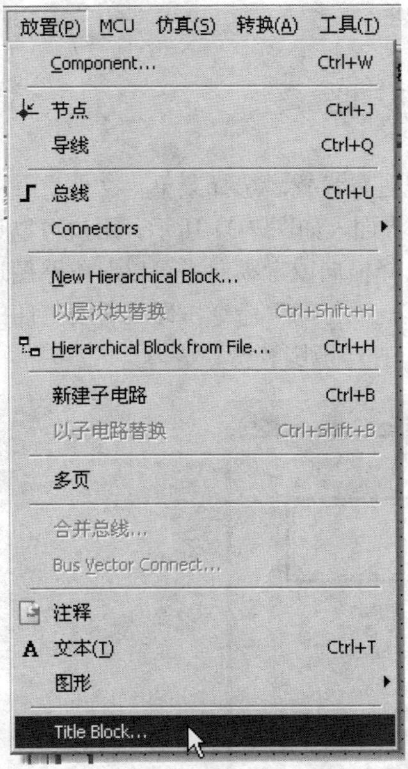

图 7-28　添加标题框

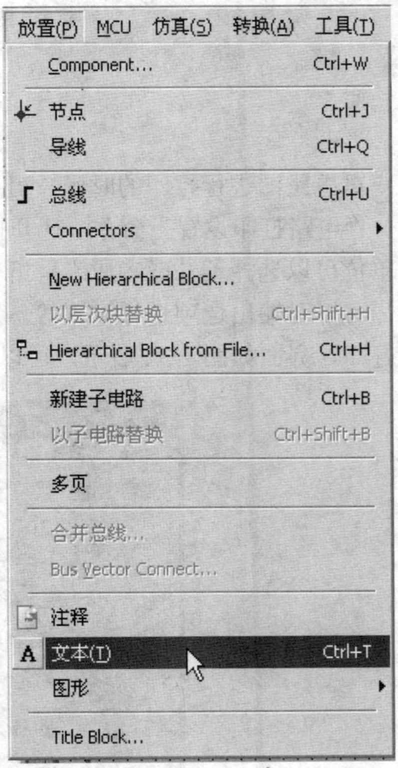

图 7-29　添加文本

7.4.5　添加说明

说明是对整张电路图的说明内容，不会出现在电路中，是独立存放的文字。添加说明的方法为，选择菜单“工具”→“Description Box Editor”命令，弹出添加说明的界面，如图 7-30

所示。在该界面即可输入需要添加的文字说明，在此界面下可对该说明保存、处理和打印等。退出该界面即可回到原电路界面。

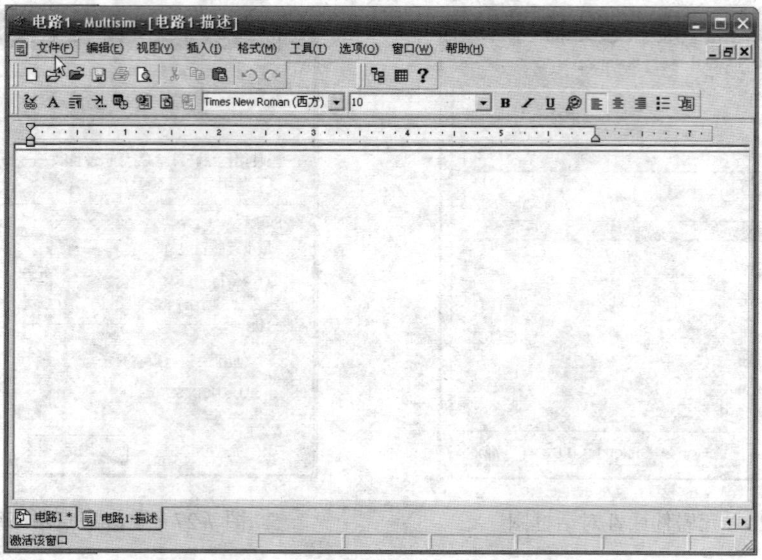

图 7-30 添加说明

7.5 打 印 电 路

用户对电路图进行打印的时候，可以对打印情况进行设置。选择菜单“文件”→“打印选项”→“电路打印设置”命令，打开打印电路设置界面，如图 7-31 所示。用户可以设置页边距，单位可以选择英寸或者厘米；纸张方向可以选择横向或者纵向；可以对电路图进行缩放打印；可以对输出选项进行设置等。选择“文件”→“打印”命令，即可对要打印的电路图进行打印，界面如图 7-32 所示，可以选择打印机、打印范围和份数等。

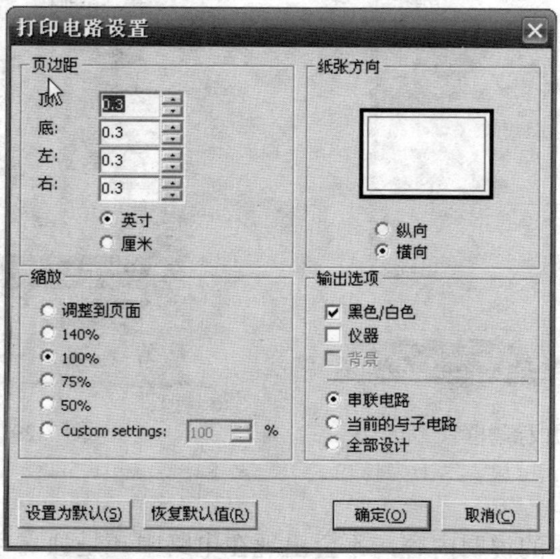

图 7-31 打印电路设置

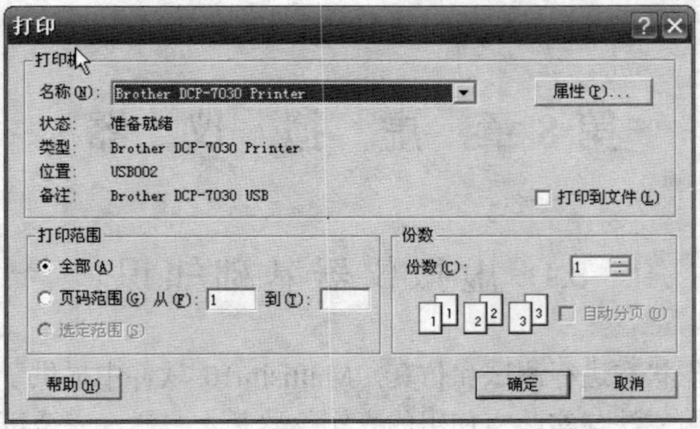

图 7-32 打印设置

7.6 放 置 总 线

选择“放置”→“总线”命令，可以在电路图上放置总线，连线方法与普通连线相同，放置好的总线可以通过单击右键，对颜色、字体和属性等进行设置，例如打开其属性的界面如图 7-33 所示。用户可以修改总线的网络名，可以设置 PCB 导线宽度等。

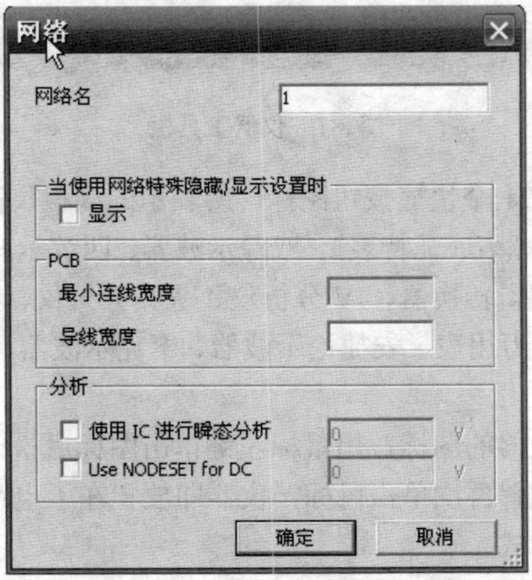

图 7-33 总线属性界面

第8章 虚 拟 仪 器

8.1 虚拟仪器基础知识

为了对电路的工作状态进行测试和仿真，Multisim10 软件中提供了许多虚拟仪器。这些虚拟仪器的外观和使用方法与实验室使用的真实仪器基本一样，完全可以满足我们测试和仿真的需要。使用虚拟仪器不仅能测试电路参数和性能，而且可以对测试的数据进行分析、打印和保存等。

8.1.1 调用和放置虚拟仪器

我们可以通过选择菜单“仿真”→“仪器”选项寻找到电路测试、仿真所需的虚拟仪器。也可以直接在 Multisim10 工作界面的右侧的“仪器工具栏”中直接调用。虚拟仪器在“仪器仪表栏”中被设置成快捷按钮方式，使用起来十分方便。若在 Multisim10 工作界面中找不到“仪器工具栏”，也可通过选择菜单“视图”→“工具栏”→“仪器”命令配置“仪器工具栏”为外部工具按钮，如图 8-1 所示。

图 8-1 仪器工具栏

“仪器工具栏”中共有 21 个快捷按钮图标，所表示的虚拟仪器从左至右分别为：数字万用表、函数信号发生器、功率表（瓦特表）、双踪示波器、四踪示波器、波特图示仪、频率计、字发生器、逻辑分析仪、逻辑转换器、IV 分析仪、失真分析仪、频谱分析仪、网络分析仪、安捷伦函数发生器、安捷伦万用表、安捷伦示波器、泰克示波器、测量探针、LabVIEW 测试仪、电流探针。

找到需要使用的虚拟仪器的图标，用鼠标左键单击图标后松开，移动鼠标到电路设计窗口中，在所需放置仪器的位置再次单击鼠标，仪器即放置在了电路中。

8.1.2 虚拟仪器显示形式

虚拟仪器在“仪器工具栏”中以快捷按钮图标方式显示，而放置在 Multisim10 工作界面上又有另外两种显示形式：仪器接线符号、仪器面板。现以数字万用表为例展示说明。

（1）仪器接线符号。其外观与实验室使用的真实仪器相似，如图 8-2 所示。

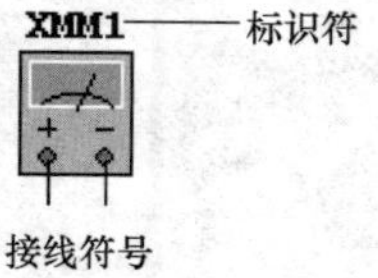

图 8-2 仪器接线符号

仪器接线符号上方的标识符用于标识仪表的种类和编号。例如，电路中使用的第一个万用表被标为“XMM1”，使用的第二个万用表则被标为“XMM2”，依此类推。编号在同一个电路中是唯一的。

接线符号对应仪器的接线柱，将鼠标放在接线柱上，鼠标即由箭头变为十字，此时单击鼠标左键可拉出一条线，可将此线连接到电路中的引脚、引线、节点等欲连接的地方上，再次单击鼠标左键即可。若要改变连接线的颜色，可选中该连接线用鼠标右键单击，弹出下拉菜单后选择“改变颜色”选项，在出现的对话框中选择想要的颜色后单击“确定”按钮即可。

（2）仪器面板。用鼠标左键双击仪器接线符号即可弹出其对应的仪器面板，如图 8-3 所示。

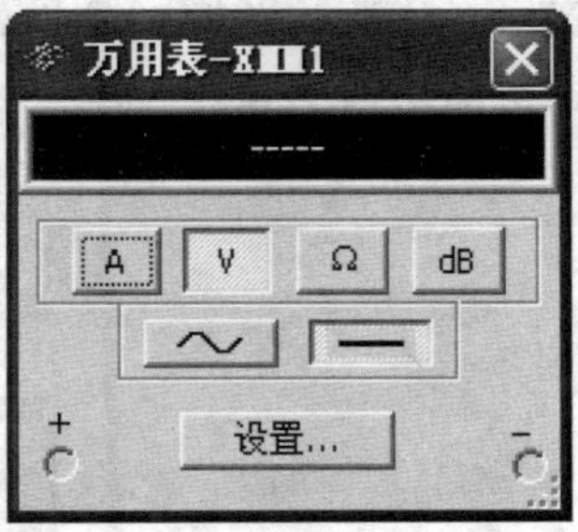

图 8-3　仪器面板

仪器面板可以显示测量结果。如同实际仪器一样，可以在测试前或测试中更改仪器面板的相关设置，进行交互式设定。如更改量程、坐标、显示特性、测量功能等。但不是所有的仪器面板上的参数都可以修改，当鼠标指针在面板上移动时，鼠标由箭头符号变成小手形状，则表示它是可修改的。仪器面板设置的正确与否对电路参数的测试是非常关键的，如果设置不正确很可能会导致仿真结果出错或是难以读数。

8.1.3　虚拟仪器仿真

电路连接正确后即可对其进行仿真测试。

（1）运行仿真。用鼠标左键单击 Multisim10 工作界面上的仿真开关按钮或仿真工具栏中的按钮，如果在工作界面上找不到，可通过选择菜单“视图”→“工具栏”选项中的“仿真开关”命令和“仿真”命令配置。也可选择菜单“仿真”→“运行”命令进行仿真。电路进入仿真，所需测量的电路特性和参数就被显示出来了。

电路仿真时，可以改变电路中元器件的标值，也可以调整仪器参数设置等，但在有些情况下必须重新启动仿真，否则显示的一直是改变前的仿真结果。

（2）暂停仿真。可以单击仿真开关上的“暂停”按钮或仿真工具栏中的按钮，也可选择菜单“仿真”→“暂停”命令。

（3）结束仿真。可以单击仿真开关上的“停止”按钮或仿真工具栏中的按钮，也可选择菜单“仿真”→“停止”命令。

8.1.4　虚拟仪器使用时注意事项

（1）同一电路中允许多个不同仪器与多个同样的仪器同时使用。所需注意的是，多个同样的仪器同时使用时它们的编号是唯一的，编号具有不可重复性。

（2）在仿真过程中电路的元件参数和仪器设置可以随时改变，也可以改变接线，但改变后必须重新启动仿真，否则可能出现仿真结果错误。

（3）可以以电路文件方式对测试电路的仪器设置与仿真数值进行保存。

（4）仿真结果很容易以.TXT、.LVM 和.TDM 形式输出。

8.2　常用虚拟仪器的使用

8.2.1　数字万用表

数字万用表主要用于测量电路两点之间的交直流电压、交直流电流、电阻和分贝，接线符号和面板如图 8-4 所示。数字万用表有正极和负极两个引线端，测量时自动调整量程。测量灵敏度根据测量需要，可以修改内部电阻来进行调整。

（1）测量结果显示。运行仿真后在此显示仿真结果。

（2）测量选项。测量项目共有 4 项，用面板上的 4 个按钮进行选择，从左至右依次为：安培、伏特、欧姆、分贝。移动鼠标到需要测量项目的按钮上单击鼠标选中即可。图 8-4 选择了电压值测量。

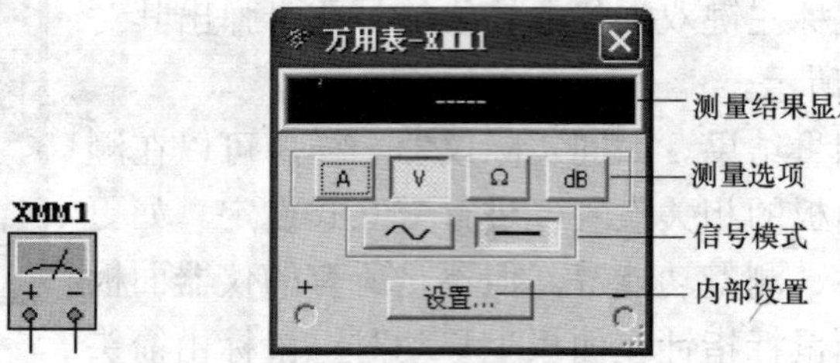

（a） （b）

图 8-4 数字万用表接线符号、面板

（a）接线符号；（b）面板

（3）信号模式。选中面板中的 ∼ 按钮，用于测量交流信号的电压或电流。任何直流信号都被剔除掉了，数字万用表上显示的是有效值。注意，Multisim10 提供的交流信号源的值为最大值，有效值与最大值之间为 0.707 倍的关系。

选中面板中的 — 按钮，用于测量直流电压或直流电流。

（4）内部设置。鼠标左键单击面板中的“设置”按钮，屏幕弹出数字万用表设置窗口，如图 8-5 所示。此时的设置为系统默认设置，分为“电气设置”和“显示设置”两类。可根据实际仿真需要改变需要修改的选项，单击“确认”按钮保存设置；若要放弃修改设置，单击“取消”按钮即可。

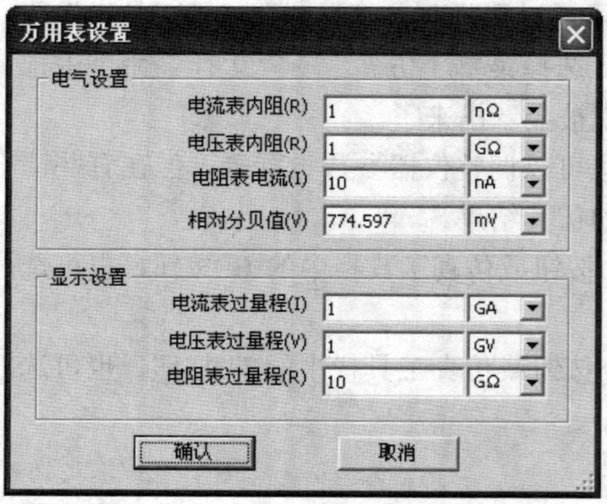

图 8-5 数字万用表设置窗口（一）

（5）数字万用表的测量方法。

1）电流测量。单击面板上的 A 按钮，选择电流测量。数字万用表用于电流测量时，应将表串联到电路中去，如图 8-6 所示。其操作与实际中电流表的操作一样。

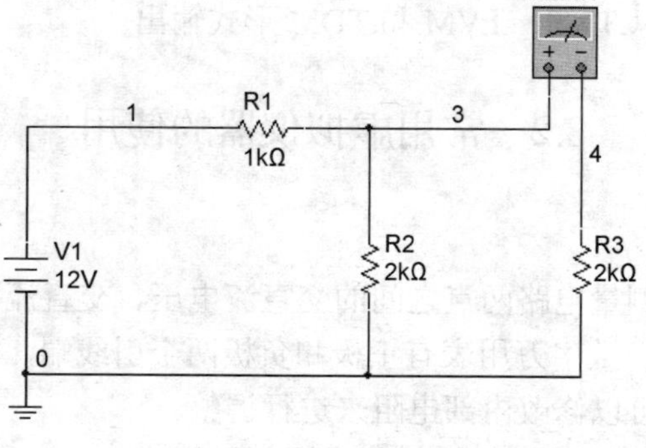

图 8-6 电流测试电路

根据电流分配定律，R_3上的电流为

$$I_{R3}=\frac{V_1}{R_1+R_2//R_3}\bullet\frac{R_2}{R_2+R_3}=3(\text{mA})$$

打开仪器面板，由于此电路为直流电路所以信号模式选择 ，点击仿真开关开始仿真，仿真结果如图 8-7 所示。可以看出 R_3上的电流仿真结果为 3mA，与由电流分配定律计算出的 R_3上的电流计算结果相符。

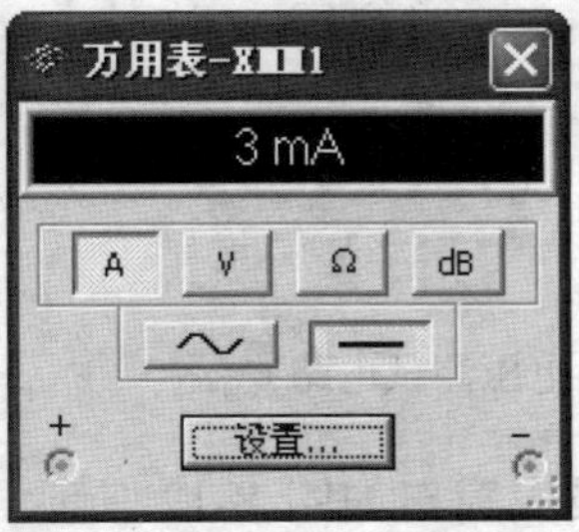

图 8-7　电流测试电路仿真结果

我们打开此时面板中的数字万用表设置窗口如图 8-8 所示。理想的仪表对电路的测量应没有影响。此时，数字万用表作为电流表对电路来说应该是没有阻抗的。Multisim10 提供的数字万用表模拟实际中的万用表，电流表内阻可设置得小到接近 0，所以测量值与理想值几乎一致。若此时将设置窗口中电流表的内阻设置的大一些，如 100Ω，再次仿真此电路可得仿真结果如图 8-9 所示。由图 8-9 可知，此时 R_3上的电流仿真结果为 2.892mA，与由电流分配定律计算出的 R_3上的电流计算结果相比有较大的误差。通过对比实验我们知道电流表内阻越低，所测量到的电流值越准确。仿真时要选择合适的内部设置才会得到正确的测量结果。

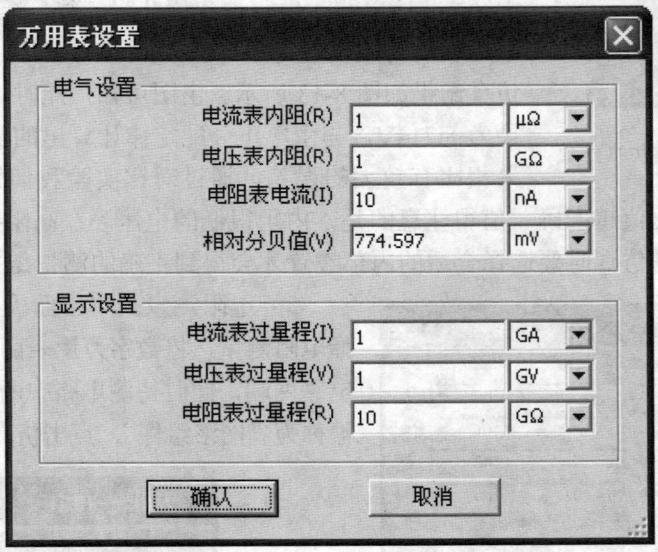

图 8-8　数字万用表设置窗口（二）

2）电压测量。单击面板上的 按钮，选择电压测量。数字万用表用于电压测量时，应将表并联到电路中去，如图 8-10 所示。其操作与实际中电压表的操作一样。

根据电压分配定律，R_2上的电压为

$$V_{R2}=V_1\bullet\frac{R_2}{R_1+R_2}=6(\text{V})$$

打开仪器面板，由于此电路为直流电路所以信号模式选择 ，点击仿真开关开始仿真，仿真结果如图 8-11 所示。可以看出 R_2上的电压仿真结果为 6V，与由电压分配定律计算出的

R_2上的电压计算结果相符。

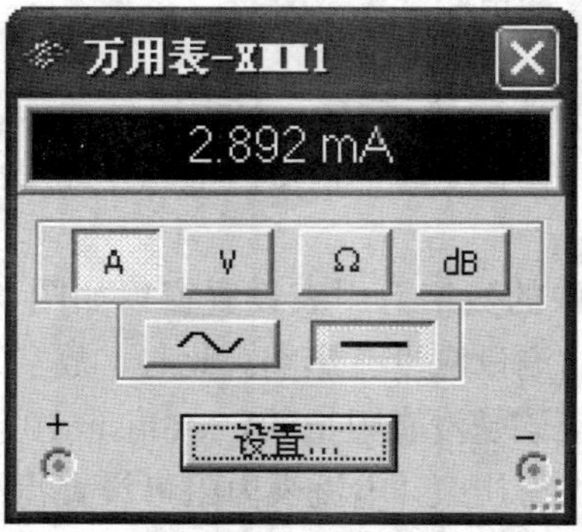

图 8-9 电流表的内阻为 100Ω 时的仿真结果

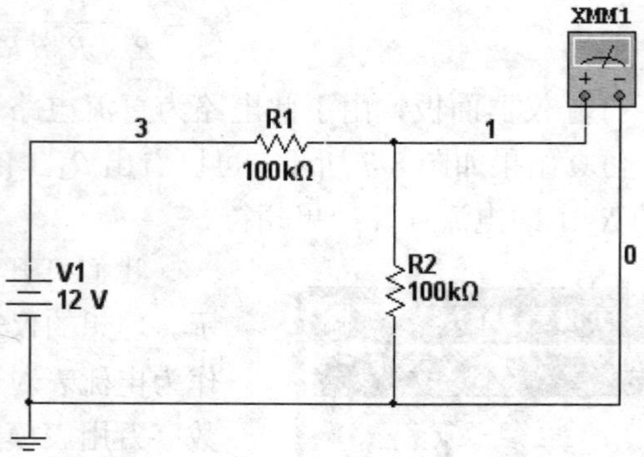

图 8-10 电压测试电路

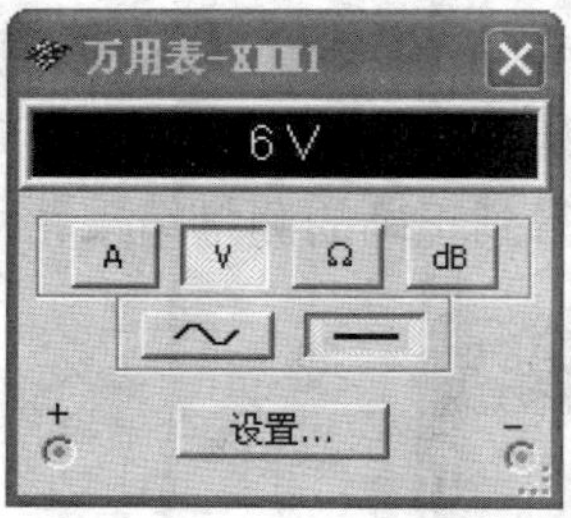

图 8-11 电压测试电路仿真结果

我们打开此时面板中的万用表设置窗口如图 8-12 所示。此时，理想数字万用表作为电压表对电路来说阻抗应无限大，当它接入电路时不会产生电流的分流。Multisim10 提供的数字万用表模拟实际中的万用表，电压表的阻抗可设置得大到接近无穷大，所以测量值与理想值几乎一致。若此时将设置窗口中电压表的内阻设置得小一些，如 1mΩ，再次仿真此电路可得仿真结果如图 8-13 所示。由图可知，此时 R_2上的电压仿真结果为 5.714V，与由电压分配定律计算出的 R_2上的电压计算结果相比有较大的误差。通过对比实验我们知道电压表内阻越高，所测量到的电压值越准确。值得注意的是，内阻很低的电压表在高阻抗的电路中可能引起短路错误，所以在仿真时要选择合适的内部设置才会得到正确的测量结果。

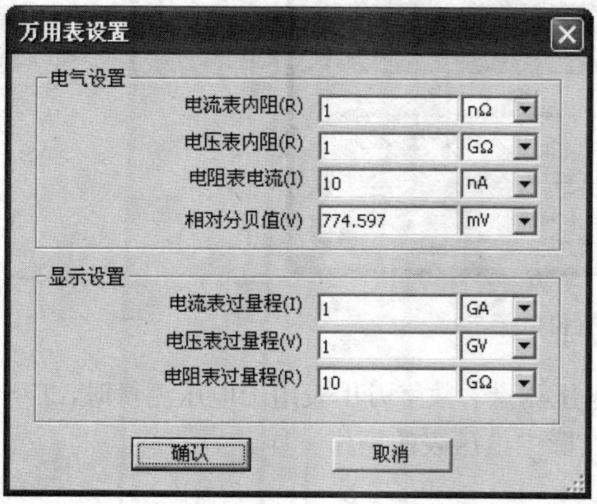

图 8-12 万用表设置窗口（三）

3）电阻测量。单击面板上的 Ω 按钮，选择电阻测量，将数字万用表两接线柱并联在被测电路两端，此时待测电路中两点间的所有元器件被称为“网络组件”，点击仿真开关开始仿真。

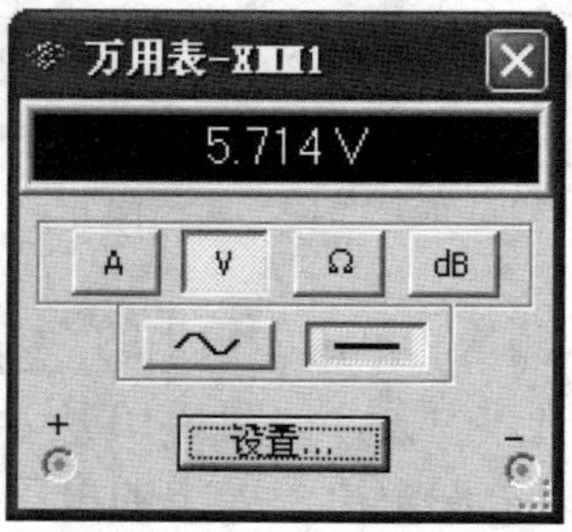

图 8-13 电压表的内阻为 1mΩ 时的仿真结果

用万用表测量电阻时应注意以下三个问题：

a．应将电路的电源断开，绝不允许带电测量电阻值，否则会造成测量结果错误。

b．待测网络组件中必须有一个接地点，否则无法测出电阻阻值。

c. 待测网络组件两端不能与其他元件并联，应断开后再测量，否则会造成测量结果错误。

例如，测量由 R_2、R_3 构成的网络组件的电阻值如图 8-14 所示。图中，12V 直流电源断开，万用表并联在由 R_2、R_3 构成的网络组件的两端，R_4 已与被测网络组件断开（如图中虚线部分所示），仿真结果为 50kΩ。根据公式 $R_{R2//R3}=\dfrac{R_2\times R_3}{R_2+R_3}=50\text{k}\Omega$，仿真结果与计算结果相符，测量正确。

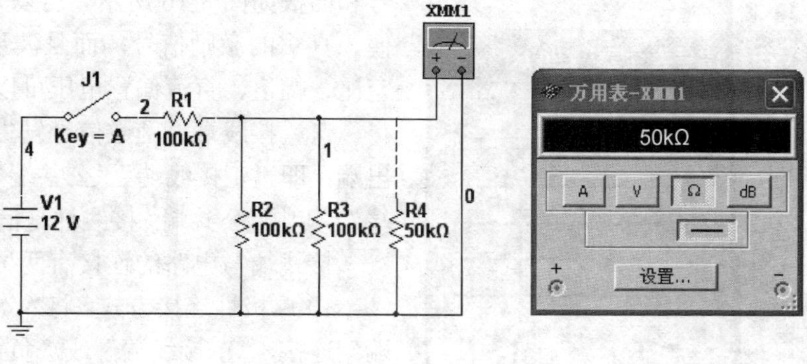

（a）　　　　（b）

图 8-14　电阻测试电路、仿真结果

（a）测试电阻；（b）仿真结果

读者可以自行验证：若该电路测量电阻时不断开电源、没有接地点、R_4 不断开的仿真结果分别为多少？与计算结果是否相符？

4）分贝（dB）测量。单击面板上的 dB 按钮，选择分贝量程，用来测量电路中两点之间的增益或损耗。测量时将数字万用表两接线柱并联在被测电路两端，如图 8-15 所示。

分贝（dB）是计量单位，无量纲。对于电压或电流 dB=20lg（A/B），其中 A 为电路中某点电压或电流，B 为参考点电压或电流。例如，在模拟电子技术中放大器输出与输入的比值称为放大倍数，计量单位是“倍”，如 10 倍放大器、100 倍放大器。放大倍数也可用分贝（dB）作单位，也被称为增益是 20dB、40dB 的放大器。这是一个概念的两种表现方法。对于功率 dB=10lg（A/B），其中 A、B 为参与比较的功率值。

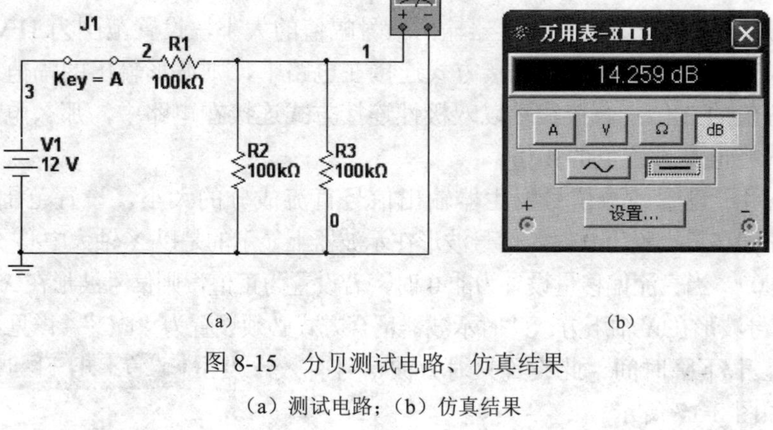

（a）　　　　（b）

图 8-15　分贝测试电路、仿真结果

（a）测试电路；（b）仿真结果

使用分贝（dB）作单位主要有两大好处：

a．数值变小，读写方便。电子系统的放大倍数常常是几千、几万甚至更大，若用分贝表示，先取对数，数值就小得多。

b．运算方便。总的放大倍数是各级相乘。用分贝做单位时，总增益就是相加。

8.2.2 函数信号发生器

函数信号发生器是一个可以提供正弦波、三角波和方波三种信号的电压信号源，接线符号和面板如图 8-16 所示。可以为电路提供方便、真实的激励信号，而且波形、频率、占空比、幅值、直流偏置电压可以随时更改。

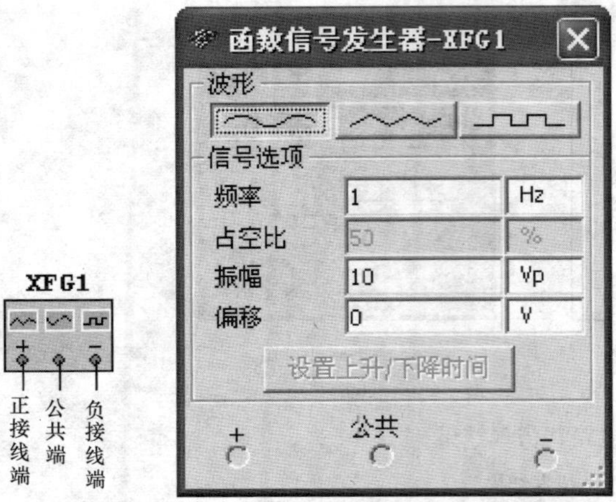

(a) (b)

图 8-16 函数信号发生器接线符号、面板

（a）接线符号；（b）面板

（1）接线端。函数信号发生器有 3 个输出端：即“正接线端”“公共端”和“负接线端”，其中“公共端”接线柱是信号的参考点。

接线端与电路的连接有两种方式：

1）单极性连接方式。将“公共端”与“地端”连接，“正接线端”或“负接线端”与电路的输入相连。“正接线端”产生一个正向的输出信号，“负接线端”产生一个负向的输出信号，这种方式适用于普通的电路。

2）双极性连接方式。将“正接线端”与电路输入中的“+”端相连，将“负接线端”与电路输入的“-”端相连，这种方式一般用于信号源与差分输入的电路相连，如差分放大器、运算放大器等。

（2）波形选择。用鼠标左键单击按钮可选择正弦波、三角波、方波 3 种波形。

（3）信号选项。

1）频率。用于设置函数信号发生器输出信号的频率，设置范围为 1FHz～1000THz。

2）占空比。占空比为正脉冲持续时间与脉冲周期之比的百分数，设置范围为 1%～99%。它只对三角波和方波起作用。

3）振幅。用于设置函数信号发生器输出信号幅值的大小，设置范围为 $1FV_P$～$1000TV_P$。需要注意的是，若接线端以单极性连接方式连接在电路中，则波形输出的幅值就是设置值，峰—峰值是设置值的 2 倍；若接线端以双极性连接方式连接在电路中，那么电压幅值是设置值的 2 倍，峰—峰值是设置值的 4 倍。

4）偏移。用于设置函数信号发生器输出信号直流成分的大小，设置范围为-1000TV～1000TV。当直流偏移量设置为 0 时，信号波形在示波器上显示的是以 *X* 轴为中心一条曲线（即 *Y* 轴上直流电压为 0）。当直流偏移量设置为非 0 时，若设置为正值，则信号波形在 *X* 轴上方；若设置为负值，则信号波形在 *X* 轴下方。此时示波器耦合方式必须设置为“DC”，详见示波器章节。

（4）设置上升/下降时间。此设置只对方波信号有效。点击 设置上升/下降时间 按钮即弹出设置窗口，如图 8-17 所示。

图 8-17　设置上升/下降时间窗口

8.2.3 双踪示波器

双踪示波器是电子测量中最常用的一种仪器，可以把电信号的时间变化规律以可见波形在屏幕上形象的显示出来。用于观察两路电信号随时间变化的关系，可以用来测量电信号波形的形状、幅度、频率、相位等。Multisim10 提供的双踪示波器的面板、各按键的作用、调整及参数的设置与实际的示波器类似，接线符号和面板如图 8-18 所示。

（1）接线端。示波器接线符号有 4 个连接端：A 通道输入、B 通道输入、外触发端和接地端。其中，A 通道输入、B 通道输入的“+”端分别连接到待测量信号，两通道既可同时使用也可单独使用，A 通道输入、B 通道输入的“−”端在电路有“接地端”的时候可不接。外触发端用于接外触发信号时使用，一般测量时基本不用。若电路中已有接地端，示波器接地端可不接地。

（2）测量信号显示。用于显示测量的信号，可同时显示两路信号。信号的颜色可随相应输入通道连接线的颜色变化。

标有箭头的两条竖线称为“垂直游标”，在此简称“游标”。游标“1”对应通道 A，游标“2”对应通道 B，通过拖动游标可以详细读取波形上任意一点的读数及两个游标间读数的差，这为信号的周期与幅值等测试提供了方便。显示屏下方的方框内会显示游标与信号波形相交点的时间值和电压值，如图 8-19 所示。图中 T1 表示游标 1，T2 表示游标 2，也可通过图中的➡⬅按钮来调节相应游标的位置。

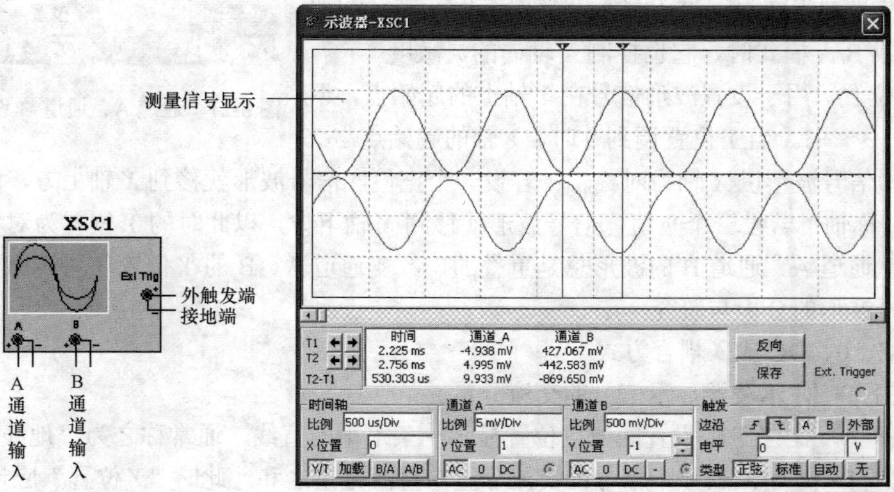

（a）　　　　（b）

图 8-18　双踪示波器接线符号、面板

（a）接线符号；（b）面板

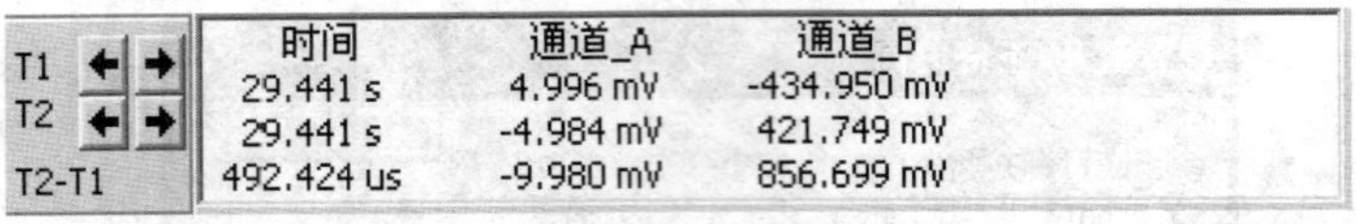

图 8-19　游标与信号波形相交点的时间值和电压值

（3）时基（时间轴）。此对话框用于设置扫描时间及信号显示方式，如图 8-20 所示。

图 8-20　时基对话框

1）比例。用于设置扫描时间。可通过上下箭头调整扫描时间的长短，控制波形在示波器 *X* 轴向显示清晰。信号频率越高，扫描时间应调得越短。比如，想看一个频率是 2kHz 的信号，扫描时间调到 500μs/Div 为最佳。以上设置，信号显示方式必须处在（*Y*/*T*）状态。

2）*X* 位置。用于设置波形信号在 *X* 轴上的起始点，调节范围为–5～+5。当 *X* 轴的位置调到 0 时，波形以显示器的左边沿为起始点；若设一个正值，波形起始点右移；若设一个负值，波形起始点左移。

3）Y/T、加载、B/A 和 A/B 信号显示方式。

a．按下 Y/T，示波器显示信号波形是关于时间轴 *X* 函数。*X* 轴显示时间，*Y* 轴显示电压值。

b．按下 加载，*X* 轴显示时间，*Y* 轴显示 A 通道、B 通道的输入电压之和。

c．按下 B/A，*X* 轴与 *Y* 轴都显示电压值。此时是把 A 通道作为 *X* 轴扫描信号，将 B 通道信号加载在 *Y* 轴上。

d．按下 A/B，*X* 轴与 *Y* 轴都显示电压值。此时是把 B 通道作为 *X* 轴扫描信号，将 A 通道信号加载在 *Y* 轴上。

（4）通道设置。可通过此对话框对通道 A、通道 B 进行设置，如图 8-21 所示。

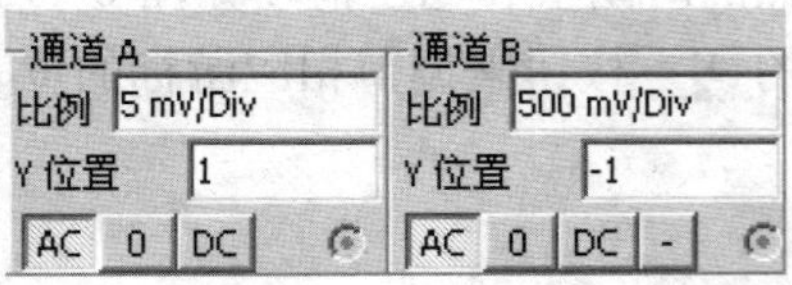

图 8-21　通道 A、通道 B 设置对话框

1）比例。用于设置信号在 *Y* 轴的灵敏度，即 *Y* 轴刻度的电压值。可以根据输入信号的大小来调整 *Y* 轴刻度值的大小，使信号波形在显示屏上显示合适的高度。若示波器处于 A/B 或 B/A 模式时，它也控制 *X* 轴向的灵敏度。

2）*Y* 位置。用于设置波形信号在 *Y* 轴上的起始点，调节范围为—3～+3。当 *Y* 位置调到 0 时，*Y* 轴的起始点与 *X* 轴重合，即信号波形以 *X* 轴为对称轴；若设一个正值，信号波形就移到 *X* 轴上方，以此时的 *Y* 位置为对称轴；若设一个负值，信号波形就移到 *X* 轴下方，以此时的 *Y* 位置为对称轴。通常情况下，通道 A、通道 B 的波形总是重叠的，改变通道 A、B 的 *Y* 位置使两波形分离，便于进行信号波形的分析与研究。

3）AC、0、DC 输入耦合方式。

a．按下 AC，示波器显示信号的交流分量。

b．按下 0，在 *Y* 轴设置的原点位置显示一条水平的直线，通常称之为“地线”。

c．按下 DC，示波器显示信号的交流分量与直流分量之和。此时“*Y* 位置”应设置为 0，以便测量信号波形中的直流成分。

（5）触发。可通过此对话框对触发进行设置，如图 8-22 所示。触发设置决定信号波形在示波器上的显示条件。

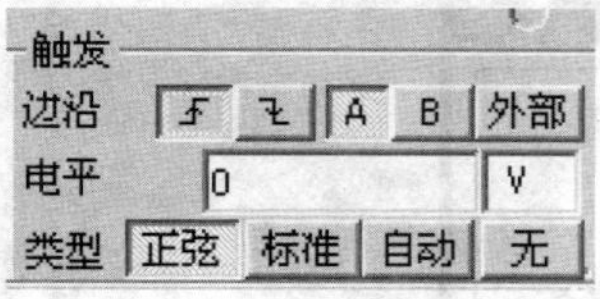

图 8-22 触发设置对话框

1）边沿。

a. 上升沿触发，即在波形的上升沿到来时触发显示。

b. 下降沿触发，即在波形的下升沿到来时触发显示。

c. A 用 A 通道信号作为触发信号。

d. B 用 B 通道信号作为触发信号。

e. 外部 用外触发输入端信号作为触发信号。此时外部的触发信号接地端必须与示波器接地端相连。

2）电平。用来选择触发电平范围。即给输入信号设置门槛，信号幅度达到触发电平时，示波器才开始扫描。

3）类型。

a. 正弦 为单脉冲触发。即触发信号电平达到触发电平门槛时，示波器只扫描一次。

b. 标准 为一般脉冲触发。即触发信号电平只要达到触发电平门槛时，示波器就扫描一次。

c. 自动 若信号波形幅度很小或者希望尽可能快的显示，则要把触发电平类型设置为“自动”。

d. 无 按下此按钮时示波器通道选择、内外触发信号选择均无意义。

（6）显示屏设置。用鼠标左键单击 反向 按钮可使示波器显示屏背景色在黑白之间切换，切换条件为系统必须处在仿真状态。

（7）存盘。用鼠标左键单击 保存 按钮可把仿真数据保存起来。保存方式：以扩展名为*.SCP 的文件形式保存、以扩展名为*.Ivm 的文件形式保存或以扩展名*.tdm 的文件形式保存。

（8）范例。“基极分压式射极偏置电路”如图 8-23 所示，仿真时其面板如图 8-24 所示。其中，A 通道测量该电路的输入电压，B 通道测量该电路的输出电压。为了便于分辨波形，可更改示波器接线的颜色，如可将 A 通道的接线改为红色，B 通道的接线改为蓝色等，则在示波器面板上就会得到与接线同一颜色的波形。可将示波器两游标拖动到欲测量位置，读取测试点的时间、电压值。

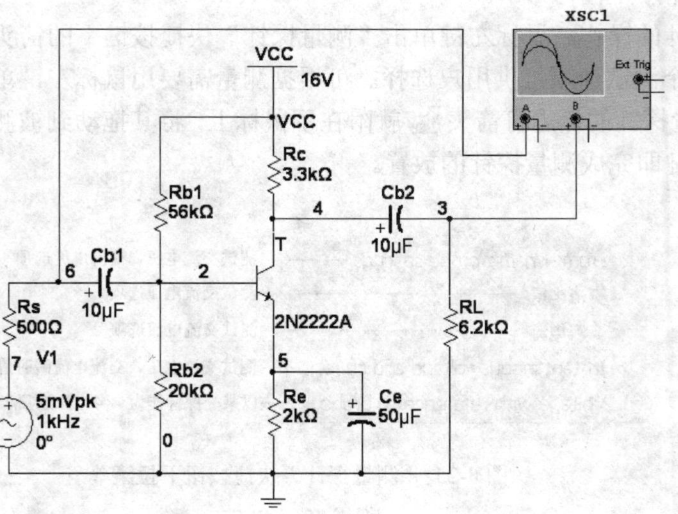

图 8-23 基极分压式射极偏置电路

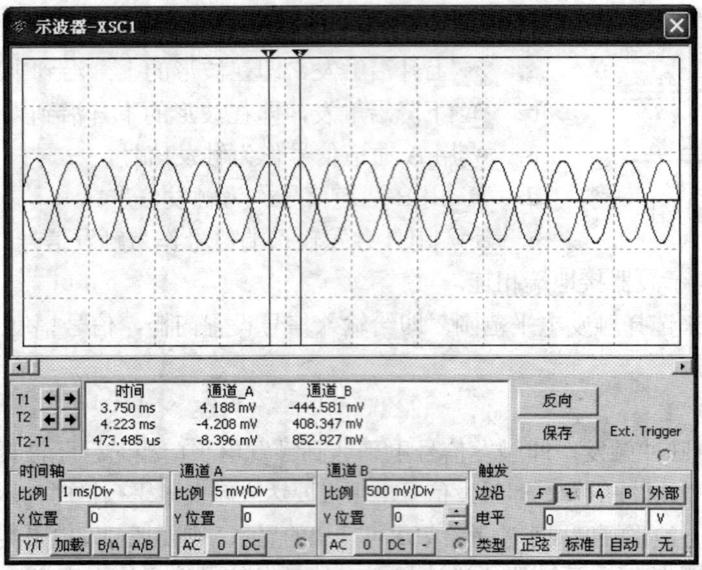

图 8-24　基极分压式射极偏置电路仿真面板

在电路仿真时，示波器可以根据需要重新接到电路其他测试点上，而仿真开关不必重新启动，示波器会自动刷新屏幕，显示新测试点的仿真波形。如果在仿真的过程中调节了示波器的设置，示波器也会自动刷新。本电路的两个仿真波形在面板上均以 X 轴为对称轴，分析起来可能不太方便，读者可根据需要设置“Y 位置”将两仿真波形分开，使分析更加清晰。

还可以通过设置，增减仿真波形的逼真度，若设置采集波形时间步长大，则仿真速度快，但波形欠逼真；相反，设置采集波形时间步长小，则波形逼真，但仿真速度慢。

8.2.4　测量探针

测量探针是 Multisim10 提供的最为便捷的虚拟仪器。用户可以根据需要将其拖放至被测电路中，用以实时测量各种电信息。测量探针的测量结果是根据电路理论计算得出的，探针的使用不会对电路产生任何影响。

（1）测量探针的操作。鼠标左键单击“测量探针”快捷按键下的箭头弹出下拉菜单如图 8-25 所示，有 5 个测试选项可供用户选择。可根据测量需要用鼠标左键单击需使用的探针测试选项，此时测量探针的标志符箭头就附在了鼠标上，将其拖动到被测电路的欲测量位置后，单击鼠标左键即完成测量探针的放置。

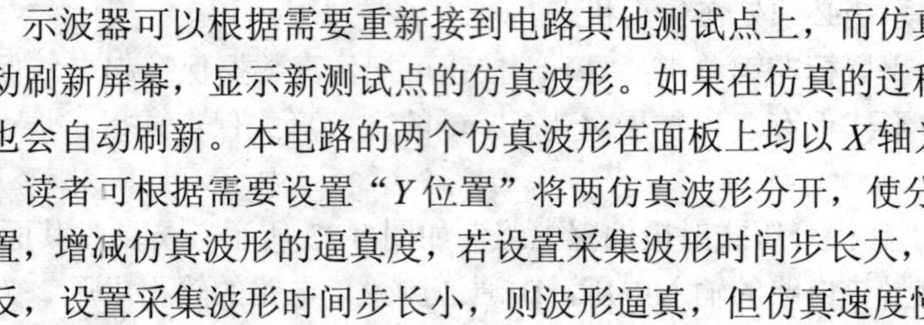

图 8-25　“测量探针”快捷按钮下拉菜单

测量探针被放置在电路中后变为一绿色箭头，同时出现一淡黄色数据显示框。打开仿真开关后，数据显示框中即显示出探针放置支路的测量数据。根据用户选择的测试选项，数据显示框显示相应的测量数据。在仿真停止时，可单点击测量探针的绿色箭头将其移动到别处，测试别的支路的电信息。或者选中探针后单击鼠标右键，可对探针进行剪切、复制、粘贴等操作，如图 8-26 所示。也可单击数据显示框，将其拖动到合适的位置。

1）测试交流电压、交流电流选项。此选项为动态测量探针，可在仿真前放置，也可在仿真过程中放置（其他 4 个测试选项只能在仿真前放置）。除了用图 8-25 所示下拉菜单进行放置外，也可直接单击虚拟仪器栏中的按钮直接进行调用。在仿真过程中进行放置探针时，若要放弃使用测量探针，再次单击仪器栏中的按钮即可。测试交流电压、交流电流选项的数据显示框如图 8-27 所示，自上而下依次为：瞬时电压 V、电压峰-峰值、电压有效值、直流电压值、顺时电流 I、电流峰—峰值、电流有效值、直流电流值、频率。其他 4 个测试选项数据显示框的测量内容与此选项类似，将不再详述。

图 8-26 对测量探针的“操作”

2）测试交流电压选项。数据显示框如图 8-28 所示。

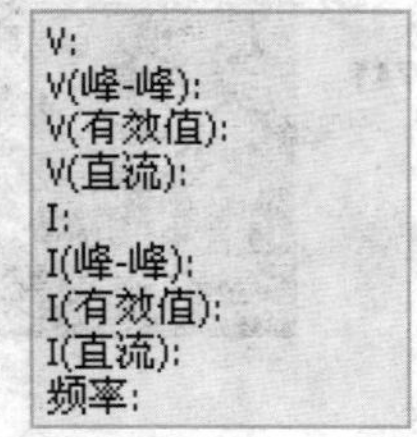

图 8-27 测试交流电压、交流电流选项的数据显示框

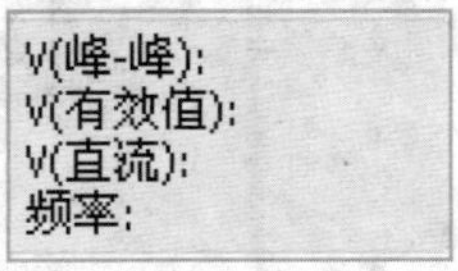

图 8-28 测试交流电压选项数据显示框

3）测试交流电流选项。数据显示框如图 8-29 所示。

4）测试交流电压、交流电流瞬时值选项。数据显示框如图 8-30 所示。

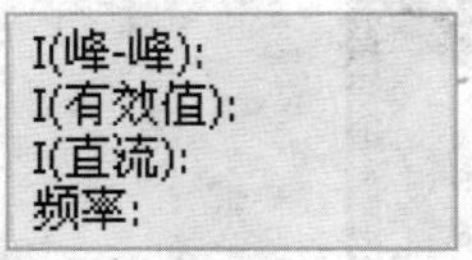

图 8-29 测试交流电流选项数据显示框

图 8-30 测试交流电压、交流电流瞬时值选项数据显示框

5）以某一探针作为参考电压选项。该选项用来设置以电路中已有测量探针为参考电压的新探针。使用本选项时电路中至少已设置一个测量探针，鼠标左键点击选项会弹出“Reference probe”对话框，单击下拉菜单如图 8-31 所示。例如，若电路图中已设置 3 根探针，则可从中选一作为新探针的参考点，此时新探针的绿色箭头下会有一个△标记，而且在数据显示框中的第一行会显示作为参考点的探针名称，如图 8-32 所示。

（2）探针属性设置。为了让某一个探针突显出来，可以对它的属性进行设置。如图 8-33 所示中，探针 1 与其他探针属性不相同，非常醒目。

探针属性设置：用鼠标左键双击要改变属性的探针，弹出探针属性设置对话框如图 8-34 所示。或用鼠标右键单击要改变的探针，系统会弹出如图 8-26 所示下拉菜单。用鼠标左键单击“属性”选项，探针属性设置对话框弹出。共有 4 个选项卡可供选择，如图 8-34 所示。

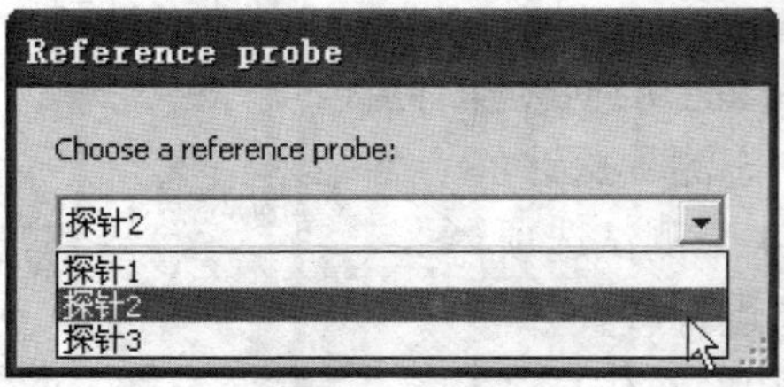

图 8-31 “Reference probe”对话框

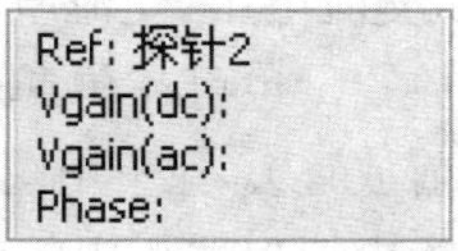

图 8-32 以探针 2 作为参考电压数据显示框

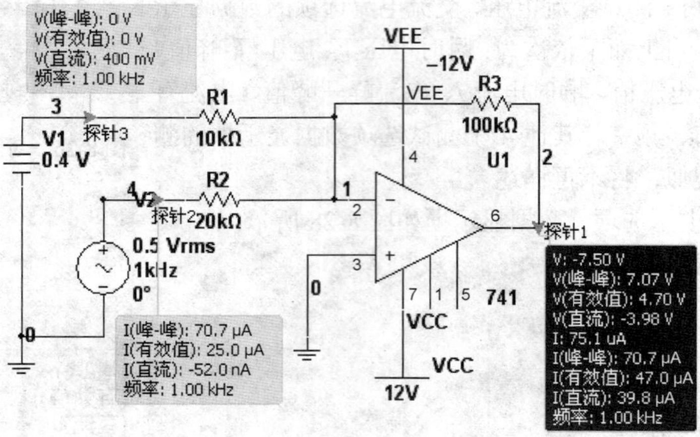

图 8-33 探针 1 属性改变电路

1）“显示”选项卡。用于探针显示特征设置，如图 8-34 所示。其中，“颜色背景”选项组设置探针背景颜色，“文本”选项组设置探针数据显示框中文本的颜色，既可选用系统默认颜色，也可自定义颜色；“参考标识”选项组可重新设置探针标识（即重新对探针命名）、选择

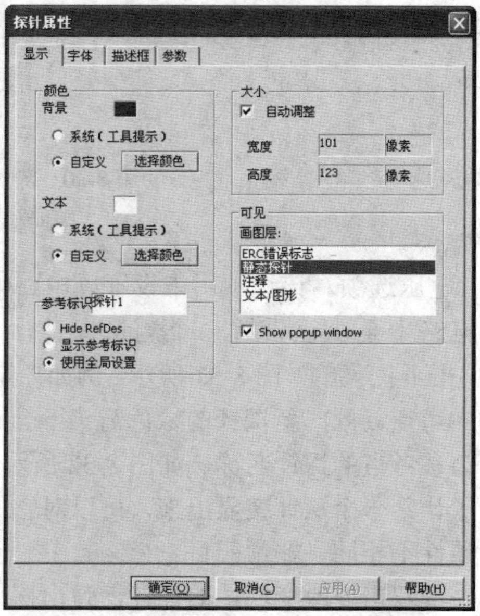

图 8-34 “显示”选项卡

藏匿探针标识、显示探针标识还是按全局编号显示；“大小”选项组设置探针数据显示框的大小，可选择自动调整或自行设置大小均可；“可见”选项组设置探针显示测试结果，也可以设置显示或隐藏探针数据显示框。

2）“字体”选项卡。用于设置探针显示测试结果字体及大小，如图 8-35 所示。

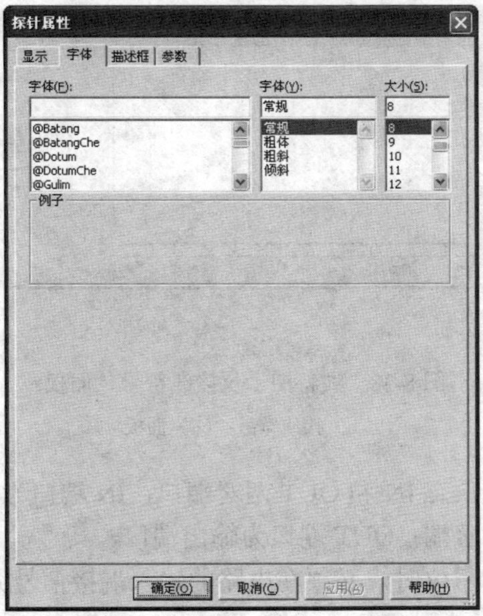

图 8-35 “字体”选项卡

3）“描述框”选项卡。用于探针特征描述，如图 8-36 所示。

4）“参数”选项卡。用于显示或隐藏数据显示框中的测试结果及更改测试结果的参数，如图 8-37 所示。

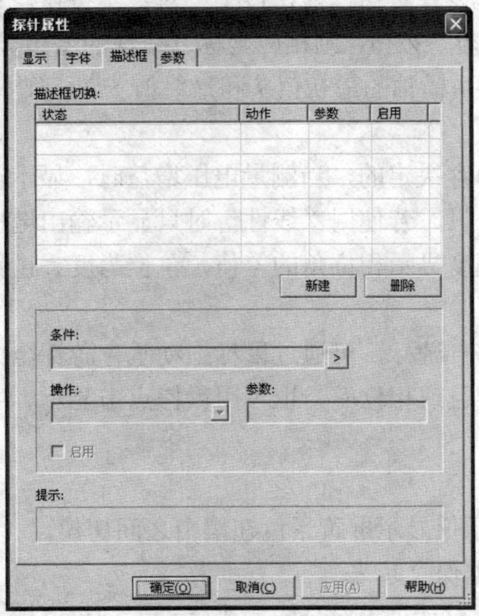

图 8-36 “描述框”选项卡

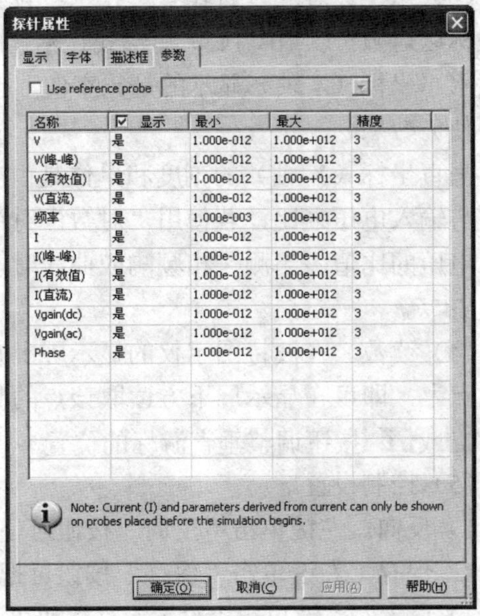

图 8-37 “参数”选项卡

8.2.5 波特图示仪 

波特图示仪又称伯德图示仪，是一种测量和显示幅频特性和相频特性曲线的仪表。能产生一个频率范围很宽的扫描信号，常用于分析滤波电路的特性。接线符号和面板如图 8-38 所示。

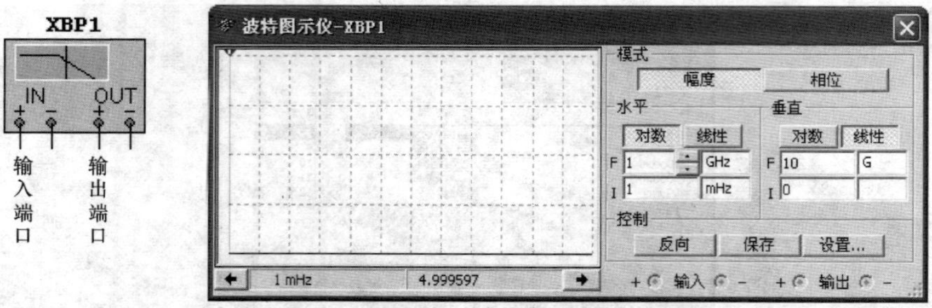

(a)　　(b)

图 8-38　波特图示仪接线符号、面板

（a）接线符号；（b）面板

（1）接线端。波特图示仪有 IN 和 OUT 两对端口，IN 端口为输入端口，其“+”和“−”分别接电路输入端的正端和负端；OUT 端口为输出端口，其“+”和“−”分别接电路输出端的正端和负端。使用波特图示仪时，必须在电路的输入端接信号源，若没有信号源，电路就不能仿真。

（2）模式选择。可通过“模式”进行选择显示屏显示何种曲线。按下“幅度”按钮选择测量的是幅频特性曲线，按下“相位”按钮选择测量的是相频特性曲线。幅频特性曲线是指在一定的频带内，两测试点间的幅度比率随频率变化的特性；相频特性曲线是指在一定的频带段内，两测试点的相位差值，以度表示。

（3）水平设置和垂直设置。在水平设置或垂直设置对话框内，按下“对数”按钮，则相应坐标以对数（以 10 为底）的形式显示；按下“线性”按钮，则相应坐标以线性的结果显示。

水平坐标（X 轴）显示的是频率值，它的刻度由横轴的最初值 I 和最终值 F 决定，设置时要使 $I<F$。

垂直坐标（Y 轴）的刻度和单位是由测量的内容决定的，当测量电压增益时，显示输出电压与输入电压之比，若使用“对数”时单位是分贝，若使用“线性”时只显示输出电压与输入电压的比值。当测量相频响应曲线时，纵轴刻度显示相位角的差值，单位为度。设置时要使 $I<F$。

（4）读数。在波特图示仪的显示屏上有一根垂直游标，可通过鼠标拖动垂直游标至曲线任意点上，即可在显示屏下方读取该点的频率、增益或相位差。也可用鼠标点击显示屏下方的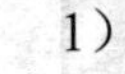或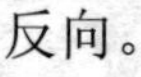按钮调整垂直游标的位置。

（5）控制设置。

1）反向。左键单击“反向”按钮可使波特图示仪显示屏背景色在黑白之间切换。

2）保存。左键单击“保存”按钮可把仿真数据保存起来。

3）设置。左键单击“设置...”按钮可弹出设置对话框，对分辨率进行设置。数值越大分辨率越高。

（6）范例。“反相放大电路”如图 8-39 所示，仿真时其面板如图 8-40 所示。

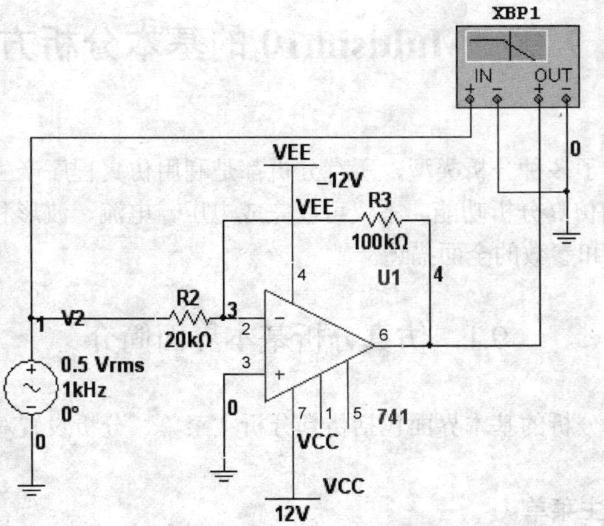

图 8-39 反相放大电路

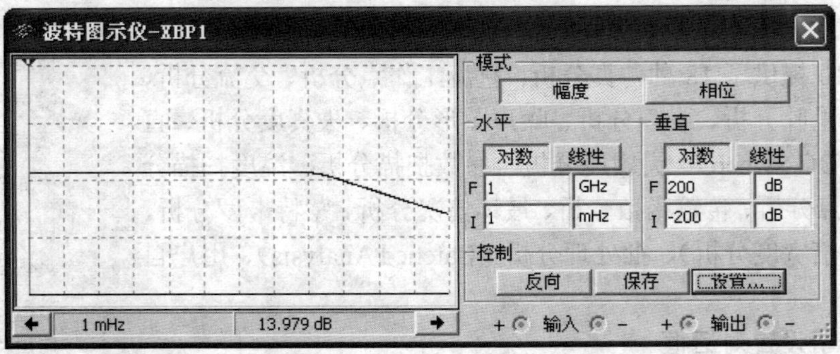

图 8-40 反相放大电路仿真面板

8.2.6 电压表和电流表

除了可以用数字万用表测量电路中的电压和电流外，Multisim10 软件的指示器件库 中还提供有电压表（VOLTMETER）和电流表（AMMETER），可直接调用，仿真时直接在表面上显示数据。左键双击电压表或电流表可弹出仪表设置对话框进行设置，使用时方法同数字万用表测量电压和电流方法相同。交流测量选用（AC）模式、直流测量选用（DC）模式。

第 9 章 Multisim10 的基本分析方法

Multisim10 提供了多种分析类型，所有分析都是利用仿真程序产生用户需要的数据。利用 Multisim10 强大的仿真分析功能，不仅可以完成电压、电流、波形和频率等测量，而且能够完成电路动态特性和参数的全面描述。

9.1 仿真分析基本界面简介

Multisim10 仿真分析的基本界面包括仿真分析主菜单、分析设置对话框和输出结果图形显示窗口。

9.1.1 仿真分析主菜单

在 Multisim10 的基本界面上，点击“仿真”→“分析”，或者工具栏中的仿真分析按钮 都可以打开 Multisim10 仿真分析的主菜单，如图 9-1 所示。

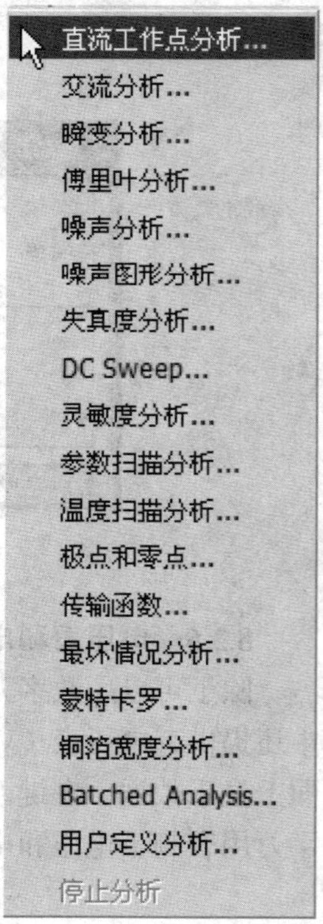

图 9-1 仿真分析的主菜单

Multisim10 提供了 18 种仿真分析：直流工作点分析、交流分析、瞬变分析、傅里叶分析、噪声分析、噪声图形分析、失真度分析、直流扫描分析（DC Sweep）、灵敏度分析、参数扫描分析、温度扫描分析、极点和零点分析、传输函数分析、最坏情况分析、蒙特卡罗分析、线宽分析（铜箔宽度分析）、批处理分析（Batched Analysis）、用户自定义分析。

9.1.2 分析设置对话框

当在仿真分析主菜单中选择任意一种分析命令后，系统会先弹出“分析设置”对话框，由用户设置相关的分析变量、分析参数和分析节点等。对话框一般包含 3～5 个选项，如最多的是“噪声分析”选项，由五个选项卡组成，分别为“分析参数”“频率参数”“输出”“分析选项”和“摘要”，如图 9-2～图 9-6 所示。

9.1.3 输出结果图形显示窗口

在选择了需要的分析命令并进行了相关设置后，分析的结果会以图表的方式显示在如图 9-7 所示的“查看记录仪”窗口中。图 9-7 是一放大电路的交流分析结果，显示了该放大电路的幅频特性和相频特性。

“查看记录仪”窗口是一个多功能显示工具，不仅能显示分析结果，而且能修改保存分析结果，同时还可将分析结果输出转换到其他数据处理软件中。在“查看记录仪”窗口中，有 4 个菜单和相关的工具栏。其中，常用且具有特殊功能的命令如下：

：在选定的坐标区域显示或隐藏栅格线；

：不同颜色线对应不同节点；

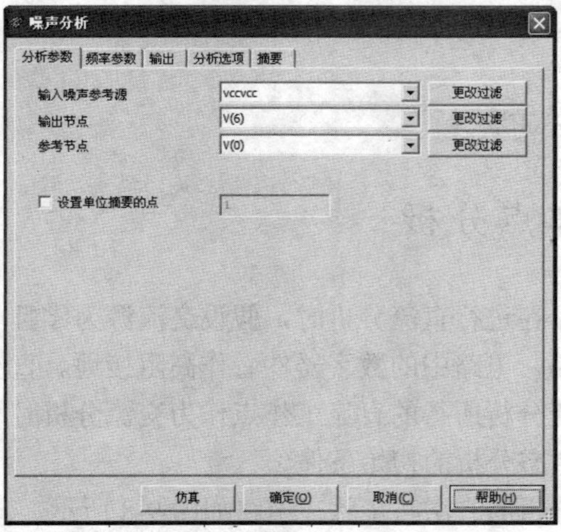

图 9-2 “噪声分析”中的“分析参数”选项卡

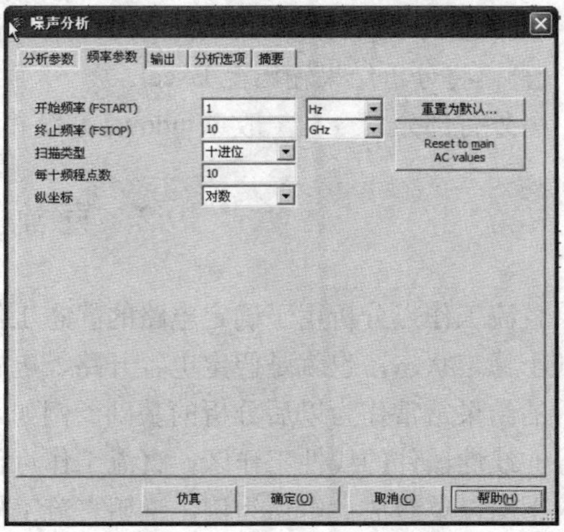

图 9-3 “噪声分析”中的“频度参数”选项卡

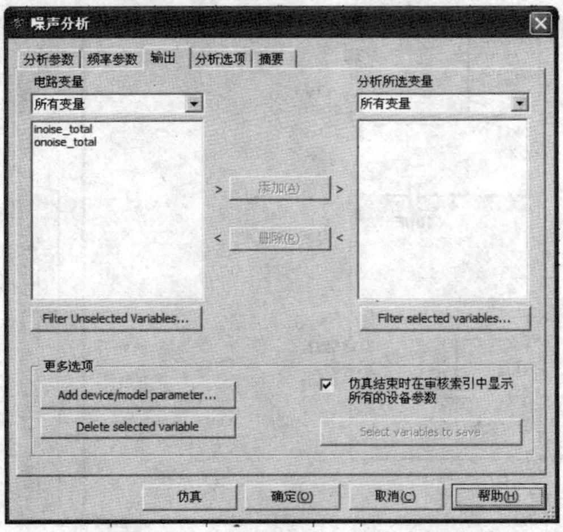

图 9-4 “噪声分析”中的“输出”选项卡

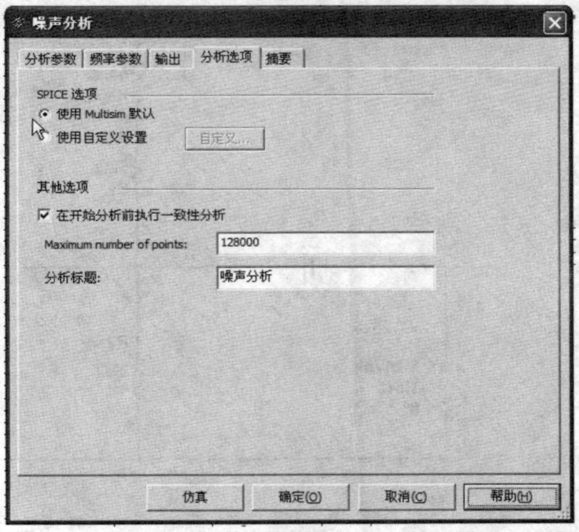

图 9-5 “噪声分析”中的“分析选项”选项卡

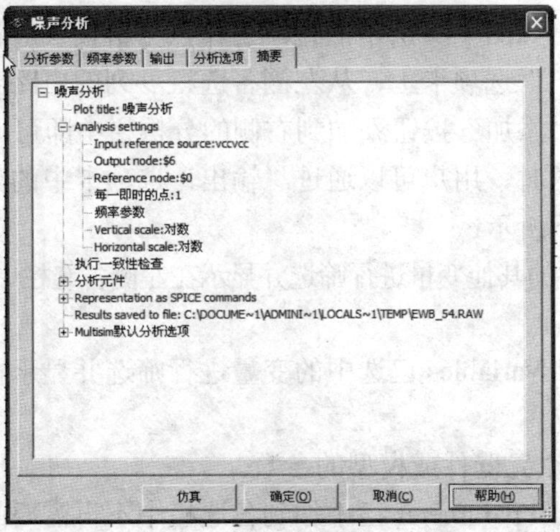

图 9-6 “噪声分析”中的“摘要”选项卡

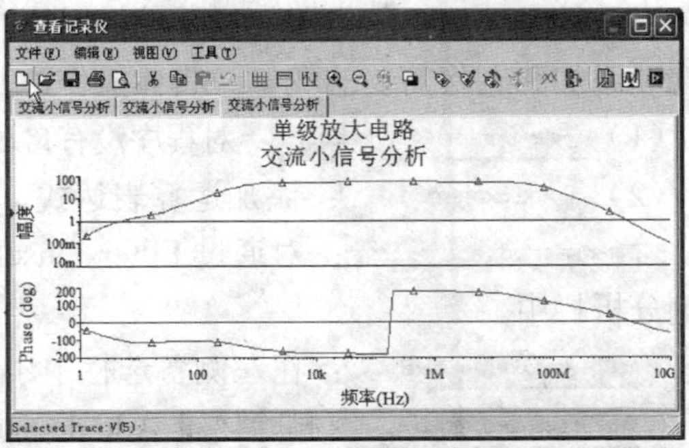

图 9-7 “查看记录仪”窗口

：显示两个可移动的游标并打开说明窗口；

：将分析结果输出至 Excel。

另外有部分命令与一般 Windows 系统相同，不再赘述。

9.2　直流工作点分析

直流工作点分析用于确定电路的静态工作点。在进行直流分析时，假设交流源为零且电路处于稳定状态，也就是假定电容开路、电感短路、电路中的数字器件看作高阻接地。直流分析的结果常常作为以后分析的基础。例如，直流分析所得的直流工作点作为交流分析时小信号非线性器件的线性工作区；直流工作点作为暂态分析的初始条件。

下面以单级放大电路为例，说明直流工作点分析的方法与步骤。电路如图 9-8 所示。

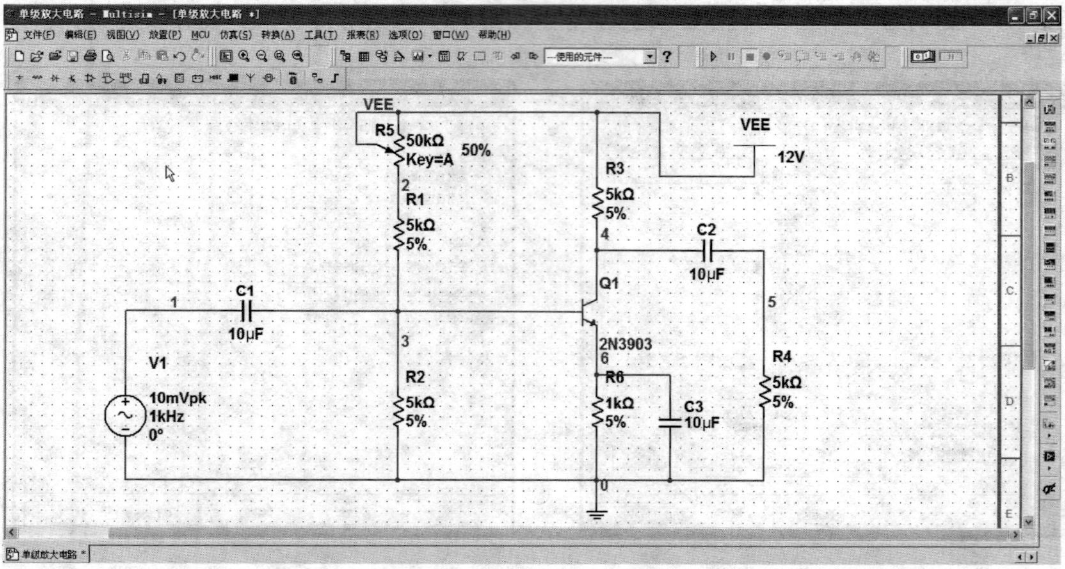

图 9-8　单级放大电路

选择“直流工作点分析”选项后，系统会弹出如图 9-9 所示的直流工作点分析设置对话框。直流工作点分析的设置很简单，只需在“输出”选项卡上，从左侧备选栏罗列的电路节点和变量中，选择需要分析的节点或变量，通过“添加”按钮添加到右侧的分析栏中即可。

当系统自动选中的电路变量不能满足用户要求时，用户可以通过“输出”选项卡中的其他选项添加和删除需要的变量。具体操作说明如下所示：

（1）Filter Unselected Variables...：对程序没有自动选中的其他变量进行筛选并显示在左侧备选栏中。

（2）Add Expression...：添加运算表达式。

Filter selected variables...：对通过 Filter Unselected Variables 已选中的变量进行筛选并显示在右侧分析栏中。

Add device/model parameter...：在左侧备选栏中添加某个元器件或模型的参数。

Delete selected variable：删除通过 Add device/model parameter 已添加到备选栏中不再需要的变量。

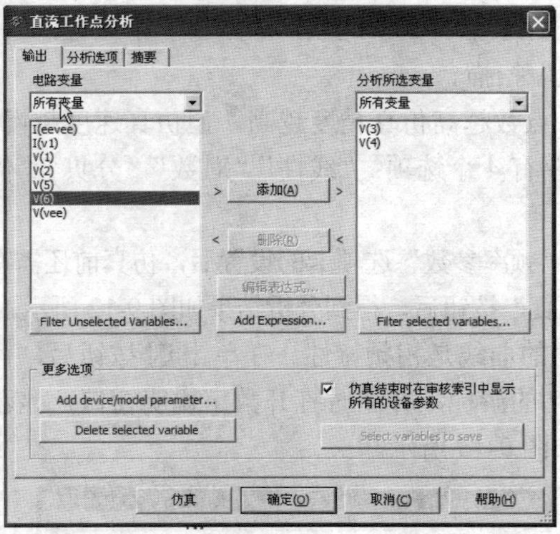

图 9-9　直流工作点分析对话框“输出”选项卡

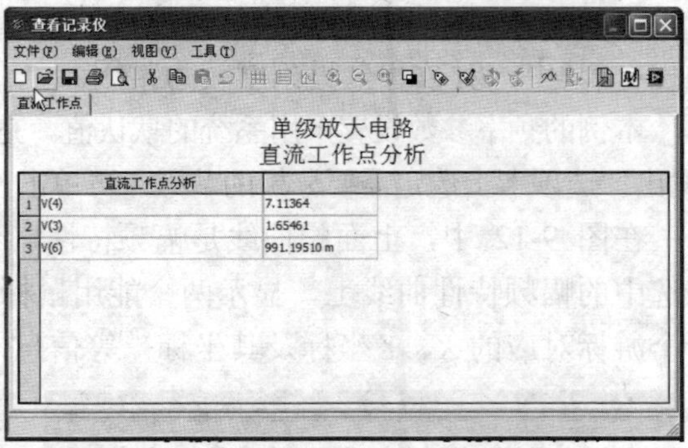

图 9-10　直流工作点分析结果

完成相关分析设置后，单击“仿真”按钮即可进行仿真分析，分析结果由“查看记录仪”窗口显示。而单击“确定”按钮则只保存分析设置，不给出分析结果。

单级放大电路直流工作点分析结果如图 9-10 所示。可见，节点 4 处电压为集电极电压，节点 3 处电压为基极电压，节点 6 处电压为发射极电压，即

$$U_{BE} = 1.65461\text{V} - 991.19510\text{mV} = 0.6634049\text{V} \approx 0.7\text{V}$$

$$U_{CE} = 7.11364\text{V} - 991.19510\text{mV} = 6.1224449\text{V}$$

则电路处于放大状态。

9.3　交　流　分　析

交流分析即分析电路的频率特性。分析的结果是电路的幅频特性和相频特性。在交流分析中，系统将所有直流电源置零，电容和电感采用交流模型，非线性元器件使用其线性化的交流小信号模型表示。而且，所有输入源都认为是正弦源，即使信号发生器设置为方波或三角波，也将转化为正弦波。然后分析计算该电路对频率的响应函数。

以图 9-8 所示的单级放大电路为例，说明交流分析的方法与步骤。

选择“交流分析”选项后，系统弹出如图 9-11 所示的交流分析设置对话框。具体操作说明如下：

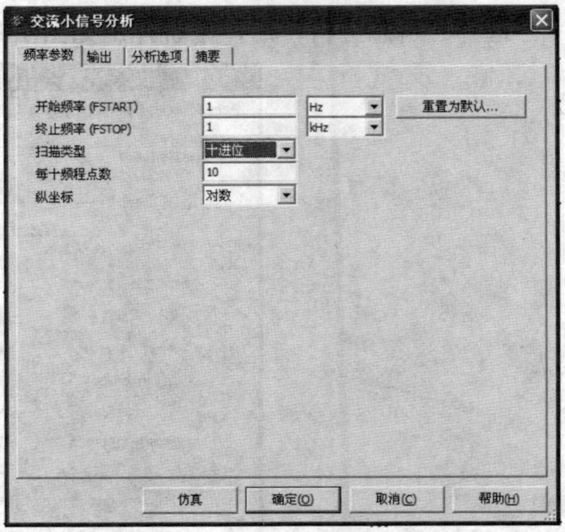

图 9-11　“交流分析”选项卡

（1）开始频率 (FSTART)：指设置分析扫描的起始频率。

（2）终止频率 (FSTOP)：指设置分析扫描的终止频率。

（3）扫描类型：提供选择频率扫描方式，其下拉菜单有 3 个选项，分别为“十进位”（10 倍频程扫描）、“倍频程”（2^8 倍频程扫描）、“线性”扫描。

（4）每十频程点数：指设置每频程的取样点数，点数越高仿真精度越高，但仿真速度越慢。

（5）纵坐标：指选择纵坐标刻度，其下拉菜单有 4 个选项：“线性”“对数”“分贝”“倍频程”，其中，对数和分贝刻度较为常用。

本例的频率参数设置采用系统的默认值。完成“频率参数”选项卡的设置后，仿真前还需在“输出”选项卡上选定需要分析的节点，再单击“仿真”按钮后，得到分析结果如图 9-12 所示。

在图 9-12 中，上面的曲线是幅频特性，下面的曲线是相频特性。在单击按钮后，可在选中的幅频特性曲线上，显示两个能用鼠标移动的游标，并同时打开数字说明窗口，显示两个游标对应的 X、Y 坐标及其坐标差等信息，如图 9-13 所示。

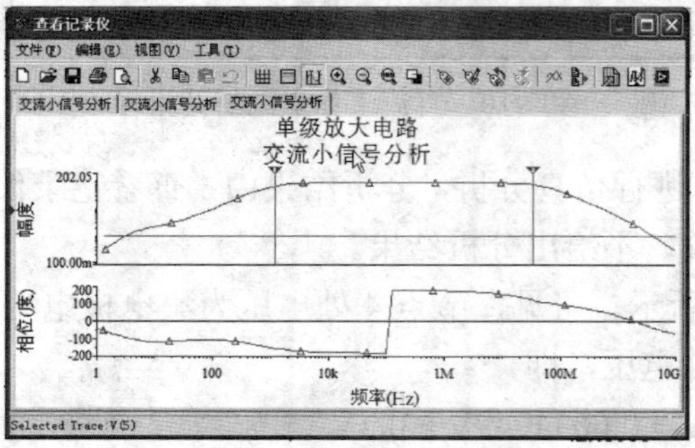

图 9-12　交流分析结果

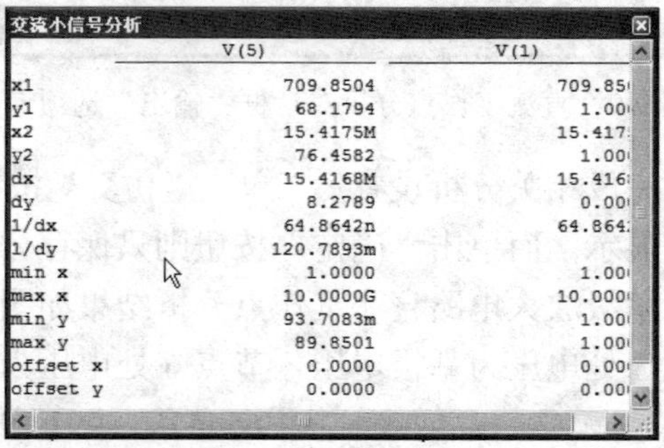

图 9-13　游标数字窗口

9.4 瞬 态 分 析

瞬态分析是指对所选电路节点进行时域响应分析。在进行瞬态分析时，直流电源保持常数。交流信号源随时间而变，是时间函数。电容和电感都是能量储存模式元件，是暂态函数。以图 9-8 所示单级放大电路为例，说明瞬态分析方法与步骤。

选择“瞬态分析”后，系统弹出如图 9-14 所示的“瞬态分析”对话框。

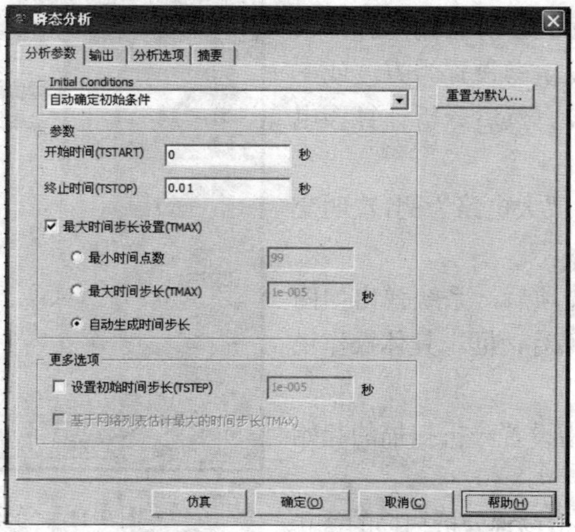

图 9-14 “瞬态分析”对话框

本例在分析参数的设置上只将分析结束时间设置为 0.01s，其余采用系统的默认设置。同时，在“输出”选项卡上选定需要分析的节点，本例选择节点 4 和节点 5，单击▤按钮可以看到曲线颜色与不同节点电压波形间的对应关系，如图 9-15 所示。由此可见，输出耦合电容 C_2 将 4 号节点的静态工作点直流分量滤除后输出至负载，也就是 5 号节点电压。

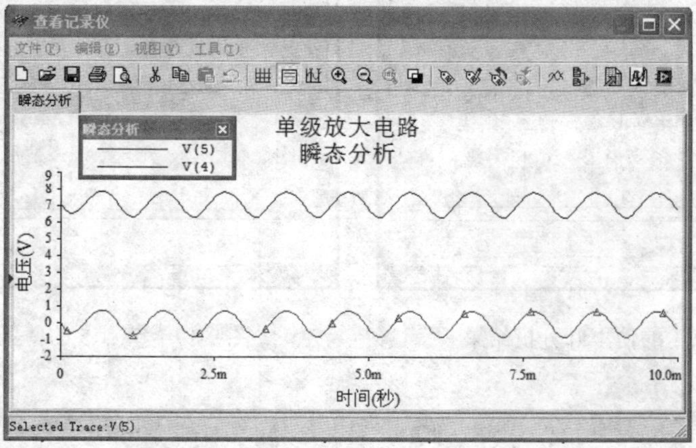

图 9-15　瞬态分析结果

9.5 傅 里 叶 分 析

傅里叶分析是分析周期性非正弦信号的一种数学方法，它将周期性非正弦信号转换成一系列正弦波和余弦波，即

$$f(t)=A_0+A_1\cos\omega t+A_2\cos 2\omega t+\cdots+B_1\sin\omega t+B_2\sin 2\omega t+\cdots$$

式中　A_0 ——原始信号的直流分量；

$A_1\cos\omega t$ 、$B_1\sin\omega t$ ——基波分量；

A_i、B_i ——第 i 次谐波的系数；

ω ——基波角频率。

在傅里叶级数中，每一个分量都被看作一个独产的信号源。根据叠加原理，总响应为各分量响应之和。由于谐波的幅度随次数的提高而减小，因此，只需较少的谐波分量就可以产生较满意的近似效果。

仍以单级放大器说明傅里分析的方法与步骤，实验电路与图 9-8 不同的是将输入信号设定为幅度与初相位相同、频率不同的 6 个信号源的串联。6 个信号源的频率分别是 10、50、100、150、200、250Hz。在分析参数的设置上将基波频率设置为 10Hz，谐波次数设置为 30，取样结束时间设置为 0.01s，其余均采用系统的默认设置。同时，在“输出”选项卡选定需要分析的节点，本例分析节点 1 和节点 5，对输入和输出信号进行傅里叶分析，结果如图 9-16 所示为节点 1 的傅里叶分析结果，图 9-17 为节点 5 的傅里叶分析结果。

在图 9-16 中，节点 1 的幅度频谱图表明 6 个输入信号具有相同的幅度，而在图 9-17 中，节点 5 的幅度频谱图表明 6 个输入信号经过放大器后，频率低的信号幅度衰减多，而频率高的信号幅度衰减少。由此清楚表明了耦合电容的高通特性，进一步验证了放大器的带通特性，与交流分析的结果一致。

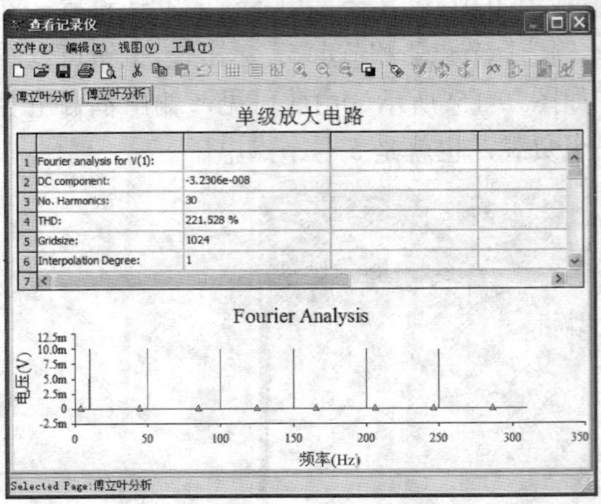

图 9-16 节点 1 的傅里叶分析结果

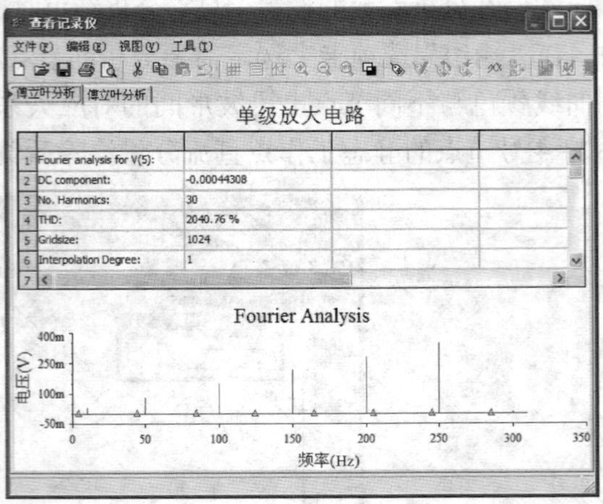

图 9-17 节点 5 的傅里叶分析结果

9.6 噪声分析

噪声是指电路出现的非信号项电压或电流，是影响实际电路性能的随机因素之一。Multisim10 提供了 3 种不同的噪声模型：热噪声（也称为白噪声），通常认为是由导体内自由电子和振动离子的热运动引起的，并均匀分布于整个频率范围；散弹噪声，是由半导体中的载流子运动造成的，是晶体管噪声的主要来源；闪烁噪声，存在于 BJT 和 FET 中，主要发生在频率低于 1kHz 的频段，它与频率成反比，与温度和 DC 电流成正比。

选择“噪声分析”后，系统弹出如图 9-18 所示的“噪声分析”设置对话框。在“分析参数”选项下，有如下分析参数：

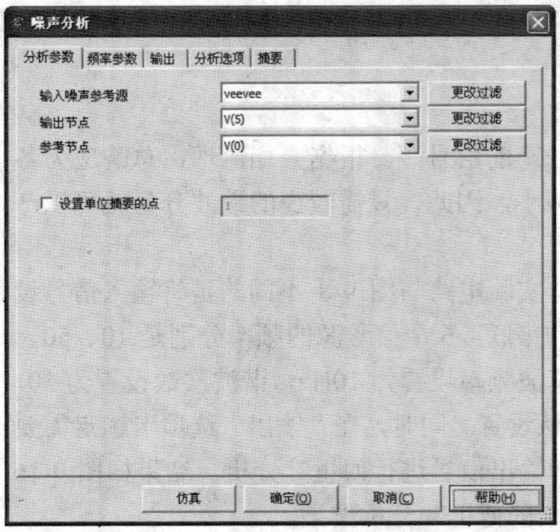

图 9-18 “噪声分析”对话框

（1）输入噪声参考源：选择输入噪声的参考电源（只能选择一个交流信号源）。

（2）输出节点：选择噪声输出节点（在选择的节点上将所有噪声求和）。

（3）参考节点：选择参考节点（通常取接地点）。

（4）设置单位摘要的点：设置是否显示分析结果的谱密度曲线（不选时只能显示分析数据）。

（5）更改过滤：当左边对应各项不足时，可通过这 3 个按钮添加电路的内部节点号、子电路模块和开路引脚。

“频率参数”的设置与“交流分析”相似，参考 9.3 节。

打开“输出”分页菜单，选定需要分析的节点，如图 9-19 所示，按“仿真”按钮，即可得到分析结果。

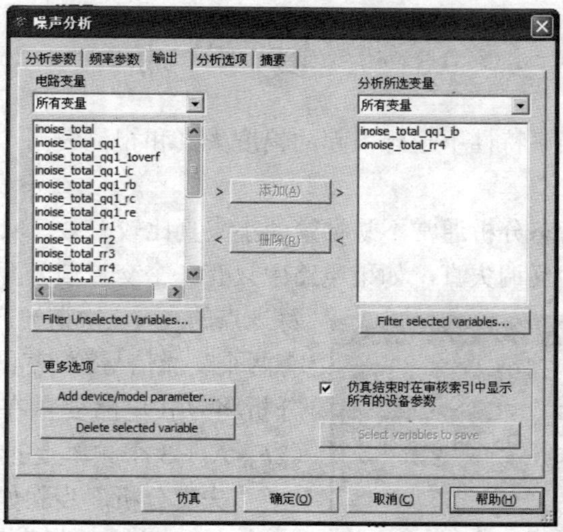

图 9-19 “输出”选项卡

9.7 噪声系数分析

噪声系数是描述电子网络或系统的重要指标，其定义为输入端信噪比与输出端信噪比的比值。即

$$NF(\mathrm{dB}) = 10\mathrm{Log}\frac{SN_{\mathrm{Ri}}}{SN_{\mathrm{Ro}}}$$

噪声系数分析的步骤如下：

（1）打开“噪声系数分析”选项卡，如图 9-20 所示。

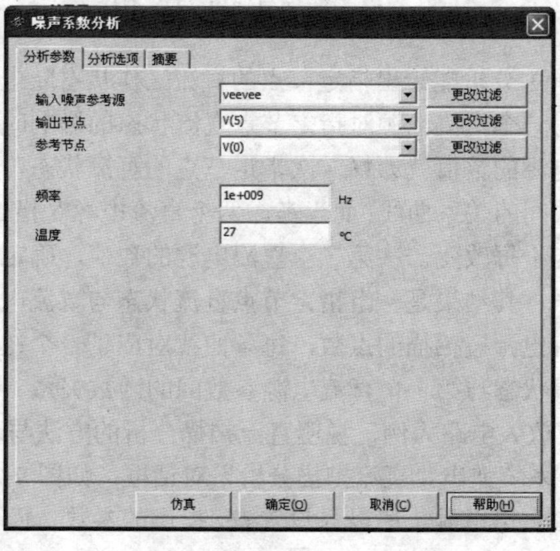

图 9-20 “噪声系数分析”选项卡

（2）在对话框中设置分析参数，选择需要分析的节点，并以地为参考节点，其他可选择默认值，完成上述设置后，单击“仿真”按钮，得到噪声系数分析结果。

9.8 失 真 分 析

失真分析有因电路频率特性不理想引起的幅度失真和相位失真，也有因电路非线性引起的谐波失真和互调失真。

失真分析对于研究瞬态分析通常不易觉察的小失真比较有效。Multisim10 可以分析小信号模拟电路的谐波失真和互调失真。如果电路中只有一个交流信号源，该分析将确定电路中每一点的二、三次谐波产生的失真。如果电路中有两个交流信号源 F_1 和 F_2（设 $F_1>F_2$），则该分析将寻找电路变量在（F_1+F_2）、（F_1-F_2）和（$2F_1-F_2$）3 个频率上的谐波失真。

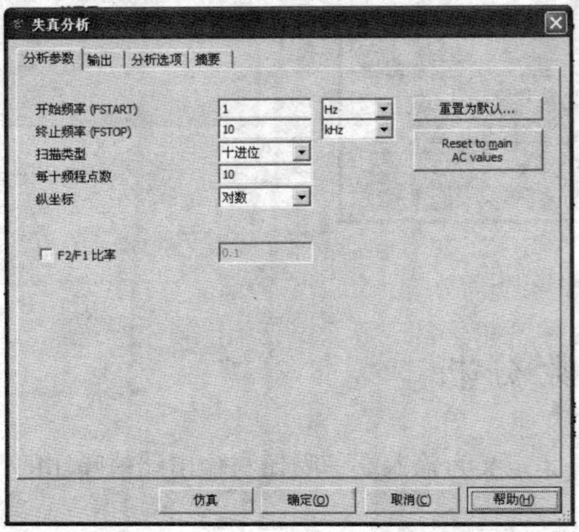

图 9-21 “失真分析”选项卡

“失真分析”步骤如下：

打开“失真分析”对话框，如图 9-21 所示。其中 F2/F1 比率：当电路中有两个频率分别为 F_1 和 F_2 的交流电源时，其互调失真的分析需设置此选项，其比值在 0～1 之间；不选该项时，分析结果是 F_1 作用时的二次、三次谐波失真。

如果只有一个交流信号源，则不选 F2/F1 比率 这一项，其余参数设置全部采用系统的默认值。

然后，在“输出”选项卡中选定需要分析的节点，设置方法同直流工作点分析相同。单击“仿真”按钮，得到分析结果。

9.9 直流扫描分析

直流扫描（DC Sweep）分析能给出指定节点的直流工作状态随电路中一个或两个直流电源变化的情况。当只考虑一个直流电源对指定节点直流状态的影响时，直流扫描分析的过程相当于每改变一次直流电源的数值就计算一次指定节点的直流状态，其结果是一条指定节点直流状态与直流电源参数间的关系曲线；而当考虑两个直流电源对指定节点直流状态影响时，直流扫描分析的过程相当于每改变一次第二个直流电源的数值，确定一次指定节点直流状态与第一个直流电源的关系，其结果是一组指定节点直流状态与直流电源参数间的关系曲线。曲线的个数为第二个直流电源被扫描的点数，每条曲线对应了一个在第二个直流电源取某个扫描值时，指定节点直流状态与第一个直流电源参数间的函数关系。

以图 9-8 所示的单级放大电路为例，说明直流扫描分析的方法与步骤。

选择“DC Sweep”，系统弹出“直流扫描分析”对话框，如图 9-22 所示。

本例中只有一个直流供电电源，所以只设置 源 1: 提供的参数，而不需要设置 ☐ 使用源 2，在“源 1”里，选择直流电源 Vee，设置直流电源“起始数值”为 0V，“终止数值”为 20V，扫描电压“增量”为 0.5V。

同时，在“输出”选项卡中选定 4 号节点为需要分析的节点，单击“仿真”按钮后，得到如图 9-23 的分析结果。

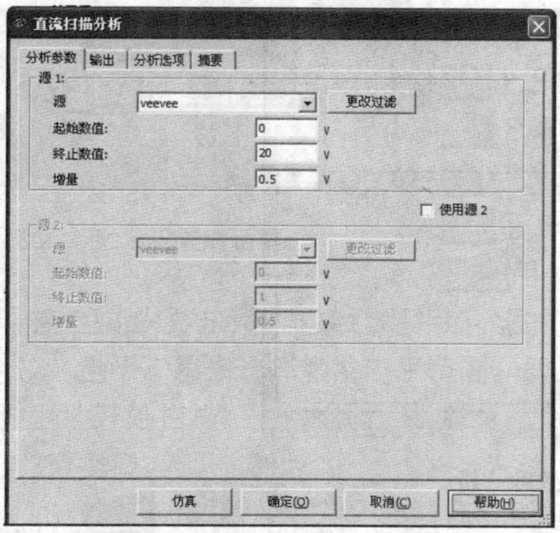

图 9-22　“直流扫描分析”选项卡

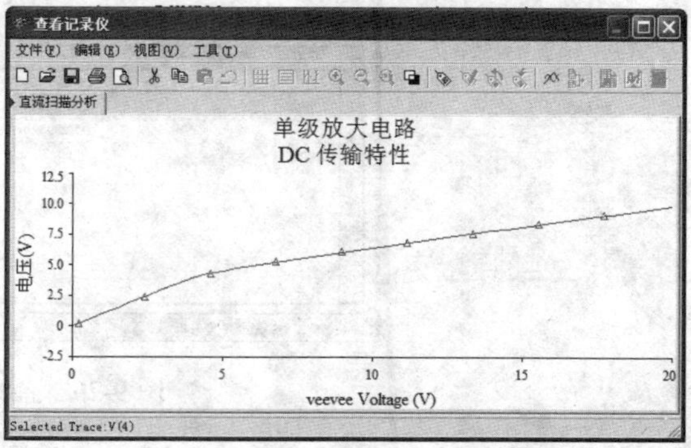

图 9-23　直流扫描分析结果

9.10　灵 敏 度 分 析

灵敏度分析是计算电路的输出变量对电路中元器件参数的敏感程度。Multisim10 提供直流灵敏度与交流灵敏度分析功能。灵敏度高表明指定元器件的参数变化对电路响应的影响大，反之则小。直流灵敏度分析的结果是指定节点电压或支路电流对指定元器件参数的偏导数，反映了指定元器件参数的变化对指定节点电压或支路电流的影响程度，用表格形式显示；交流灵敏度分析的结果是指定元器件参数变化时指定节点的交流频率响应，用幅频特性和相频特性曲线表示。

以图 9-8 所示单级放大电路为例，说明灵敏度分析的方法与步骤。

（1）直流灵敏度分析。选择“灵敏度分析”后，弹出如图 9-24 所示对话框。在分析参数的设置上，选择 ◉ DC 灵敏度（直流灵敏度）按钮，在“输出节点”中，选择 4 号节点为分析点，“输出参考”点选择共地点，“输出定标”选择“绝对值”类型。然后在“输出”选项卡中选择电阻 R_1、R_2、R_3 为灵敏度分析指定元器件，设置如图 9-25 所示。单击“仿真”按钮，得到直流灵敏度分析结果，如图 9-26 所示。

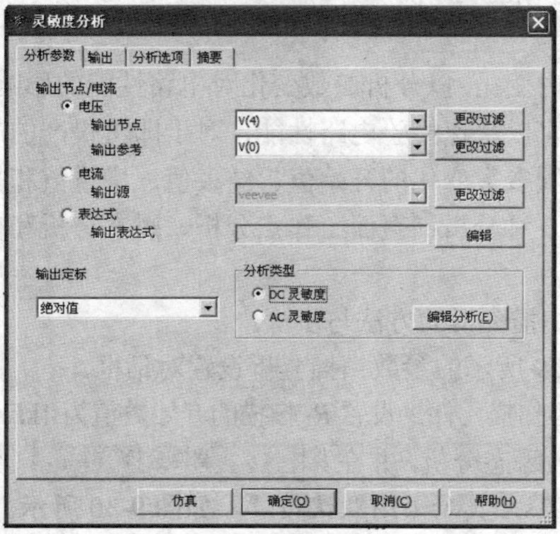

图 9-24　“灵敏度分析”选项卡

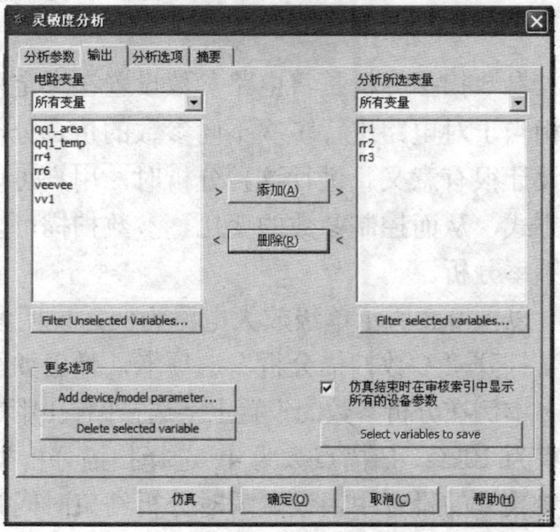

图 9-25　“输出”选项卡

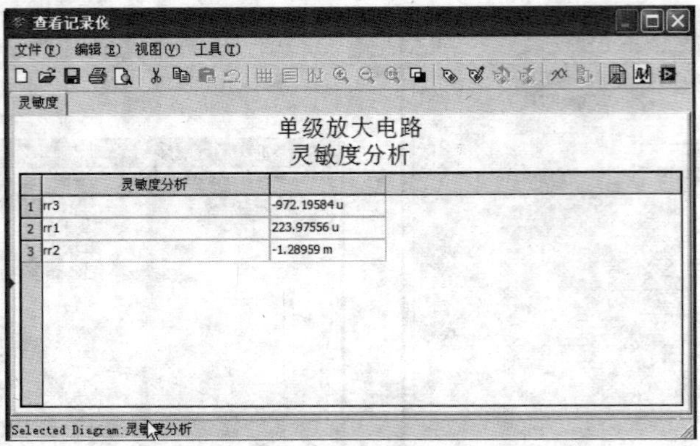

图 9-26 直流灵敏度分析

（2）交流灵敏度分析。在分析参数设置上，选择 AC灵敏度（交流灵敏度）分析，并设置 编辑分析(E)（交流分析参数），本例采用系统默认值，如图 9-27 所示。然后，在“输出”选项卡中选定电阻 R_1、R_2、R_3、R_4 和电容 C_1、C_2、C_3 为灵敏度分析指定元件。单击“仿真”按钮，得到交流灵敏度分析的结果，如图 9-28 所示。

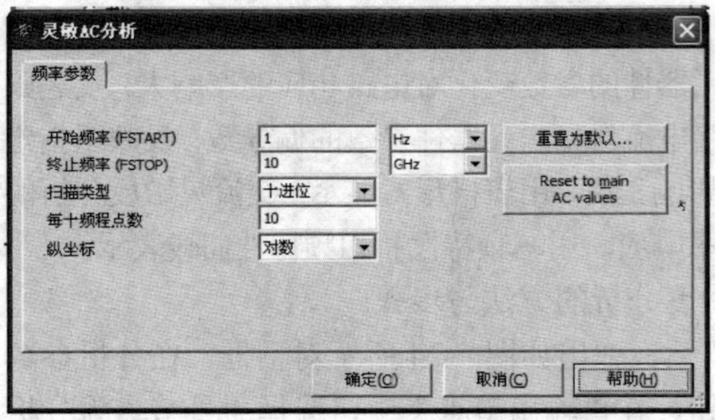

图 9-27 交流参数设置

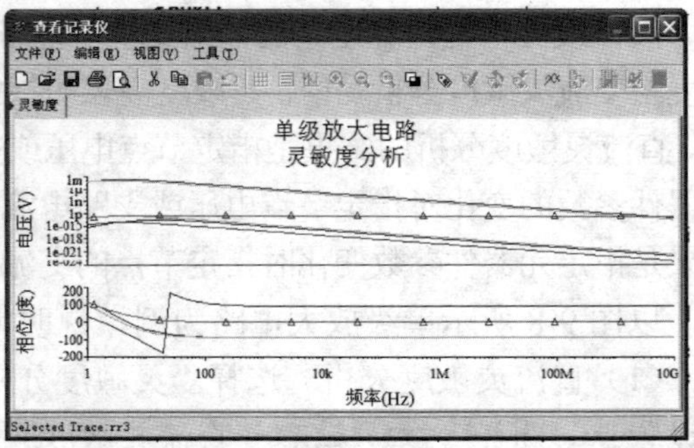

图 9-28 交流灵敏度分析结果

9.11 参数扫描分析

参数扫描分析是将电路参数设置在一定范围内变化，以分析参数变化对电路性能的影响，这相当于对电路进行多次不同参数的仿真分析，可以快速检验电路性能，对于即将投产的产品设计很有意义。进行这种分析时，用户可以设置参数变化的开始值、结束值、增量值和扫描方式，从而控制参数的变化。参数扫描可以有 3 种分析：直流工作点分析、瞬态分析和交流频率分析。

以图 9-8 所示单级放大电路为例，说明参数扫描分析的方法与步骤。

打开“参数扫描分析”选项卡，弹出如图 9-29 所示的参数扫描分析设置对话框。

本例在分析参数的设置上，选择偏置电阻 R_1 为扫描元件，设置 R_1 扫描的开始数值为 1kΩ、结束为 10kΩ、扫描点数为 4。选择扫描分析类型为瞬态分析，并在其 编辑分析 （分析参数）的设置中，设置瞬时分析结束时间为 0.01s，其余采用默认设置，如图 9-30 所示。

然后，在“输出”选项卡中选定 5 号节点作为需要分析的节点。单击“仿真”按钮后，得到分析结果如图 9-31 所示。

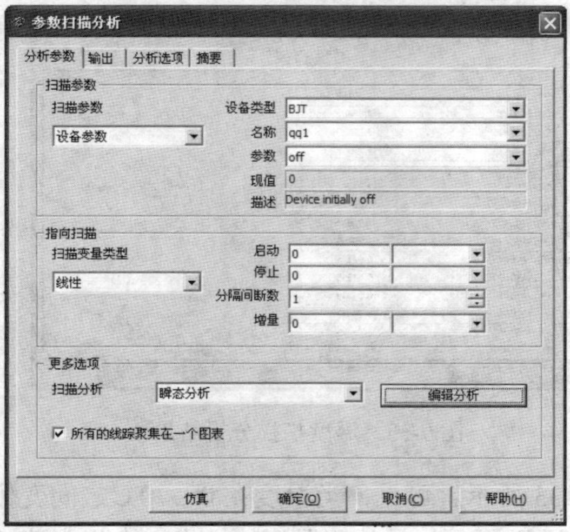

图 9-29 “参数扫描分析”选项卡

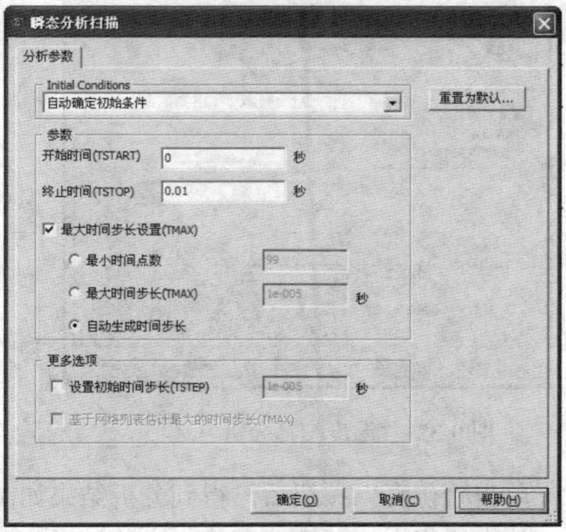

图 9-30　瞬时分析设置

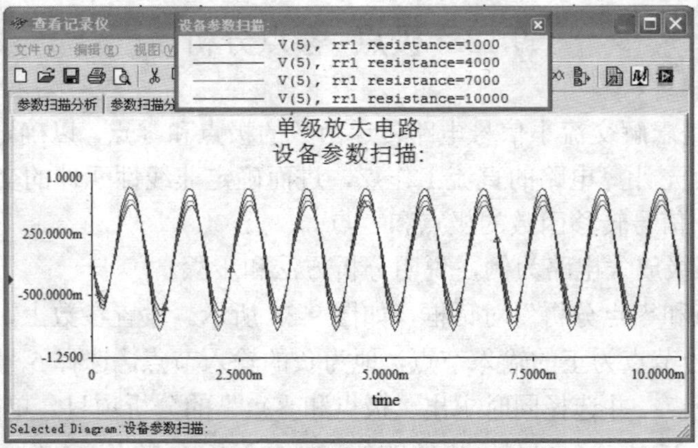

图 9-31　参数扫描分析结果

9.12　温度扫描分析

温度扫描分析是研究温度变化对电路性能的影响。用户可通过选择温度初始值、结束值和增量值控制温度扫描分析。温度扫描分析也适用于直流工作点分析、瞬态分析和交流频率分析。

需要注意的是，温度扫描分析只适用于半导体器件和虚拟电阻，并不对所有元器件有效。

仍以图 9-8 所示单级放大电路为例，来说明温度扫描分析的方法与步骤。

打开“温度扫描分析”选项卡后，系统弹出 9-32 所示的温度扫描分析设置对话框。在“分析参数”的设置上，选择设置扫描开始温度为 0℃、结束温度为 70℃、扫描点数为 15，选择扫描分析类型为直流工作点分析。同时，在“输出”选项卡中选定 4 号节点为需要分析的节点。

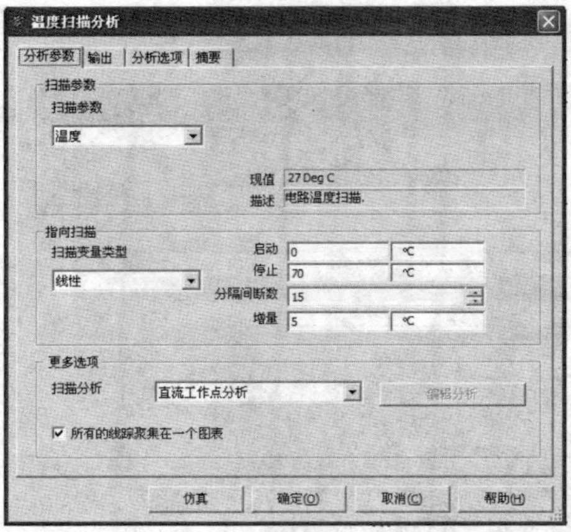

图 9-32 “温度扫描分析”选项卡

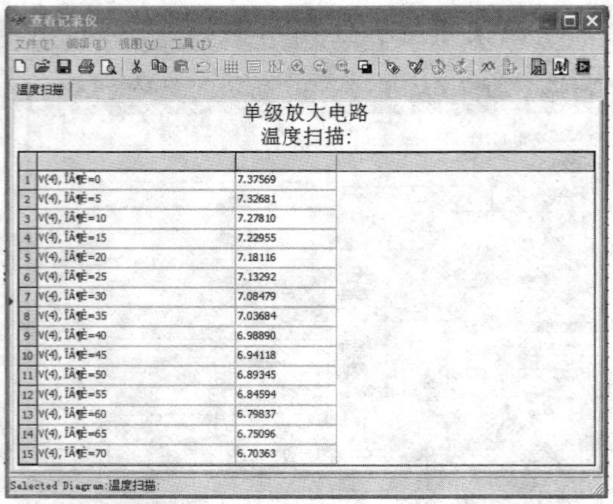

图 9-33　温度扫描分析结果

单击“仿真”按钮后，得到分析结果如图 9-33 所示。可见，当温度在 0～70℃之间变化时，放大器集电极的直流工作点电位随温度升高而下降，与晶体管温度特性中集电极电流随温度升高而升高的理论分析结果一致。

9.13　极点-零点分析

极点-零点分析是求解交流小信号电路传递函数的极点和零点，以确定电路的稳定性。在进行极点分析时，首先计算电路的直流工作点，进而确定非线性元件的交流小信号线性化模型，然后求其交流小信号转移函数的极点和零点。

以图 9-8 所示单级放大电路为例，说明分析方法和步骤。

首先打开“极点和零点分析”对话框，如图 9-34 所示。设置参数上，选择电路“增益分析”。同时，选择 1 号节点为正的输入节点，地为负的输入节点。选择 5 号节点为正的输出节点，地为负的输出节点，并选择同时求出“极点和零点”的分析项目。单击“仿真”按钮后，得到分析结果如图 9-35 所示。可见，电路的传递函数有 6 个极点、4 个零点。由于 6 个极点的实部均为负值，即极点均在 s 平面的左半，所以电路是稳定的。

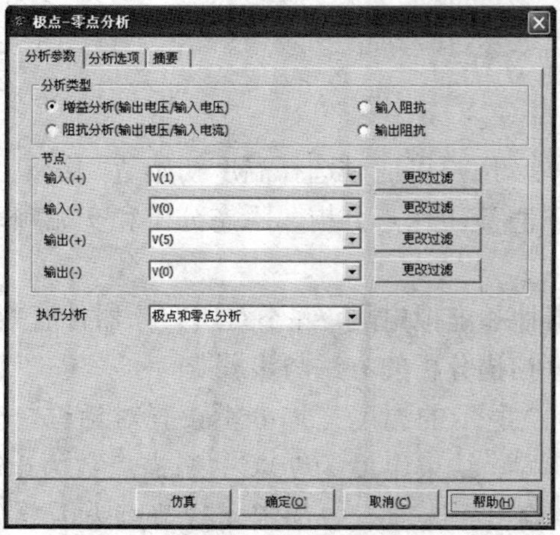

图 9-34 “极点-零点分析”对话框

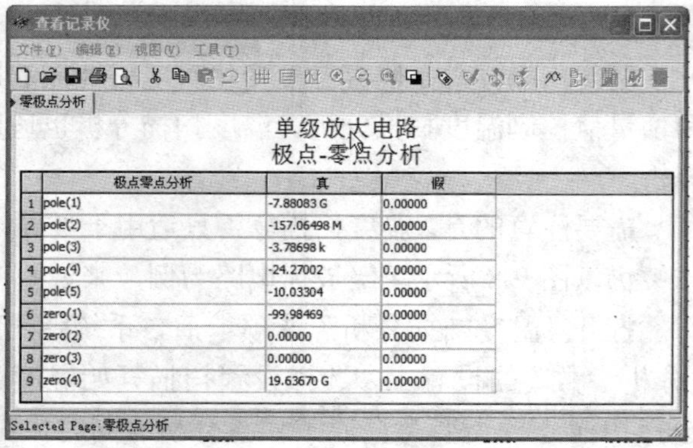

图 9-35　极点-零点分析结果

9.14 传递函数分析

传递函数分析是分析计算在交流小信号条件下，由用户指定的作为输出变量的任意两节点之间的电压或流过某一器件上的电流与作为输入变量的独立电源之间的比值，同时也可计算出相应的输入阻抗与输出阻抗。首先将电路中所有非线性模型都以直流工作点为基础进行线性化，然后进行小信号交流分析。输出变量可以是任意节点电压，但输入必须是电路中的独立源。

分析步骤如下：

打开“传递函数分析”对话框，如图 9-36 所示。

在“分析参数”的设置上，选择需要分析的“输入源”，及输出节点，一般输出参考节点为共地点。并将电路中耦合电容短路，再单击“仿真”按钮后，可得到分析结果。

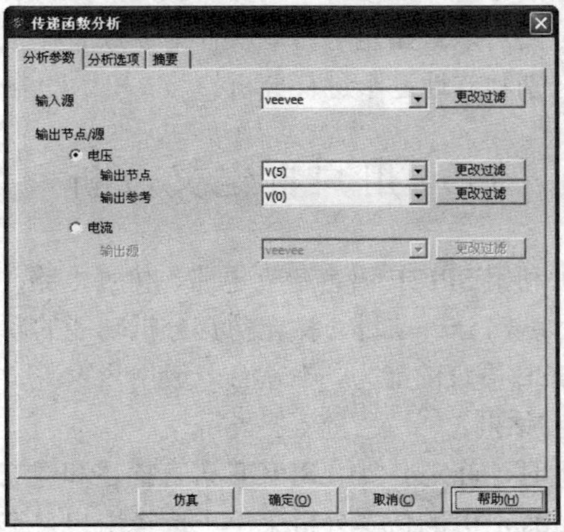

图 9-36 “传递函数分析”对话框

9.15 最坏情况分析

最坏情况分析是以统计分析的方式，在给定元器件参数容差的条件下，分析出电路性能相对于元器件参数标称时的最大偏差。最坏情况分析时，第一次仿真运算采用元器件的标称值。然后，进行灵敏度分析，确定电路中某结点电压或某支路电流相对于每个元器件参数的灵敏度。当某元器件的灵敏度是负值时，最坏情况分析将取该元器件参数的最小值，反之取元器件参数的最大值。最后，在元器件参数取最大偏差的情况下，完成用户指定的分析。最坏情况分析有助于电路设计人员掌握元器件参数变化对电路性能造成的最坏影响。

9.16 蒙特卡罗分析

蒙特卡罗分析是一种常用的统计分析，它由多次仿真完成，每次仿真中元器件参数按指定的容差分布规律和指定的容差范围随机变化。第一次仿真分析时使用元器件的正常值，随后的仿真分析使用具有容差的元器件，即元器件的正常值减去一个变化量或加上一个变化量，其中变化量的数值取决于概率分布。蒙特卡罗分析中使用了两种概率分布：均匀分布和高斯分布。通过蒙特卡罗分析，电路设计者可以了解元器件容差对电路性能的影响。

9.17 线宽分析

线宽分析是针对 PCB 中有效传输电流所允许的导线最小宽度进行分析。在 PCB 中，导线的耗散功率取决于通过导线的电流和导线电阻，而导线的电阻又与导线的宽度密切相关。针对不同的导线耗散功率，确定导线的最小宽度是 PCB 设计人员十分需要和关心的。

9.18 批处理分析

批处理分析不是一种新的分析，而是将不同分析或同一分析的不同实例组合在一起依次执行。例如，利用批处理分析可以对指定电路一次性地完成直流工作点分析、频率响应特性分析、瞬态分析等，不必分别独立地逐个进行分析。

9.19 用户自定义分析

用户自定义分析是一种利用 SPICE 语言建立电路、仿真电路并显示仿真结果的方法，它为高级用户提供了一条自行编辑分析项目、扩充仿真分析功能的新途径。但是，用户自定义分析要求用户具有熟练 SPICE 语言的能力，不适合一般用户。当选择“用户自定义分析”后，系统弹出如图 9-37 所示的对话框。

在进行用户自定义分析时，首先需要用 SPICE 语言描述和建立电路，并将电路文件保存成.cir 文件。然后，在 Multisin10 的仿真分析菜单中选择用户自定义分析选项，并按要求用 SPICE 语言输入需要的分析命令。最后，单击“仿真”按钮即可得到相应的分析结果。

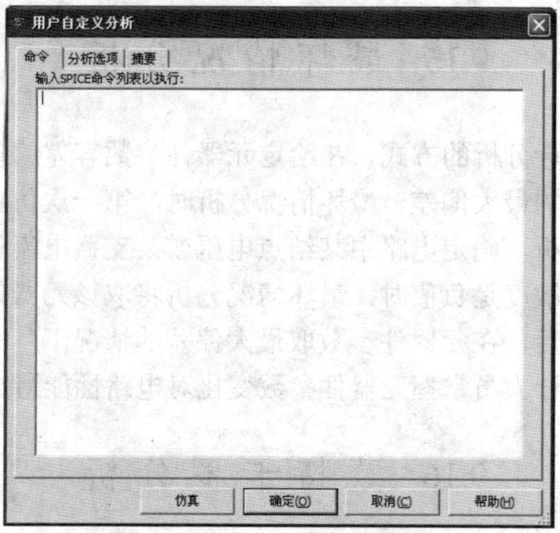

图 9-37 “用户自定义分析”对话框

第 10 章　Multisim10 在电子技术中的应用

电子技术可分为模拟电子技术和数字电子技术两大块，在模拟电路中主要包括晶体管放大电路、集成运算放大电路、正弦振荡电路、电压比较器电路和直流稳压电源等。在数字电路中主要包括组合逻辑电路、时序逻辑电路等。组合逻辑电路比较常见的电路包括译码器电路、编码器电路和数据选择电路等，时序逻辑电路比较常见的电路包括触发器电路、计数器电路等。本章通过上述电路的仿真实例，介绍 Multisim10 在数字电路仿真分析和仿真设计中的应用。

10.1　二极管电路的仿真实验与分析

利用二极管的单向导电性和正向导通电压变化较小的特点，可以完成信号的整流、检波、限幅、钳位、隔离和元器件的保护等。利用二极管的反向击穿特性，可以实现电流在一定范围内变化时，输出电压的稳定。实现二极管各种应用的关键是外电路必须为元器件提供必要的工作条件和安全保证。

1. 二极管整流电路

二极管桥式整流实验电路如图 10-1 所示。当输入为 5V、1kHz 正弦波时，由于二极管的单向导电性，只在输入的正半周导通，所以输出只有如图 10-2 所示的正半周波形。

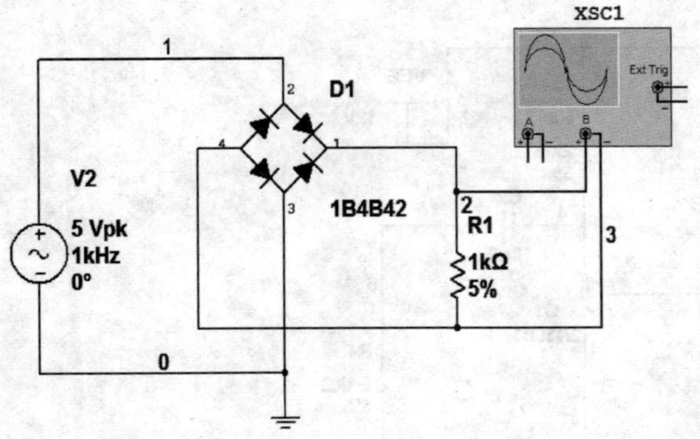

图 10-1　二极管桥式整流实验电路

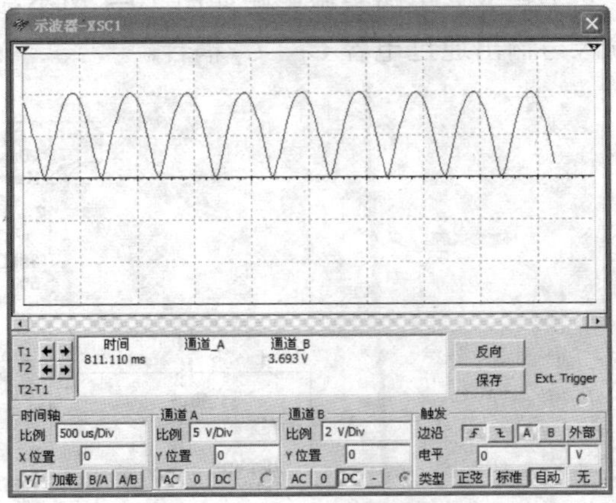

图 10-2　桥式整流电路输出波形

2. 稳压管电路

稳压管实验电路如图 10-3 所示。其中，稳压管的稳压值为 4.7V，稳压电流的最小值 I_{Dmin}=5mA，稳定电流的最大值 I_{Dmax}=40mA。实验中通过在 24V 直流电源电路中串联 100Ω 电位器来模拟输入电压及其变化，按下 A 键可以使输入电压在 20～24V 之间改变；稳压管限流电阻的取值为 400Ω；负载电阻由 100Ω 固定电阻和 500Ω 电位器串联组成，按下 B 键可以模拟 100～600Ω 的负载变化。为显示实验结果，还在电路的输入端、负载端和稳压管等支路设置了电压表和电流表，如图 10-3 所示。

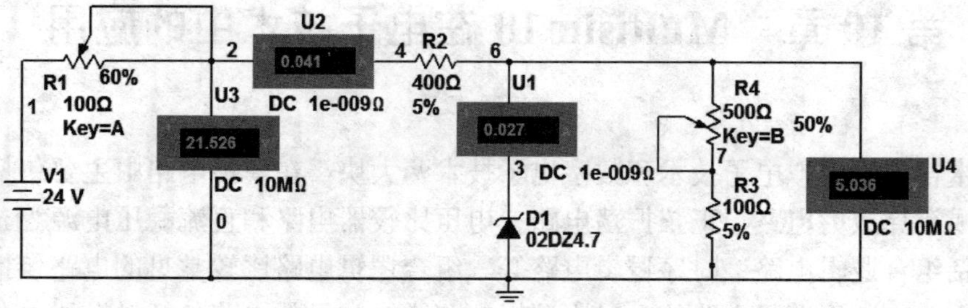

图 10-3　稳压管实验电路

在图 10-3 中，稳压管电流为 27mA，在稳定电流范围内，稳压管处于稳压状态，输出电压为 5.036V，近似于稳压管的稳压值。此时，若是按下 A 键，使输入电压在 20～24V 之间变化时，稳压管电流在 24～33mA 之间变化，没有超出稳压管的变化范围，稳压管仍处于稳压状态。同理，若按下 B 键，当负载电阻为 100Ω 时，稳压管电流为 0.699mA，超出了稳定电流范围，稳压管处于反向截止状态，输出端电压变为 4.306V，电路已不能正常稳压。

上例说明稳压管能够保持输出电压基本稳定的条件是选用的限流电阻应保证在输入电压和负载变化的范围内，稳压管的工作电流不超出其额定值。

10.2　单管放大电路的仿真实验与分析

单管放大电路实验电路如图 10-4 所示，输入为 10mV、1kHz 正弦信号，负载电阻 R_4，输入与输出通过电容 C_1、C_2 耦合。

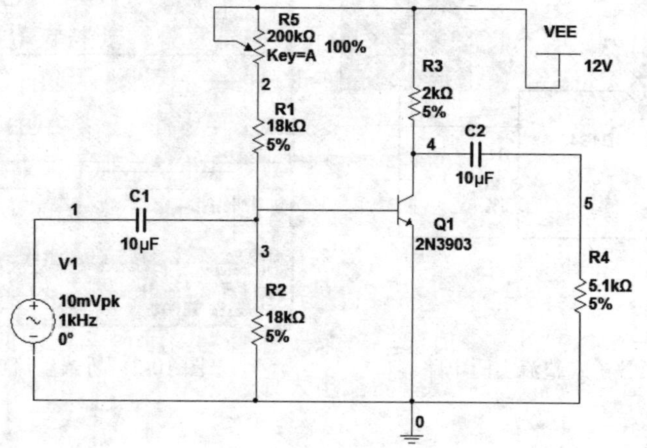

图 10-4　射级输出器实验电路

1. 确定静态工作点

对实验电路中三极管的 b、c、e 三极作直流工作点静态分析，得到如图 10-5 所示的静态工作点分析结果，可知该电路工作在放大区。调节 R_5 电阻，可以改变静态工作点，但静态工作点过高会产生饱和失真，静态工作点过低会产生截止失真。图 10-6 是 R_5 为总值 20%时的输出波形，此时输出波形产生了饱和失真。图 10-7 是 R_5 为总值 95%时的输出波形，此时输出波形产生了截止失真。

2. *确定电压放大倍数和通频带*

对实验电路的节点 5 作交流分析，得到图 10-8 所示的频率响应特性。可见，其幅频特性具有带通性，低频段和高频段的放大倍数均低于中频段。按下图形显示窗口中的按钮，

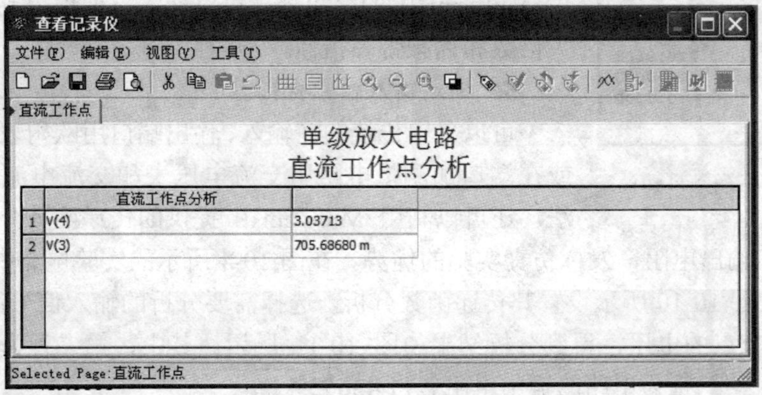

图 10-5　静态工作点分析结果

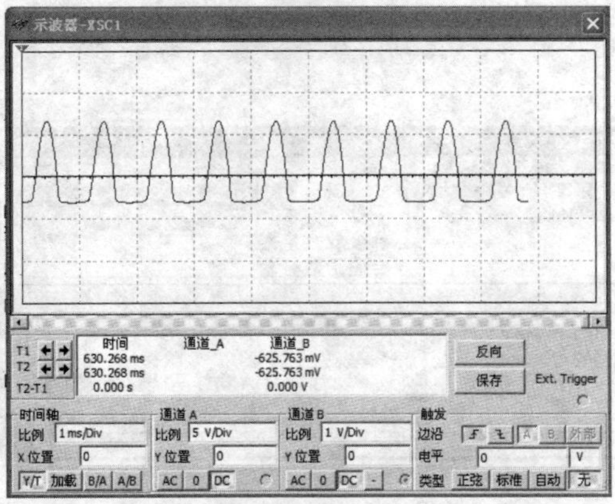

图 10-6　R_5 为总值 20%时的输出波形

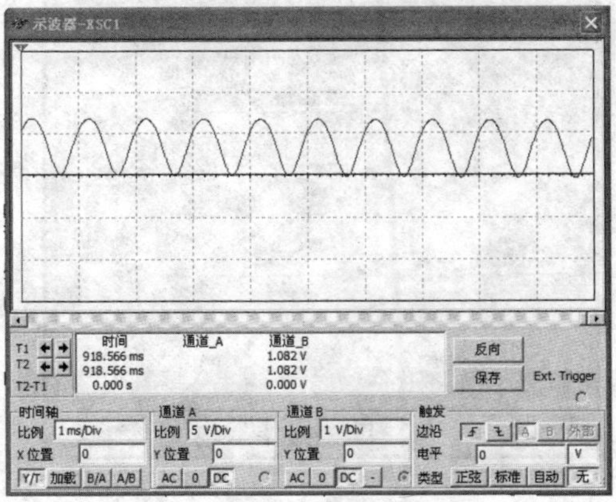

图 10-7　R_5 为总值 95%时的输出波形

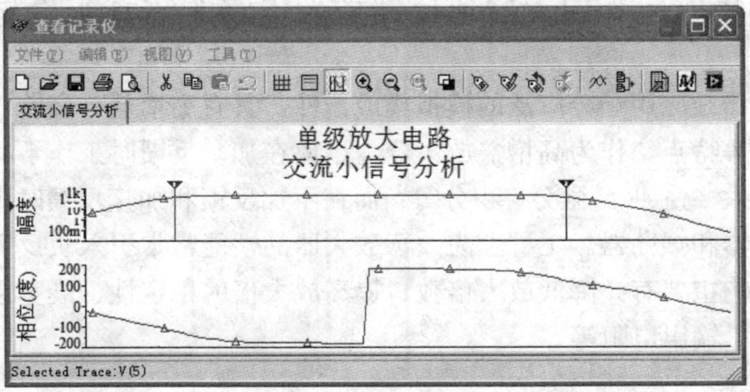

图 10-8　单级放大电路的频率响应特性

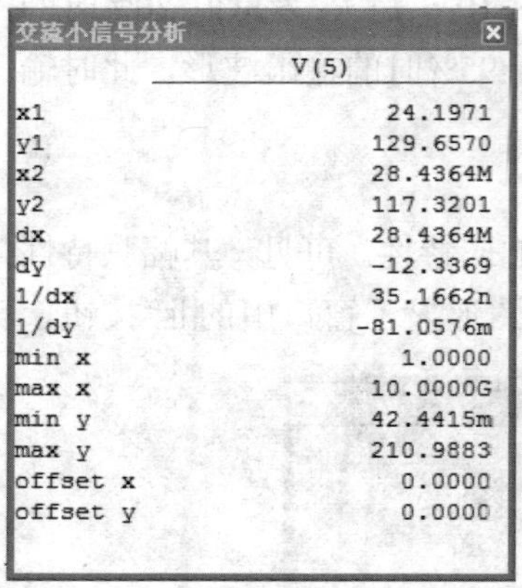

图 10-9 幅频特性的测量数据

显示两个可移动的游标并打开其说明窗口，得到幅频特性的测量数据如图 10-9 所示。其中，Y 轴的最大值 210.9883 就是电路的中频放大倍数。拉动两个游标使其对应的 y_1 和 y_2 约等于其最大值的 0.707 倍（约为 149.1），此时，对应的 $x_1 \approx 31.2223$Hz 和 $x_2 \approx 18.594$MHz 分别为电路的下限截止频率和上限截止频率，两者之差 d$x \approx 18.594$MHz 即为电路的通频带。显然，利用 Multisim10 的交流分析可以非常方便地得到放大电路的放大倍数和通频带等指标。

3. 确定输入输出电阻

可以采用传统的在输入、输出端口用欧姆表测电阻的方法或在端口加测量电阻用交流电压表和交流电流表测电阻的方法，还可以利用 Multisim10 提供的传递函数分析功能方便快速地确定输入和输出电阻，发挥仿真实验的优势。在图 10-4 所示的实验电路中，将 C_1 和 C_2 用导线短路，按图 10-10 所示设置其传递函数分析，选择需要分析的输入信号源 V2，选择输出变量为 5 号节点的电压，得到分析结果如图 10-11 所示。其中，第二行为电路输入电阻 r_i=15.61765kΩ，第三行为电路的输出电阻 r_o=1.436625kΩ。

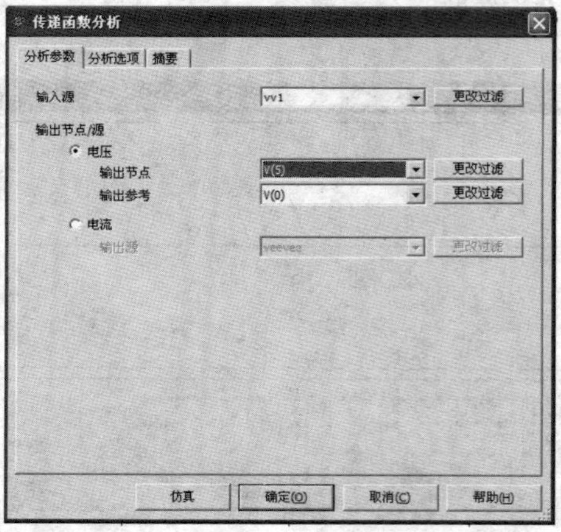

图 10-10 传递函数分析设置

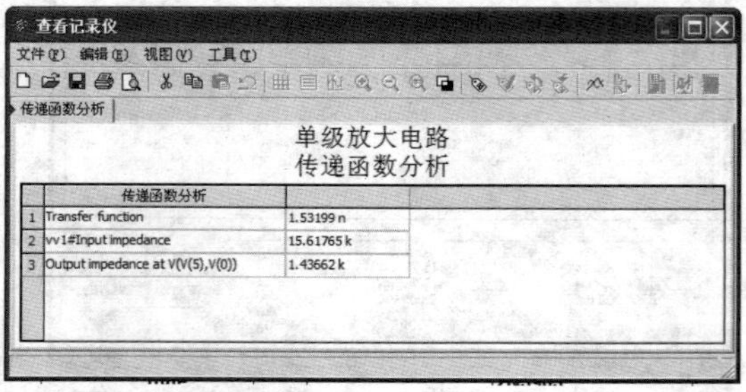

图 10-11 传递函数分析结果

10.3 集成运算放大器负反馈放大电路的仿真实验与分析

集成运算放大器是应用十分广泛的模拟集成器件，具有高增益、高输入电阻、低输出阻抗、高共模抵制比等特点。作为高增益放大器，运放在加负反馈时工作于线性放大状态，广泛应用于信号的放大、叠加 、微分、积分等；而在不加反馈和加正反馈时则工作在非线性状态，主要用于比较器和振荡器。工程上为改善放大器的性能常常引入负反馈技术，负反馈对放大电路性能的影响主要有：降低放大倍数、提高放大倍的稳定性、展宽通频带、减少非线性失真、改变输入、输出电阻等。

1. 比例放大电路

比例运算放大电路还可以分为同相比例放大电路和反相比例放大电路。如图 10-12 所示，为反相比例放大电路，输出电压 $U_o = -\dfrac{R_F}{R_1} U_i$，式中的 R_F、U_o、U_i 就是图中的 R2、V0、V1 将输入、输出电压接入示波器，得到图 10-13 所示波形。由示波器可以看出输出波形幅值是输入波形的–10 倍。图 10-14 所示，为同相比例放大电路，输出电压 $U_o = \left(1 + \dfrac{R_F}{R_1}\right) U_i$，式中的 R_F、U_o、U_i 是图中的 R2、V0、V1，将输入、输出电压接入示波器，得到图 10-15 所示波形。由示波器可以看出输出波形幅值是输入波形的 11 倍。

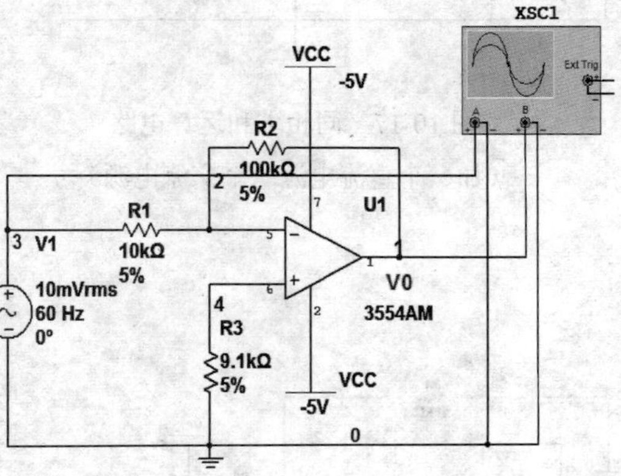

图 10-12　反相比例放大电路

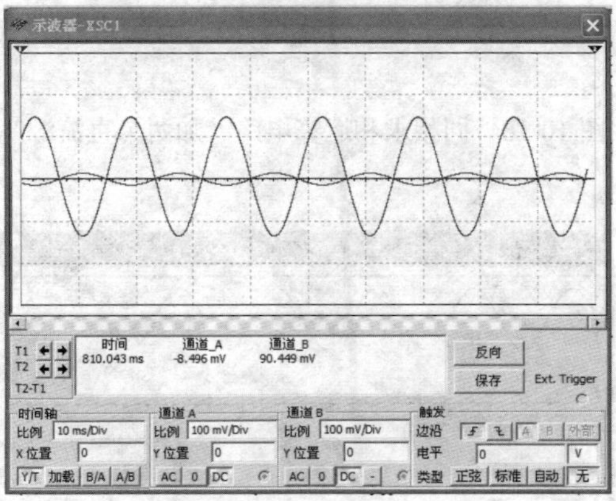

图 10-13　反相例放大电路输入、输出波形

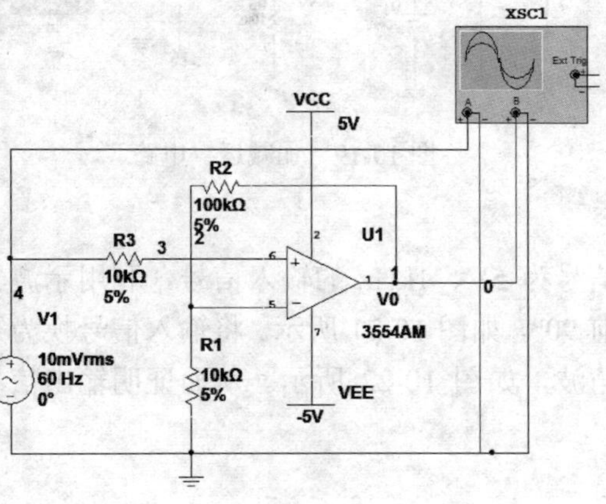

图 10-14　同相比例放大电路

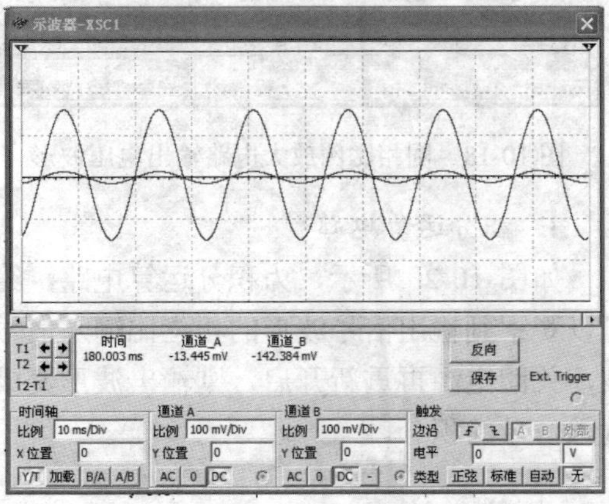

图 10-15　同相比例放大电路输入、输出波形

2. 加法运算电路

加法运算电路能实现多个输入信号的叠加，运算放大器加负反馈时工作于线性状态，满足叠加原理，所以加法运算电路可以通过在同相或反相比例运算电路的基础上增加输入端来实现。如图 10-16 所示，为同相求和运算电路。在此电路中，两个输入信号都是直流电压，分别是 100mV 和 200mV，在输出端接直流电压表，示数为 301mV，为两输入信号相加所得。同样是此运算电路，但改变其输入信号，加入一个直流信号，一个交流信号，如图 10-17 所示。在输出端接入示波器，得到输出电压波形如图 10-18 所示，由图可以看出，输出波形为直流成分与交流成分的叠加所得。

同理，也可实现加减运算电路，如图 10-19 所示。在图 10-19 中，同相端加入 30、50mV 两个直流信号，反相端加入 40、20 mV 两个直流信号，得到输出值为 0.021V（21 mV）的输出信号。

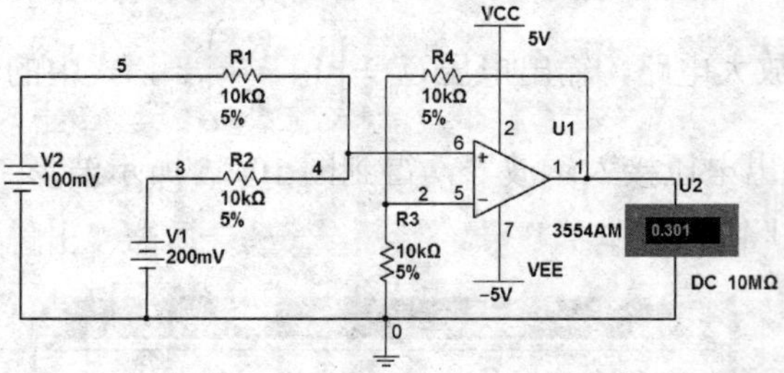

图 10-16 同相求和运算电路（加两个直流源）

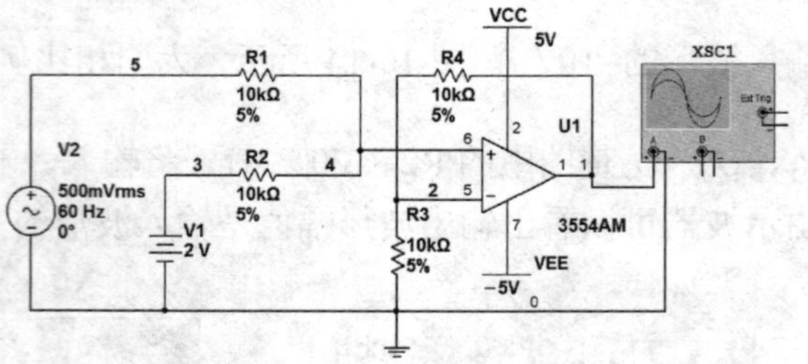

图 10-17 同相求和运算电路

（加一个直流电源一个交流电源）

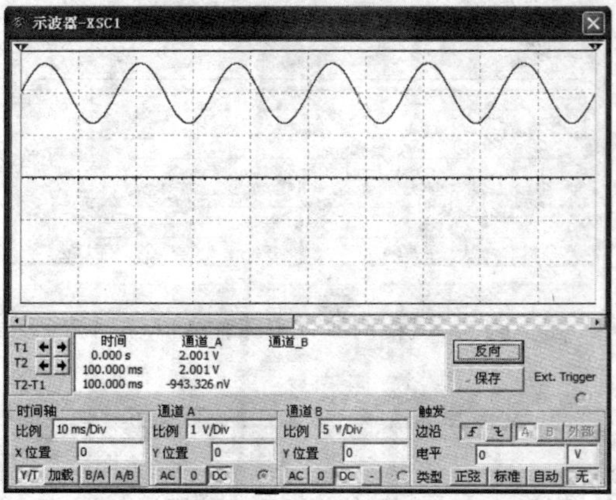

图 10-18 同相比例放大电路输出电压波形

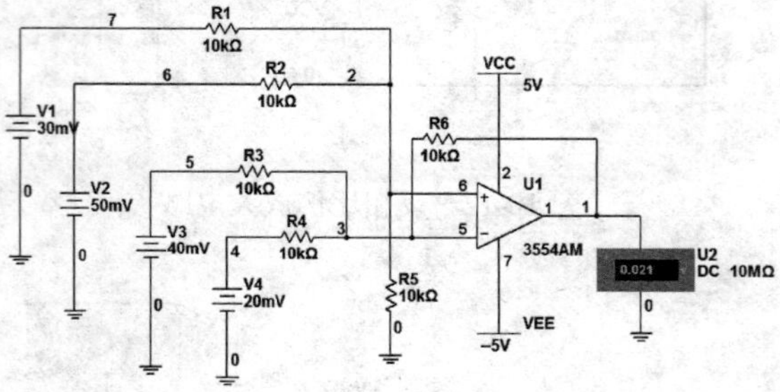

图 10-19 加减运算电路

3. 积分运算电路

如图 10-20 所示，为积分运算电路，给入信号为 5V、1kHz 的输入信号，利用示波器，可以观察到输出信号波形的相位比输入信号超前 90°，如图 10-21 所示。将输入信号换为矩形波，关闭电源再重新开启，则输出波形变成三角波，如图 10-22 所示。从而证明输出信号为输入信号的积分。

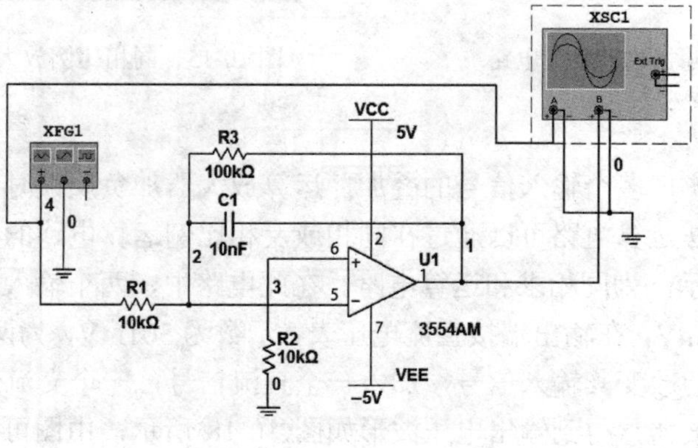

图 10-20 积分运算电路

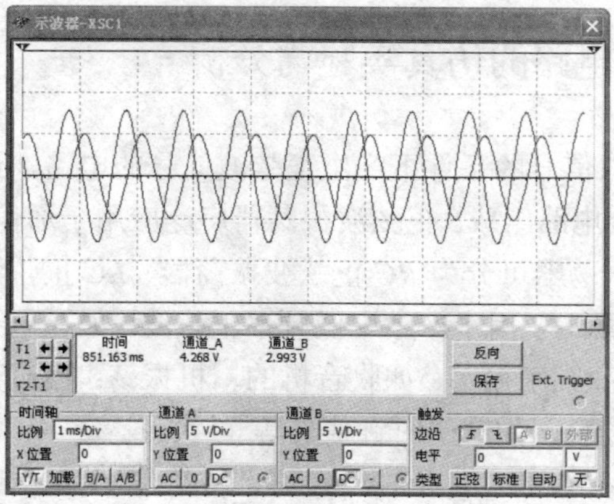

图 10-21　输出波形相位超前输入 90°

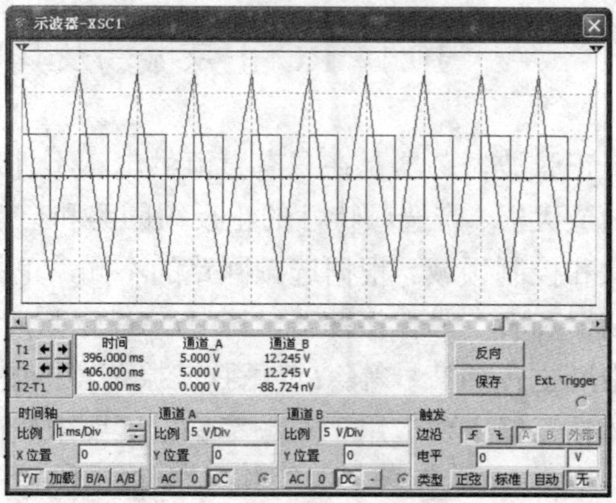

图 10-22　积分运算电路输入方波输出三角波

4. 微分运算电路

如图 10-23 所示为微分运算电路。给入正弦波信号 5V、1kHz，打开电源开关，双击示波器，可以得到如图 10-24 所示波形，可以看出输出信号波形的相位滞后输入信号波形相位 90°。关掉电源，将输入信号换为矩形波，将二极管并接于电路，重新开启电源，则输出波形变成了双向尖峰波，如图 10-25 所示。从而证明了输出为输入的微分。

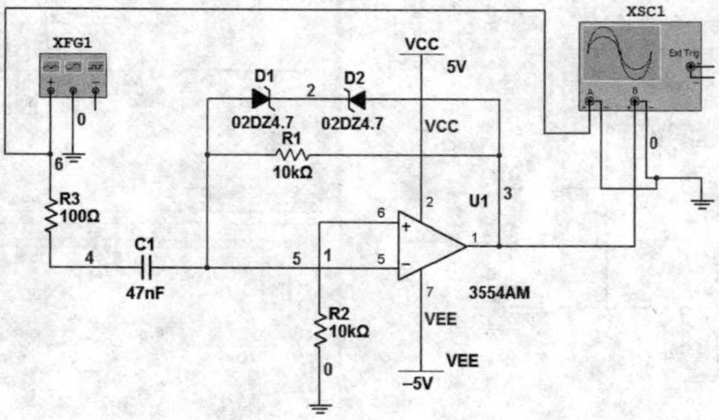

图 10-23　微分运算电路

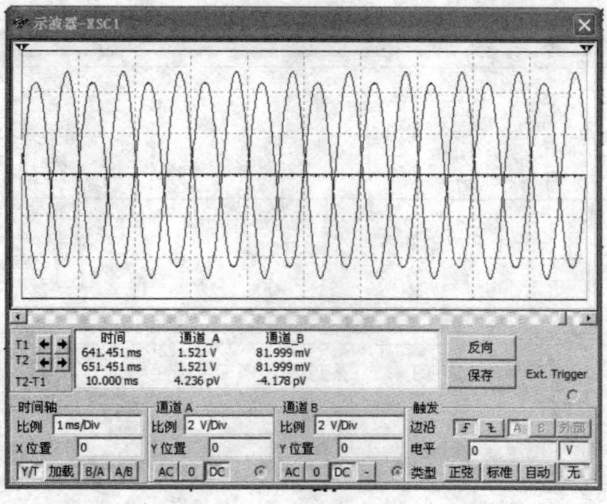

图 10-24　输出信号波形相位滞后输入信号波形相位 90°

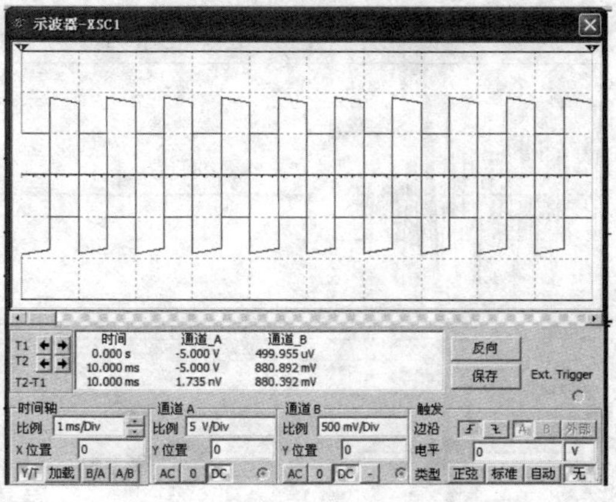

图 10-25　输入方波信号后得到双向尖峰波

10.4 RC 正弦振荡及其应用电路的仿真实验与分析

正弦波振荡器是在只有直流供电、不外加输入信号的条件下产生正弦波信号的电路，通常由放大器、带选频特性的正反馈回路和自动稳幅电路组成。正弦波振荡器广泛应用于通信、测量和控制领域。根据选频回路的不同，正弦波振荡器可分为 *RC* 正弦波振荡器、*LC* 正弦波振荡器和石英晶体振荡器。其中，*RC* 正弦波振荡器主要用于产生中低频率正弦波，如在电子琴中产生音频信号等；*LC* 正弦波振荡器主要用于高频率振荡，如收音机的本机振荡；而石英晶体振荡器主要应用于对频率稳定度要求较高的场合，如产生时钟信号等。

RC 正弦波振荡器的实验电路如图 10-26 所示。其中，由 R_1、R_2、C_1、C_2 组成的 *RC* 串、并联选频网络引入了正反馈，其谐振频率为：$f_0=\dfrac{1}{2\pi\sqrt{R_1R_2C_1C_2}}\approx 159.2\text{Hz}$，此时 *RC* 串、并联网络的增益为 1/3。所以，为满足正弦振荡的幅值条件，由运算放大器和 R_3、R_4、R_5 组成的同相比例放大器的增益：$1+\dfrac{R_3+R_4}{R_5}\geqslant 3$（起振时大于 3，稳定振荡时等于 3）。

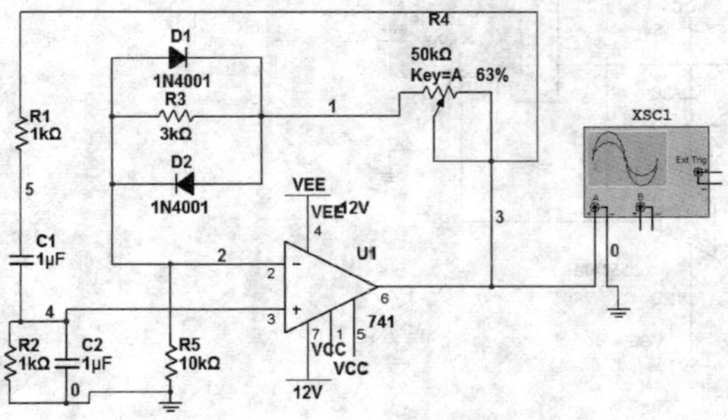

图 10-26 *RC* 正弦波振荡器实验电路

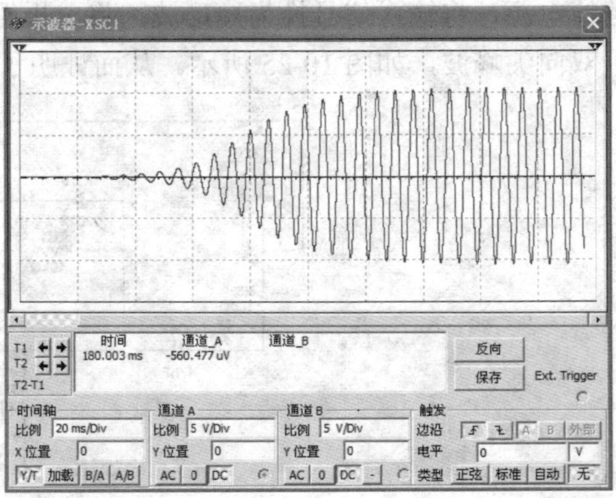

图 10-27 R_4 为总值 63%时起振和稳幅振荡波形

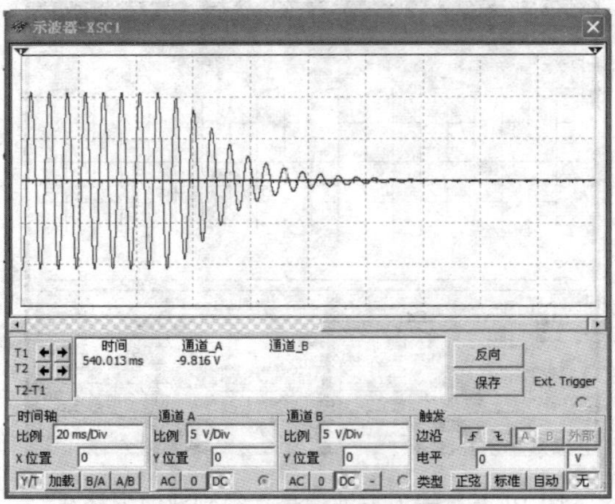

图 10-28 R_4 大于总值 68%时的停振波

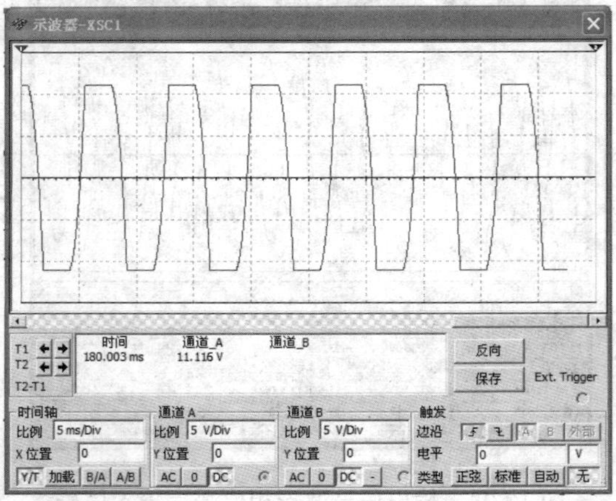

图 10-29 R_4 为总值 50%时失真的振荡波形

实验时，按下 R_4 的 A 键可改变负反馈的深度，或按下 Shift+A 可以减小负反馈的深度，使电路产生稳定振荡、停振和波形失真几种不同的输出信号。图 10-27 显示了 R_4 为总值 63%时起振和稳幅的波形；图 10-28 显示了 R_4 大于总值 68%时的停振波形；图 10-29 则显示了 R_4 为总值 50%时失真的振荡波形。在负反馈回路中，与 R_3 并联的二极管 D1、D2 的作用是利用二极管电阻随电流增加而减小的特点，实现输出信号正半周和负半周的自动稳幅。

10.5　电压比较器及其应用电路的仿真实验与分析

电压比较器是一种能用不同的输出电平表示两个输入电压大小的电路。利用不加反馈或加正反馈时工作于非线性状态的运算放大器即可构成电压比较器。作为开关元器件，电压比较器是矩形波、三角波等非正弦波形发生电路的基本单元，在模数转换、监测报警等系统中也有广泛的应用。

单限电压比较器的实验电路如图 10-30 所示。其中，运算放大器处于开环无反馈状态，参考电压为 3V，阈值电压为 3V，被比较的输入信号是 10V、1kHz 的正弦波，输出通过两个稳压管双向限幅。由于参考电压加在运放的反相端，被比较的输入信号加在同相端，所以当输入信号大于阈值电压时，输出为正的稳压值；反之，当输入信号小于阈值电压时，输出为负的稳压值。这种比较器也被称为同相比较器。实验电路的输入、输出波形如图 10-31 所示。当正弦输入信号大于 3V 时，输出约为+5.1V；而当正弦输入信号小于 3V 时，输出约为–5.1V。形成占空比约为 0.43 的矩形波输出信号，实现了模拟信号到脉冲信号的转换。

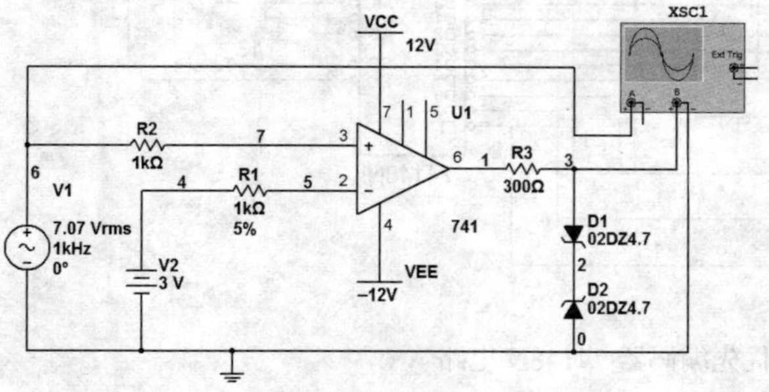

图 10-30　单限电压比较器实验电路

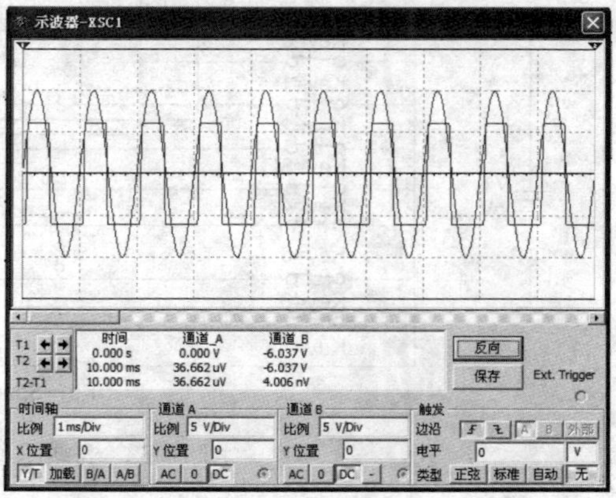

图 10-31　实验电路的输入、输出波形

10.6　组合逻辑电路的仿真与分析

组合逻辑电路的数字电路设计中常用的电路形式，Multisim10 元器件库提供了大量组合逻辑器件，通过对这些虚拟元器件进行仿真分析，可以帮助读者更好地应用真实元器件进行电路设计。

1. 编码器

编码器的功能是把输入的高低电平信号编成一个对应的二进制代码输出。编码器还可以分为普通编码器和优先编码器两类。以优先编码器为例，并以常用的集成电路 74148N 进行编码器电路的仿真分析。引脚对应关系如图 10-32 所示。

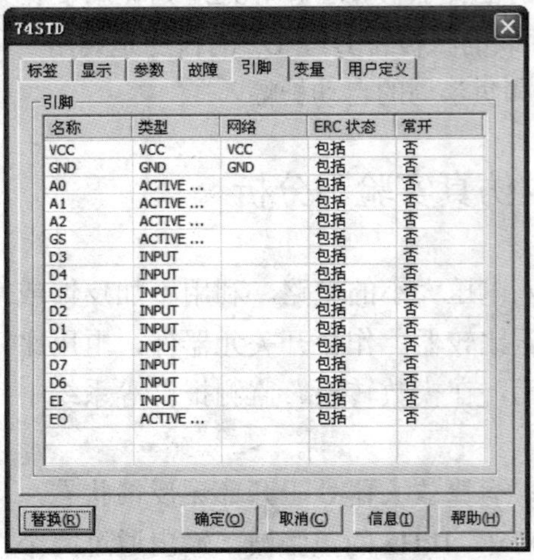

图 10-32 编码器 74148N 对应引脚

为仿真验证验证 74148N 的逻辑功能，构建了一个仿真实验电路，如图 10-33 所示。74148N 输入、输出端皆为低电平有效。打开电源开关，在所有输入全为低电平时，输出端只有 EO 端点亮，说明输入端 D7 有效，3 个输出端 A2、A1、A0 表示三位二进制数 000，这时按 0～6 中的任何数字键，输出都不发生变化，说明 7 具有最高的优先权；按数字键 7，对应的指示灯点亮，输入端 D7 失效，3 个输出端中 A0 点亮，表示三位二进制 001，这时按 0～5 中的任何数字键，输出都不发生变化，说明 6 具有继 7 之后第二位优先权；依次类推，在 7～1 都点亮以后，3 个输出灯都点亮，表示三位二进制数 111；按数字键 0（无输入信号），输出端 EO 熄灭，GS 点亮，表示电路可以工作，但没有输入信号；按 Space 键（EI 输入为 1），此时 E0、GS 都点亮，表明，芯片不可以工作，无法接收输入信号。

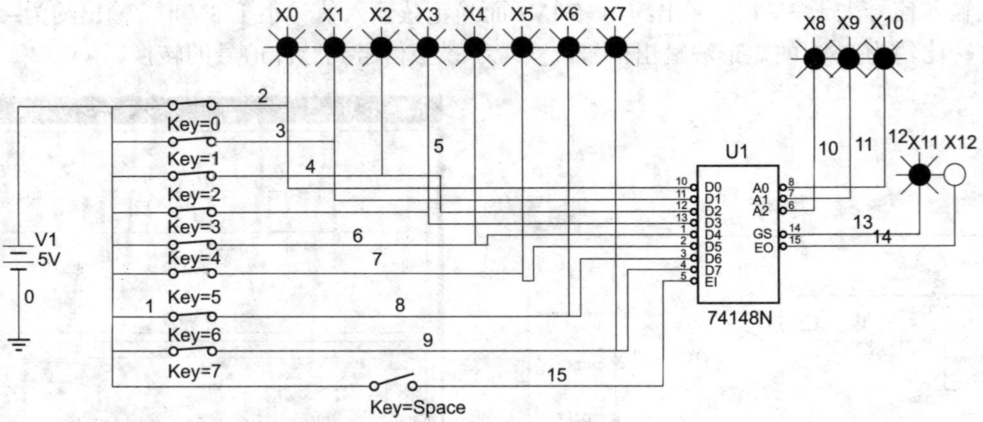

图 10-33 8 线-3 线优先编码器 74148N 电路

2. 译码器

译码器的逻辑功能是将输入的二进制代码译成对应的输出高低电平信号，译码是编码的反操作，常用的译码器电路有二进制译码器、二—十进制译码器和显示译码器 3 类，现选用常用的 3 线-8 线译码器 74ALS138M 进行仿真分析，其电路如图 10-34 所示。

在图 10-34 电路中，输入高电平有效，输出端低电平有效。如果 A、B、C3 个输入端都为低电平时，仅 Y0 不亮，表示输出为 0；当 A、B、C 输入为 101 时（如图 10-34 所示），则 Y5 不亮，表示输出为 0，其他输出端灯亮。

图 10-35 是七段显示译码器 74LS48D 电路。三个使能控制端接高电平，A、B、C、D 为四位二进制输入端，如果四个输入端皆为低电平（如图 10-35 中所示），则输出端数码管显示为 0，在输入端分析输入 0001～1001 时，输出分别是 1～9；对应 1010～1110，分别显示相

应的符号，而输入为 1111 时，数码管不显示，一般 1010～1111 这 6 种输入当作伪码处理。

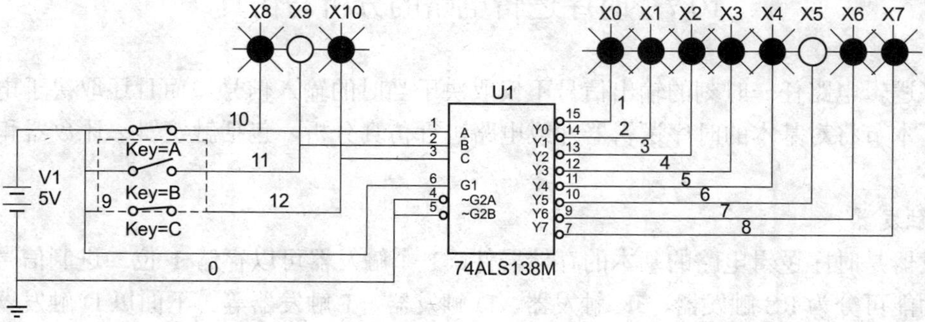

图 10-34　3 线-8 线译码器 74ALS138M 电路

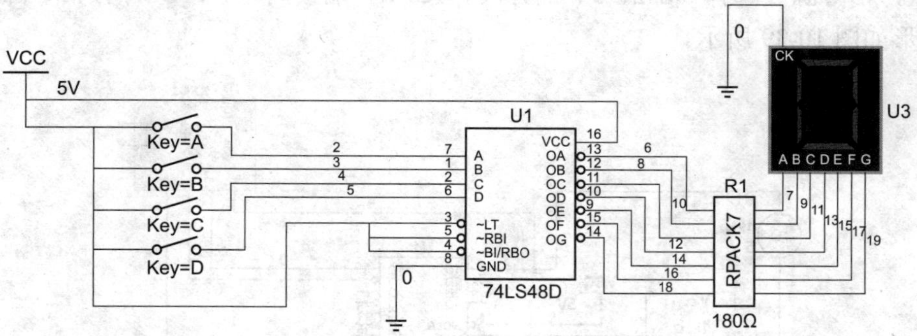

图 10-35　七段显示译码器 74LS48D 电路

3. 数据选择器

在数字逻辑设计中，有时候需要从一组输入数据中选出某一数据，选择哪个数据是通过数据选择端来进行控制，这种控制芯片就是数据选择器。

数据选择器 74151N 电路如图 10-36 所示。输入信号采用信号发生器，给出 1kHz、5V 的方波信号，由 D0 输入，则选择器地址输入端 CBA 必需处于 000 状态时，才可以把信号送到输入端，得到如图 10-37 所示的输入与输出波形。同理，如果方波送到 D1 输入端，则 CBA 必须处于 001 状态，才可以把信号送到输出端。

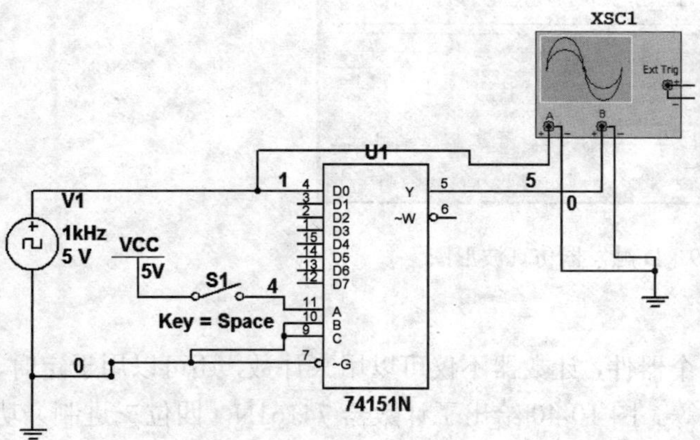

图 10-36　数据选择器 74151N 电路

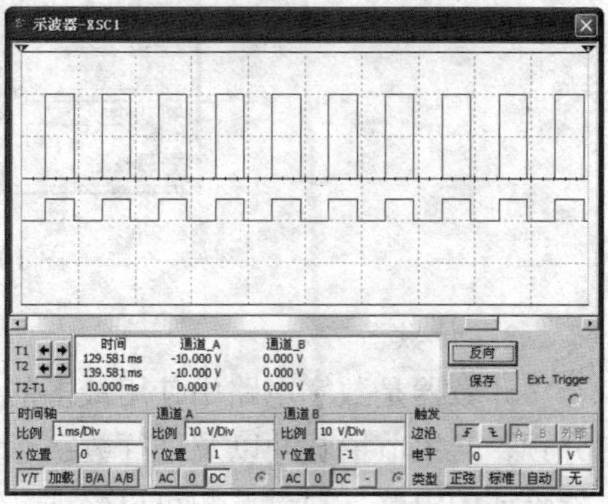

图 10-37　输入与输出波形

10.7 时序逻辑电路的分析与仿真

时序逻辑电路任一时刻的输出信号不仅取决于当时的输入信号，而且还取决于电路原来的状态。本节将对基本的时序逻辑器件或电路进行仿真分析，包括触发器、计数器和555定时器。

1. 触发器

触发器是时序逻辑电路的基本的存储器件，1个触发器可以存储1位二进制信号。根据触发器功能可分为RS触发器、JK触发器、D触发器、T触发器等。下面以D触发器为例进行仿真分析。选用74LS175进行仿真分析，其电路图如图10-38所示。其中信号源1选择1kHz、5V的方波，信号源2选择5kHz、5V的方波。“CLR”端接高电平，CLK接信号源2，示波器测试波形如图10-39所示。

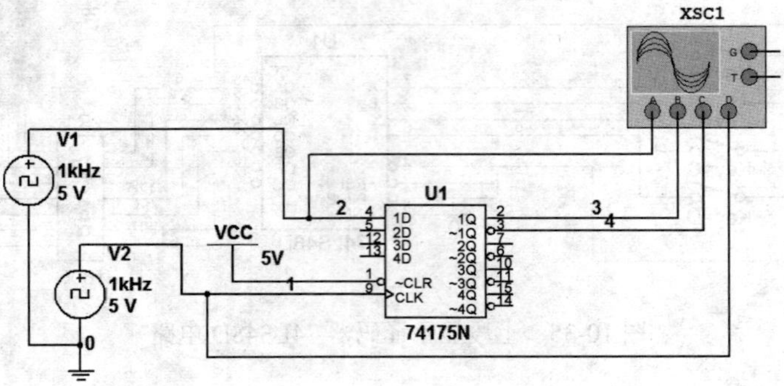

图10-38 D触发器74LS175实验电路

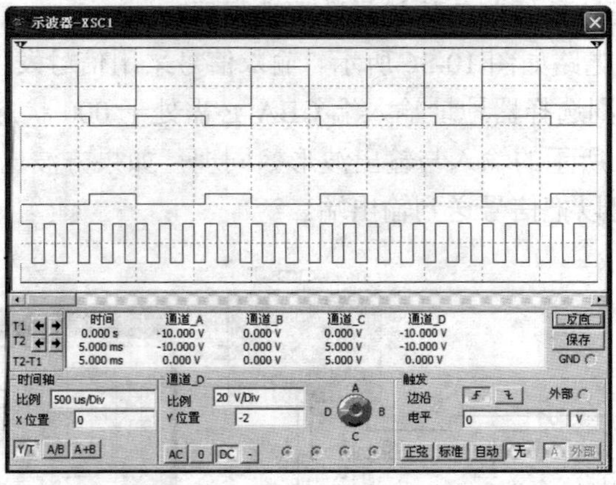

图10-39 D触发器仿真波形图

2. 计数器

计数器是数字电路中使用最多的一个器件，计数器不仅可以用来计数，还可以用于定时、分频、产生节拍脉冲以及进行数字运算等。图10-40给出了计数器74161N（四位二进制）功能验证的电路，通过此图可以验证74161N芯片可以从0计数到15，共十六个计数状态。图10-41所示电路是用74161N完成十进制计数器，应用了置数方法。

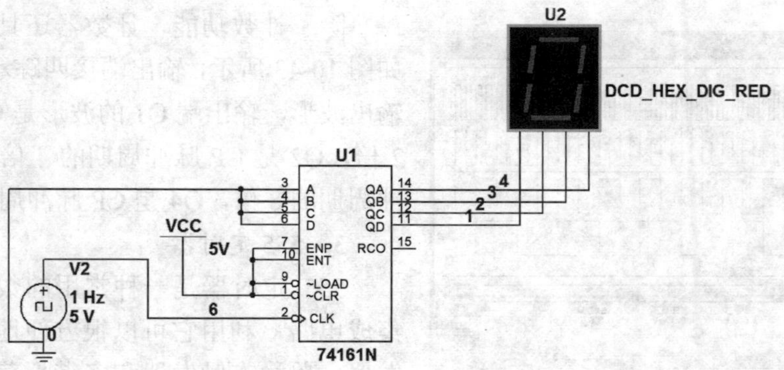

图 10-40　计数器 74161N 功能验证电路

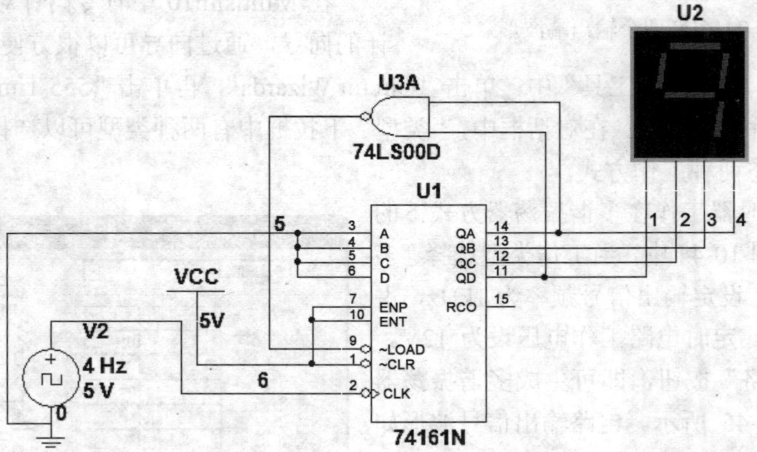

图 10-41　用 74161N 完成十进制计数器

图 10-42 是用 74161N 和 74160N 完成的二十四进制，采用同步连接、清零方法，低位片用 74160（十进制计数器），与 74161N 相同，具有同步置数和异步清零的功能。当 74160N 计数到最大数 1001 时，其进位输出端 RCO 输出为 1，其他时刻输出为 0，据此功能，把 RCO 与高位片 74161N 的使能控制端 ENP、ENT 相连，可以完成低位片向高位片进位的功能。

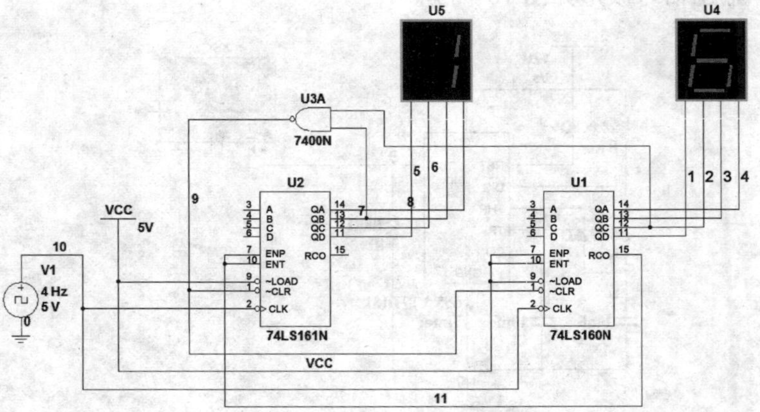

图 10-42　用 74161N 和 74160N 完成二十四进制

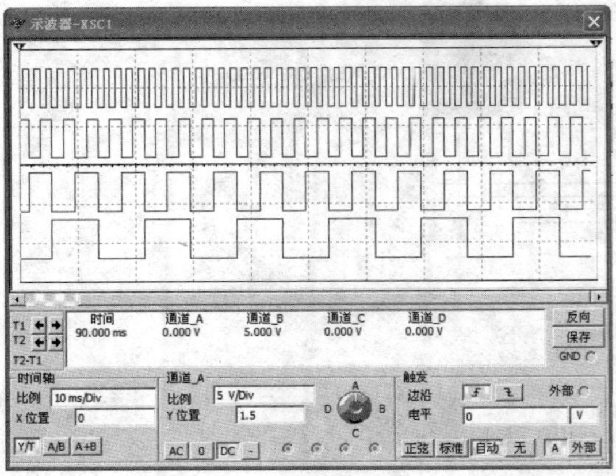

图 10-43 74161N 四个输出端波形

除了计数功能，计数器还具有分频作用。如图 10-43 所示，输出端接四踪示波器，分析其输出波形，输出端 Q1 的波形是 CP 脉冲周期的 2 倍，Q2 是 CP 脉冲周期的 4 倍，Q3 是 CP 脉冲周期的 8 倍，Q4 是 CP 脉冲周期的 16 倍。

3. 555 定时器

555 定时器是一种常用的数字－模拟混合集成电路，利用它可以很方便地构建施密特触发器、单稳态触发器和多谐振荡器，所以 555 定时器在各种电子产品中得到广泛应用。

在 Multisim10 中有专门针对 555 定时器设计的向导，通过向导可以很方便地构建 555 定时器应用电路。在菜单“工具”中，单击“Circuit Wizards”，再单击“555 Timer Wizard”，得到如图 10-44 所示对话框。在对话框中，“类型”下拉框中有两种类型可以选择，分别是多谐振荡器和单稳态两种工作方式。

（1）555 定时器工作在多谐振荡器方式下的仿真分析。在图 10-44 中，当工作类型选择“多谐振荡器”时，设定输出信号频率为 1kHz，占空比设为 60%，定时电路工作电压设为 12V。单击“编译电路”按钮，即可生成多谐振荡器电路，如图 10-45 所示。电路输出信号波形如图 10-46 所示。

（2）555 定时器工作在单稳态方式下的仿真分析。在图 10-44 中的“类型”里选择“单稳态”工作方式，并设定其输出信号频率为 1kHz，定时电路工作电压为 12V，其他为默认值，再单击“编译电路”按钮，得到如图 10-47 所示电路。其输入、输出信号波形如图 10-48 所示。

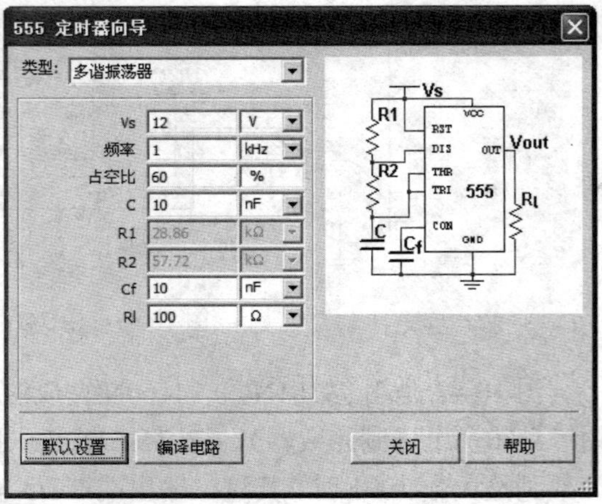

图 10-44 “555 Timer Wizard”对话框

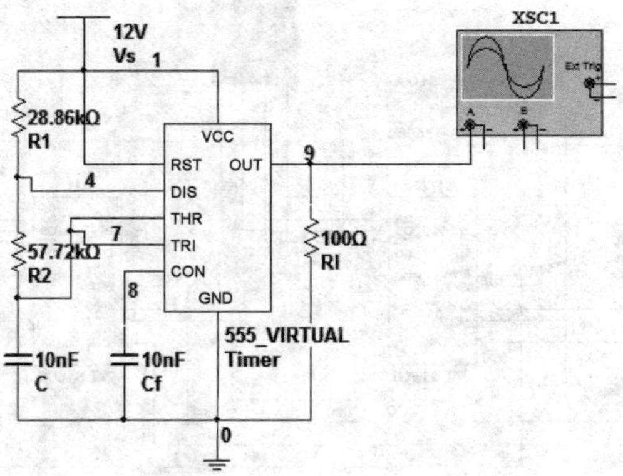

图 10-45 多谐振荡器工作方式

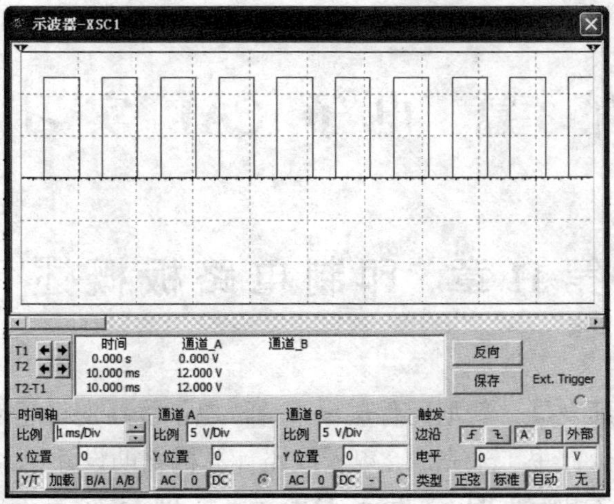

图 10-46 输出信号波形

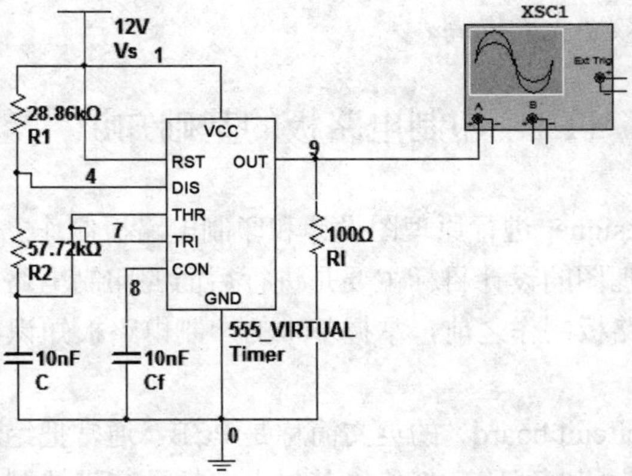

图 10-47 单稳态工作方式电路

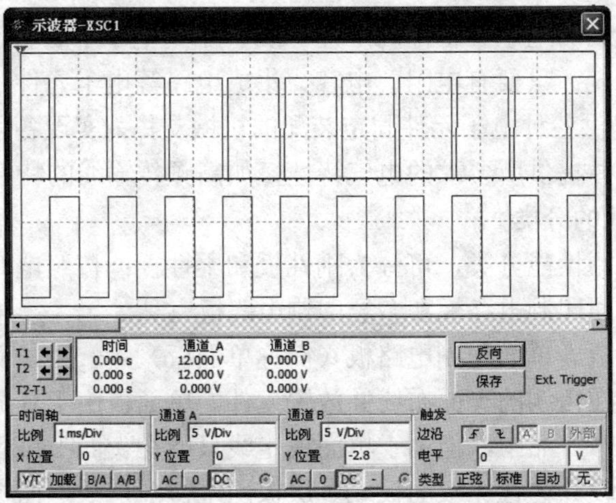

图 10-48 输入、输出波形

第 3 篇　电子 CAD 实习

第 11 章　印制电路板概述

随着电子科技的飞速发展，新型元件层出不穷，电子线路变得越来越复杂，电子产品的设计工作已经无法单纯依靠手工来完成，电子线路计算机辅助设计已经成为必然趋势，Protel 正是在这样的环境下产生和发展的。Altium Designer 是 Protel 公司在 20 世纪 80 年代末推出的 CAD 工具软件，它经历了从 Protel for DOS→Protel DXP→Altium Designer 的发展历程，Altium Designer 具有前所未有的丰富的设计功能和人性化设计环境，熟练使用这一软件必将使电子线路设计的质量和效率大大提高。

11.1　印制电路板的基础知识

在学习使用 Altium Designer 进行原理图设计和印制电路板制作之前，先讲述一下印制电路板的基础知识。因为原理图的设计目标主要是进行后面的印制电路板设计，所以在学习具体的原理图设计和印制电路板制作之前，掌握基本的印制电路板知识很重要。

11.1.1　印制电路板

印制电路板（printed circuit board）的英文简称是 PCB。通常把绝缘基材上提供元件之间电气连接的导电图形，称为印制线路，把绝缘基材上，按预定设计制成的印制线路、印制元件或两者组合而成的导电图形称为印制电路，而把印制电路或印制线路的成品板称为印制电路板，也称为印制线路板或印制板。

绝大多数我们能见到的电子设备都离不开 PCB，小到电子手表、计算器，大到计算机、通信设备、军用武器系统。只要有电阻、电容、集成电路等电子元件，它们之间的电气互连都要用到 PCB。PCB 提供各种电子元件固定装配的机械支撑，实现各种电子元件之间的布线和电气连接或电绝缘，并提供所要求的电气特性，如高频传输线的特性阻抗等。

11.1.2　印制电路板的分类

印制电路板按照机械性能分类，可分为刚性板和柔性板；按照电路板的层数分类，可分为单面印制电路板、双面印制电路板和多层印制电路板三种。

（1）单面印制电路板。单面印制电路板（简称单面板）是一种一面覆铜，另一面没有覆铜的电路板，用户只可在覆铜的一面布线并放置元件。单面板由于其成本低，不需要过孔而被广泛应用于一般的电子产品中，但由于单面板走线只能在一面上进行，即仅一个表面具有导电图形，因此，它的设计往往比双面板或多层板困难得多，故单面板主要应用于导电图形比较简单的电子产品上。

（2）双面印制电路板。 双面印制电路板（简称双面板）包括顶层（Top Layer）和底层

（Bottom Layer）两层，顶层一般为元件面，底层一般为焊锡层面，双面板的两面都可以覆铜和布线。双面板的电路一般比单面板的电路复杂，但布线比较容易，是制作电路板比较理想的选择。

现在最普遍的电路设计方法是用双面板设计，双面板的主要特点是可以跨线。当两点之间的连线不能在一面布通时，可以通过过孔到另一面继续布线。一般说来，在线密度允许的情况下，双面板的线路一般都能布通。因此双面板能够制作比较复杂的电路。随着电子技术的飞速发展，集成电路已经渗透了生活中的各个领域，应用这些集成电路的电子产品也不断涌现。而双面板由于布线比单面板简单，又比多层板制作费用低，工艺要求简单，因此深受广大设计人员的青睐，需求量日益增加。本书 PCB 制作以双面板为例介绍其制作方法。

（3）多层印制电路板。多层印制电路板（简称多层板）是由三层以上的导电图形层，层间用绝缘材料相隔，经粘合而成的印制电路板。多层板是包含了多个工作层的电路板，除了上面讲到的顶层、底层以外，还包括中间层、内部电源或接地层等。多层板导电图形比较复杂，适合集成电路的需要，可使整机小型化，主要用于计算机和通信设备。随着电子技术的高速发展，电子产品越来越精密，电路板也越来越复杂，使得多层板的应用将越来越广泛。

11.1.3 印制电路板的结构

一块完整的印制电路板主要包括绝缘基板、焊盘、铜箔导线、孔、阻焊/助焊膜、层、文字印刷部分。

1. 绝缘基板

印制电路板的绝缘基板是由高分子的合成树脂与增强材料组成。合成树脂的种类很多，常用的有酚醛、环氧、聚四氟乙烯树脂等。增强材料一般有玻璃布、玻璃毡或纸等。它们决定了绝缘基板的机械性能和电气性能。

2. 焊盘

焊盘是 PCB 设计中最常接触也是最重要的概念之一。其作用是放置焊锡、连接导线和元件引脚。选择元件的焊盘类型要综合考虑该元件的形状、大小、布置形式、振动和受热情况、受力方向等因素。设计时除了使用最常见的圆形焊盘外，还可以使用方形、八角形、圆方形和定位用焊盘等。例如：对发热且受力较大、电流较大的焊盘，可设计成泪滴状焊盘。

3. 铜箔导线

铜箔是印制电路板表面的导电材料，它通过黏合剂被粘贴到绝缘基板的表面，然后再制成印制导线和焊盘，在板上实现电气连接。

印制导线也称铜膜导线，简称导线，用于连接各个焊盘，是 PCB 最重要的部分。PCB 设计都是围绕如何布置导线来进行的。与导线有关的另外一种线，常称之为飞线，即预拉线，飞线是在装入网络表后，系统根据规则自动生成的用来指引布线的一种连线。飞线与导线有本质的区别，飞线只是一种形式上的连线。它只是在形式上表示出各个焊盘间的连接关系，没有电气连接意义；导线则是根据飞线指示的焊盘间的连接关系而布置的，是具有电气连接意义的连接线路。

4. 孔

印制线路板的孔有工艺孔、元件安装孔、机械安装孔及金属化孔。它们主要用于基板加工、元件安装、产品装配及不同层面之间的连接。

为连通各层之间的线路，在各层需要连通的导线的交汇处钻上一个公共孔，这种孔被称为过孔。过孔有三种，即从顶层贯通到底层的穿透式过孔、从顶层通到内层或从内层通到底层的盲过孔以及内层间的隐藏过孔。其中盲过孔和隐藏过孔只用于多层印制电路板。

5. 阻焊膜和助焊膜

助焊膜是涂于焊盘上，提高可焊性能的一层膜，也就是在绿色板子上比焊盘略大的浅色圆。阻焊膜的情况正好相反，为了使制成的板子适应波峰焊等焊接形式，要求板子上非焊盘处的铜箔不能粘锡，因此在焊盘以外的各部分都要涂覆一层涂料，用于阻止这些部分上锡。可见，这两种膜是一种互补关系。

6. 层

Altium Designer的“层”不是虚拟的，而是印制电路板材料本身实实在在的铜箔层。现今，由于电子线路的元件密集安装、抗干扰和布线等特殊要求，一些较新的电子产品中所用的印制电路板不仅仅上下两面可供走线，在板的中间还设有能被特殊加工的夹层铜箔，如现在的电脑主板所用的印制电路板材料大多在4层以上。这些层因加工相对较难而大多用于设置走线较为简单的电源布线层（Ground-Dever和Power-Dever），并常用大面积填充的办法来布线。上下位置的表面层与中间各层需要连通的地方用“过孔”来沟通即可。

7. 文字印刷部分

文字印刷部分一般用白色油漆制成，主要用于在印制板的上下两表面印上所需要的标志图案和文字代号等，例如元件标号和标称值、元件外廓形状和厂家标志、生产日期等，便于印制电路板装配时的电路识别。由于该层是用丝网印刷技术实现的，所以该层又叫丝印层（Silkscreen Top/Bottom Overlay）。不少初学者设计丝印层的有关内容时，只注意文字符号的整齐美观，而忽略了实际制出的PCB效果。在其设计的印制电路板上，字符不是被元件挡住就是侵入了助焊区而被抹除，还有的把元件标号打在相邻元件上，如此种种的设计都将会给装配和维修带来很大不便。

11.1.4 元件实物、元件符号和元件封装方式识别

1. 元件实物

元件实物是指我们组装电路时所用的元件，如图11-1所示的电阻、图11-2所示的电容。

2. 元件符号

元件符号是在电路中代表元件的一种符号，如图11-3中的电阻、电位器、电容、二极管和三极管的符号。

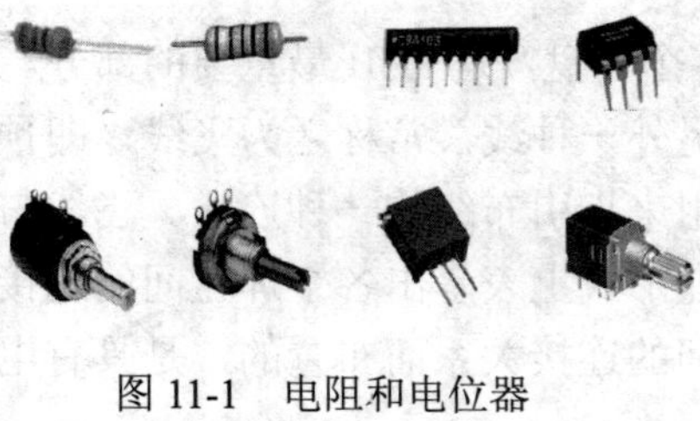

图11-1 电阻和电位器

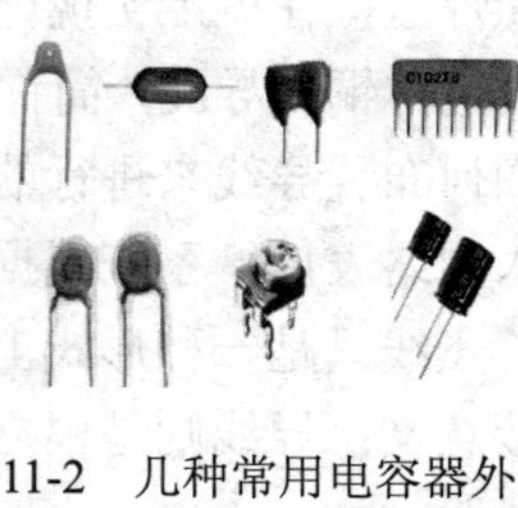

图11-2 几种常用电容器外形

3. 元件封装方式

通常设计完印制电路板后，需将它拿到专门制作电路板的公司去制作。取回制好的电路板后，要将元件焊接上去。那么如何保证取用元件的引脚和印制电路板上的焊盘一致呢？这就需要元件封装来定义，如图11-4所示。

同一种元件会有不同的封装方式，如电阻可采用 AXIAL-0.3、AXIAL-0.4、C1608-0603、CR2010-0805 等封装方式；NPN 晶体管可采用 BCY-W3、SO-G3 等封装方式；图 11-4 中的电容 C1 采用的是 RAD-0.3 封装，C2 采用的是 RB7.6-15 封装。

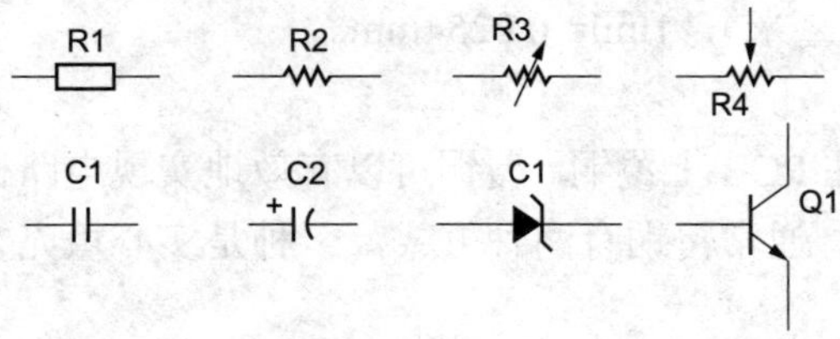

图 11-3　元件符号

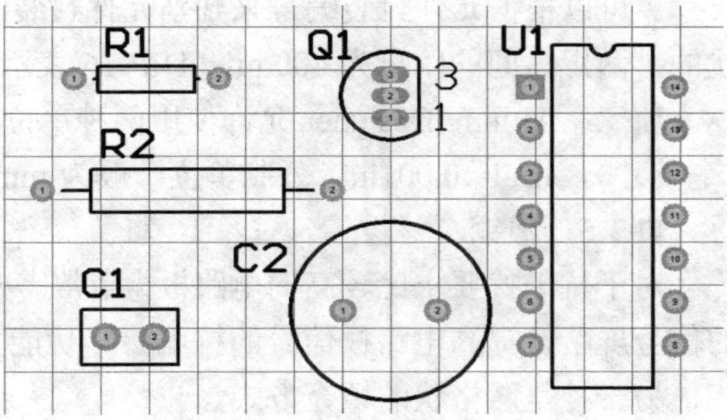

图 11-4　元件封装方式

不同的元件可以有相同的封装方式，例如图 11-4 中，U1 元件如果不与具体电路关联，它可能是 74LS00，也可能是 LM741；R1 的封装是 AXIAL-0.4，该封装既可以作为电阻的封装，也可以作为电感的封装。

PCB 中元件的封装概念很重要。在取用焊接元件时，不仅要知道元件名称，还要知道元件的封装。元件的封装可以在设计原理图时指定，也可以在装入网络表时指定。

注意： 元件的原理图符号不表示元件的实际尺寸大小，而元件的封装图形符号是实际反映元件的形状和尺寸大小，因此，元件的封装方式是根据在印制电路板上要装配的元件的实物外形轮廓大小和引脚之间的距离映射出来的图形。它要准确反映元件的尺寸，尤其是引脚之间的距离，以便插装。

通常在放置元件时，应该参考该元件生产单位提供的数据手册，选择正确的封装形式，在表 11-1 中列出了几种常用元件在实际工程中经常使用的几种封装形式。PCB 设计时，如果 Altium Designer 封装库里没有提供所需元件的封装，可以自己制作封装。

表 11-1　　常用元件的封装形式

常用元件	常用的几种封装方式
电阻类或无极性双端类元件	AXIAL-0.3～AXIAL-1.0
贴片式电阻类、电容类元件	0402～3216
二极管类元件	DIODE-0.4～DIODE-0.7
无极性电容类元件	RAD-0.1～RAD-0.4
极性电容类元件	RB5-10.5、RB7.6-15
可变电阻类或可变电感类	VR2～VR5

（1）元件封装的分类。元件的封装可以分成两大类，即针脚式元件封装和 SMT（表面贴装技术）元件封装。针脚式封装元件焊接时先要将元件针脚插入焊盘通孔，然后再焊锡。由于针脚式元件封装的焊盘和过孔贯穿整个电路板，所以其焊盘的属性对话框中，PCB 的层属

性必须为 Multi Layer（多层）。SMT 元件封装的焊盘只限于表面层，在其焊盘的属性对话框中，Layer 层属性必须为单一表面，如顶层（Top layer）或者底层（Bottom layer）。

（2）元件封装的编号。元件封装的编号一般为元件类型+焊盘距离（焊盘数）+元件外形尺寸。可以根据元件封装编号来判别元件封装的规格。例如 AXIAL-0.4 表示此元件封装为轴状的，两焊盘间的距离为 400mil；DIP-16 表示双列引脚的元件封装，两列共 16 个引脚。

注意： Altium Designer 允许使用两种单位，即英制和公制。英制单位为 in（英寸），mil（毫英寸），1mil= 0.001in。公制单位一般为 mm（毫米），1mil= 0.0254mm。

11.1.5　覆铜

对于抗干扰要求比较高的电路板，常常需要在 PCB 上覆铜。覆铜可以有效地实现电路板的信号屏蔽，提高电路板信号的抗电磁干扰能力。通常覆铜有两种方式，一种是实心填充方式，另一种是网格状的填充方式。

注意： 建议对抗干扰要求比较高的 PCB 进行覆铜处理。

11.2　印制电路板设计流程

使用 Altium Designer 进行电路板设计，可按照图 11-5 所示的设计流程进行设计。

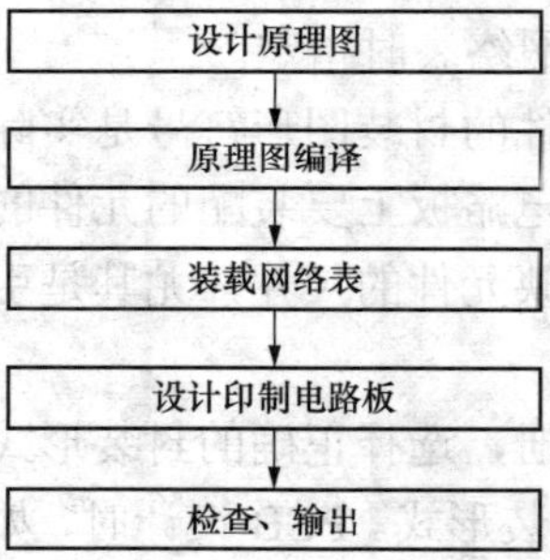

图 11-5　Altium Designer 的设计流程

（1）设计原理图。电路原理图是设计电路板的基础，它是电路板设计的前期工作，主要在 Altium Designer 的原理图编辑器中完成。

（2）原理图编译。绘制完原理图后，应对该项目工程进行编译，用以进行电气规则检测，排除所有错误。

（3）装载网络表。网络表完整地描述电路中的每个元件及元件之间的电气连接关系。网络表是电路板自动布线的灵魂，也是原理图设计系统与印制电路板设计系统的纽带。在原理图设计完成后，进行网络表装载，通过这一步可以轻易地将原理图数据导入到印制电路编辑区。

（4）设计印制电路板。设计 PCB 印制电路板文件是电路设计的最终目的，利用网络表载入后，在印制电路编辑环境下，对元件进行布局、布线，从而设计完成印制电路板。

（5）为了确保生成的 PCB 板合理、正确，需对其进行 DRC 校验（design rule check，设计规则检查）。检查无误后进行存档，并打印输出，以备今后工作中使用。

第 12 章　Altium Designer 基础

Altium Designer 是一种 EDA（electronic design automation，电子设计自动化）设计软件，构建于一套完整的板级设计系统，可以真正实现在单个应用程序中的集成。Altium Designer 包括原理图设计、印制电路板设计、混合信号电路仿真、布局前/后信号完整性分析、规则驱动 PCB 布局与编辑、改进型拓扑自动布线及全部计算机辅助制造（CAM）输出能力等。Altium Designer 的功能在 Protel DXP 的基础上得到进一步增强，以支持 FPGA 及其他可编程器件设计及其在 PCB 上的集成。本章主要讲述 Altium Designer 的软件设计环境。

12.1　Altium Designer 设计环境

用户启动 Altium Designer 后，系统将进入 Altium Designer 工作组主页面。用户可以创建工程、文档、库文件，进行原理图绘制及仿真等操作。

12.1.1　Altium Designer 初始界面

Altium Designer 启动后的主窗口如图 12-1 所示。软件提供了一个友好的主页面（Home Page），用户可以使用该页面进行工程文件的操作，如创建新工程、打开文件、配置工作环境等。用户如果需要显示该主页面，可以点选菜单“视图”→“首页”命令，或者单击右上角的图标。

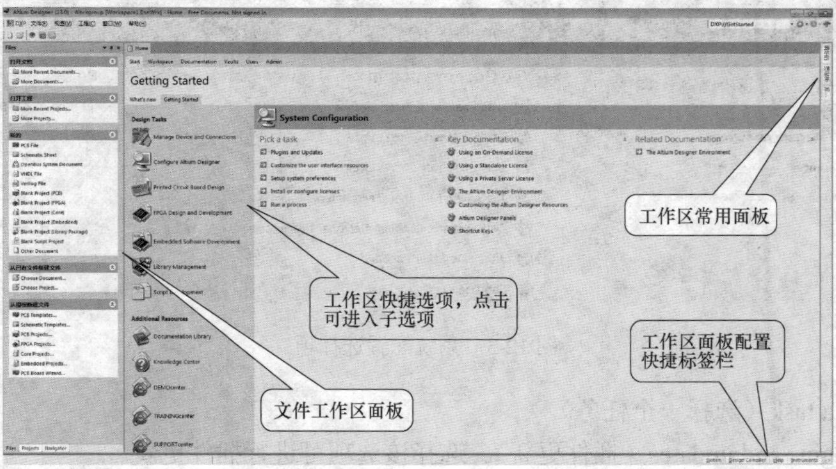

图 12-1　Altium Designer 主页面

（1）工作区面板配置快捷标签栏（System | Design Compiler | Help | Instruments | >>）：左右两侧的工作区常用面板标签均可由右下角的标签选单灵活配置，以方便在绘图的过程中随时调用。

（2）文件工作区面板（Files | Projects | Navigator）：主要提供各种类型文件、工程的快速打

开、创建的快捷方式，详细介绍见后续章节。

（3）工作区常用面板标签（偏好的 剪贴板 库...）：默认启动界面下包括“偏好的”“剪贴板”和“库...”，详细介绍见后续章节。

（4）工作区快捷选项面板，如图 12-2 所示。

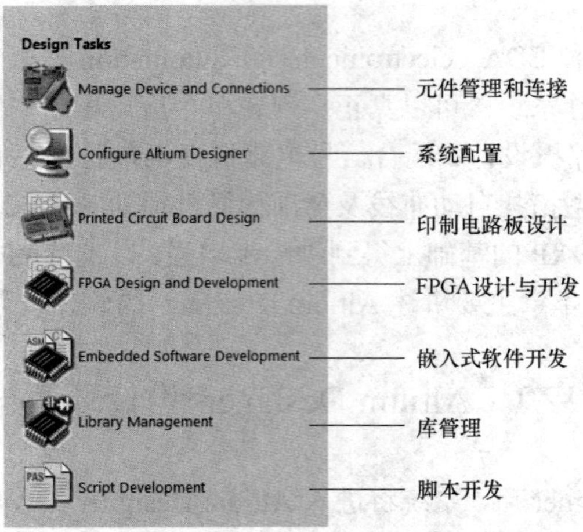

图 12-2　工作区快捷面板

1）Manage Device and Conections（元件管理和连接）。选择该选项可查看系统所连接的器件（如硬件设备和软件设备）。

2）Configure Altium Designer（系统配置）。选择该选项后，系统会在主页面弹出系统配置选择项，如图 12-3 所示，此时用户可以选择自己需要的操作。

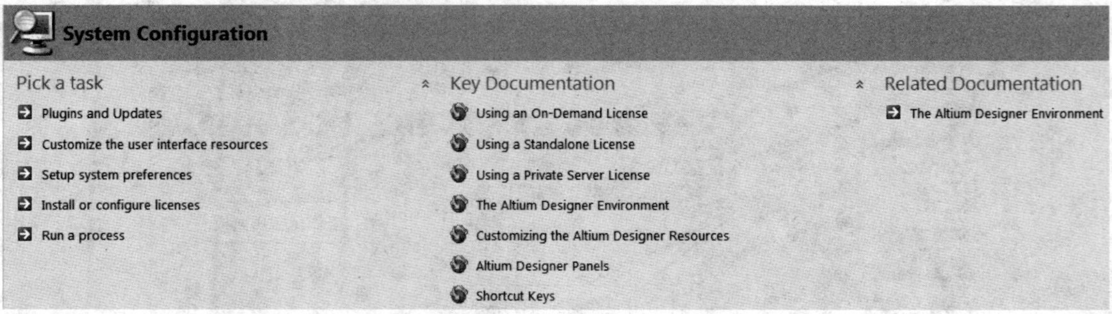

图 12-3　系统配置选择项

a．Pick a task（选择一个任务）。

（a）Plugins and updates（插件更新）。选择该选项可进行插件更新。

（b）Customize the user interface resources（用户自定义）。用户可以自己定制命令和工具条。

（c）Setup system preferences（优先设定）。用户可以设置诸如启动、显示和版本控制等参数。

（d）Install or configure licenses（许可证管理）。选择该选项可以对许可证进行安装和配置。

（e）Run a process（运行进程）。选择该选项后允许运行一个 Altium Designer 的模块程序，如原理图的放置元件（Sch：Placepart）命令。

b. Key Documentation（关键文档）。包括 7 类文档，如软件授权、设计环境、设计资源、设计面板及相应快捷键等重要文档，用户可以根据需要打开相关文档进行查看、学习。

c. Related Documentation（相关文档）。可打开相关的参考文档库，方便用户查阅各种资料和参考文档。

3）Printed Circuit Board Design（印刷电路板设计）。Altium Designer 最常用的部分，包含创建 PCB 工程和空白文档等经常用到的功能菜单。具体功能列表如图 12-4 所示。

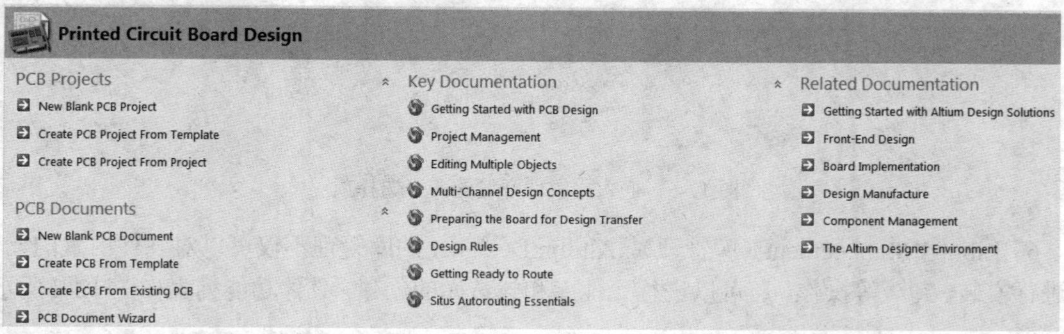

图 12-4 印制电路板设计的命令选择项

a. PCB Projects（PCB 工程）。包括三项，分别是：新建空的 PCB 工程（New Blank PCB Project）；从模板新建 PCB 工程（Create PCB Project From template）；从已有项目新建 PCB 工程（Create PCB Project From Project）。

b. Key Documentation（关键文档）。提供 8 类印制电路板设计相关的重要学习参考文档。

c. Related Documentation（相关文档）。可打开印制电路板设计相关的参考文档库，方便用户查阅各种资料和参考文档。

d. PCB Documents（PCB 文档）。包括 4 项，分别是：新建空的 PCB 文档（New Blank PCB Document）；从模板新建 PCB 文档（Create PCB From Template）；从已有的 PCB 文件新建 PCB 文档（Create PCB From Existing PCB）；使用向导指引新建 PCB 文档（PCB Document Wizard）。

4）FPGA Design and Development（FPGA 设计和开发）。与上面的 PCB 工程类似，不过该处均是针对 FPGA 的设计工程菜单，如图 12-5 所示。

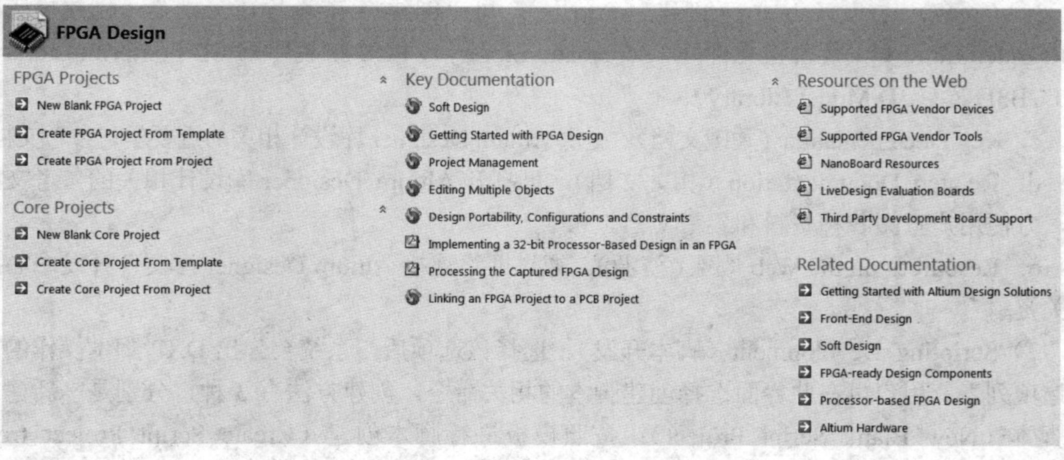

图 12-5 FPGA 设计与开发的命令选择项

5）Embedded Software Development（嵌入式软件开发）。内含嵌入式工具选项如汇编器、编译器和链接器，该界面另外包含丰富的参考设计文献选项，如图12-6所示。

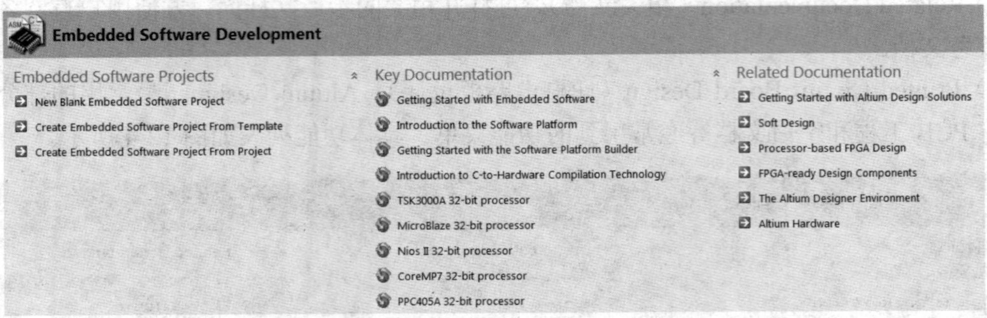

图12-6 嵌入式软件开发的命令选择项

6）Library Management（库管理）。Altium Designer的库管理不仅可以对软件内置的元件库进行安装、卸载等操作，还可以进行元件库和封装库的创建，具体功能列表如图12-7所示。

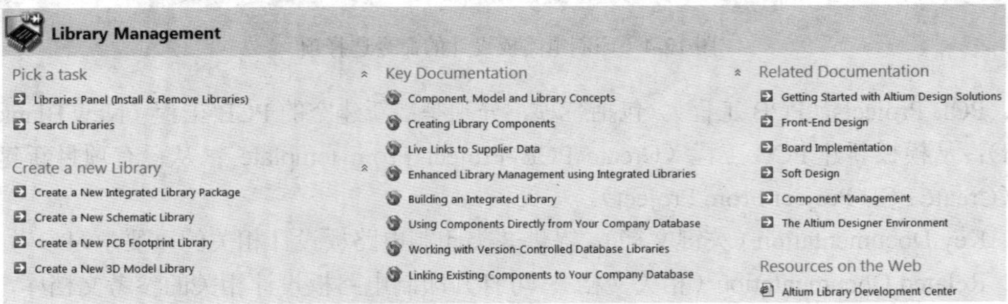

图12-7 库管理的命令选择项

a．Pick a task（选择一个任务）。

（a）Libraries panel（Install & Remove Libraries）（库面板）。加载/卸载库（Install or Remove Library），并在加载/卸载库界面查看当前已加载库列表，并可以对库列表的顺序进行调整。

（b）Search Libraries（搜索库）。对Altium Designer自带元件库进行搜索、查找。

b．Create a new Library（创建一个新库）。可以创建4类新库，分别是：创建集成库（Integrated Library）、原理图元件库（Schematic Library）、PCB封装库（PCB Footprint Library）和PCB3D库（3D Model Library）。

c．Key Documentation（关键文档）。提供Altium Designer库设计相关的重要学习参考文档。

d．Related Documentation（相关文档）。可打开Altium Designer库设计相关的参考文档库，方便用户查阅各种资料和参考文档。

e．Resources on the Web（网上资源）。通过网络连接Altium Designer库文件开发中心的相关资料。

7）Scripting Development（脚本开发）。选择该选项后，系统会弹出DXP脚本操作的命令选项列表。用户可在此界面选择创建脚本的相关命令，创建方法有3种，分别是：新建空的脚本（New Blank Script Project）；按照模板进行脚本创建（Create Script Project from template）；从已存在PCB工程中进行脚本创建（Create Script Project from existing Project）。

如图 12-8 所示。

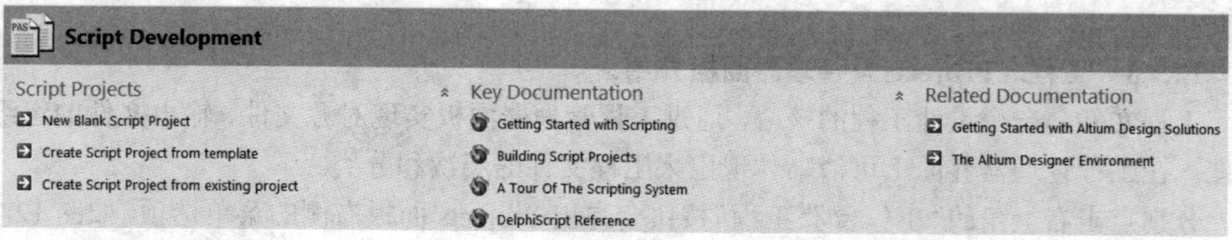

图 12-8　脚本开发的命令选择项

12.1.2　文件工作区面板介绍

用户可以直接使用文件工作区面板中的相关命令，打开文档、打开工程、新建工程或文件、从已有的文件新建文件、从模板新建文件等操作，如图 12-9 所示。

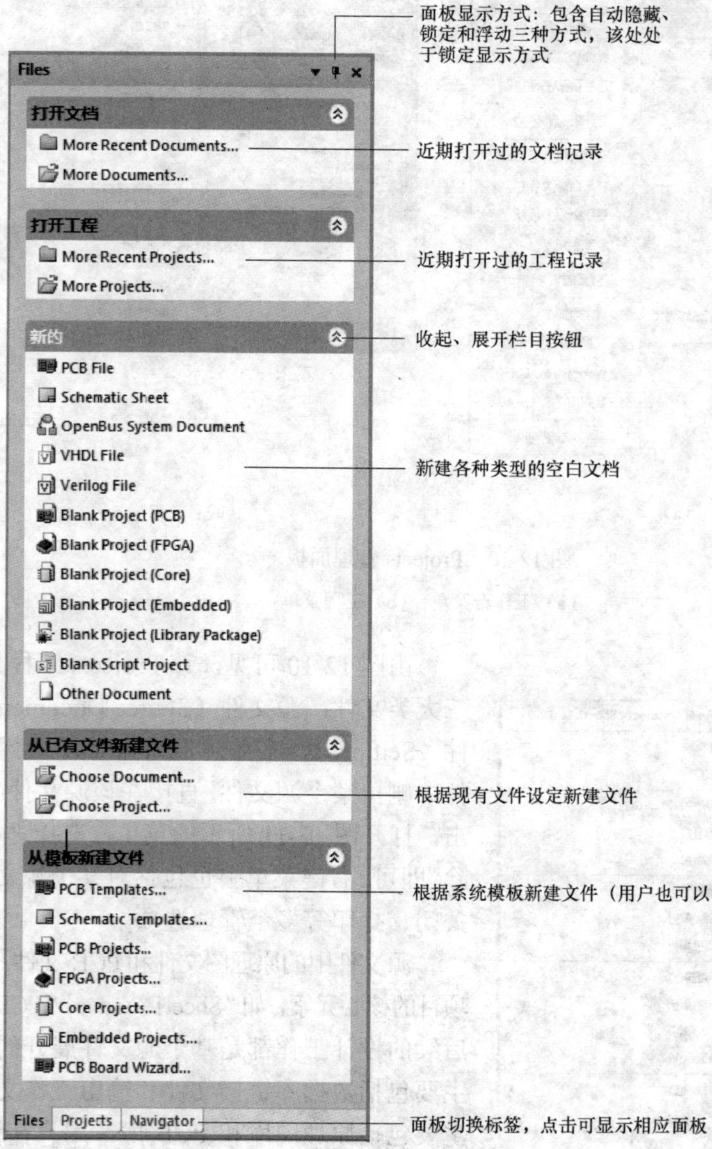

图 12-9　文件工作区面板

可以选择菜单“察看”→“工作区面板”→“System”→“Files”命令显示文件工作区面板。

12.1.3 工程（Projects）管理器面板介绍

工程文件是一个设计工程的核心，通过工程管理器面板实现对源文件、输出文件的组织、管理。在工程管理器界面上可清晰体现出来工程文件的层次和分类。

分别点击右上角的“工作台”“工程”按钮会弹出 Projects 面板右侧的菜单选项，如图 12-10 所示。用户可以根据设计工作需要点选执行任务，其中包括对工程文件的编译，新工程文件或者已存工程文件的追加，保存或关闭工程文件及工程文件下的源文件等。用户也可以在工程文件名称（PCB_Project1.PrjPCB）直接点击鼠标右键，也会弹出“工程”菜单。

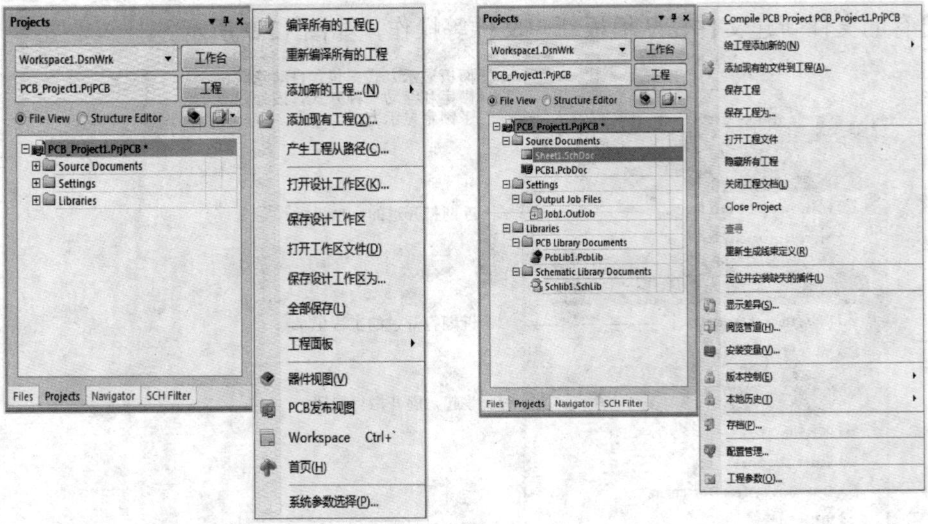

图 12-10 Projects 管理面板

（a）工作台菜单；（b）工程菜单

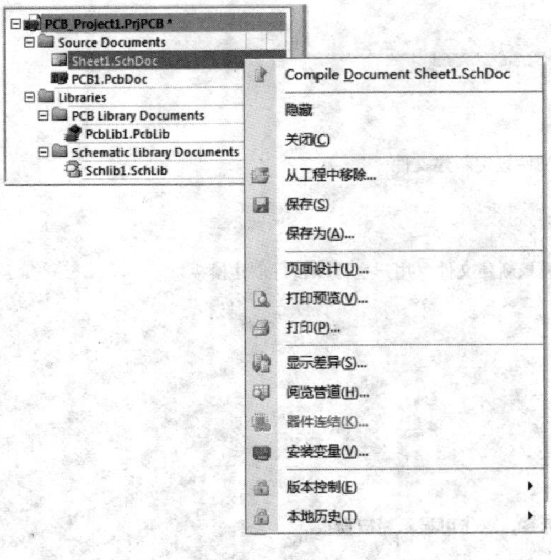

图 12-11 文件管理菜单

由图 12-10 可见，该 Projects 工程列表中包含三大类文件：源文件（Source Documents）设定文件（Settings）、库文件（Libraries）。若要从工程文件中删掉某个源文件，直接在该源文件名上右键点击，打开图 12-11 所示的菜单，选择“从工程中移除”即可。右键菜单中也包括对某个源文件的打开、关闭、打印等多个管理选项。

源文件中的原理图文件和 PCB 文件，是一个工程项目的核心元素，如“Sheet1.schdoc”“PCB1.PcbDoc”，后续的设计工作都是基于源文件展开的。设计文件主要包括数据库链接文件和输出工作文件。库文件主要包括原理图库和 PCB 库，用户在设计过程中自己新建或修改的元件和封装均保存在库文件中，便于管理或者随时调用，关于原理图库和 PCB 库的创建，后续第 15 章有详细介绍。

12.2　Altium Designer 文件类型及工作环境设定

12.2.1　新建各种文件菜单介绍

在菜单“文件”里面的“新建”子菜单内，包含建立各种目标文件、工程、库文件的选项。用户可以在此选择创建自己的各种文件，如图 12-12 所示。其余子菜单如“打开”“关闭”等，和其他 Windows 程序相似，此处不再介绍。

（1）原理图。单击可启动原理图设计模块，新建一个原理图文件，用户可以进行原理图的绘制，该原理图后缀名称为*.SchDoc。

（2）OpenBus 系统文件。Altium Designer 提出了一种系统级的设计概念——OpenBus 系统，这是一种全新的系统级的 FPGA 设计方法。这种设计方法避开了传统的 FPGA 设计中用硬件描述语言来编程、仿真和验证等步骤，以更加抽象的方式表示了处理器与外围设备间的互联，降低了 FPGA 设计的复杂度，简化了 FPGA 设计。

（3）PCB。单击可以启动 PCB 设计模块，新建一个 PCB 文件，用户可以进行 PCB 的绘制，该文件的后缀名为*.PcbDoc。

（4）VHDL 文件。选中该命令可运行 VHDL 程序的编写模块，新建一个 VHDL 文件，后缀名称为*.Vhd，用户可以进行 VHDL 程序的编写。

（5）Verilog 文档。选中该命令可运行 Verilog 程序的编写模块，新建一个 Verilog 文件，后缀名称为*.V，用户可以进行 Verilog 程序的编写。

（6）C 源代码文档。选中该命令可运行 C 程序的编写模块，后缀名称为*.C。

（7）C++源文件。选中该命令可运行 C++源文件的编写模块，后缀名称为*.cpp。

（8）C 头文档。选中该命令可运行 C 头文件的编写模块，后缀名称为*.h。

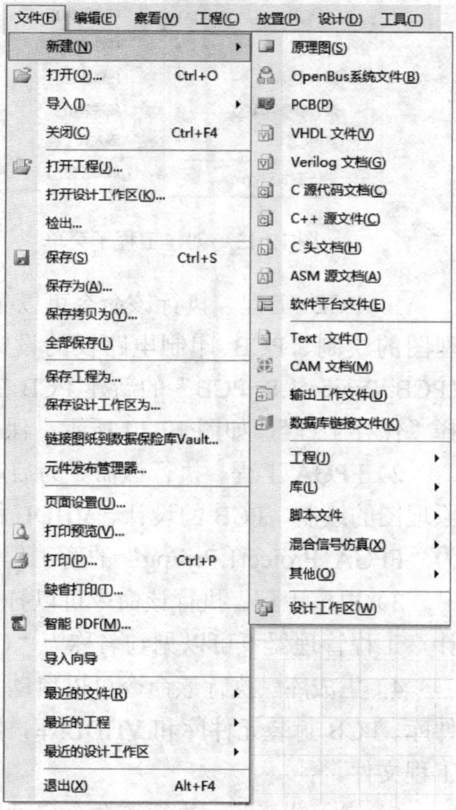

图 12-12　新建文件菜单

（9）ASM 源文档。选中该命令可运行 ASM 汇编程序的编写模块，新建一个汇编源文件，后缀名称为*.ASM，用户可以进行汇编源文件的编写。

（10）Text 文件。执行该命令可启动一个文本文件编辑模块，新建一个文本文件，后缀名称为*.Txt，用户可以进行文本文件的编写，该文件会被工程管理器归类于“Documentation”下。

（11）CAM 文档。执行该命令可启动 CAM（计算机辅助制造）文件生成模块，新建一个 CAM 文件，后缀名称为*.Cam，用户可以进行 CAM 文件的编写。

（12）输出工作文件。执行该命令，将会打开一个集成化的工程输出窗口，设计人员可以在该窗口中选择自己需要输出的对象，并实现输出操作，新建文件被工程管理器归类于“Settings”下的“Output Job Files”下，后缀名为*.OutJob。

（13）数据库连接文件。使用数据库链接文档链接数据库中的字段到设计工程中的参数名，新建的文件归类于“Settings”下的“Database Link Files”下，后缀名称为*.DbLink。

（14）工程。此项子菜单包含以下几个命令，如图 12-13 所示。

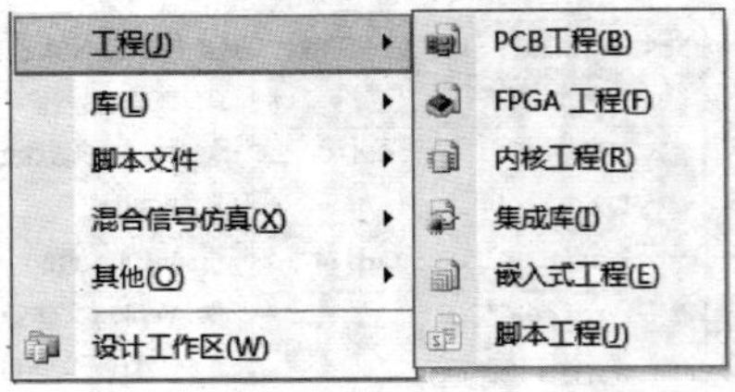

图 12-13　创建工程子菜单

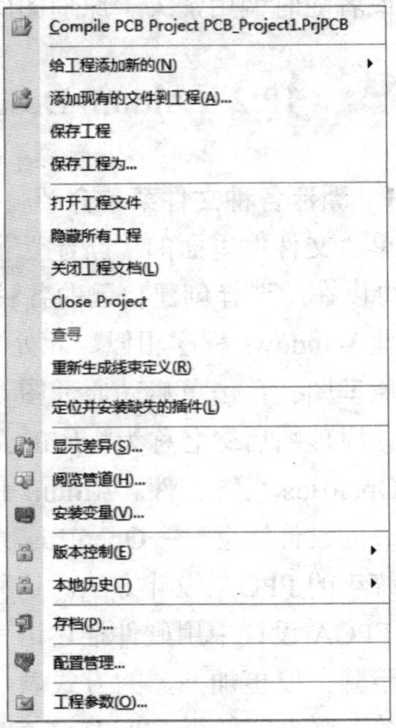

图 12-14　工程的创建和保存

1）PCB 工程。执行该命令可以生成一个印制电路板设计工程，在该工程中可以进行原理图的绘制、PCB 印制电路板的设计等工作。在工程管理器中可以直接看到一个名称为“PCB_Project1.PrjPCB”的新建 PCB 工程文件，用户可以在该工程文件上直接用鼠标右键选择“保存工程”，如图 12-14 所示，保存时可自定义工程名称和保存路径。

2）FPGA 工程。执行该命令为启动现场可编程门阵列工程设计模块，在其中也可以添加原理图的绘制、PCB 的设计、VHDL 程序的编写模块设计工作，工程管理器下可以见到名称为“FPGA_Project1.PrjFpg”的新工程文件。

3）内核工程。执行该命令可以打开 IP 核的设计模块。设计的 IP 核可以用于 FPGA 的设计，工程管理器下可以见到名称为“Core_Project1.PrjCor”的新工程文件。

4）集成库。执行该命令可以启动集成化库的管理模块，然后用户可以分别创建原理图元件库、PCB 封装元件库和 VHDL 库，并可以将这些库集成到集成化库中，保存为“*.LibPkg”工程文件。

5）嵌入式工程。执行该命令启动嵌入式系统工程设计模块，在其中也可以添加原理图的绘制、PCB 的设计、VHDL 程序的编写模块设计工作，保存为“*.PrjEmb”工程文件。

6）脚本工程。执行该命令后可以创建脚本文件，保存为“*.PrjScr”工程文件。

（15）库。该菜单具有一个子菜单，如图 12-15 所示。用户可以根据需要选择创建所需的库，若是在工程下新建，该库会直接添加到该工程中，否则，该库会以自由文件的形式在工程管理器中存在。在库菜单中原理图库和 PCB 元件库是最常用的，其具体创建方法将在后续章节中详细介绍。

1）原理图库。点击此项可启动原理图库编辑器，并以默认名称新建一个原理图库，后缀名为*.SchLib。

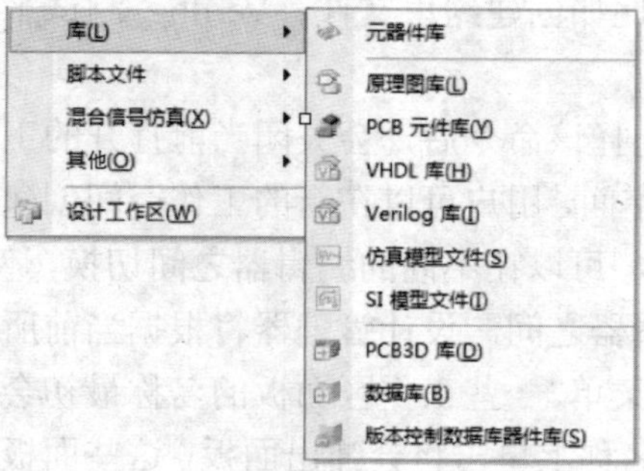

图 12-15　库子菜单

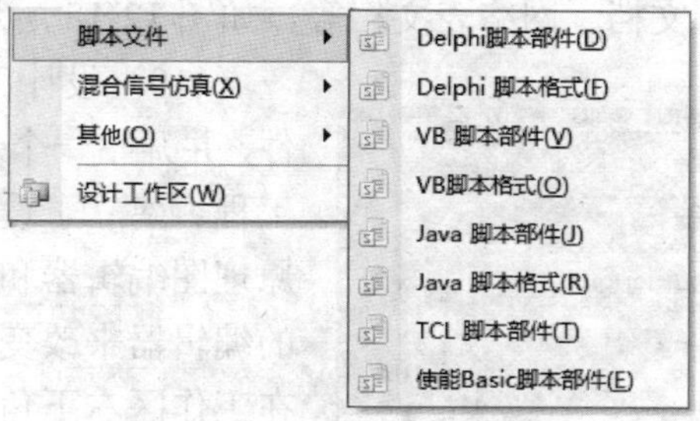

图 12-16　脚本文件子菜单

2）PCB 元件库。点击此项可启动 PCB 库编辑器，并以默认名称新建一个 PCB 库，后缀名为*.PcbLib。

3）VHDL 库。点击此项可启动 VHDL 库编辑器，可以进行相应操作，后缀名为*.VHDLIB"。

4）Verilog 库。点击此项可启动 Verilog 库编辑器，可以进行相应操作，后缀名称为"VERLIB"。

5）PCB 3D 库。点击此项可启动 PCB 3D 库编辑器，并以默认名称新建一个 PCB 3D 库，后缀名为*.Pcb3DLib。

6）数据库。点击此项可以将数据库的域链接到设计项目参数中来，从而建立设计项目和数据库的关系，这样有助于设计参数的修改。

7）版本控制数据库器件库。点击此项可以建立允许源控制的库，即将原理图符号和封装模型置于更高一级的库和元件管理数据库中，从而有助于基于版本的库建立和维护等操作。该库的后缀名为*.SVNDBLib，实际上就是普通库.DBLib 的扩展。

（16）脚本文件。该子菜单包含两类命令，如图 12-16 所示。

1）脚本部件。脚本文件的类型包括 Delphi、VB、Java、TCL 和 Basic 等，选择脚本部件命令后，用户可以创建脚本文件。

2）脚本格式。脚本表文件的类型包括 Delphi、VB 和 Java 等，选择脚本格式命令后，系统会弹出一个标准的脚本格式文件，用户可以在其中填入自己的内容，从而创建自己的脚本表文件。

（17）混合信号仿真。该选项包含有如下的命令：建立仿真模型（AdvanceSim 模型）、建立仿真网络表（AdvanceSim 网络表）、建立仿真子电路模块（AdvanceSim 子级电路），如图 12-17 所示。

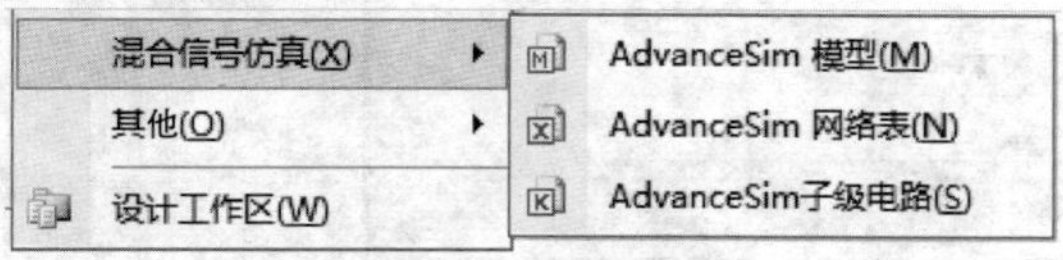

图 12-17　创建混合信号仿真子菜单

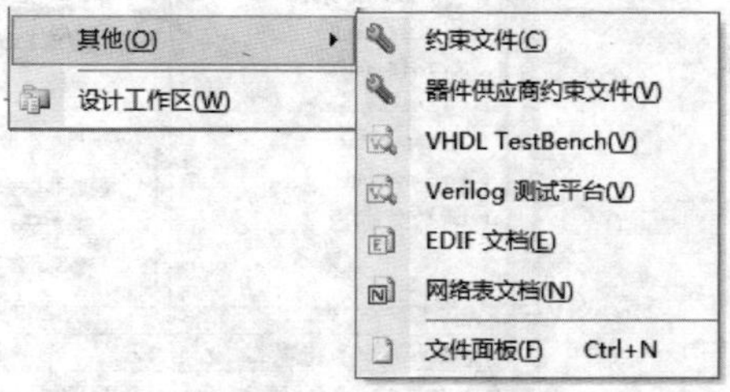

图 12-18　创建其他文件子菜单

（18）其他。该菜单中包括一些其他辅助命令，比如创建约束文件、Verilog 测试平台、EDIF 文档、网络表文档等，如图 12-18 所示。

图 12-19 系统设定菜单

（19）设计工作区。选择该命令后，会关闭当前打开的工程文件，并开始一个新的工作空间，用户可以在新的工作空间创建新的工程。建立了设计工程后，可以在不同的编辑器之间切换，例如，原理图编辑器和 PCB 编辑器之间。设计管理器将根据当前所工作的编辑器来改变工具栏和菜单。一些工作区面板的名称最初会显示在工作区右下角。在这些名称上单击将会弹出面板，这些面板可以通过移动、固定或隐藏来适应不同的工作环境。

12.2.2 设置 Altium Designer 工作环境

在 Altium Designer 软件安装完毕后，系统工作环境是默认设定的，用户可以直接开始设计工作。但对于经常使用软件工作的熟练用户来说，不是每一项默认设定都是最优的，若要更改工作环境设定，点击软件左上角的菜单“DXP”处，选择“参数选择”，如图 12-19 所示，系统会弹出如图 12-20 所示的参数选择面板，左侧为设定组，共有 11 个设定组，其中最常用的三个设定组为：Altium Designe 系统工作环境设定组——System；原理图绘制环境设定组——Schematic；PCB 绘制环境设定组——PCB Editor。每个设定组下面有其对应的多个设定子项，点选每个设定子项，都会对应弹出具体的设定选项卡，“System – General”选项是用来设置 Altium Designer 的一般系统参数。“Schematic”选项和“PCB Editor”选项在后续章节进行相关介绍。

图 12-20 系统优先设定

(1) General 选项卡。

1) 开始。可以设置每次启动 Altium Designer 后的动作，如果选中了“重启最近的工作平台”，则下次启动 Altium Designer 时打开上次编辑操作的最后一个项目。如果选中“显示开始界面”，则在启动时显示 Altium Designer 启动界面。

2) 总体。系统默认采用 MS Sans Serif，8pt，Window Text 的字体，若用户需要改变，可以选中☑系统字体复选框，然后点击“改变”按钮来按照自己的需求更改软件默认字体、字型、大小、颜色等。

3) 本地化。此项设定用来更改软件菜单等界面的语言，如图 12-21 所示。选中此项，软件菜单等界面显示语言为汉语，如不选中此项，软件菜单等界面语言则恢复为软件默认的英语。

图 12-21 软件语言选择

(2) View 选项卡。用户可以设置软件的桌面显示参数，如自动保存工作区桌面的显示情况，包括面板的位置和是否可见，工具条是悬浮状态还是锁定状态等；另外用户还可以在此处调整弹出面板的弹出缩回延时时间。

(3) Account Management 选项卡。用户可以设置文件是否锁定，如果锁定了，那么当前的 Altium Designer 程序就需要获取该文件所有权才能进行全面操作，否则程序就不能保存对该文件的修改。

(4) Transparency 选项卡。用户可以设置 Altium Designer 浮动窗口的透明情况，设置了浮动窗口为透明后，则交互编辑时，浮动窗口将在编辑区之上。

(5) Navigation 选项卡。用户可以设置导航模式下高亮的图形对象的操作方法、缩放精度，同时也可以在 Navigation 选项卡中对是/否需要在导航面板中进行显示的对象进行选择。

(6) Projects Panel 选项卡。设置项目面板的操作。用户可以根据自己的设计需要选择项目面板的显示状态和条目。

(7) Default Locations 选项卡。设置文件或库指定默认路径（创建、打开或保存文件的默认路径），如图 12-22 所示。

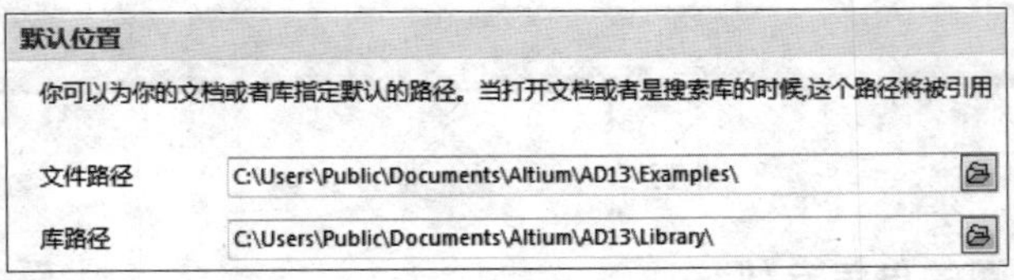

图 12-22 默认路径设置界面

(8) File Type 选项卡。设置所支持的文件扩展类型。

(9) New Document Defaults 选项卡。用户可以选择默认的新建项目文件的类型模板，当选择了一个默认的文件模板时，在创建该类型的新文件时，就会直接载入默认文件的模板类型。

(10) Desktop Layouts 选项卡。设置框可以设置 Altium Designer 运行的桌面显示情况。

12.2.3 设置 Altium Designer 工程管理选项卡

建立新的 Altium Designer 工程后，一般可以对工程选项进行设置，其中包括错误检查规则、连接矩阵、比较器设置、ECO（工程变化顺序）生成、输出路径和网络表选项，用户也可以指定任何工程项目规则。设置了项目选项后，在编译该项目时，Altium Designer将使用这些设置。

当工程被编译时，预设的设置和电气规则将应用于验证设计，对原理图中的错误，软件会按照设定提示。当所有错误被解决后，原理图设计的再编译将生成的ECO加载到目标文件，如一个PCB文件。工程比较器能迅速提示源文件和目标文件之间的差别，并在相互之间进行同步更新。

所有与工程有关的操作，如错误检查、比较文件和ECO生成均在“工程参数”对话框中设置，如图12-23所示。

工程选项设置的操作方法是：选择执行主菜单“工程”→“工程参数”命令，或者直接在工程管理器面板中点击“工程”按钮，系统将弹出工程选项菜单，点选“工程参数”，所有与工程有关的选项均通过弹出的“工程参数”对话框进行设置。

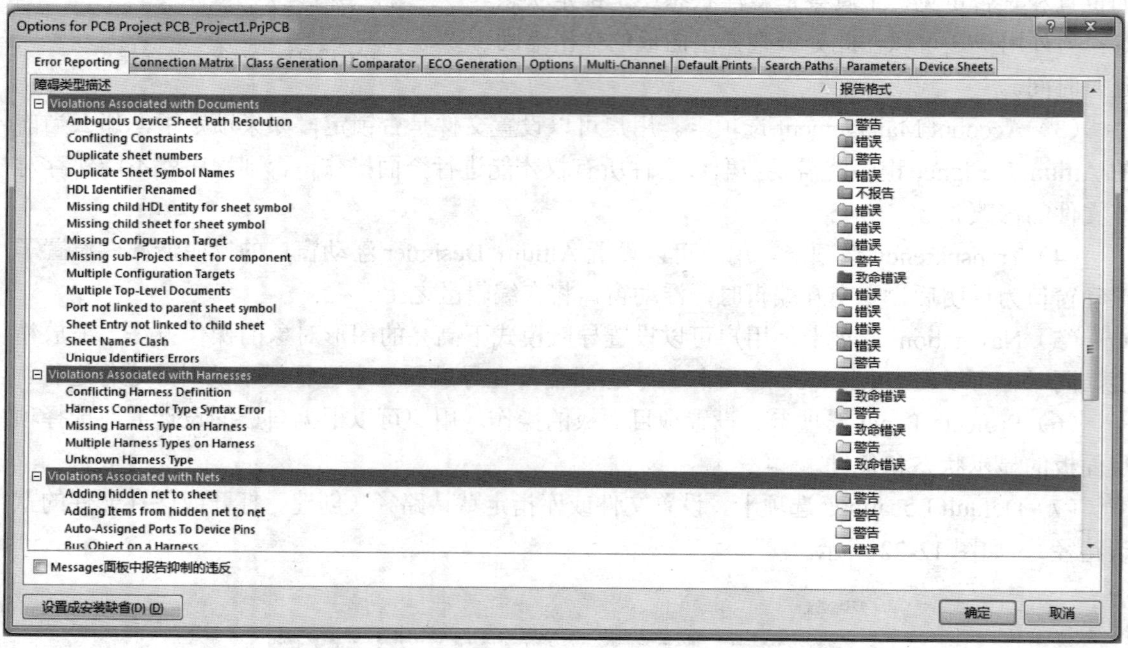

图12-23 工程管理面板

12.2.4 检查原理图的电气参数

在进行PCB设计之前，需要对设计的原理图进行电气参数检查。在Altium Designer中，原理图包含有关于电路的连接信息。可以使用连接检查器来验证原理图设计的正确性。进行电气参数检查时，可以在图12-23所示的工程管理面板的Error Reporting（错误报告）和Connection Matrix（连接矩阵）选项中设置所检查的对象，如果有错误发生，则会显示在Messages面板上。

1. 设置错误报告

工程管理（Options for PCB Project）面板的Error Reporting（错误报告）选项卡用于设置草图检查，如图12-23所示。面板中的“报告格式”表明违反规定的严格程度。报告格式分为四类：不报告、警告、错误和致命错误。如果要修改报告模式，单击需要修改的与违反规则对应的报告模式，并从下拉列表中选择严格程度。若没有特殊需要，一般都使用默认设置。

2. 设置连接矩阵

工程管理（Options for PCB Project）面板中的 Connection Matrix（连接矩阵）选项卡，如图 12-24 所示。Connection Matrix 选项卡显示的是错误类型的严格性，其将在设计运行电气连接时产生错误报告，如引脚间的连接、元件和图样输入等是否存在错误。这个矩阵给出了一个在原理图中不同类型的连接点以及是否被允许的图表描述。

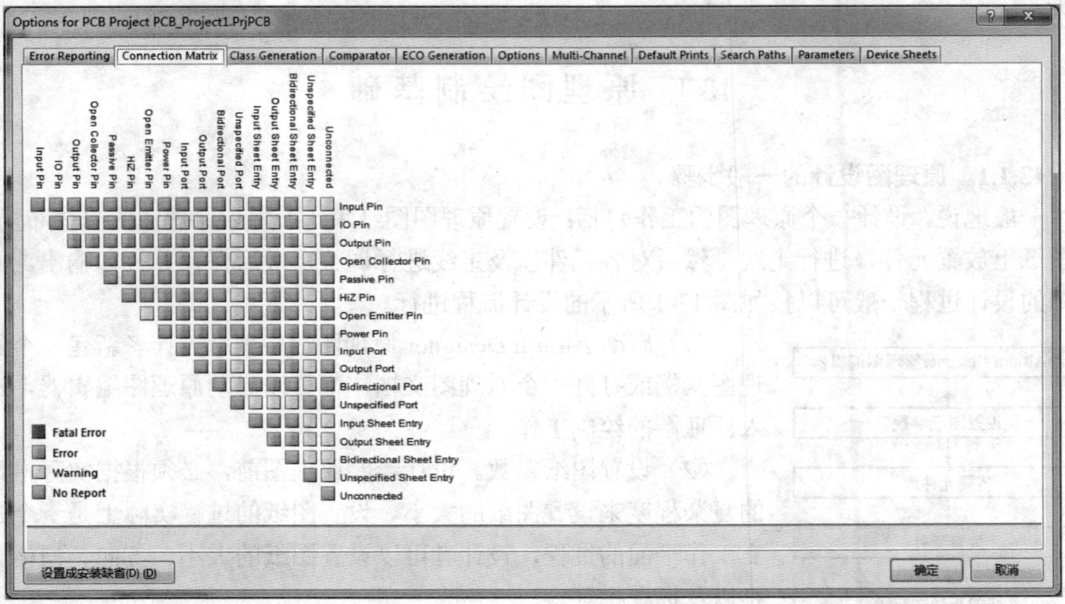

图 12-24　Connection Matrix 选项卡

例如：在矩阵的右边找到 Output Pin，从这一行找到 Open Collector Pin 列。在它的相交处是一个橙色的方块，其表示在原理图中从一个 Output Pin 连接到一个 Open Collector Pin 的颜色将在项目被编辑时启动一个错误条件。

可以用不同的错误程度来设置每一个错误类型，例如对某些非致命的错误不予报告，修改连接错误的操作方式如下：

（1）单击 Options for PCB Project 面板中的 Connection Matrix 选项卡，打开 12-24 所示的设置界面。

（2）找到需要修改的两种类型连接相交处的方块，方块颜色有四类：绿色、黄色、橙色和红色。

（3）点击方块，即可对方块的颜色进行修改，把方块颜色调整到需设定的颜色时停止点击。

工程管理（Options for PCB Project）面板为用户提供了 11 类相关操作，通常情况下，可以使用系统默认的工程选项设定开始自己的设计工作，除非设计需要，否则没有必要更改这些设定。每项设定的具体修改方法可参见详细的参考书或软件自带的说明文档，限于篇幅，此处不再赘述。

第 13 章　原 理 图 绘 制

原理图绘制是整个电路图设计的基础，只有正确的原理图才有可能生成一张具备指定功能的 PCB 板。它表达了电路设计者的设计思想，为印制电路板的设计提供元件布局、连线依据。

13.1　原理图绘制基础

13.1.1　原理图设计的一般步骤

一般地说，设计一个原理图的工作包括：设置原理图图纸大小，规划原理图的总体布局，在图纸上放置元件，进行走线，然后对各元件以及走线进行调整，最后保存并打印输出。原理图的设计过程一般可以按如图 13-1 所示的设计流程进行。

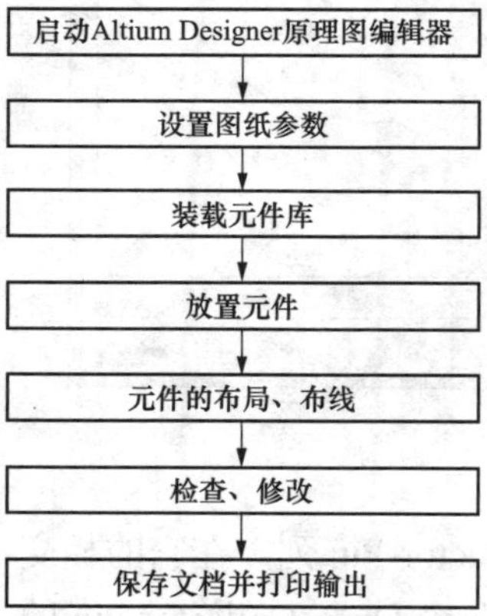

图 13-1　电路原理图设计流程

（1）启动 Altium Designer 原理图编辑器。设计者新建一个原理图文档或打开一个原理图文档，都可以启动原理图编辑器，进入原理图的绘制工作。

（2）设置图纸参数。设计绘制原理图前，必须根据实际电路的复杂程度来设置图纸的大小。设置图纸的过程实际上是一个建立工作平面的过程，设计者可以设置图纸的大小、方向、栅格大小以及标题栏等。

（3）装载元件库。放置元件之前必须先将该元件所在的元件库载入，可通过“追加/删除元件库”命令进行装载/卸载元件库。

（4）放置元件。用户根据电路需要，从元件库里取出所需的元件放置到工作平面上。设计者可以根据元件之间的走线等联系，对元件在工作平面上的位置进行调整、修改，并对元件的编号、封装进行定义和设置等，为下一步工作打好基础。

（5）对所放置的元件进行布局走线。该过程实际就是一个画图的过程。设计者利用 Altium Designer 提供的各种工具、指令进行走线，将工作平面上的元件用具有电气意义的导线、符号连接起来，构成一个完整的原理图。

（6）检查、修改。设计者利用 Altium Designer 所提供的各种强大功能对所绘制的原理图进行进一步的调整和修改，以保证原理图的正确性和美观性。

（7）保存文档并打印输出。这个阶段是对设计完的原理图进行保存、打印操作。这个过程实际是对设计的图形文件输出的管理过程，是一个设置打印参数和打印输出的过程。

13.1.2　创建新原理图文件

建立了项目后，需要在项目中进行具体的设计工作，这就要求建立相关的文件，比如原理图文件、印制电路板（PCB）文件等。

（1）创建新的原理图文件。首先先创建项目文档后，执行菜单“文件”→“New”→“原理图”命令，界面如图 13-2 所示，或点击左侧面板标签 Files，弹出的操作界面如图 13-3 所示，选择“新的”→“Schematic Sheet”，即可建立新原理图文件。

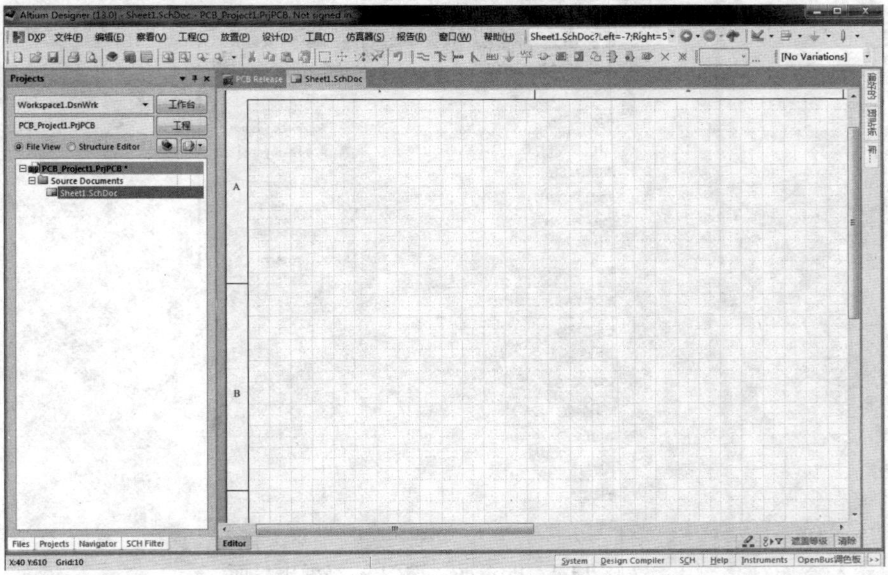

图 13-2 新建原理图文件

新建的原理图文件其默认的文件名为 Sheetl.SchDoc，如创建多个原理图文件，则默认的文件名按序号依次排列。

（2）文档保存。设计过程中要养成隔时段保存文件的习惯。保存时可通过选择“文件”→“保存”命令进行相应存盘，存盘时注意路径、文件名的设置，否则按照系统默认文件名和路径进行保存。

（3）将原理图添加到项目中。如果已经绘制了一张原理图，并且保存为一个文件，那么可以将该文件直接添加到项目中。用户只需要执行“工程”→“添加现有的文件到工程...”，即可以选择已有的原理图文件，并且可直接添加到项目中。

另外，用户还可以执行菜单“工程”→“给工程添加新的”→“Schematic”，或在图 13-2 所示的左侧 Projects 面板标签空白处单击鼠标右键，弹出界面如图 13-4 所示，在该界面上选择“给工程添加新的”→“ Schematic”，向项目添加新的原理图文件。

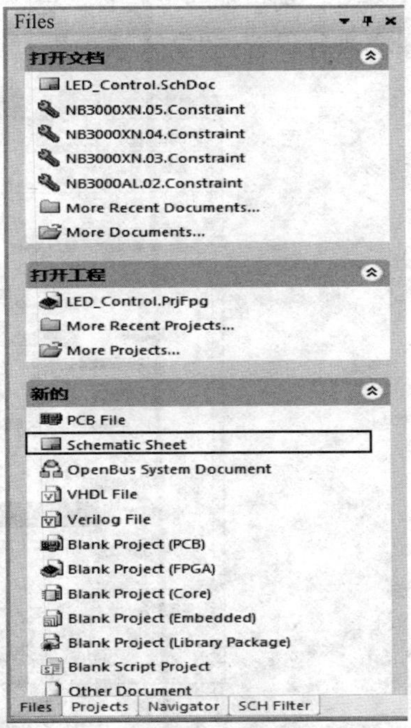

图 13-3 Files 面板标签

注意： 通常在创建原理图文件之前都是先建立项目文件。但这里需强调的是，即使没有建立项目文件，也可以直接创建原理图文件，这种方法通常用于设计者仅仅只想画出一张原理图而不做任何其他后续工作时采用。这种没在项目管理下的原理图文件是以自由原理图文件形式存在。如果设计者后来改变了主意，仍然可以将它添加至设计项目中。添加方法是打开自由文档和目标项目文件，在 Projects 面板上，使用鼠标左键点住自由文档文件名后，直接将其拖动到目标项目中即可。

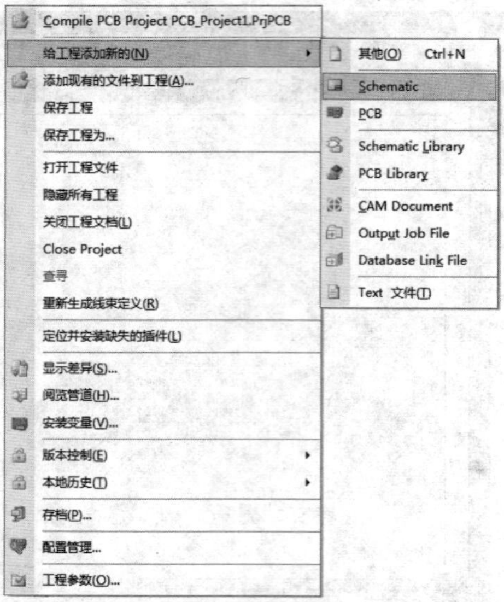

图 13-4　Projects 面板上右键弹出界面

13.2　设置图纸参数

执行菜单命令“设计”→“文档选项”，打开“文档选项”对话框，在该对话框中对图纸图样进行设置。“文档选项”对话框如图 13-5 所示。

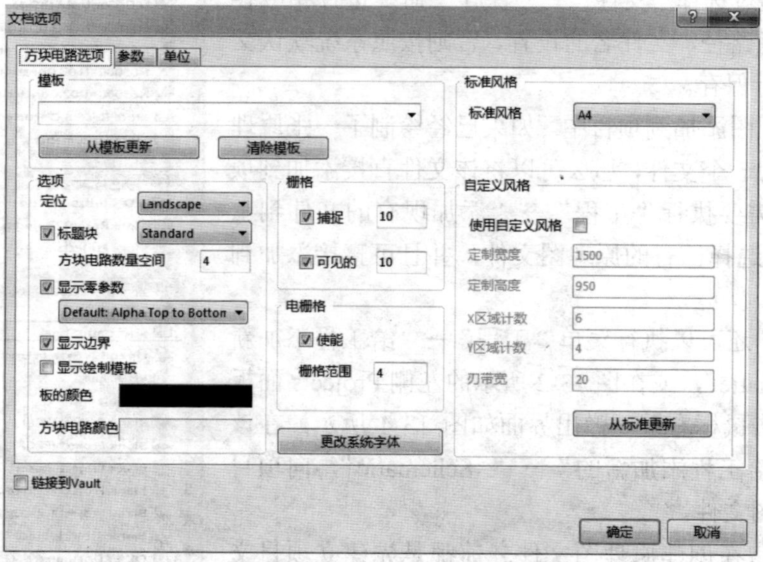

图 13-5　“文档选项”对话框

13.2.1　设置图纸

1. 设置图纸大小

用大小合适的图纸来绘制原理图，可以使显示和打印都相当清晰，便于原理图的绘制。

（1）选择标准图纸风格。将光标移至“标准风格”，用鼠标左键单击⌄按钮激活下拉菜单，然后设计者可以根据所设计的电路原理图的大小选择使用的标准图纸号。为了方便设计者，Altium Designer 提供了十多种广泛使用的英制及公制图纸尺寸供用户选择。如果用户需要，也可以自定义图纸的尺寸。

（2）自定义图纸风格。如果需要自定义图纸尺寸，必须设置如图 13-5 所示“自定义风格”栏中的各个选项。首先，必须在“自定义风格”栏中选中“使用自定义风格”栏复选框，即复选框里出现“√”符号。

“自定义风格”栏中各项设置的含义如下：

1）“定制宽度”和“定制高度”编辑框。分别自定义图纸的宽度和高度。

2）“X 区域计数”和“Y 区域计数”编辑框。分别定义 X 轴和 Y 轴的参考坐标分格数。

3）“刃带宽”编辑框。定义边框的宽度。

2. 设置图纸选项

（1）设置图纸方向。用鼠标左键单击“选项”区域的“定位”栏中⌄按钮激活下拉菜单，可设置图纸方向。选择“Landscape”则图纸水平放置，选择“Portrait”则图纸垂直放置。

（2）设置图纸标题栏。

1）用鼠标左键单击“标题块”栏中⌄按钮激活下拉菜单，可设置图纸标题。Altium Designer 提供了两种预先定义好的标题栏，分别是 Standard 和 ANSI 形式。其中 Standard 代表标准型标题栏。ANSI 代表美国国家标准协会模式标题栏。

2）“方块电路数量空间”编辑框，可设定图纸拆分子空间的数量。

（3）显示零参数。用鼠标左键单击“显示零参数”前的复选框，使复选框中出现“√”则表明选中此项，显示参考边框，否则不显示。单击“显示零参数”栏中☑按钮激活下拉菜单，可设置参考边框序号的排列顺序。

（4）显示边界。用鼠标左键单击“显示边界”前的复选框，使复选框中出现“√”则表明选中此项，显示图纸边框，否则不显示。

（5）显示绘制模块。用鼠标左键单击“显示绘制模板”前的复选框，使复选框中出现“√”则表明选中此项，可进行图纸的颜色设置。

3. 设置图纸颜色

图纸颜色设置，包括图纸边缘色和图纸颜色的设置。

（1）在图 13-5 中，“板的颜色”选择项用来设置图纸边框的颜色，默认设置为黑色。若要变更颜色，则在该栏右边的颜色框中用鼠标左键单击，系统将会弹出“选择颜色”对话框，如图 13-6 所示，可通过它来选取新的边框颜色。

（2）“方块电路颜色”选择项用来设置图纸的底色，默认的设置为白色。要变更底色时，在该栏右边的颜色框中用鼠标左键单击，系统将会弹出“选择颜色”对话框，然后选定新图纸底色。

“选择颜色”对话框中“标准的”选项栏，提供了 240 种基本颜色供设计者选择。如果这些基色仍不能满足设计者的要求，设计者可用鼠标左键单击 “定制的”选项栏，此时会弹出“自定义颜色”窗口，如图 13-7 所示，设计者可以自己定义所需的颜色。

4. 设置系统字体

在 Altium Designer 中，图纸上常常需要插入很多汉字或英文，系统可以为这些插入的字设置字体。如果在插入文字时，不单独进行修改字体，则默认使用系统的字体。系统字体的设置可以使用字体设置模块来实现。

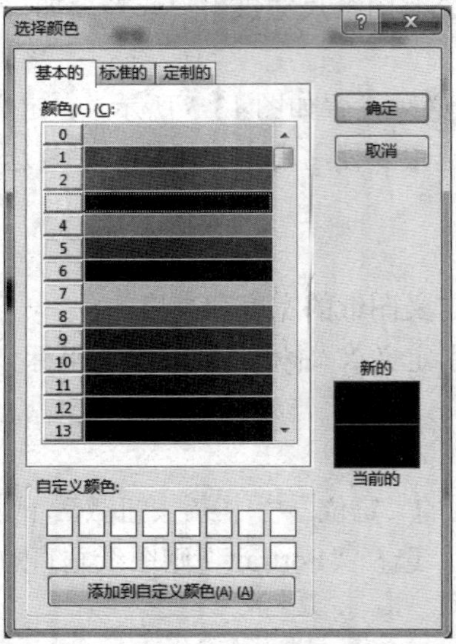

图 13-6 “选择颜色”对话框

图 13-7 “自定义颜色”窗口

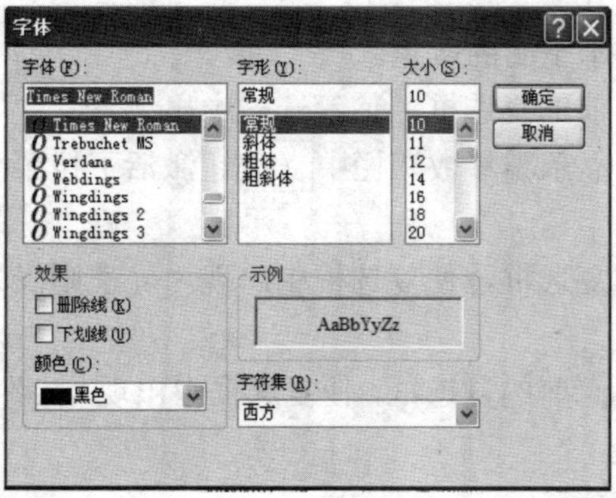

图 13-8 字体设置窗口

当设置系统字体时，用鼠标左键单击“更改系统字体”按键，系统将弹出字体设置窗口，如图 13-8 所示。设计者可以在此设置元件引脚的字体、字形和字号大小等。

13.2.2 网格设置

在设计原理图时，图纸上的栅格为放置元件、连接线路等设计工作带来了极大的便利。在图 13-5 所示的选项卡中，可对“栅格”和“电栅格”进行设置。

1. 设置栅格

(1)“捕捉”编辑框。选中“捕捉”的复选框，使复选框中出现“√”。则在右侧可设置光标的移动最小间距，选中此项表示光标移动时以“捕捉”栏的设置值为基本单位移动，系统默认值为 10mil；不选此项，则光标移动时以 1mil 为基本单位移动。

(2)“可见的”编辑栏。选中“可见的”的复选框，使复选框中出现“√”。则在右侧可设置图纸栅格间的距离；不选此项表示在图纸上不显示栅格。

如果将“捕捉”和“可见的”设置成相同的值，那么光标每次移动一个栅格；如果将“可见的”设置为 20mil，而将“捕捉”设置为 10mil 的话，那么光标每次移动半个栅格。

2. 设置电气栅格

(1)“使能”编辑框。选中“使能”的复选框，使复选框中出现“√”。则此时系统在连接导线时，系统会以“栅格范围"栏中的设置值为半径，以光标所在位置为中心，自动向四周搜索电气节点。如果在搜索半径内有电气节点的话，就会将光标自动移到该节点上，并且在该节点上显示出一个“×”；如果取消该项功能，则无自动寻找节点的功能。

（2）“栅格范围”编辑框。“栅格范围”栏用来设置搜索半径。

13.2.3 文档参数设置

在图 13-5 所示图中，单击“参数”选项卡，即打开的“参数”标签页。

该标签页显示的是一张原理图的文档属性，在该标签页中，可设置文档的各个参数属性，比如设计公司名称、地址，图样的编号以及图样的总数，文件的标题名称、日期等。

具体这些参数的设计对象可以是一个元件、元件的管脚和端口、原理图的符号、PCB 指令或参数集。每个参数均具有可编辑的名称和值。使用“追加”按钮可以向列表中添加新的参数属性，使用“删除”按钮可以从列表中移去一个参数属性，使用“编辑"按钮可以编辑一个已经存在的属性。

13.3 元件库管理

利用 Altium Designer 绘制电路原理图，在放置元件之前，必须先将元件所在的元件库载入系统，以便在绘制过程中调用所需元件。

Altium Designer 软件为用户提供了非常丰富的元件库文件，其分类很明确，第一级是按照元件生产厂家分类，第二级是按照元件的功能分类。在绘制原理图时，如果一次载入过多的元件库，将会占用较多的系统资源，同时也会降低应用程序的执行效率。所以，最好的做法是只载入必要且常用的元件库，其他特殊的元件库在需要时再载入。

13.3.1 打开元件库管理器

在原理图编辑器窗口执行菜单命令“设计”→“浏览库...”，或在原理图编辑器窗口单击项目管理区右侧面板标签“库...”后，系统将弹出如图 13-9 所示的元件库管理器。在元件库管理器上，设计者可以装载新的元件库、查找元件、放置元件、预览元件符号及封装模型。

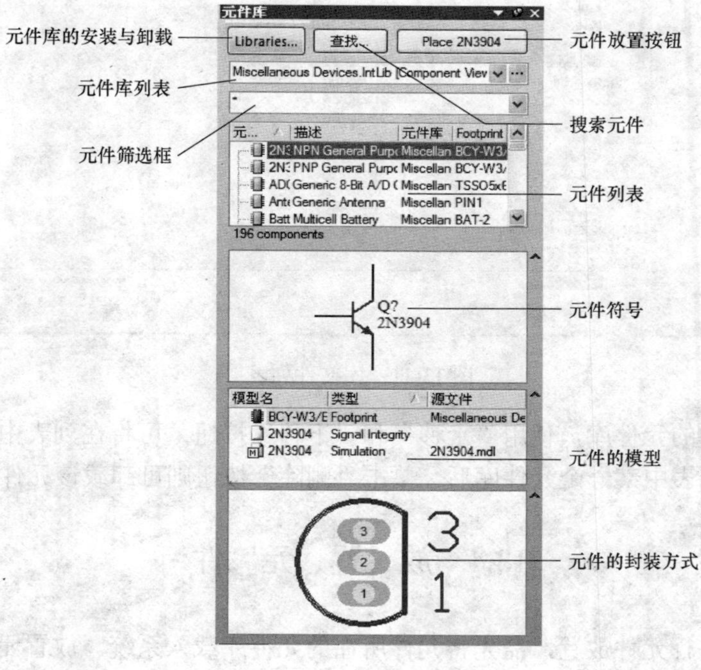

图 13-9 元件库管理器

13.3.2 装载/卸载元件库

单击图13-9中的“Libraries...”（元件库）按钮，或直接执行菜单“设计”→“添加/移除库...”命令，系统将弹出如图13-10所示的“可用库”对话框。在该对话框中，单击“安装...”按钮，打开库文件列表，如图13-11所示。设计者可以选取需要装载的元件库，然后单击“打开”按钮，此时在可用的元件库面板上就可看到加载的元件库列表。

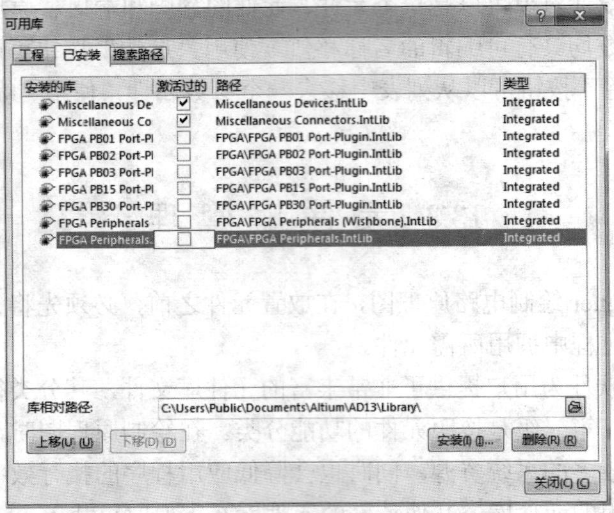

图13-10 “可用库”对话框

图13-11 库文件列表

对于已经安装的元件库，使用“上移”和“下移”按钮，可将在列表中选中的元件库上移或下移。选中列表中某一个元件库后，单击“删除”按钮则可卸载该元件库。

13.4 放置元件

在原理图中进行元件放置，需先将元件所在的元件库载入系统。放置元件的方法主要有利用元件库管理器和菜单。

13.4.1 放置元件

放置元件的方法有 3 种。

1. 利用元件库放置元件

Altium Designer 中，打开元件库管理面板后，系统默认已经装入的两个库是 Miscellaneous Devices.IntLib（常用元件杂项库）和 Miscellaneous Connectors.IntLib（常用插接件杂项库）。

Miscellaneous Devices.IntLib 库里存放着许多常用的元件，如电阻、电容、电感、二极管和开关等，是绘制元件最常用的元件库。

放置元件的操作方法是：在如图 13-9 的"元件库"面板中，单击"元件库列表"框右侧的按钮，选中所需元件库，如 Miscellaneous Devices.IntLib，在当前库元件列表中选中要放置的元件，单击 Libraries 面板右上部的"Place…"按钮或直接双击要放置的元件即可。

图 13-12 "放置元件"对话框

技巧：在图 13-9 的"元件筛选框"中输入所需元件的标识的若干字符，则其下方的元件列表中，只会显示包含有以上若干字符的元件，这样就可以在很少的元件中选择所需元件了。例如需放置电阻时，可在"元件筛选"框中输入"R"，则"元件列表"框中只显示元件名称中包含 R 字母的元件，其余都被过滤不显示。

2. 利用菜单命令放置元件

操作方法是：执行菜单命令"放置"→"器件"，打开"放置元件"对话框如图 13-12 所示，在此界面上，如果知道元件在库文件中的标识，可以直接在"物理元件"栏中填入元件的标识，同时也可以在其他栏中填入元件的相应属性。单击"确定"即可；如果不知道元件在库文件中的准确标识，可以单击"选择"按钮，系统将弹出如图 13-13 所示的"浏览元件

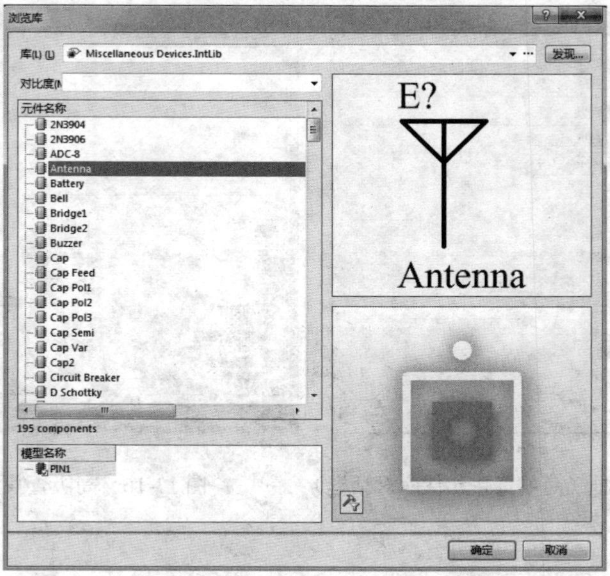

图 13-13 "浏览元件库"对话框

库”对话框，单击“库”右边的按钮，从下拉菜单中选择需要放置的元件所在的元件库，也可以单击按钮加载元件库，并且找到所需放置的元件后，选中该元件单击“确定”键，此时在放置元件对话框中显示相应的元件信息，点击“确定”，可以看到屏幕上将会出现一个可随鼠标指针移动的元件符号，拖动鼠标将它移到适当的位置，然后单击鼠标左键可把该元件放到工作平面上。单击鼠标右键或按 ESC 键即可退出放置元件的命令状态。

3. 使用工具栏放置元件

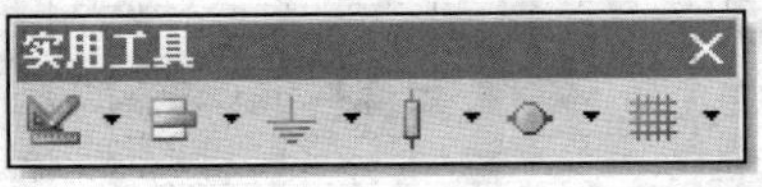

图 13-14 “实用工具”栏

Altium Designer 系统还提供了“实用工具”栏如图 13-14 所示。

“实用工具”栏为设计者提供了绘图、电源，常用元件、仿真等多种工具，可通过执行菜单“查看”→“工具栏”→“实用”来打开和关闭。通过该工具栏中的元件按钮，设计者可以方便地放置这些元件，放置这些元件的操作与前面所讲的元件放置操作类似。

技巧： 在选择了元件，但还没有放置前，按住 Space 键，即可旋转元件，此时可以选择需要的角度放置元件。如果按 Tab 键，则会进入元件属性对话框，设计者可以在属性对话框中进行设置，这将在本章后面讲解。

13.4.2 查找元件

在放置元件时，如果知道元件的名称，但不知道元件在哪个库中，就可以使用查找功能，方便地查找到所需元件。

在图 13-9 中，单击“查找…”按钮，系统将弹出如图 13-15 所示“搜索库”对话框，执行菜单“工具”→“发现器件…”也可弹出该对话框。在该对话框中，可以设定查找对象、查找范围及查找路径等。查找元件对话框有两种：简单查找元件库对话框和高级查找元件库对话框。图 13-15 所示为简单查找对话框，如果要进行高级查找，则单击该对话框中的“Advanced”按钮，就会打开高级查找对话框，如图 13-16 所示，此时对话框中会出现“Simple”按钮，单击该按钮可以回到图 13-15 所示的对话框。

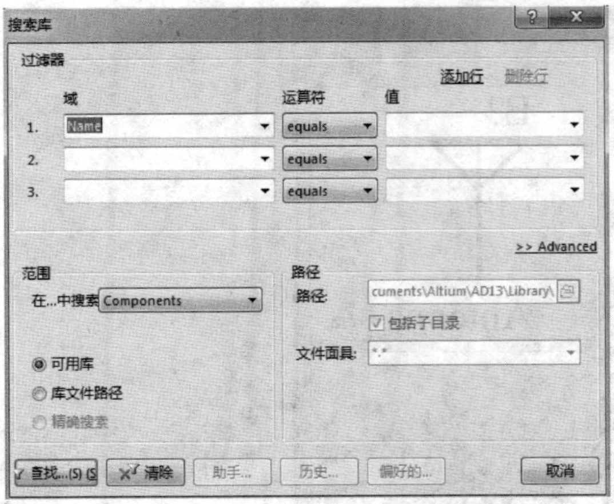

图 13-15 “搜索库”对话框（简单查找元件库对话框）

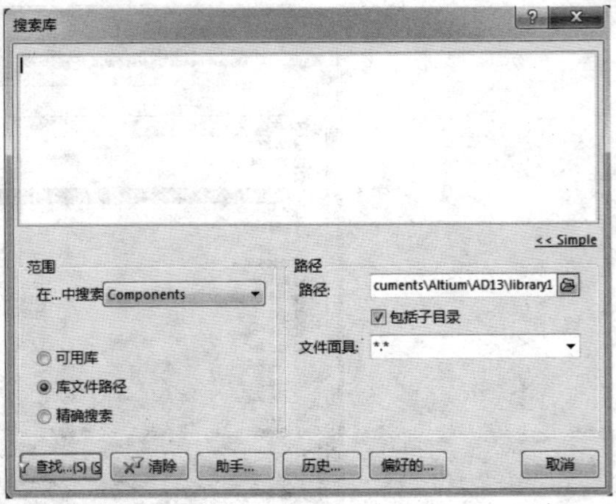

图 13-16 高级查找元件库对话框

（1）简单查找。

1）过滤器。设置所需查找元件的域、运算符和值。

a．域。设置查找元件的域属性，如 Name 等。

b．运算符。设置操作算子，如 equals（等于）、contains（包含）、stars with（起始）或者 ends with（结束）等。

c．值。设置所要查找的属性值。

2）范围。该操作框用来设置查找的范围。

a．可用库。在已经装载的元件库中查找。

b．库文件路径。在指定的目录中进行查找。

“在...中搜索”下拉选择列表可以选择查找对象的模型类别，比如是元件库、封装库或 3D 模型库。

3）路径。该操作框用来设置查找对象的路径。

a．路径。只有在选中“库文件路径”时有效。“路径”编辑框设置查找的目录，选中“包括子目录”复选框，则包含指定目录中的子目录也进行查找。如果单击路径右侧的按钮，则系统会弹出浏览文件夹，可以设置查找路径。

b．文件面具。可以设置查找对象的文件匹配域，“*”表示匹配任何字符串。

设置好了查找的内容和范围后，单击“查找...”按钮，系统就会开始进行查找。如果查找到该属性设置的元件，则系统自动关闭查找元件库对话框，并将查找到的元件显示在元件库管理器中。

实际电路中常用来查找元件或封装方式。例如：现在需要查找元件——集成运放 LM741，简单查找对话框设置如图 13-17 所示。

若用高级查找对话框进行元件查找，可在图 13-16 所示最上面的空白编辑框中，输入需要查找的元件或封装名称。如本例的集成运放 LM741，可以直接在编辑框中输入*741*，点击“查找”，即可进行查询包含 741 字符的元件名称。

（2）搜索元件。单击“查找...”按钮，Altium Designer 就会在指定的目录中进行搜索。同时图 13-15 或图 13-16 所示的对话框会暂时隐藏，并且图 13-9 所示界面中的“查找...”按钮会变成“Stop”按钮。如果需要停止搜索，则可以单击 Stop 按钮。

（3）找到元件。当找到元件后，系统将会在如图 13-18 所示的对话框中显示结果。

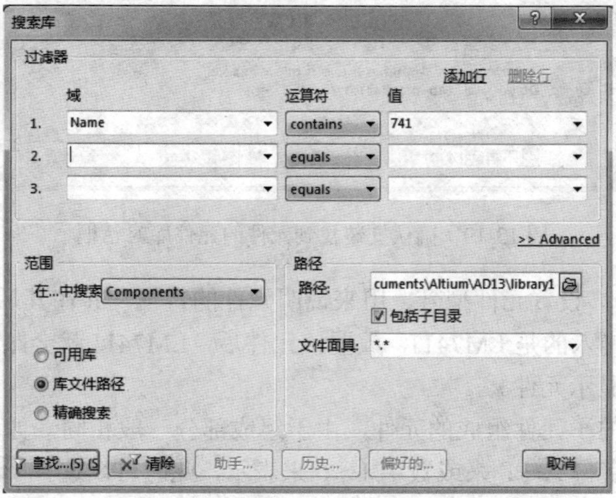

图 13-17　搜索元件对话框

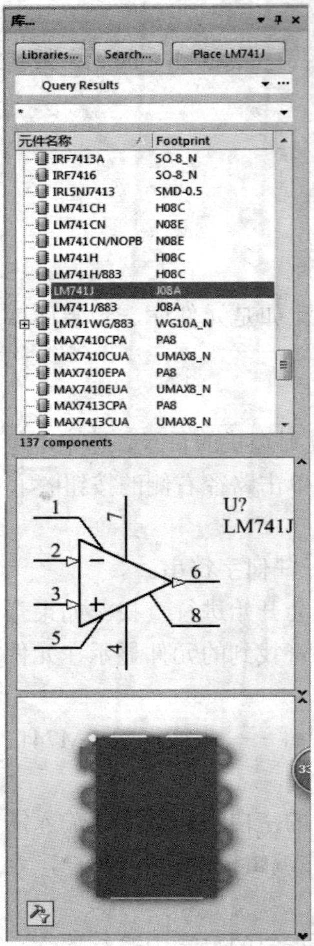

图 13-18　搜索结果列表框

（4）放置元件。查找到需要的元件后，可以直接双击元件名称，也可点击“place...”按钮进行放置，此时将弹出确认是否安装该元件所在的元件库对话框，如图 13-19 所示。

在弹出的对话框中，当点击“是”按钮时，将把该元件所在的元件库载入系统，这个加载的元件库可从元件库管理面板中进行查看，同时可以看到屏幕上将会出现一个可随鼠标指针移动的元件符号，移动元件到合适位置单击鼠标左键即可放置该元件；当点击“否”按钮时，也可以看到屏幕上出现一个随鼠标指针移动的元件符号，单击鼠标左键即可放置该元件，但不装载该元件库。

13.4.3　编辑元件属性

原理图元件库中所有的元件对象都具有自身的特定属性，在设计绘制原理图时常常需要设置元件的属性。元件的属性主要包括元件标识、元件序号、元件型号和元件封装形式等。

设置元件属性有以下两种情况：

（1）如果在选择了元件，但还没有将元件放置前，此时元件符号可随鼠标移动，这时点击“Tab”键可以调出编辑元件属性对话框。

（2）如果对已经放置在工作区的元件，要更改其属性，可以执行菜单“编辑”→“变更”命令，光标变成十字状，将光标移到要编辑属性的元件上单击，或者直接双击欲编辑属性的元件，都可以打开 “元件属性”对话框，“元件属性”对话框如图 13-20 所示。

1）Properties（属性）操作框。

Designator（标识符）。设置元件序号，例如在此编辑集成运放，可以输入 U1，并选中其后面的“Visible”复选框，则 U1 就会显示在图纸上，否则不显示。

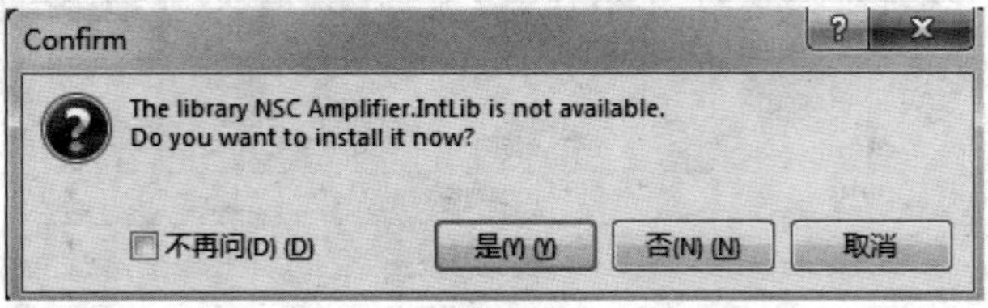

图 13-19　确认安装找到元件的元件库对话框

Comment（注释）。设置元件型号，用来说明元件的特征，并在其后选中“Visible”复选框，例图中注释框中输入的是 LM741J，放置该元件后，LM741J 就会跟元件同时显示在图纸上；否则，图纸上只显示元件。

对于有多个相同的子元件组成的元件，由于组成部分一般相同，如 74LS04 具有六个相同的子元件，一般以字母 A～F 来或数字 1～6 来表示，此时可以选择 [<<] [<] [>] [>>] 按钮来设定。

Description（描述）。该编辑框为元件属性的描述。

Unique Id（唯一 ID）。设定该元件在设计文档中的 ID，是唯一的。

Type（类型）。选择文件类型，从下拉列表中选取。Standard 表示元件具有标准的电气属性；Mechanical 表示元件没有电气属性，但会出现在 BOM 表（材料表）中；Graphical 表示元件不会用于电气错误的检查或同步；Net Tie（in BOM）表示元件短接了两个或多个不同的网络，并且该元件会出现 BOM 表中；Net Tie 表示元件短接了两个或多个不同的网络，该元件不会出现 BOM 表中；Standard（No BOM）表示该元件具有标准的电气属性，但不会包括在 BOM 表中。

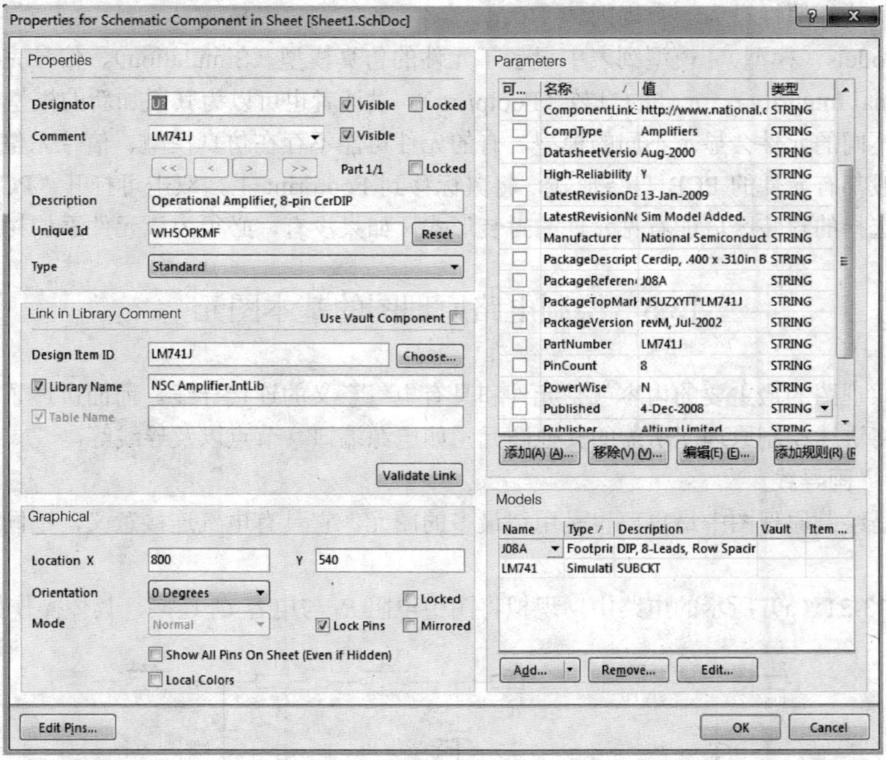

图 13-20 “元件属性”对话框

2）Link in Library Comment。设置元件库名称和设计单元的 ID。

Design Item ID。在元件库中所定义的元件名称。

Library Name。元件所在的元件库。

3）Graphical 属性操作框。该操作框显示了当前元件的图形信息，包括图形位置、旋转角度、填充颜色、线条颜色、引脚颜色以及是否镜像处理。

位置。设计者可以在 Location X 和 Y 编辑框中修改 X、Y 位置坐标，移动元件位置。

方向。设计者可以在 Orientation 提供的下拉列表中设定元件的旋转角度，以旋转当前编辑的元件。设计者还可以选中“Mirrored”复选框，将元件镜像处理。

Mode（模式）。在该下拉列表中可以选择元件的替代视图，如果该元件具有替代视图，则会显示该下拉列表有效。“Lock Pins”复选框，确定是否锁定元件管脚，若选中该选项，则元件的引脚将和元件合成为一个整体，无法在原理图上单独移动，建议设计者一定要选中，否则将给电路原理图的绘制带来很多不必要的麻烦。“Show All Pin on Sheet（Even if Hidden）”复选框，确定是否显示元件的隐藏引脚，选择该选项可以显示元件的隐藏引脚。“Local Colors”复选框，确定是否显示颜色操作，若选中该选项，则显示颜色操作，即可以进行填充颜色、线条颜色、引脚颜色设置操作。

4）Parameters（参数）。参数列表包括一些与元件特性相关的参数，设计者也可以添加新的参数和规则。如果选中了某个参数左侧的复选框，则会在图形上显示该参数的值。单击“添加”按钮，可以添加参数属性；单击“移除”按钮可以移去参数属性；选中某项属性，然后单击“编辑”按钮则可以对该属性进行编辑；用户还可以选择某属性后，单击“添加规则”按钮，将所选择属性设为一个规则。

5）Models（模型）。模型列表中显示了元件的仿真模型（Simulation）、信号完整性分析模型（Signal Integrity）、元件的封装（Footprint），设计者也可以为其添加新的模型。

对于不同的元件会显示不同的模型，有的元件可能不存在仿真模型、信号完整性分析模型，但一般都有元件的 PCB 封装形式，将鼠标移到 Footprint 上，双击可打开“PCB 模型”界面，在选择的封装区域能看见元件的封装形式，如果没有，必须为该元件添加封装。

13.5 绘制电路原理图的基本图元

电路原理图的最主要的内容就是元件和具有电气意义的连接导线。前面讲述了元件的放置，这节将讲述绘制原理图所需的其他图元，如电源端口、节点以及导线等。

13.5.1 画导线

导线是绘制原理图中最重要也是用得最多的图元，它具有电气连接意义，不同于一般的画线工具。

如图 13-21（a）所示的电路中，现拟将图中电阻 R_1 与电容 C_1 连接，具体操作如下：

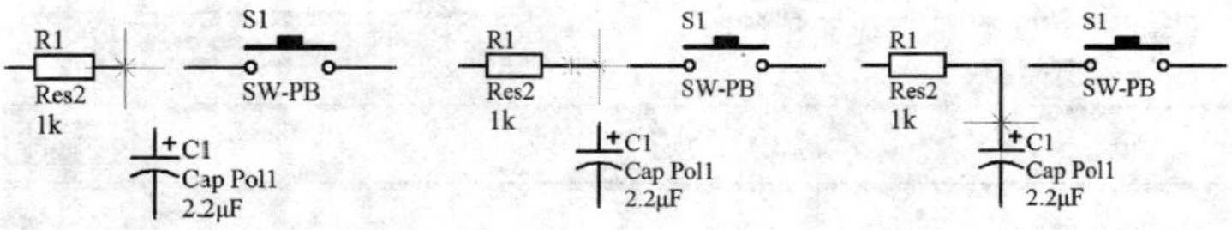

（a） （b） （c）

图 13-21 绘制导线[❶]

（a）确定起点；（b）确定转折点；（c）确定终点

（1）执行画导线命令。完成该步骤的方法是：单击图 13-22 所示的“配线”工具栏的画导线按钮，或者执行菜单命令“放置”→“导线”，也可以使用画导线快捷键 P→W。

（2）绘制导线。执行画导线命令后，光标变成了十字形状，系统进入连线状态，将光标移到电阻 R_1 的右端，如图 13-21（a）所示，会自动出现一个红色“×”，单击鼠标左键，确定导线的起点，移动鼠标拖动导线线头，在转折点处单击鼠标左键确定，如图 13-21（b）所示，当到达导线的末端时，如图 13-21（c）所示，此时光标再次出现红色“×”时，点击鼠标左键确定导线的终点，此时一条导线绘制完成。

❶ 本书中的 均表示按钮开关 。

画完一条导线后，系统仍然处于“画导线”命令状态。将光标移动到新的位置后，重复上面操作，可以继续绘制其他导线。

如果在绘制过程中，遇到T形线路，例如连接完 R_1 与 C_1 后，再与S1连接，则系统自动在此T形线路上添加一个节点，无须设计者手工放置。

另外，在绘制导线拐弯时，需要在拐弯处单击鼠标，以确定导线的拐弯位置，同时可以通过按Shift+Space键来切换导线的拐弯模式，导线拐弯有四种模式：90°走线、45°走线、任意角度走线和自动布线。

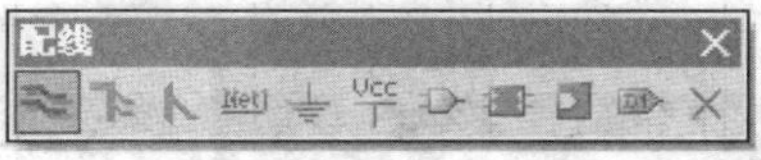

图13-22 “配线”工具栏

当切换到90°模式（或45°模式）时，按Space键可以进一步确定是以90°（或45°）线段开始，还是以90°（或45°）线段结束。

使用自动模式可以绕过障碍（避免横切其他导线），直接进行点对点的连接。在使用自动模式时，按Tab键弹出的属性对话框是如图13-23所示的“点对点布线器选项”对话框。

当使用Shift+Space键切换导线到任意模式（或自动模式）时，再按Space键可以在任意模式与自动模式间切换

绘制完导线后，单击鼠标右键或按Esc键即可退出画导线的命令状态。

（3）设置导线属性。如果对某条导线的样式不满意，如导线宽度、颜色等，设计者可以打开“导线”属性对话框进行重新设置。打开导线属性对话框的方法是：如果是在导线放置的过程中，则直接按键盘上的Tab键；如果是在导线放置好的情况下，则双击导线，或者执行菜单“编辑”→“变更”命令，也可以鼠标右键单击导线并执行菜单“属性…”。“导线”属性对话框如图13-24所示。

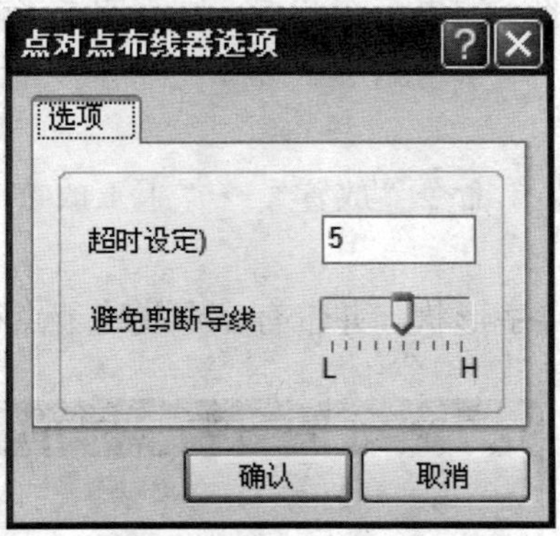

图13-23 “点对点布线器选项”对话框

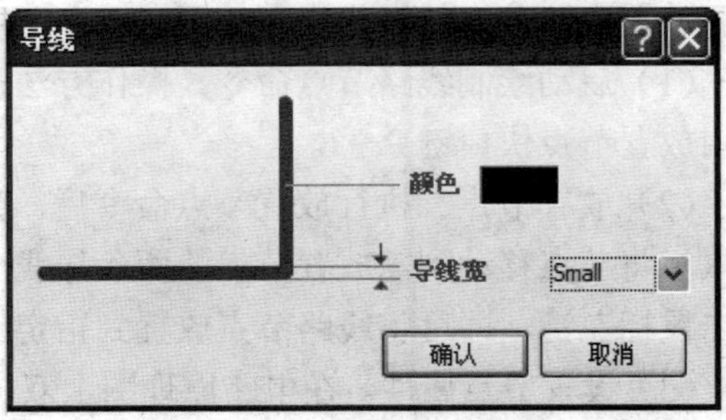

图13-24 “导线”属性对话框

（4）修改导线形状。画完一段导线后，如果设计者想要延长某段导线或者要改变导线某个拐弯点的位置，可以直接用鼠标左键单击该段导线，这时在导线的各个拐弯点和起点、终点都会出现绿色的小方块，将光标移到绿色小方块上，按下并拖动鼠标即可修改导线上的拐弯点的位置或导线的长度。

13.5.2 放置网络标签

在绘制电路原理图时，除了用导线使元件之间具有电气连接外，还可以通过设置网络标号的方法使得元件之间具有电气连接。所以网络标号具有电气特性，具有相同网络标号的导线，不管在电路原理图上是否连接在一起，其电气关系都是连接在一起的，都被看做同一条

导线。因此它多用于层次式电路或多重式电路的各个模块电路之间的连接，这个功能在绘制印刷电路板的布线时十分重要。

放置网络标签的具体步骤如下：

（1）启动放置网络标签命令。操作方法是：单击“配线”工具栏的 Net1 按钮；或者执行菜单命令“放置”→“网络标签”；也可以使用放置网络标签快捷键 P→N。

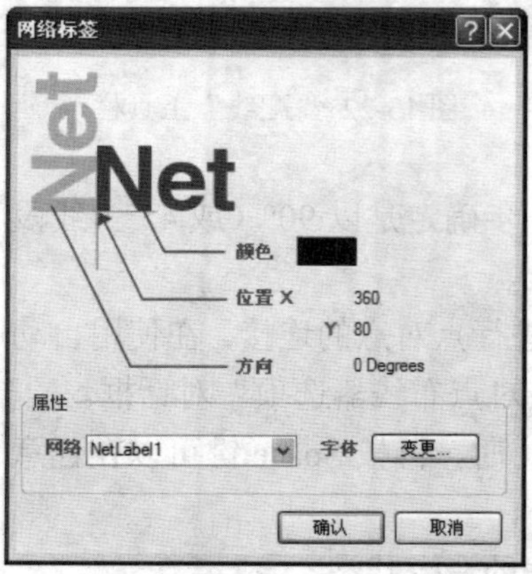

图 13-25 “网络标签”对话框

（2）设置网络标签属性。执行完放置网路标签命令后，光标将变成十字状，同时光标上将出现一个浮动的网络名称，该名称是由最近一次使用的字符串确定的。这时可以按下键盘的 Tab 键，打开如图 13-25 所示的“网络标签”对话框，可通过这个对话框进行“网络标签”的参数设置。

（3）放置网络标签。设定结束后，单击“确认”按钮。将浮动网络名称移到所需标注的引脚或连线上，当出现红色的“×”即电气捕捉标志时，单击鼠标左键，即可将设置的网络标号放置上去。

设置完成后，系统仍然处于放置网络标号的命令状态，单击鼠标右键或按 Esc 键即可退出。

13.5.3 放置节点

线路节点是指当两条导线交叉时相连接的状况。对电路原理图的两条相交的导线，如果没有节点存在，则认为该两条导线在电气上是不相通的；如果存在节点，则表明二者在电气上是相互连接的。

放置电路节点的操作步骤如下：

（1）启动绘制线路节点命令。操作方法是：执行菜单命令“放置”→“手工放置节点”，或用放置节点快捷键 P→J。

（2）放置节点。执行放置节点命令后，光标变为十字形状，并带有一个线路节点符号，用鼠标将节点移动到需放置节点的两条导线交叉处，单击鼠标左键，即可将线路节点放置到指定的位置。

（3）设置节点属性。在电路原理图上双击需要设置属性的线路节点符号，或在放置状态下按 Tab 键，将弹出如图 13-26 所示的“节点”属性对话框，可以在此对话框内设置线路节点符号的颜色、大小、位置等。

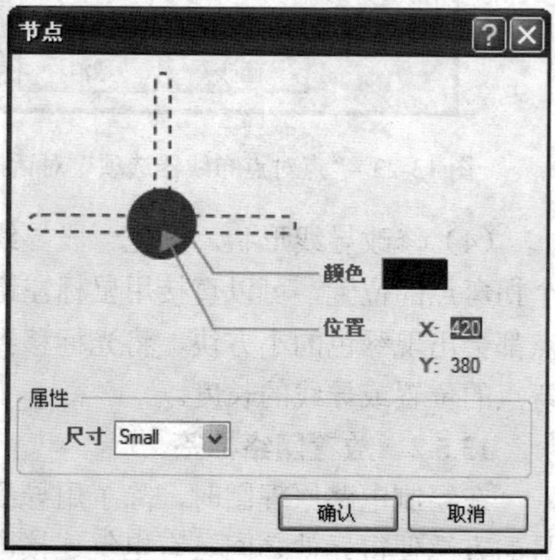

图 13-26 “节点”属性对话框

设置完成后，单击鼠标右键或按 Esc 键即可退出“放置节点”命令状态。

13.5.4 放置电源和接地符号

在一张电路图上电源和接地符号是必不可少栏的，Altium Designer 提供了多种电源和接地符号，在“实用工具”栏的“电源”中，如图 13-27 所示。放置电源和接地符号的操作步骤如下：

（1）启动放置电源和接地符号命令。操作方法有四种：

1）执行菜单命令“放置”→“电源端口”。

2）单击图 13-27 中的按钮，从下拉菜单中提供的电源和接地符号任选一个。

3）单击“配线”工具栏上放置的接地符号和电源任意一个按钮。

4）使用放置电源和接地符号快捷键 P→O。

（2）放置电源和接地符号。执行放置电源和接地符号后，光标变为十字形状，并带着一个接地（或电源）符号，把鼠标移到需要放置的地方，单击鼠标即可放置电源和接地符号了。

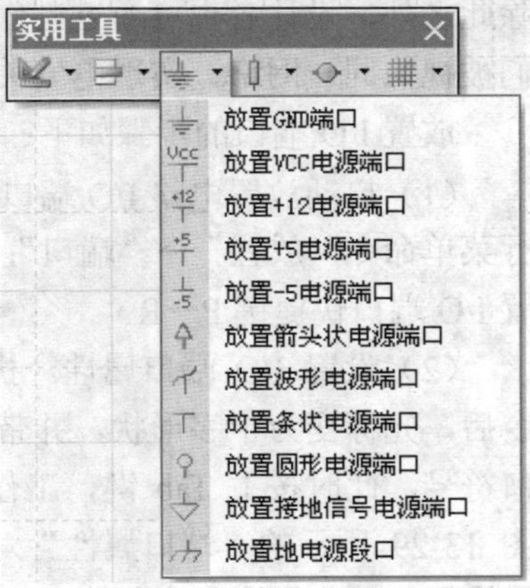

图 13-27 “实用工具”栏

（3）设置电源和接地符号的属性。在电路原理图上双击电路图中需要设置属性的电源和接地符号，或在放置状态下按 Tab 键，将弹出如图 13-28 所示的设置“电源和接地符号”属性对话框，可以在该对话框中设置电源和接地符号的有关参数。

图 13-28 中电源和接地符号属性的各项参数意义如下：

1）颜色：单击其右边色块，可以选择所需的颜色。

2）风格：电源和接地符号的外形。当鼠标移到其右边的 Power Ground，就会出现下拉菜单 Power Ground，单击右边的下拉按钮，从下拉列表中可以选择所需的形状。

3）位置 *X* 和 *Y*：设置电源和接地符号在原理图中的坐标。

4）方向：设置电源和接地符号在原理图中的放置方向。将鼠标放在其右边的“270Degrees”位置，就会出现下拉菜单 270 Degrees，单击下拉按钮即可打开下拉列表，其中包括四个选项 0Degrees、90Degrees、180Degrees 和 270Degrees。

5）网络：设置电源和接地符号的网络标号名称。

一块电路板上可能有多个电源和多个地（模拟地、数字地、电源地等），设计者可选用不同的外形以示区别，但是关键要保证各种电源和接地符号的网络名称应各不相同，千万不能把接地符号的网络名称设成电源的网络标号，这将使印制电路板发生电源与地短接的严重错误。应根据电路的需要设置不同的网络名称。

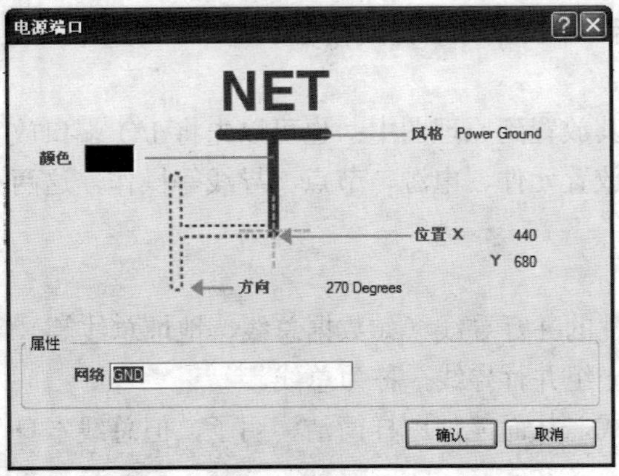

图 13-28 “电源和接地符号”属性对话框

注意： 风格的设定仅仅是在电路图中用外形来表示电源和接地符号，相同风格的电源和接地未必就是同一网络。真正在电气连接上区分电源和接地网络的是它们的网络标号，所以设置图 13-28 的属性区域的“网络”栏，为不同电源和接地设置正确的网络名称非常重要。

设置完成后，单击鼠标右键或按 Esc 键即可退出“放置电源和接地符号”命令状态。

13.5.5 放置 I/O 端口

前面介绍的利用实际的导线，或通过设置相同的网络号，都可实现两个电路的电气连接。

除此之外，设计者也可通过制作 I/O 端口，并且使某些 I/O 端口具有相同的名称，从而使它们被视为同一网络，实现电气关系的互连。

放置 I/O 端口的步骤如下：

（1）启动放置电路 I/O 端口命令。操作方法是：单击“配线”工具栏的按钮；或者执行菜单命令“放置”→“端口”；也可以使用放置 I/O 端口快捷键 P→R。

（2）设置 I/O 端口属性。执行放置端口命令后，光标变为十字形状，并带着一个 I/O 端口符号，此时按下 Tab 键，工作区内将出现如图 13-29 所示的“端口属性”对话框。可以在此设置 I/O 端口的有关参数。

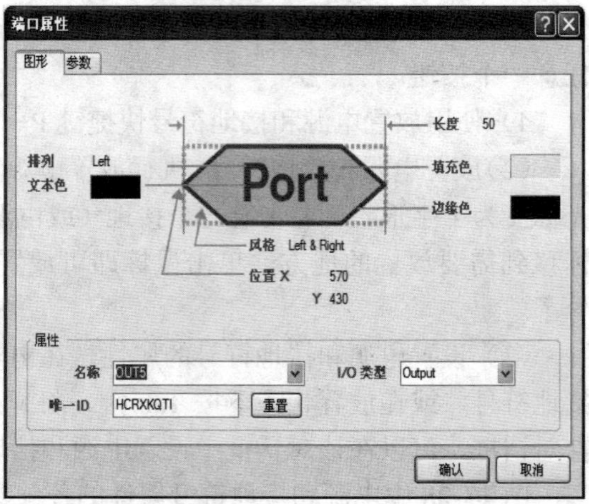

图 13-29 “端口属性”对话框

I/O 端口对话框内各项参数说明如下：

1）名称：定义 I/O 端口的名称，具有相同名称的 I/O 端口在电气关系上是相互连接的。

2）I/O 类型：输入/输出端口类型，通过该项设置端口的电气特性，它将给系统的电气规则检测（ERC）提供依据。例如，当两个同属 Output 输出类型的端口连接在一起的时候，电气法则检测时会产生错误报告。端口的类型共有 4 种 Unspecified（未定义端口）、Output（输出端口）、Input（输入端口）、Bidirectional（双向端口）。

3）风格：端口外形的设定，I/O 端口的外形种类一共有 8 种，如图 13-30 所示。

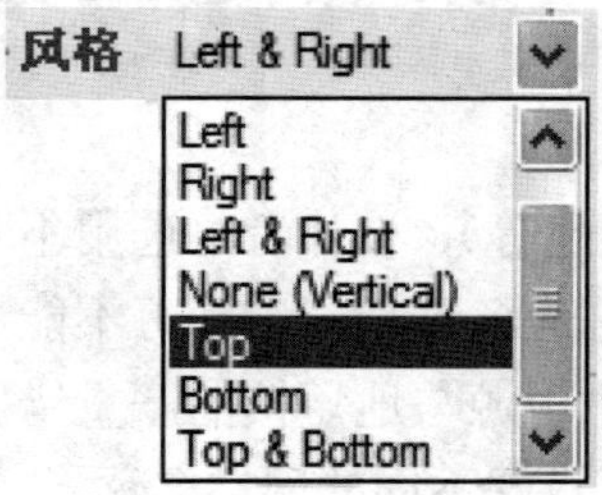

图 13-30　I/O 端口风格

4）排列：设定端口的形式，即端口的名称在端口符号中的位置，共有 3 种形式 Center、Left 和 Right。

5）其他项目的设置包括 I/O 端口的宽度、位置、边框的颜色、外形种类填充颜色及文字标注的颜色等。设计者可以根据自己的要求来设置。

（3）放置 I/O 端口。设置好 I/O 端口的属性后，将带着 I/O 端口符号的光标移到工作区中需放置端口的位置，单击鼠标即可。

放置完 I/O 端口后，单击鼠标右键或按 Esc 键，即可退出“放置 I/O 端口”命令状态。

注意： 此操作是先设置 I/O 端口属性，再将其放置到原理图中；也可以先将 I/O 端口放置到原理图中后，再设置其属性。对前面介绍的放置元件、电源、节点、导线等操作，这两种方法都比较常用，放置效果是一样的。

13.5.6　放置总线

在绘制原理图时，常常会出现一组具有相关性的并行导线（如数据总线、地址总线等），为了绘制方便，可以用一根较粗的线条来代表这一组并行导线，称为总线。

总线的目的是为了简化电路图连线的表现形式，从而能使图样简洁、明了，但总线本身并没有电气特性。绘制总线的步骤如下：

（1）启动放置总线的命令。操作方法是：单击“配线”工具栏的按钮；或者执行菜单命令“放置”→“总线”；也可以使用放置总线快捷键 P→B。

（2）绘制总线。执行绘制总线命令后，光标将变成十字形状，系统进入“画总线”命令状态。与画导线的方法类似，将光标移到合适位置，单击鼠标左键，确定总线的起点，然后拖动鼠标绘制总线，在每一个拐弯处都单击鼠标确认，到达目标点再次单击鼠标的左键确定导线的终点。

总线拐弯时也如同导线拐弯模式：直角、45°、任意斜线，可以在画总线的状态下通过按 shift+space 键来切换。

画完一条总线后，单击鼠标右键，或按 Esc 键，即可退出“放置总线”命令状态。

（3）设置总线属性。在电路原理图上双击需要设置属性的总线，或者在画总线的状态下，按 Tab 键，都可以打开 “总线”属性对话框，在该对话框中设置总线的颜色和总线线宽。

13.5.7 放置总线出入端口

在总线绘制完成后，需要用总线出入端口将总线与导线连接起来。需要说明的是总线出入端口也不具有电气特性，在总线中，真正代表实际电气意义的是通过导线上锁定的网络标签与总线出入口来表示逻辑连通性。绘制总线出入端口的步骤如下：

（1）执行绘制总线出入端口命令。操作方法是：单击“配线”工具栏的按钮；或者执行菜单命令“放置”→“总线入口”；也可以使用放置总线出入端口快捷键 P→U。

（2）绘制总线出入端口。执行绘制总线出入端口命令后，光标变成十字形状，并带有总线出入端口“/”或“\”，如果总线出入端口的方向不合适，可以按 Space 键进行调整，接着移动十字光标，将分支线拖到总线位置后，单击鼠标左键即可将它们粘贴上去。

（3）重复上面操作，完成所有总线出入端口的绘制。然后单击鼠标右键或按动 Esc 键退出“放置总线出入端口”命令。

（4）设置总线出入端口属性。在电路原理图上双击需要设置属性的“总线出入端口”，或者在画总线出入端口的状态下，按 Tab 键，都可以打开 “总线出入端口属性”对话框，在该对话框中设置其相关参数。

技巧：对于 Altium Designer 绘图工具中的图元，如导线、总线、总线出入端口等，它们属性设置中坐标属性一般不用设置，只需在原理图上用鼠标拖动就可以了，除非在特殊情况下，需要精确定位图元的位置，才需要设置其坐标属性。

图 13-31 为绘制总线和总线出入端口的过程：图（a）是绘制完总线的电路，图中总线有 4 处拐弯，故绘图过程中分别在拐弯处单击了 4 次鼠标；图（b）是为总线添加了总线出入端口电路；图（c）是将总线的出入端口分别与导线连接；到此虽然电路已经连接上了，但是该电路并没有实现电气互连，因为总线不具有电气意义，所以必须给电路添加上网络标签，如图（d）所示，这时电路才真正实现了电气互连。

故在原理图绘制中用总线代替导线仅仅起到美化电路的目的，而真正实现电气连接的是网络标签。

13.5.8 放置“忽略 ERC 检查”指示符

放置“忽略 ERC 检查”的主要目的是让系统在执行电气规则检查（ERC）时，忽略对某些节点的检查，防止在报告中产生警告或错误信息。例如，系统默认输入型引脚必须要连接，但实际上某些输入型引脚不接也是常事，如果不放置 No ERC 标志，系统在编译时就认为该引脚使用错误，相反，则编译时忽略对该引脚的检查，从而不提示错误。

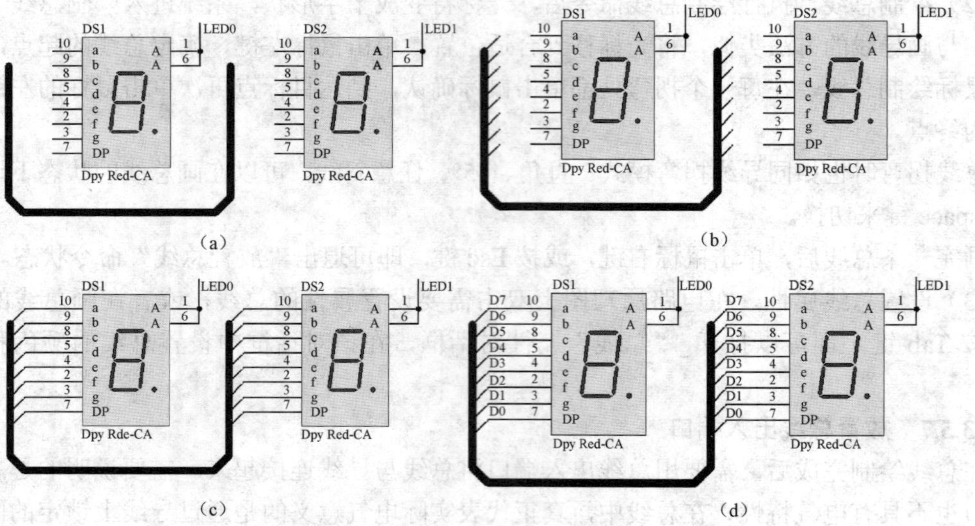

图 13-31 绘制总线和总线出入端口的过程

（a）绘制总线；（b）绘制总线出入端口；（c）绘制导线；（d）放置网络标签

放置“忽略 ERC 检查”指示符的步骤如下：

（1）启动放置“忽略 ERC 检查”命令。操作方法是：单击“配线”工具栏的 按钮；或者执行菜单命令“放置”→“指示符”→“忽略 ERC 检查”。

（2）放置“忽略 ERC 检查”指示符。启动命令后，光标变成十字状，并且它上面有一个红叉，将光标移到需要放置“忽略 ERC 检查”指示符的节点上，单击鼠标左键即可。接下来可以继续放置下一个“忽略 ERC 检查”指示符，若不需要继续放置可单击鼠标右键退出。

（3）设置“忽略 ERC 检查”指示符的属性。在放置“忽略 ERC 检查” 状态下，按 Tab 键，或用鼠标双击放置完的“忽略 ERC 检查” 指示符，即可打开 “忽略 ERC 检查”对话框，设计者可在该对话框中对颜色和位置进行设置。

技巧：当放置一些标准元件或图形时，可以在绘制前调整位置，调整的方法为：在选择了元件，但还没有放置前，按 Space 键即可旋转元件，每按 1 次 Space 键元件就逆时针旋转 90°；按 X 键，元件水平方向翻转 180°；按 Y 键，元件垂直方向翻转 180°。调整好方向后就可以进行元件放置。对已经放置到电路中的元件，也可调整其方向，方法是：用鼠标左键点住要旋转方向的元件，分别按 Space 键、X 键或 Y 键同样可实现逆时针 90°、水平 180°或垂直 180°翻转，调整好后再松开左键即可。

13.5.9 放置电路方块图

方块电路（Sheet Symbol）是层次式电路设计不可缺少的组件，设计者可用简单的方块图来表示一个复杂的电路。这个复杂电路由哪些元件组成，内部的接线如何，可以由另外一张原理图来详细描述。

放置方块电路的方法如下：

（1）启动放置方块电路命令。操作方法是：单击“配线”工具栏的 按钮；或者执行菜单命令“放置”→“图纸符号”，也可以使用放置方块电路快捷键 P→S。

（2）放置方块电路命令。启动放置方块电路命令后，光标变成十字状，并带有一个方块电路的虚影，将光标移到需要放置方块电路的位置上，单击鼠标左键确定方块电路的一个顶点，移动鼠标，在另一个适当位置单击鼠标左键确定方块电路的另一个顶点，即可完成该方块电路的放置。最后鼠标右键或按 Esc 键退出，绘制电路方块图状态。绘制的电路方块图如图 13-32 所示。

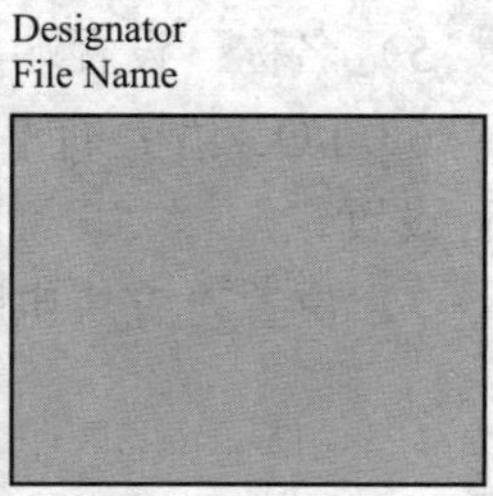

图 13-32 绘制的方块电路

（3）设置方块电路属性。双击需要设置属性的方块电路，或在放置方块电路的命令状态下，按 Tab 键，都可以打开“方块电路属性”对话框。在该对话框中设置其相关参数。

13.5.10 放置方块电路的端口

放置了电路方块图后，还需要在其上面绘制表示电气连接的端口，才能有效表示方块电路的物理意义。放置方块电路端口的操作步骤：

（1）启动放置方块电路端口命令。操作方法是：单击“配线”工具栏的按钮；或者执行菜单命令“放置”→“加图纸入口”，也可以使用放置方块电路端口快捷键 P→A。

（2）放置方块电路端口命令。启动放置方块电路命令后，光标变成十字状，把光标移到方块电路内部，单击鼠标左键会出现一个方块电路端口，它随着光标移动而移动，且光标只能在该方块电路的边框上移动，直到在此单击鼠标左键，确定放置了端口，最后单击鼠标右键或按 Esc 键退出。

（3）设置方块电路端口属性。双击需要设置属性的方块电路端口，或在放置方块电路端口的命令状态下，按 Tab 键，都可以打开“方块电路端口属性”对话框，如图 13-33 所示。在该对话框中设置其相关参数。

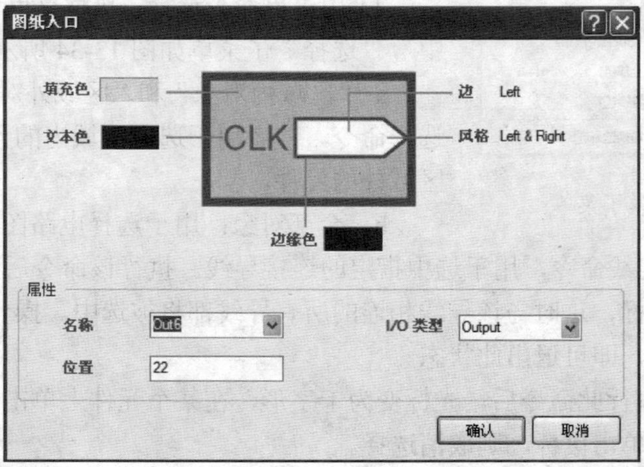

图 13-33 “方块电路端口属性”对话框

方块电路端口属性的各项参数的意义如下。

1）文本色：编辑框用来设定端口名的文字颜色。

2）填充色：编辑框用来设定端口边框的颜色；其他选项可参考前面电路方块图属性设置。

3）边：设置方块电路端口在方块电路中的位置。右边的下拉列表框中有 4 个选项 Right、Left、Top、Bottom。

4）风格：设置端口的形状，设计者可以根据设计需要来设置；Side 选择列表用来设定端口的位置，即放在方块图的那一边。

5）名称：设置端口名称。

6）I/O 类型：有不指定（Unspecified）、输出（Output）、输入（Input）和双向（Bidirectional）4 种设置。

7）位置：方块电路端口在方块电路上的位置序号。

13.6 电路原理图的编辑管理

Altium Designer 提供了强大的电路原理图的编辑功能，例如图元的选择、复制、剪切、粘贴、删除、排列、对齐等，利用这些功能将使设计者绘制电路图既正确又快捷美观。

13.6.1 元件的选择、复制、剪切、粘贴和删除

在很多电路原理图的绘制中，有时有些元件需要重复使用多次，有时有些局部电路也需要重复使用。利用原理图编辑器提供的选择、复制、剪切、粘贴、删除等功能，可以方便、快捷地放置这些元件和局部电路。

（1）元件的选择。

1）用鼠标直接选择。当只选择一个元件时，只需将光标移到该元件上，单击即可选中该元件；如果需要选择一组元件时，则在欲选择的元件区域的一个端点处按下并拖动鼠标到欲选择区域的另一个端点，释放鼠标即可选中该区域内的元件；当选择一组不规则区域内的元件时，按住 Shift 键，同时将光标移到这些元件上，逐一单击鼠标即可选中该组元件。

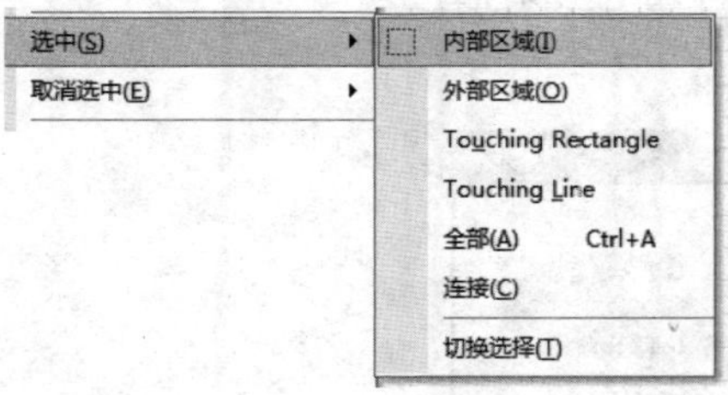

图 13-34 “选中”子菜单

2）用菜单命令选择。执行菜单命令“编辑”→“选中”，“选择”子菜单如图 13-34 所示，其意义如下：

a.“区域内对象”和“区域外对象”：两个都是区域选择命令，前者用于选中区域内的元件，后者用于选中区域外的元件。

b. 全部对象：用于选择电路图上所有元件。

c. 连接：选取连线命令，用于选中指定的连接导线。执行该命令后，光标变为十字形，在某根导线上单击鼠标，这时与该导线相连的所有导线都将被选中。操作完后，单击屏幕右下角的“清除”按钮，即可退出此状态。

d. 切换选择：执行此命令后，光标变为十字形，在某个元件上单击鼠标则选中该元件，如果再次在该元件上单击鼠标，则取消选择。

3）用主工具栏上的选择按钮。单击主工具栏上的按钮，光标变为十字形，单击鼠标确定矩形区域的一个端点，拖动鼠标到欲选择区域的另一个端点再次单击鼠标，即可选中该矩形区域内的元件。

当选择完对象后，如果要取消选择，只需将鼠标移到未选中元件的区域任意位置单击鼠标即可取消选择，当然设计者也可利用菜单命令“编辑”→“取消选择”，来取消已选择的元件。“取消选择”操作其实是“选择”操作的逆过程。

选择了需要操作的元件后，就可以进行复制、剪切、粘贴和删除了。

（2）元件的复制。元件复制的方法是：执行菜单命令“编辑”→“复制”，或用快捷键 Ctrl+C，也可以单击主工具栏上的按钮。

（3）元件的剪切。元件剪切的方法与复制方法类似：执行菜单命令“编辑”→“剪切”，或用快捷键 Ctrl+X，也可以单击主工具栏上的按钮。

（4）元件的粘贴。元件的粘贴分两种：粘贴和阵列式粘贴。

1）粘贴：执行菜单命令“编辑”→“粘贴”，或用快捷键 Ctrl+V，也可以单击主工具栏上的按钮。

2）阵列式粘贴：执行菜单命令“编辑”→“粘贴队列”，或执行快捷键 E→Y，就可以启动阵列式粘贴命令，系统将弹出如图 13-35 所示的“阵列式粘贴”属性对话框。

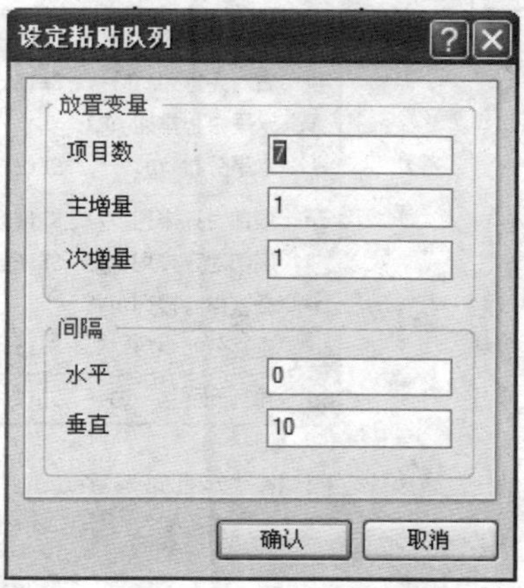

图 13-35 “阵列式粘贴”属性对话框

“阵列式粘贴”属性对话框”各项参数说明如下：

a.“项目数”栏。设置所要粘贴的组数。

b.“主增量”和“次增量”栏。分别设置主要的数字增量和第二个的数字增量，但在 Altium Designer 中，不用设置次增量。只需在主增量栏设置好数字增量，元件序号将按照本栏所设置的数字增加。

c.“水平”栏和“垂直”栏。分别设置每组图件的水平间距和垂直间距。

在该对话框中设置好参数后，单击“确认”，此时光标变为十字形，在适当的位置单击鼠标，即可放置粘贴的元件。例如：现复制元件 R5，按 13-35 中各栏的设置，则阵列粘贴的结果是复制了 7 个元件序号为 R6～R13 的电阻，R6～R13 将按 10mil 的垂直间隔排列成 1 列。

（5）元件的删除。

1）删除单个元件。单击欲删除的元件，选中后，直接按 Delete 键，即可删除选中的元件。或者执行菜单命令“编辑”→“删除”，这时光标变为十字形，在欲删除的元件上直接单击鼠标也可删除元件。

2）同时删除多个元件。选中多个元件后，直接按 Delete 键，即可删除选中的所有元件，或者执行菜单命令“编辑”→“清除”，也可删除选中的元件组。

13.6.2 元件位置调整

在画电路原理图时，为了布线方便简单，绘制的图美观、清晰，在进行布线前，应对元件的方向、位置等进行调整。

（1）元件的旋转。对元件进行旋转的操作方法如下：首先单击欲旋转的元件并按住不放，接下来分 3 种情况操作：如果想要元件逆时针旋转 90°时，就按 Space 键，如此操作，每按一次 Space 键，元件都将逆时针旋转 90°；如果想要元件水平翻转时，就按 X 键；如果想要元件垂直方向翻转时，就按 Y 键。

（2）元件的移动。元件的移动分两种：移动和拖动。

1）移动：在选中的对象上按下鼠标左键并拖动鼠标，移动到合适的位置后，松开鼠标左键即可把对象放置到当前位置，或者执行菜单“编辑”→“移动”→“移动”，此时光标变为十字形，在需要移动的元件上单击鼠标左键，这时元件即可随光标的移动而移动，到合适的位置后，再次单击鼠标左键即可放置被移动的对象到当前位置。

2）拖动：执行菜单命令“编辑”→“移动”→“拖动”，此时光标变为十字形，在需要移动的元件上单击鼠标，这时元件和与该元件连接的所有导线都会随光标的移动而移动，移动到合适位置后，再次单击鼠标左键，即可将被移动的对象拖动到当前位置。也可以先按住Ctrl键不放，然后在欲移动的对象上按下鼠标左键并拖动鼠标，移动到合适位置后，松开鼠标左键即可将被移动的对象拖动到当前位置。

技巧：“拖动”和“移动”的区别是：“移动”仅仅实现的是对所选的元件进行位置移动，而“拖动”移动元件时，与元件连接的所有导线都会跟着移动，不会断线。

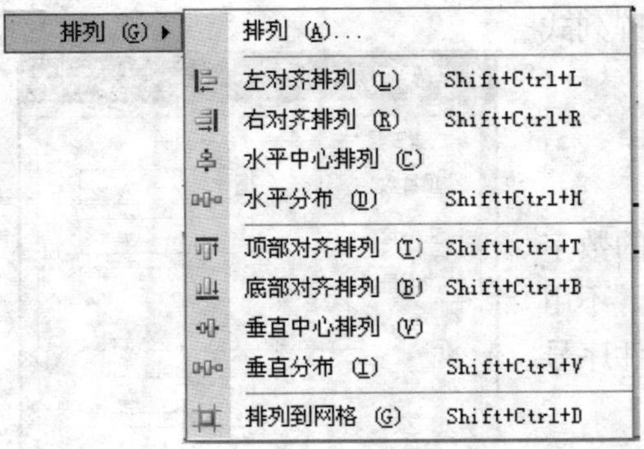

图13-36 “排列”子菜单

（3）元件的排列、对齐。在基本放置好元件位置后，还需要对它们进行适当地微调，Altium Designer提供了对齐元件的命令，这将使绘制出的原理图更加美观。元件“排列”子菜单如图13-36所示，当选中欲对齐的元件后，执行菜单命令“编辑”→“排列”，在排列的子菜单中选择相应的对齐方式即可。

13.7 绘制电路原理图

前面讲述了Altium Designer提供的原理图编辑器的功能操作，本节将通过实例——“三端可调式稳压器”电路原理图（如图13-37所示）讲述原理图的绘制方法、步骤。

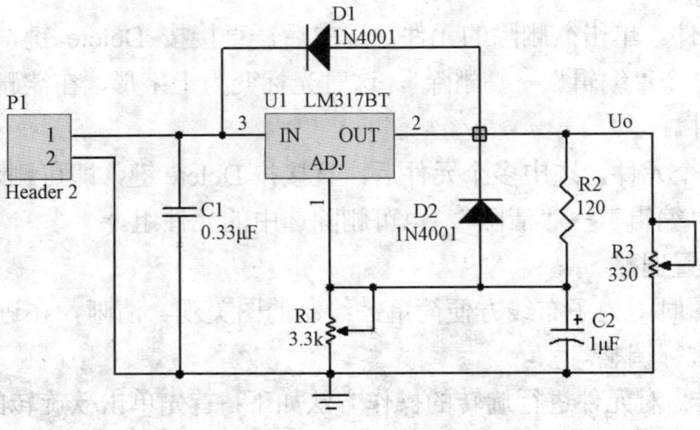

图13-37 “三端可调式稳压器电路原理图”

（1）创建原理图设计文件。首先执行菜单“文件”→“创建”→“项目”→“PCB”命令，系统将创建一个PCB项目，然后执行菜单“文件”→“创建”→“原理图”命令，创建项目管理下的原理图文件，用前面讲述的保存项目方法，为项目选择保存路径和命名，此处将项目名称和原理图名称都命名为“三端可调式稳压器”，打开该文件，即可进入原理图编辑平面。

（2）设置图纸参数。执行菜单命令［设计］/［文档选项］，打开如图 13-5 所示的文档选项对话框。在该对话框中对图纸图样，如图纸大小、栅格等参数进行设置。本例中除了电气栅格改为 6 外，其余均按图中参数设置。

（3）载入元件库。“三端可调式稳压器”电路原理图中所使用的元件，见表 13-1。

从表 13-1 中可见，所画原理图中的元件可在 Miscellaneous Devices.IntLib、Miscellaneous Connectors.intLib、Motorola Power Mgt Voltage Regulator.IntLib、FSC Discrete Rectifier.IntLib 四个元件库中找到。其中前两个是 Altium Designer 默认安装好的集成库，后两个库是需要添加的，添加方法可按照前面介绍装载/卸载元件库的方法操作，也可以按照查找元件的方法，通过查找元件，找到后将该元件所在的元件库安装到元件库管理器面板中。

表 13-1　“三端可调式稳压器电路”的元件列表

元件标识	型 号	元 器 件 库	标称值	元件封装
C1	Cap	Miscellaneous Devices.IntLib	0.33μF	RAD-0.3
C2	Cap Pol	Miscellaneous Devices.IntLib	1μF	RB7.6-15
R1	Rpot	Miscellaneous Devices.IntLib	3.3k	VR5
R2	Res	Miscellaneous Devices.IntLib	120	AXIAL0.4
R3	Rpot	Miscellaneous Devices.IntLib	330	VR5
P1	Header	MiscellaneousConnectors.intLib		HDR1X2
D1	1N4001	FSC Discrete Rectifier.IntLib		DO-41
D2	1N4001	FSC Discrete Rectifier.IntLib		DO-41
U1	LM317	Motorola Power Mgt Voltage Regulator.IntLib		221A-04
GND		电源工具栏		

下面以添加图 13-37 中的元件 LM317 的元件库为例，介绍其操作方法。

如果设计者知道 LM317 所在的元件库名，可以在图 13-9 元件库面板上单击“Librarise…”按钮，在弹出的图 13-10 所示的“可用库”对话框中，单击“安装…”按钮，打开如图 13-11 所示的“库文件列表”对话框，选取需要装载的元件库 Motorola Power Mgt Voltage Regulator.IntLib，然后单击“打开”按钮，将元件库载入系统；如果不知道 LM317 所在元件库的库名，则在图 13-9 元件库面板上点击“查找…”，在弹出的图 13-15 所示的“元件库查找”对话框中，在该对话框中，可以设定查找对象，以及查找范围、查找路径等。如查找本例中的 U1 元件，具体操作如下。

输入查找对象名称：LM317，设置查找范围 “可用库”；查找路径按照 Altium Designer 元件库文件安装路径进行设置。然后单击“查找…”按钮，系统就会开始查找，查找到后，可以直接双击元件名称，也可点击“Place LM317BT”按钮进行放置，在弹出的对话框中，当点击“是”按钮时，该元件所在的元件库被装载到元件库管理器中，同时屏幕上将会出现随鼠标指针移动的 LM317 元件，单击鼠标左键还可放置该元件。

（4）放置元件。前面介绍过放置元件的方法有很多，本例中用元件库放置元件的方法进行介绍。

单击工作区右侧的面板标签“元件库”，弹出“元件库”面板，如图 13-9 所示。单击“元件库列表”框右侧的按钮，从下拉列表中选中所需元件库。例如放置P1，则选中Miscellaneous Connectors.IntLib，在该库元件列表中找到Header2，双击该元件或单击Libraries面板右上部的“Place…”按钮，这时看到屏幕上将会出现一个可随鼠标指针移动的Header2的元件，拖动鼠标将它移到适当的位置，此时通常有两种操作方法。方法一：可以直接点击鼠标左键，将该元件放到工作平面上，元件放置后应设置其属性，可双击P1，打开它的属性对话框中，在对话框中进行属性设置，本例中将“标识符”栏设置为P1，其余默认即可；方法二：可以先不直接点击鼠标左键进行元件放置，而是先设置属性后放置元件，按Tab键调出其属性对话框，进行属性编辑。属性编辑完成后，单击鼠标左键，将P1放到工作平面上。

本例中，P1方向需要调整，调整方向可以在放置状态下按X键，可将P1水平翻转180°；也可以在P1放置到工作区后，将鼠标移到P1处，按下鼠标左键，然后点击键盘X键，即可将P1水平翻转180°，调整好方向后再松开鼠标左键。

用同样方法依次放置好电路图中其他元件。

（5）编辑元件属性。编辑元件属性可以在放置状态下单击Tab键或双击放置到原理图上的元件，都会弹出“元件属性”对话框，在该对话框中，对它们的相关属性进行编辑。对于电阻、电容这些常用元件，通常设置其标识符、注释、值和封装这些参数。如图13-37的电阻R2的属性设置为：“标识符”栏：R2；“注释”栏：RES2且“可视”复选框的“√”去掉，即为不可视，则元件放置后，“Res2”将不可视；“封装”栏：AXIAL-0.4，如果不满意可追加别的封装形式；“value”栏填写“120”等。其他元件属性也以类似方法设置。

（6）图中电源GND、网络标签Uo、节点和导线的放置。

1）图中GND的放置。具体操作：单击菜单栏“放置”→“电源端口”命令，光标变为十字状，并拖有一个接地符号，按Tab键，在弹出的“电源端口”属性对话框中设置其“网络”“风格”“颜色”等参数，编辑完属性，将鼠标移到需要放置GND的位置，单击即可。

2）网络标签Uo的放置。具体操作：单击“配线”工具栏内的Net按钮后，光标变为十字状，并拖着一个网络标号字符串，按Tab键，在弹出的“网络标签”属性对话框中设置其“网络”“字体”“颜色”等参数，本例中将属性区域的“网络”栏命名为Uo，编辑完属性后，将鼠标移到需要放置网络标签的导线处，此时可以看见当光标移到线上时，将出现红“×”，单击即可将Uo定位到线上。

3）放置导线。所有元件放置完毕，单击“配线”工具栏内的按钮后，光标变为十字形状，进入绘制导线状态。将光标移到需连线的元件引脚处，会看到在引脚处出现一个红“×”，这时可单击左键确定连线的起点，接着按所画连线方向移动鼠标到另一元件的引脚，若导线中间有转折，则在转折位置单击左键，然后按所画导线转折方向继续移动鼠标，待移到导线终点的元件引脚处时，先单击左键确定导线的终点，接着再单击右键，一条导线连接完毕。此时光标仍处于连线状态，可以开始下一条线的连接。依此操作直至完成所有的连接。绘制完后按右键或Esc可退出放置导线状态。

4）放置节点。图13-37电路中的节点在连线过程中，会在连线的T字交叉处自动加入，而在连线的十字交叉处不会自动加入。

图LM317输出与D1和D2的连线交叉处就是十字交叉，在此需要手工添加节点。添加方法：执行菜单命令“放置”→“手工放置节点”后，光标变为十字形状，并带有一个线路节点符号，按Tab键，打开设置“节点”属性对话框，设置节点的颜色和大小，设置完属性，用鼠标将节点移动到十字交叉处，单击鼠标左键就把节点手工放置到电路中了。

至此原理图绘制完毕。在原理图绘制过程中和绘制完毕后，注意及时存盘。存盘时注意文件名和路径的选择。

技巧：保存文件时注意查看文件后缀名，通过文件后缀就可知道文件类型。项目文件（*.PrjPcb）、原理图文件（*.SchDoc）、原理图库文件（*.SchLib）、PCB 图（*.PcbDoc）、PCB 元件库（*.PcbLib）。

13.8 原理图高级设计

本节将介绍 Altium Designer 中提供的两项能够提高工作效率的功能，熟练地运用它们是非常必要的。

13.8.1 编辑元件标识

在放置元件的过程中，可以通过设置元件属性进行命名，但对于比较复杂的电路，绘制完图后，经常会出现元件标识遗漏、重复、跳号等现象，此时就需要对已放置的元件进行标识的编辑。

编辑元件标识，除了前面介绍的在元件属性对话框内对元件进行手工编号的方法外，Altium Designer 为设计者提供了元件自动标识功能。这项功能可以大大提高绘图效率。

启动元件自动标识命令。执行菜单命令“工具”→“注释...”，显示如图 13-38 所示的自动标识对话框，在该对话框内可设置标识方法及标识范围等。

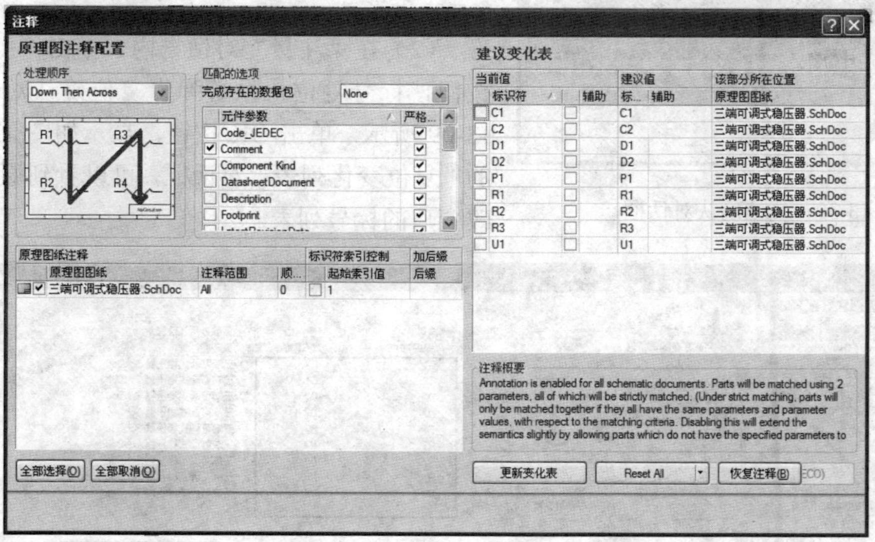

图 13-38 “自动标识”对话框

图 13-38 中“自动标识”对话框中各项参数意义如下：

（1）“原理图注释配置”栏。在该栏内可设置元件标识的方案及匹配条件。

1）Up then across：根据元件在原理图上排列位置，先按自下向上、再按自左至右的顺序自动标识。

2）Down then across：根据元件在原理图上排列位置，先按自上向下、再按自左至右的顺序自动标识。

3）Across then up：根据元件在原理图上排列位置，先按自左至右、再按自下向上的顺序自动标识。

4）Across then down：根据元件在原理图上排列位置，先按自左至右、再按自上向下的顺序自动标识。

5）“元件参数”列表用来从中选择匹配参数来决定标识对象。系统要求至少选择一个参数，本例选择“Comment”。

（2）“原理图纸注释”栏。该栏用来选择要标识的图样、设定标识的起始下标及后缀字符。

1）原理图图纸：用来从当前设计项目中选择需要重新标注的文档。当列表中有多个文档，可以直接单击“全部选择”按钮选中所有文档，或单击“全部取消”按钮不选择任何文档，然后单击图样名前面的复选框，进行个别勾选。系统要求至少要选择一个文档。

2）标识符索引控制：用来选择是否使用标识索引控制。当勾选该复选项时，可以在“起始索引值”下面的输入栏内输入标识的起始下标。

3）加后缀：用来设定标识的后缀。

案例

下面以 13.7 节介绍的图 13-37 所示的三端可调式稳压器电路为例，介绍如何实现元件的自动标识功能。

（1）在“原理图注释配置”栏中选用 Down then across 方案。

（2）在“注释”对话框内，单击“Reset All”按钮使标号复位，系统弹出复位确认对话框如图 13-39 所示，单击 OK 按钮，显示如图 13-39 所示的“复位变化列表”对话框，可以看到原始标号及改变后的标号列表。

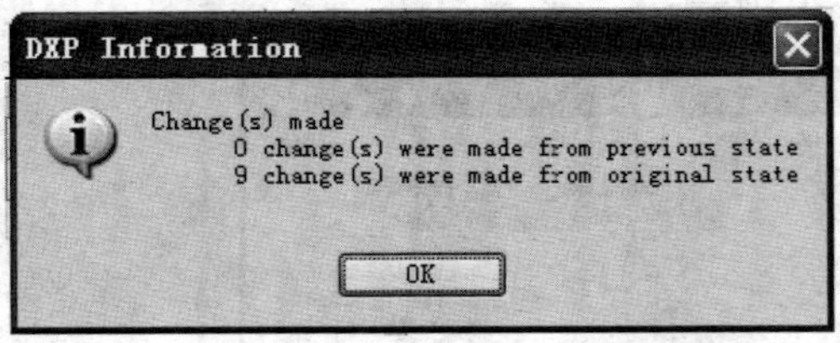

图 13-39 复位确认对话框

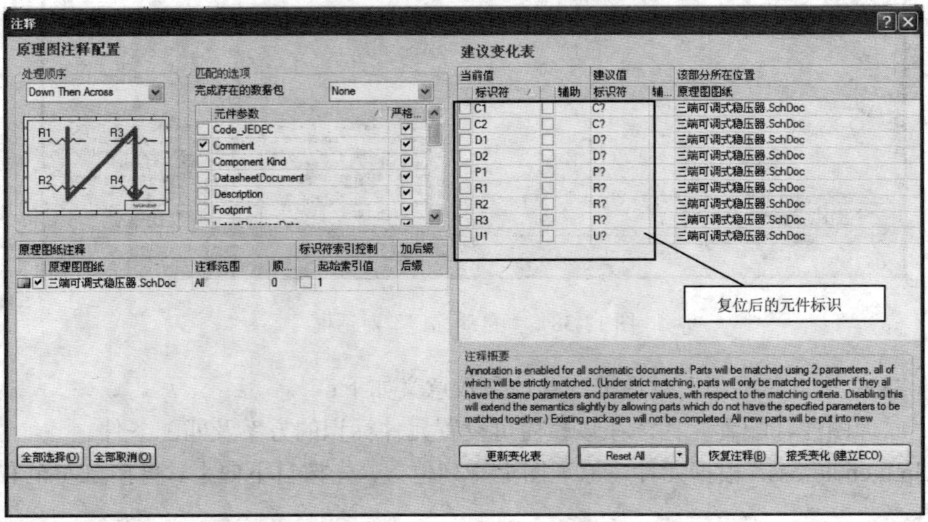

图 13-40 “复位变化的列表”对话框

（3）单击图 13-40 中的“接受变化（建立 ECO）按钮，在弹出的“工程变化订单（ECO）”界面上显示元件标识列表的更新表。

（4）单击“使变化生效”按钮使所有改变生效，或直接单击“执行变化”按钮，使改变生效的同时执行所有改变，如图 13-41 所示。

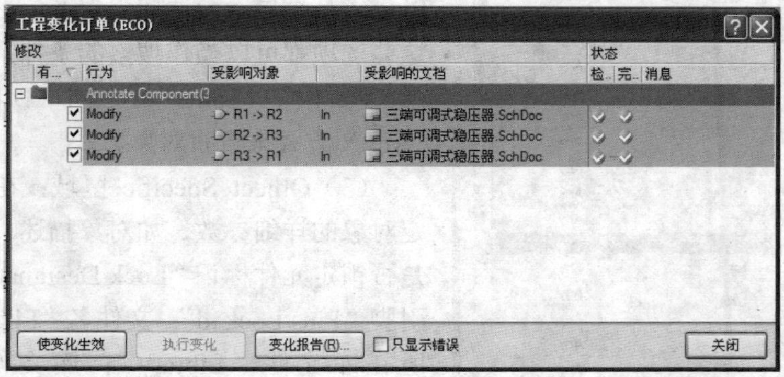

图 13-41　情况执行变化后的 ECO 界面

如果单击“变化报告”按钮，显示更新报告预览对话框；如果单击“关闭”按钮，则返回执行完元件标识更新后的“注释”对话框。

（5）单击“关闭”按钮返回“注释”对话框，或单击对话框右上角的 按钮，完成元件标识自动更改。更新后的原理图文档如图 13-42 所示。

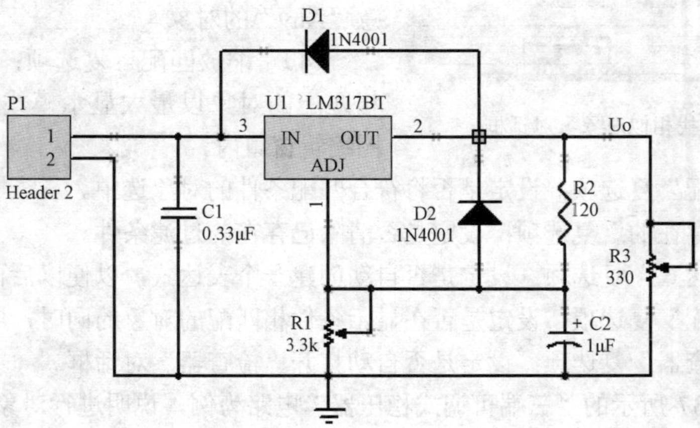

图 13-42　更新后的三端可调式稳压器原理图

13.8.2　对象的整体编辑

进行整体编辑，要使用如图 13-43 所示的“查找相似对象”对话框。在对话框中可设置查找相似对象的条件，一旦确定，所有符合条件的对象将以放大的选中模式显现在原理图编辑窗口内。然后可以对所查找到的多个对象执行全局编辑。

下面简单介绍对话框中各项的含义：

（1）Kind 区域：显示当前对象的类别（是元件、导线还是其他对象），设计者可以单击右边的选择列表，选择所要搜索的对象类别与当前对象的关系，是相同“Same”、不同“Different”，还是任意“Any”类型。

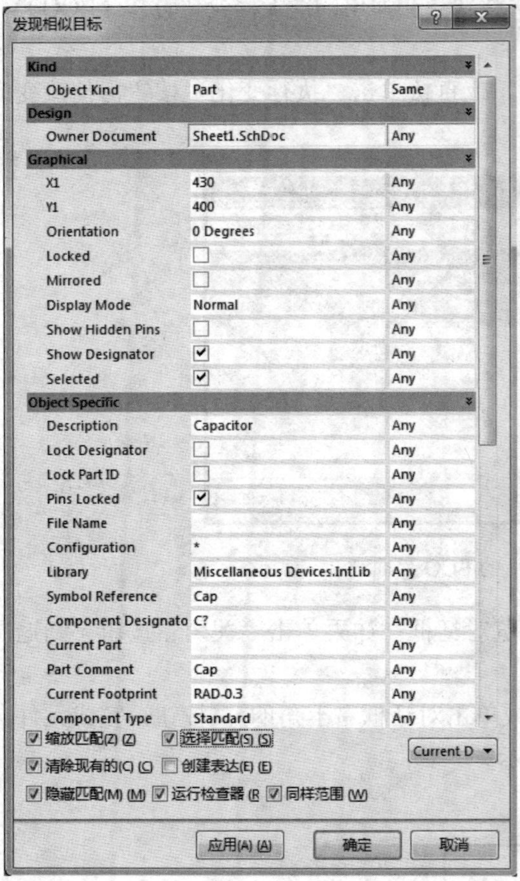

图 13-43 “查找相似对象”对话框

（2）Graphical 区域：在该区域内可设定对象的图形参数，如位置“Xl”“Yl”；是否镜像“Mirrored”；角度“Orientation”；显示模式“Display Mode”；是否显示被隐含的引脚“Show Hidden Pins”；是否显示元件标识“Show Designator”等。这些选项都可以当作搜索的条件，可以设定按图形参数相同“Same”、不同“Different”、任意“Any”方式来查找对象。

（3）Object Specific 区域：在该区域内可设定对象的详细参数，如对象描述“Description”；是否锁定元件标识“Lock Designator”；是否锁定引脚“Pins Locked”；文件名“File Name”；元件所在库文件“Library”；库文件内的元件名“Library Reference”；元件标识“Component Designator”；当前组件“Current Part”；组件注释“Part Comment”；当前封装形式“Current Footprint”及元件类型“Component Type”等。这些参数也可以当作搜索的条件，可以设定查找详细参数是相同“Same”、不同“Different”、任意“Any”的对象。

（4）“缩放匹配”复选项：设定是否将条件相匹配的对象以最大显示模式居中显示在原理图编辑窗口内。

（5）“选择匹配”复选项：设定是否将符合匹配条件的对象选中。

（6）“清除已存在的”复选项：设定是否清除已存在的过滤条件。

（7）“建立表达式”复选项：设定是否自动创建一个表达式，以便以后再用。

（8）“屏蔽匹配”复选项：设定是否在显示条件相匹配的对象的同时，屏蔽掉其他对象。

（9）“运行检查器”复选项：设定是否自动打开“检查器”对话框。

下面以图 13-37 所示的“三端可调式稳压器”电路为例，说明进行对象属性整体编辑的操作方法。在本例中将对图中所有二极管元件的封装进行更改：由“DO-41”改为“Axial-0.4”。具体操作如下。

（1）打开“查找相似对象”对话框。打开“三端可调式稳压器”电路图，将光标指向 Dl，单击鼠标右键，从弹出的快捷菜单中选择“查找相似对象”命令，单击即可打开如图 13-43 所示的“查找相似对象”对话框。

（2）执行整体编辑。本例中将“Current Footprint”（当前封装）作为搜索的条件，如图 13-44 所示，将光标移到“Current Footprint”最右侧的“Any”处，单击鼠标，出现下拉菜单，从下拉菜单中选择为并设定为“Same”，以搜索相同封装的元件。勾选“Zoom Matching”“Clear Existing”“Select Matching”“MaskMatching”“Run Inspector”复选项，其他选项采用系统默认值。单击“确认”按钮，原理图编辑窗口内将以最大模式显示出所有符合条件的对象，如图 13-45 所示。同时，系统打开如图 13-46 所示的“Inspector”对话框。

（3）在“Inspector”对话框内改变所需要的值。将封装选项“Current Footprint”内容改为“AXIAL-0.4”，最后按回车键，即可将搜索到的二极管统一修改为封装形式“AXIAL-0.4”。

图 13-44 “Current Footprint”设置栏

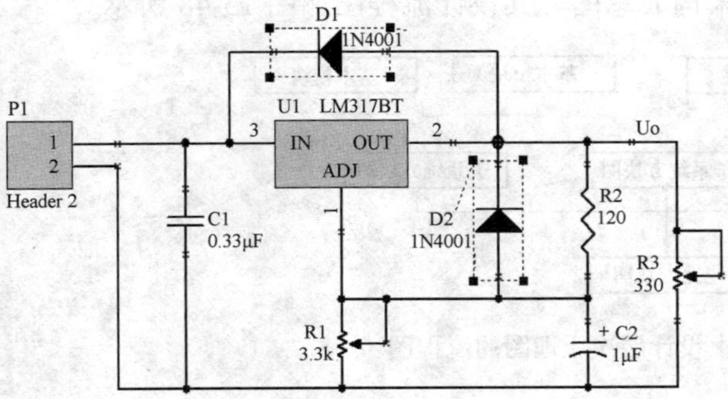

图 13-45 搜索符合条件后的电路图

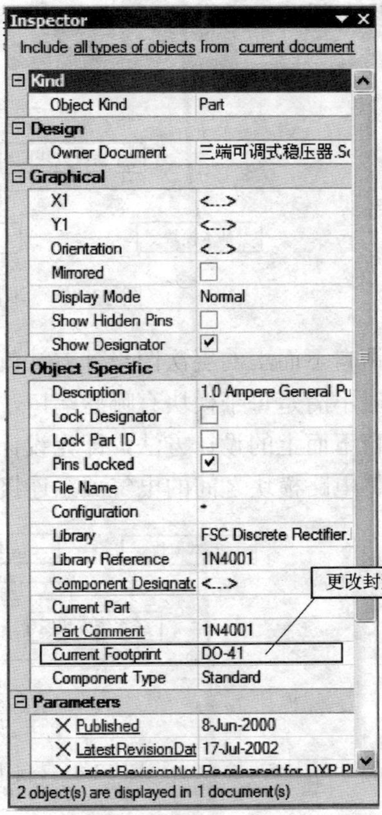

图 13-46 “Inspector”对话框

（4）关闭“Inspector”对话框，回到原理图界面，双击任意一个二极管，即可在弹出的属性设置框中查看其封装，已由原来的“DO-41”改为“Axial-0.4”。

修改完毕，单击屏幕右下角的“清除”按钮，即可清除所有元件的选中状态。

本例中用于修改元件的封装形式，也可用于电阻阻值、元件标识等的修改。尤其是对于电路复杂、元件数目较多时的参数修改，尤其方便、快捷。

13.8.3 层次原理图的设计

前面讲述的都是在一张图纸上绘制电路原理图，但是随着电子技术、计算机技术、自动化技术飞速发展，所要绘制的电路原理图越来越复杂，往往无法在一张图纸上完成，有时甚至不可能由一个人单独完成。Altium Designer 提供了层次原理图的设计方法，它是一种模块化的设计方法。设计者可以将要设计的庞大的电路原理图划分为若干个功能模块，每个功能模块又可再细分为很多的基本功能模块。设计好基本功能模块，并定义好各模块之间的连接关系，就可完成整个设计过程。

在设计过程中，设计者可以从系统开始，逐级向下进行设计，也可以从最基本的模块开始，逐级向上进行设计。故设计方法有两种：自上而下的层次图设计方法和自下而上的层次图设计方法。

所谓自上而下的设计方法，就是由电路模块图产生原理图。首先要根据系统结构将系统划分为完成不同功能的子模块，建立一张总图，用电路模块代表子模块，然后将总图中各个电路模块对应的子原理图分别绘制。这样逐步细化，最终完成整个系统原理图的设计。其设计流程图如图 13-47 所示。

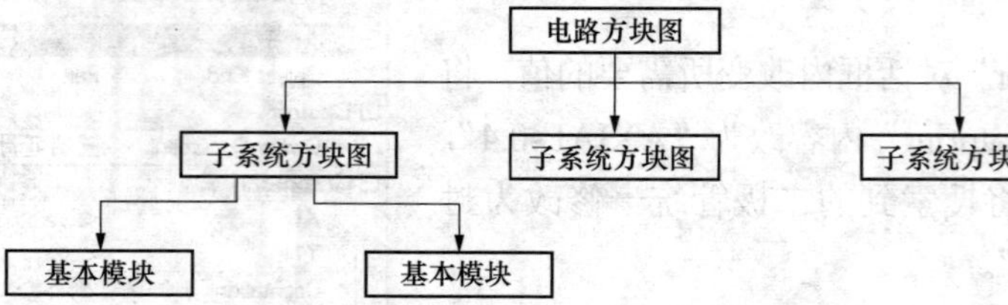

图 13-47 自上而下设计层次原理图的流程图

所谓自下而上的层次图设计方法就是由原理图产生电路模块图。在设计层次原理图时，用户有时不清楚每个模块有哪些端口，这时用自上而下的设计方法就很困难。在这种情况下，应采用自下而上的设计方法，即先设计好下层模块的原理图，然后由这些原理图产生电路模块，再将电路模块之间的电气关系连接起来构成总图。其设计流程图如图 13-48 所示。

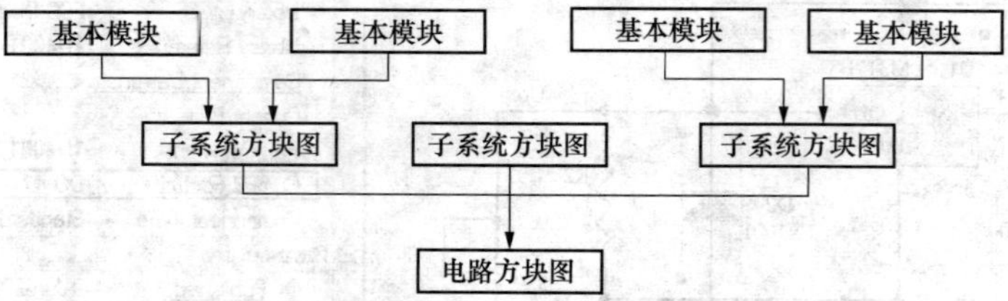

图 13-48 自下而上设计层次原理图的流程图

下面以图 13-49 所示的两级放大电路为例，介绍自上而下层次原理图的设计，其中第一级放大电路为子图 1，第二级放大电路为子图 2。具体操作如下：

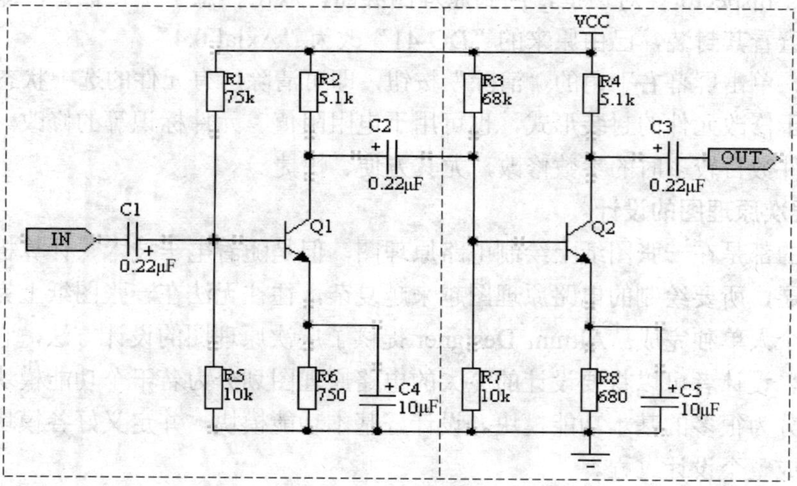

图 13-49 两级放大电路

（1）新建项目 Layer.PrjPCB 并新建原理图文件 Layer.SchDoc，作为总图。

（2）绘制层次原理图总图。

1）打开电路原理图 Layer.SchDoc。

2）单击“配线”工具栏中的按钮，或执行菜单命令“放置”→“图纸符号”，也可以使用快捷键 P→S 放置方块电路，放置方法按前面讲述的内容进行操作。

3）双击放置后的方块电路或放置前按 Tab 键弹出属性对话框，设置方块电路属性。在文件名栏输入 First.SchDoc，在标识符栏输入 First。

4）用同样的方法放置另一个方块电路。完成后电路如图 13-50 所示。

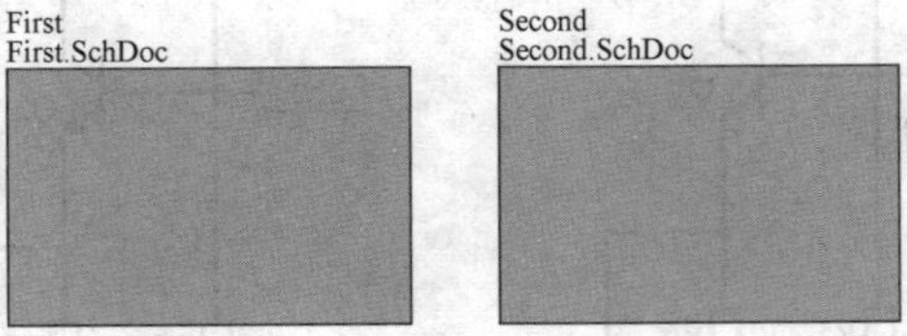

图 13-50 完成设置后的方块电路

5）放置方块电路端口并编辑属性。单击“配线”工具栏中的按钮，或者执行菜单命令“放置”→“加图纸入口”，也可以使用放置方块电路快捷键 P→A。启动放置方块电路端口命令后，光标变为十字型，将光标移入 First 方块电路单击左键，可看见十字光标上叠加一个方块电路端口，按 Tab 键打开方块电路端口属性设置对话框，进行属性设置，本例中将名称栏设为 IN1，I/O 类型设为 Input。设置完属性后，可移动光标，将方块电路端口移到适当位置，单击鼠标左键即可。这样第一个方块电路端口就完成了，这时系统仍处于放置方块电路端口的命令状态，用同样的方法将方块电路的其他端口放置好。单击鼠标右键或按 Esc 键退出命令状态。

6）单击“配线”工具栏中的按钮，或者执行菜单命令“放置”→“端口”；也可以使用放置 I/O 端口快捷键 P→R 放置电路的输入/输出端口。

7）绘制导线，将具有电气连接关系的电路的输入/输出端口、方块电路端口用导线连接起来，总图绘制完毕，如图 13-51 所示。

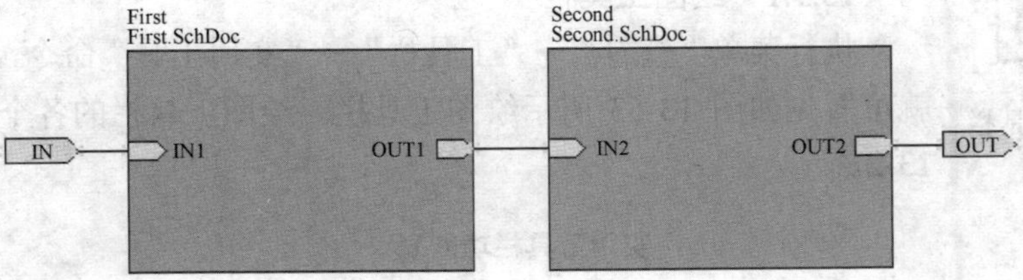

图 13-51 层次原理图总图的最终结果

（3）绘制原理图子图。

1）在总图窗口，执行菜单命令“设计”→“根据符号创建图纸”，光标变为十字型。

2）将光标移至方块电路 First 上，单击，系统弹出是否转换输入/输出方向的对话框，单击 No 按钮，系统自动生成一个布好 I/O 端口的、与方块电路 Filename 属性同名的原理图文件“First.SchDoc”。

3）在系统自动生成的子图中，已经有了现成的 I/O 端口，在确认了新的电路原理图上的 I/O 端口符号与对应的方块电路上的 I/O 端口符号完全一致后，设计者就可以按照绘制原理图的方法绘制子原理图。

4）再用相同的方法绘制 Second 子图即可，如图 13-52 所示。

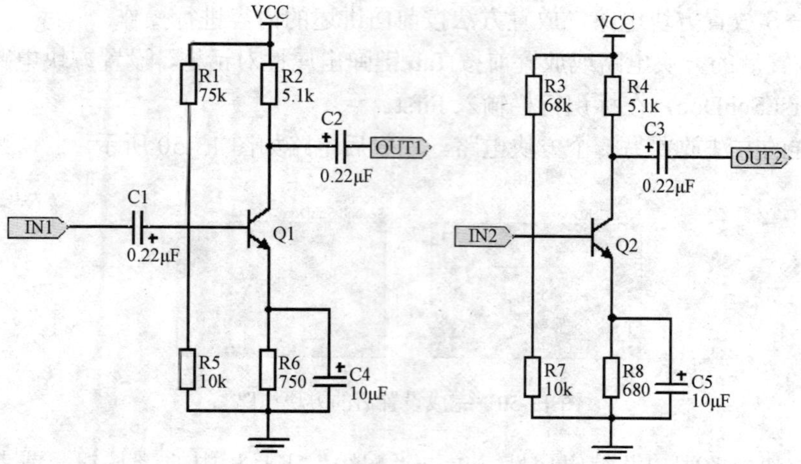

（a） （b）

图 13-52 绘好的子原理图

（a）First 子图；（b）Second 子图

13.9 绘图工具栏的使用

绘图工具栏可以方便地在原理图上绘制直线、弧线、曲线、矩形、椭圆形，从而可以对原理图进行进一步的修饰，使绘制的原理图更清晰，可读性更强。它与前面介绍的布线工具栏所不同的是绘图工具栏提供的各种图元均不具有电气意义。

图 13-53 绘图工具栏

13.9.1 绘图工具栏

执行菜单“查看”→“工具栏”→“实用工具”命令，点击按钮，就可看见如图 13-53 所示绘图工具栏。绘图工具栏的各个按钮功能见表 13-2。

表 13-2 **实用工具栏功能表**

按钮	功　能	按钮	功　能	按钮	功　能	按钮	功　能
	绘制直线		绘制曲线		绘制矩形		绘制扇形
	绘制多边形	A	放置文字		绘制圆饼		粘贴图片
	绘制椭圆弧线		设置文本框		绘制椭圆		粘贴文本阵列

13.9.2 绘制直线

直线在功能上完全不同于元件间的导线。导线具有电气意义，通常用来表现元件间的物理连通性，而直线并不具备任何电气意义。

直线的绘制十分简单，基本的步骤如下：

（1）执行绘制直线命令。用鼠标左键单击“绘图”工具栏中的按钮，或执行菜单命令

“放置”→“描画工具”→“直线”。

（2）绘制直线。执行绘制直线命令后，光标变为十字形，单击鼠标左键，确认直线的起点，然后拖动鼠标，拖动到适当位置，再次单击鼠标确定直线的终点。

若绘制多段折线，则在直线拐弯处，单击鼠标左键加以确认。重复上述操作，直到折线的终点，单击鼠标左键确认折线的终点后，单击鼠标右键完成此折线的绘制。

绘制完成后，可单击鼠标右键或按 Esc 键退出。

（3）设置直线属性。如果在绘制直线的过程中按下 Tab 键，或在已绘制好的直线上双击鼠标左键，即可打开直线属性对话框，如图 13-54 所示。从该对话框中可以设置直线的属性，包括线宽（Smallest、Small、Medium 或 Large）、线风格（实线 Solid、虚线 Dashed 和点线 Dotted 三种）和颜色设置。

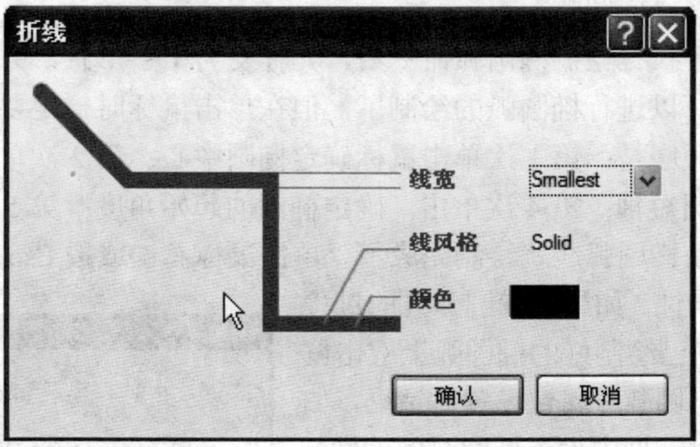

图 13-54 折线属性设置对话框

对于绘制好的直线可调整其位置和长度。将光标移到直线上，按下鼠标左键可直接拖动直线到适当位置后松开鼠标左键，即可将直线调整到当前位置。调整直线的长度可在该直线上单击鼠标左键，此时直线的两端会各自出现一个正方形的小方块，即所谓的控制点，可以通过拖动控制点来调整这条直线的起点与终点位置，即可调整直线长度。

13.9.3 绘制多边形

多边形是指利用鼠标光标确定的顶点所构成的封闭区域。绘制步骤如下：

（1）执行绘制多边形命令。用鼠标左键单击“绘图”工具栏中的按钮，或执行菜单命令“放置”→“描画工具”→“多边形”。

（2）绘制多边形。执行此命令后，鼠标指针变为十字状，单击鼠标确定多边形的第一个顶点，然后移动鼠标到第二个角单击鼠标左键形成一条直线，再移动鼠标，这时会出现一个随鼠标指针移动的预拉封闭区域。现在依次移动鼠标到待绘制图形的其他角单击左键，最后单击鼠标右键或按 Esc 键退出，系统自动把多边形的第一个顶点和最后一个顶点连接起来，构成一个封闭的多边形。

（3）编辑多边形属性。如果在绘制多边形的过程中按下 Tab 键，或是在已绘制好的多边形上双击鼠标左键，就会打开“多边形”属性设置对话框，如图 13-55 所示。在该对话框中可设置多边形的相关属性，如边缘宽（Smallest、Small、Medium 或 Large）、边缘色、填充色、是否设置为实心和是否设置为透明。

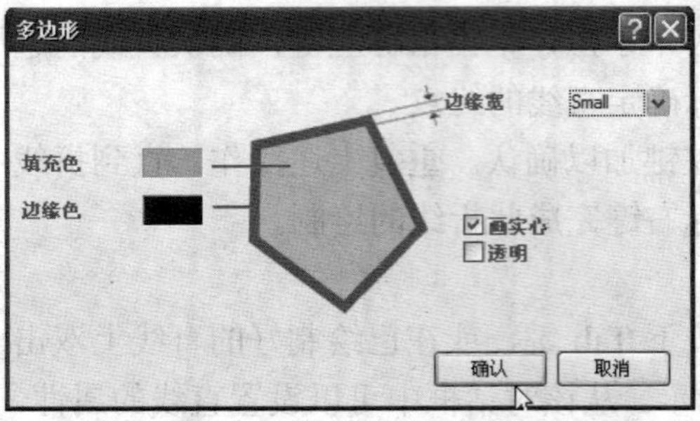

图 13-55　“多边形”属性设置对话框

如果直接用鼠标左键单击已绘制好的多边形，则可使其进入选取状态，此时多边形的各个角都会出现控制点，并可以通过拖动这些控制点来调整该多边形的形状。此外，也可直接拖动多边形本身来调整其位置。

13.9.4　绘制圆弧与椭圆弧

圆弧是椭圆弧的特殊形式，当椭圆的长轴与短轴相等时，就是一个圆。绘制步骤如下：

（1）执行绘制椭圆弧命令。用鼠标左键单击“绘图”工具栏中的按钮，或执行菜单命令“放置”→“描画工具”→“椭圆弧”。

（2）绘制椭圆弧。执行绘制椭圆弧命令后，光标变为十字形状，并拖带着一个虚线弧，此时通过单击鼠标就可以进行椭圆弧的绘制了，但在单击鼠标时一定要注意顺序，否则绘不出想要的椭圆弧。其顺序是：第 1 次单击鼠标确定椭圆中心；第 2 次单击，确定椭圆长轴；第 3 次单击，确定椭圆短轴；第 4 次单击，确定椭圆的起始角度；第 5 次单击，确定椭圆的终止角度。至此，一条椭圆弧线就绘制完成了。单击鼠标右键或按 Esc 键退出。

（3）设置椭圆弧属性。如果在椭圆弧线的过程中按下 Tab 键，或是在已绘制好的椭圆弧上双击鼠标左键，就会打开“椭圆弧”属性设置对话框，如图 13-56 所示。在该对话框中设置椭圆弧的属性，如线宽（Smallest、Small、Medium 或 Large）、X（长轴）半径、Y（短轴）半径、弧线的起始角度和结束角度、颜色、位置（中心坐标）。

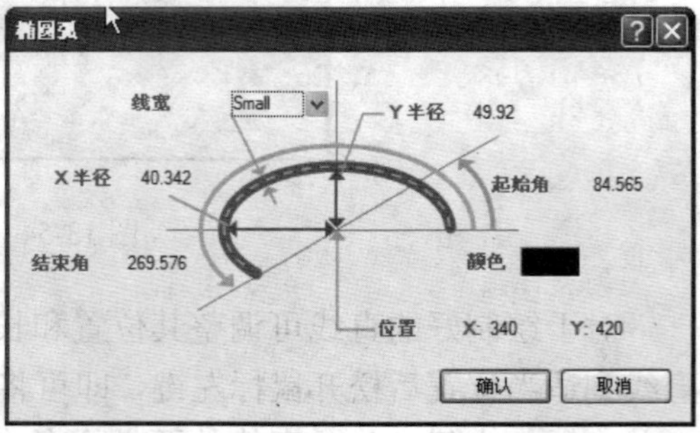

图 13-56　“椭圆弧”属性设置对话框

绘制圆弧线和椭圆弧线的方法基本相同，这里不再赘述。如果用鼠标左键单击已绘制好的圆弧线或椭圆弧线，可使其进入选取状态，此时其半径及缺口端点会出现控制点，拖动这些控制点来调整圆弧线或椭圆弧线的形状。此外，也可以直接拖动圆弧线或椭圆弧线本身来调整其位置。

13.9.5　绘制贝赛尔曲线

贝塞尔曲线可以用来绘制正弦波、抛物线等曲线。绘制步骤如下：

（1）执行绘制贝塞尔曲线命令。用鼠标左键单击“绘图”工具栏中的按钮，或执行菜单命令“放置”→“描画工具”→“贝赛尔曲线”。

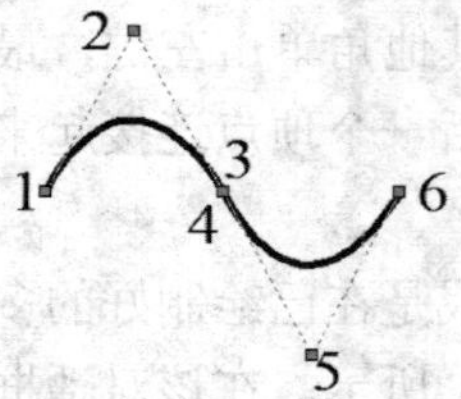

图 13-57　绘制的贝塞尔曲线

（2）绘制贝塞尔曲线。绘制贝塞尔曲线，单击鼠标的位置是有顺序的，在不同的位置单击可以得到不同的曲线。如图13-57 中绘制的是一个正弦波，图上标注数字的位置，即是依次单击的鼠标的位置。绘制完成后，单击鼠标右键或按 Esc 键退出。

（3）设置贝塞尔曲线属性。如果在贝塞尔曲线的绘制过程中按下 Tab 键，或是在已绘制好的椭圆弧上双击鼠标左键，就会打开“贝塞尔曲线”属性设置对话框，可从中设置贝塞尔曲线的颜色和线径属性。

13.9.6 放置注释文字

在原理图中的某些元件、引脚信号上放置注释文字，可以增加图纸的易读性。具体操作如下：

（1）执行放置注释文字命令。用鼠标左键单击“绘图”工具栏中的A按钮，或执行菜单命令“放置”→ “文本字符串”。

（2）放置注释文字。执行此命令后，光标变为十字形状，并带有一个文本字符串，把光标移到适当位置，单击鼠标即可放置该文本字符串。单击鼠标右键或按 Esc 键退出。

（3）设置注释文字的属性。在放置注释文字的命令状态下按 Tab 键，或者直接在放置好的注释文字的字符串上双击鼠标左键，即可打开“注释”属性设置对话框，可对文字标注的颜色、位置、放置方向、内容、字体进行设置，其中最重要的属性是“文本”栏，它是显示在绘图页中的注释文字串（只能是一行），可以根据需要修改。

13.9.7 放置文本框

放置注释文字仅限于一行的范围，如果需要放置多行的注释文字，就必须使用文本框。具体操作步骤如下：

（1）执行放置文本框命令。用鼠标左键单击“绘图”工具栏中的按钮，或执行菜单命令“放置”→ “文本框”。

（2）放置文本框。执行放置文本框命令后，光标变为十字形状，在需要放置文本框的一个边角处单击鼠标左键，然后移动鼠标就可以在屏幕上看到一个虚线的预拉框，用鼠标左键单击该预拉框的对角位置，就结束了当前文本框的放置过程，此时可以看见屏幕上有一个白底的矩形框，其中有一个“Text”字串。文本框放置完毕后，单击鼠标右键或按 Esc 键退出。

（3）设置文本框属性。在放置注释文字的命令状态下按 Tab 键，或者直接在放置好的注释文字的字符串上双击鼠标左键，即可打开“注释”属性设置对话框。同放置“文字注释”属性设置一样，可设置文字标注的内容、颜色，除此之外，还可设置文本框的文字对齐方式、文本框的边框颜色和文本框填充颜色。

13.9.8 绘制矩形

Altium Designer 还提供了另外几种绘图工具，如矩形、圆角矩形、椭圆、圆、饼图。这几种工具的使用方法基本相同，且比较简单，这里只介绍如何绘制矩形，其他图形的绘制可以参照矩形的绘制方法。矩形绘制的操作步骤如下：

（1）执行矩形操作命令。用鼠标左键单击“绘图”工具栏中的按钮，或执行菜单命令“放置”→“描画工具”→“矩形”。

（2）绘制矩形。执行命令后，光标变为十字形状，并带着一个矩形框。第 1 次单击鼠标确定矩形位置的一个顶点，拖动鼠标到合适位置，第 2 次单击鼠标确定矩形的对角顶点位置，即可在电路上绘制一个矩形。最后单击鼠标右键或按 Esc 键退出。

（3）设置矩形属性。在放置矩形的命令状态下按 Tab 键，或者直接单击已绘制好的矩形，就会打开设置属性的对话框，如图 13-58 所示。可在该对话框中设置矩形的有关参数。如矩形内部填充颜色、边框颜色和顶点坐标。

同绘制椭圆弧线相同，如果用鼠标左键单击已绘制好的矩形，可使其进入选中状态，在此状态下可以通过移动矩形本身来调整其放置的位置。在选中状态下，矩形的四个角和各边的中点都会出现控制点，可以通过拖动这些控制点来调整该矩形的形状。

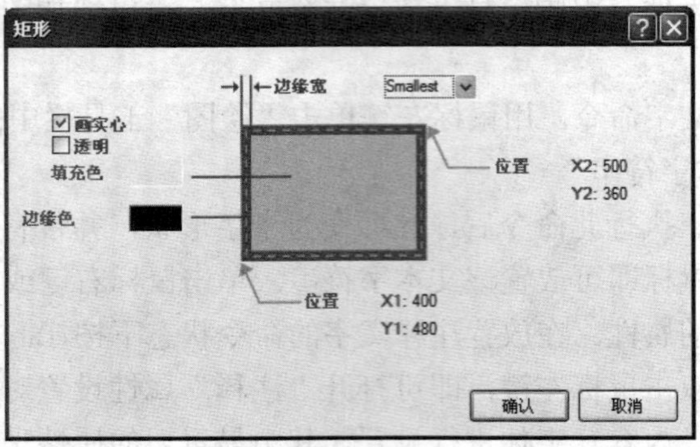

图 13-58 “矩形”属性设置对话框

13.10 编译工程并生成报表

绘制完原理图后，并不能立刻把它传送到 PCB 编辑器中，应该对整个电路图进行检测，排除所有错误，并且生成各种报表，用来统计整个电路原理图的工程信息。

对于一个实际的工程项目，由于电路设计较复杂，一般或多或少都会有一些错误或疏漏。Altium Designer 提供了编译工程这个强大工具，系统会根据设计者的设置，对整个工程项目进行检查，设计者可以很方便地进行检查、修改。另外，还提供丰富的报表功能，可以方便地生成各种不同类型的报表，通过这些报表，设计者可以方便地对设计进行校对、修改和采购等工作。

13.10.1 编译工程

电路图中的连线、元件端口都具有实际的电气意义，它们不是简单的连线和点，在使用时必须遵守一定的规则，这个规则就是电气规则（ERC）。绘制完电路原理图后，必须对整个工程项目进行电气规则检查。

所谓电气规则检查，就是检查整个电路中是否存在短路、断路、输出线与输入未连等错误。例如：重复定义元件标识，使系统无法区分出不同的元件；未连接完整的网络标签会造成信号断线；某两个输出引脚连在一起造成信号冲突等。这些都是不合理的电气冲突现象，Altium Designer 会按照设计者的设置以及问题的严重性分别以错误或警告来提示设计者注意。

在编译工程之前，读者需要对工程选项进行设置，以确定编译工具对整个工程所做的检查工作。设置工程选项可以执行菜单命令“工程”→“工程参数”，系统会弹出如图 13-59 所示的设置项目工程选项对话框。

（1）设置 Error Reporting 错误报告选项卡。如图 13-57 所示，在 Error Reporting 错误报告选项卡中，可以设置所有可能出现错误的报告类型。共有 4 种报告类型：不报告、警告、错误、致命错误。

对于系统列出的这些报告类型，建议设计者一般不要去更改，但是有的设计者为了满足自己的设计习惯，修改了这些报告类型也是可以的。修改方法：如设计者想修改 Duplicate Nets 的错误类型，由“错误”改为“警告”，则只需鼠标点击该项的“错误”处，从下拉列表框中选择“警告”即可。

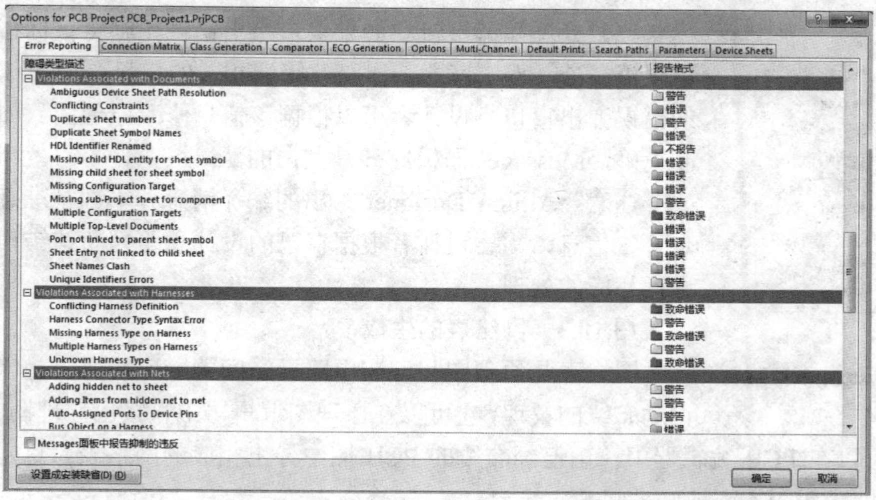

图 13-59 设置项目工程参数对话框

（2）设置 Connection Matrix 选项卡。Connection Matrix 标签页将电路的各种不同连接排列成矩阵形式，在这个矩阵里，垂直项目与水平项目交叉处的颜色，代表当这两种项目连接在一起时程序所要做的处置。若设置为红色，程序将视为致命错误来处理；若设置为橙色，程序将视为错误来处理；若设置为黄色，程序将视为警告信息来处理；若设置为绿色，程序不会有所反应。

若要改变设置，只要指向交叉处的色块，单击鼠标左键即可改变其颜色。若要恢复程序默认设置，只要单击“设置为默认”按钮即可。

13.10.2 编译工程

在设置完工程选项后，就可以对工程进行编译了，编译工程的具体步骤如下：

（1）执行编译工程命令。打开需要编辑的项目，然后选择执行菜单点击菜单“项目管理”→“Compile PCB Project”命令。

（2）编译工程。执行编译工程命令后，系统开始编译工程，编译完成后，系统生成信息报告，显示在如图 13-60 的 Messages 面板中。如果系统没有弹出消息框，则单击位于屏幕右下角的 System，如图 13-61 所示。从 System 的下拉菜单中，单击 Messages 标签可打开消息框。

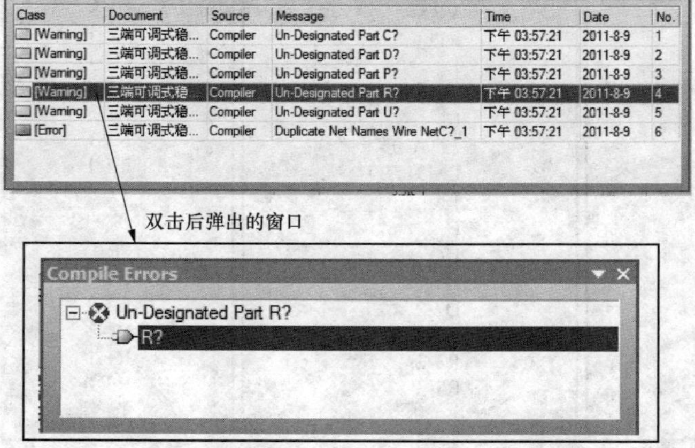

图 13-60 编译后的消息面板

（3）处理编译报告。如果报告给出错误，则将鼠标移到每一条错误消息处，双击就会弹出与此错误相关的信息，如图 13-60 所示的错误弹出窗口，设计者可以根据该信息修改原理图。如果电路绘制正确，Messages 面板应该是空白的。

注意： Altium Designer 给出的编译消息并不都是准确的，尤其是警告信息，需要设计者根据自己的设计思路判断该错误是否需要进行相应的处理。

图 13-61 System 下拉菜单

13.10.3 网络表的生成

网络表是原理图与印制电路板之间的一座桥梁，是印制电路板自动布线的灵魂，它可以在原理图编辑器中直接由原理图文件生成，反之，也可以在 PCB 编辑器中，由已经布线的 PCB 图中导出相应的网络表。总之，网络表把原理图和 PCB 图紧密地联系起来。

在 Altium Designer 中，设计者不是必须要生成网络表，然后把它传送到 PCB 编辑器中去，但是在 Altium Designer 内部，系统仍然生成内部网络表。网络表由两部分构成，元件信息和连线网络信息。在 Altium Designer 中，生成网络表很简单。用图 13-37 所示的“三端可调式稳压器”电路为例，介绍生成网络表的方法。操作如下：

（1）打开工程项目中的“三端可调式稳压器”原理图。

（2）执行菜单命令“设计”→“设计项目的网络表”→“Protel”，系统就会生成当前工程的网络表文件“三端可调式稳压器.NET”，并存放在当前工程的 Generated 目录下。

（3）双击网络表文件：“三端可调式稳压器.NET”，打开网络表文件。它是一个文本文件，内容（格式分三栏显示，顺序：左侧→右侧），如图 13-62 所示。

```
[
C1
RAD-0.3
Cap
]
[
C2
RB7.6-15
Cap Pol1
]
[
D1
DO-41
1N4001
]
[
D2
DO-41
1N4001
]
[
P1
HDR1X2
Header 2
]
[
```

```
R1
VR5
RPot
]
[
R2
axial-0.4
Res3
]
[
R3
VR5
RPot
]
[
U1
221A-04
LM317BT
]
(
UO
D1-1
D2-2
R2-2
R3-2
R3-3
```

```
U1-2
)
(
NetC1_2
C1-2
D1-2
P1-1
U1-3
)
(
NetC2_1
C2-1
D2-1
R1-2
R1-3
R2-1
U1-1
)
(
GND
C1-1
C2-2
P1-2
R1-1
R3-1
)
```

图 13-62 网络表文件

从图 13-62 看出，网络表先后分为两部分，第一部分是元件描述，第二部分是网络连接描述。具体含义如下：

（1）元件描述格式。

[	元件声明开始
C1	元件序号
RAD-0.3	元件封装
Cap	元件注释
]	元件声明结束

元件的声明以“[”开始，以“]”结束，将其内容包含在内。网络经过的每一个元件都需有声明。

（2）网络连接描述格式。

(	网络定义开始
NetC1_2	网络名称
C1-2	元件序号为 1，元件引脚号为 2
D1-2	元件序号为 1，元件引脚号为 2
P1-1	元件序号为 1，元件引脚号为 1
U1-3	元件序号为 1，元件引脚号为 3
)	网络定义结束

网络定义以“(”开始，以“)”结束，将其内容包含在内。网络定义首先要定义该网络的各端口。网络定义中必须列出连接网络的各个端口。

技巧：设计者可以从网络表中看出元件重名、缺少封装等问题。

13.10.4　元件报表

元件报表相当于一份采购元件的清单。当一个工程项目完成后，接着就要采购元件。对于比较大的项目，其中的元件种类繁多，封装各不相同，用人工方式统计难免出错，Altium Designer 可以为设计者轻松生成整个工程的元件报表。

以图 13-37 所示的“三端可调式稳压器”电路为例介绍生成元件报表的方法。操作如下：

（1）打开工程项目下的“三端可调式稳压器”原理图。

（2）执行菜单命令“报告”→“Bill of Materials，会弹出如图 13- 63 所示的元件报表对话框。

Altium Designer 还可以生成元件交叉报表、层次表等，可以方便设计者掌握整个项目工程的各种主要信息。其操作方法可参照元件报表，在此不一一叙述。

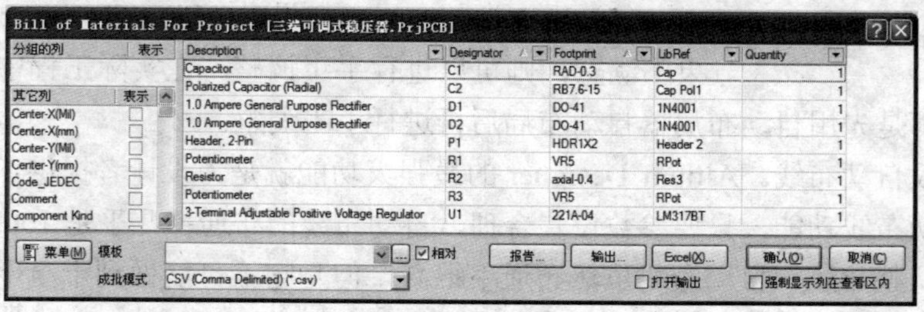

图 13-63　元件报表对话框

第 14 章　印制电路板的设计与制作

在 Altium Designer 中主要包括电路原理图设计和 PCB 电路板的设计，上一章介绍了电路原理图的绘制方法，本章将详细介绍 Altium Designer 的另一个强大的编辑器——PCB 印制电路板编辑器。

14.1　印制电路板的设计基础

Altium Designer 最强大的功能体现在印制电路板的设计上，本节将介绍 PCB 印制电路板设计的流程和设计的基本原则，以便于后面的学习。

14.1.1　印制电路板的设计流程

印制电路板的设计流程，大体可以分为以下几步，如图 14-1 所示。

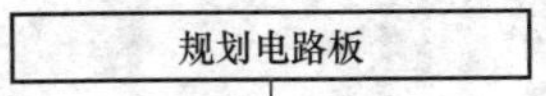

图 14-1　印制电路板的设计流程

（1）规划电路板。电路原理图设计完成后，在印制电路板设计的第一步就是对电路板做一个总体规划：确定电路板的物理尺寸，采用几层板（单面板、双面板或多层板），大体设想好各元件的摆放位置。

（2）设置各项参数。设置电路板的工作层面，以及设置 PCB 编辑系统的环境参数。

（3）载入网络表和元件封装。网络表是电路原理图和 PCB 板之间的纽带。只有把网络表装入 PCB 文件中，才有可能完成电路板的自动布线。另外，由于 PCB 印制电路板对应着实际元件，因此必须把各元件的封装信息载入 PCB 中，才能进行 PCB 印制电路板上的元件布局和布线。在 Altium Designer 中，对以前的版本进行了升级，不再需要设计者手动生成网络表和元件封装信息载入 PCB 系统，而是由系统在后台完成。

（4）元件自动布局。对于电路板上元件较少且不复杂的情况，可采用 Altium Designer 的自动布局器，为整个电路板上的元件自动布局。

（5）手工调整布局。如果对 Altium Designer 的自动布局结果不满意，则可以进行手工调整。在实际工程中，绝大多数情况下，设计者都是先用自动布局器自动布局后再进行手工调整。

（6）电路板自动布线。Altium Designer 的最强大功能就是为设计者提供了自动布线器，它可以实现自动布线功能，只要参数设置合理，自动布线的布通率几乎是 100%。

（7）手工调整布线。自动布线虽然布通率很高，但是它不可能做到十全十美，总有一些线布得不是很合理，这时就需要设计者手工进行调整布线。

（8）DRC（design rules check）检查。PCB 布线完成后，为了确保 PCB 板完全符合设计

者的要求，需要对布好线的印制电路板进行 DRC 校验。

（9）文件保存、打印输出。完成以上工作后，要保存印制电路板文件，并打印输出，以备今后工作中使用。

（10）加工、制作 PCB 板。完成印制电路板的设计后，就可以按照该文件进行加工、制作产品了。

14.1.2　在项目中创建 PCB 文件

进行 PCB 设计之前，必须在项目中建立一个 PCB 文件，才能把原理图编辑器中的电路信息（网络表与元件封装）载到 PCB 印制电路板设计系统中。

创建新的 PCB 文件不但可以直接执行菜单命令“文件”→“创建”→“PCB”，也可以利用模板，还可以使用 PCB 文件向导。使用菜单命令的方法与建立原理图的方法类似，系统最后采用默认的图样格式创建文件。下面介绍如何用向导和模板创建新的 PCB 文件。

图 14-2　Files 面板标签

1. 用向导创建 PCB 文件

用向导来创建 PCB 文件的方法的最大特点是：可以选择各种工业标准板的轮廓，并自定义电路板的尺寸，这将大大节约设计者的开发时间。使用 PCB 向导创建新的 PCB 文件的步骤如下：

（1）启动 PCB 文件向导。在 Altium Designer 工作区左侧的 Files 文件面板中找到“根据模板新建”列表，如图 14-2 所示。在该列表中单击 PCB Board Wizard 项。因 PCB Board Wizard 项在 Files 面板的最下部，如果该项没显示在屏幕上，单击 Files 面板右侧的图标，收起上面的一些单元即可。

（2）执行该命令后，系统将打开“PCB 板向导”界面。首先看到的是介绍页，单击“下一步”按钮，弹出设置印制电路板上使用尺寸单位的对话框。在该对话框中可以设置的度量单位为英制或公制。二者的换算关系为：1in＝1000mil＝25.4mm。此处我们选择了英制。

（3）单击“下一步”按钮，弹出如图 14-3 所示的对话框，在该对话框中给出了多种工业标准板的轮廓或尺寸，根据设计的需要选择。此处选择自定义电路板的轮廓和尺寸，即选择“Custom”。

（4）单击“下一步”按钮，弹出如图 14-4 所示的对话框，在该对话框中可以设置 PCB 板的形状、尺寸、边界线的宽度等参数。

（5）单击“下一步”按钮，弹出设置信号层和电源层层数的对话框。此处我们设计双面板，故信号层：2，电源层：0。

（6）单击“下一步”按钮，弹出如图 14-5 所示的对话框。该对话框用于设置过孔风格，有两种类型：通孔、盲导孔或隐藏导孔（Blind and Buried Vias）。此处是设计双面板故选择穿透式导孔，即通孔。

（7）单击“下一步”按钮，弹出如图 14-6 所示的对话框。该对话框设置所设计的电路板主要采用表面贴装元件还是通孔式安装元件。如果选择了使用表贴式安装元件，则要选择元件是否放置在电路板的两面。如果 PCB 中使用的是通孔式安装元件，则要设置相邻焊盘之间的导线数。此处选择“通孔元件”选项，相邻焊盘之间的导线数设为“两条导线”。

图 14-3 设置板子尺寸对话框

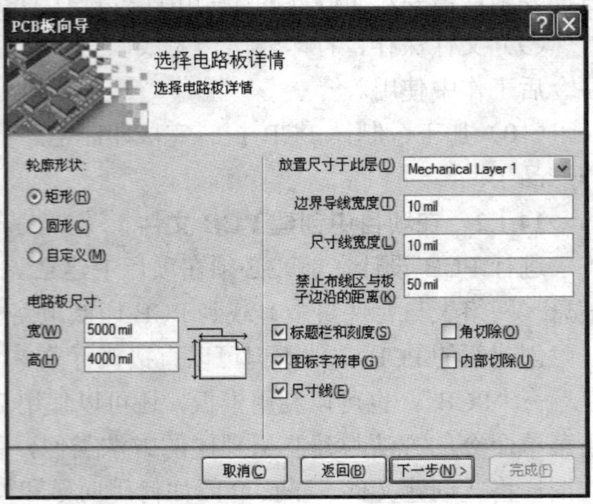

图 14-4 设置 PCB 板的各项参数

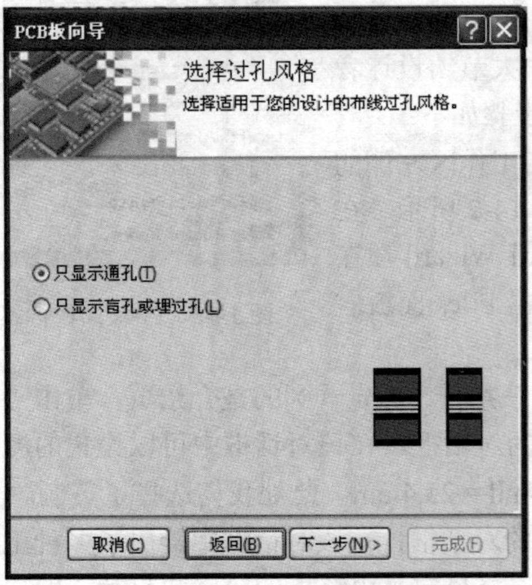

图 14-5 设置过孔风格对话框

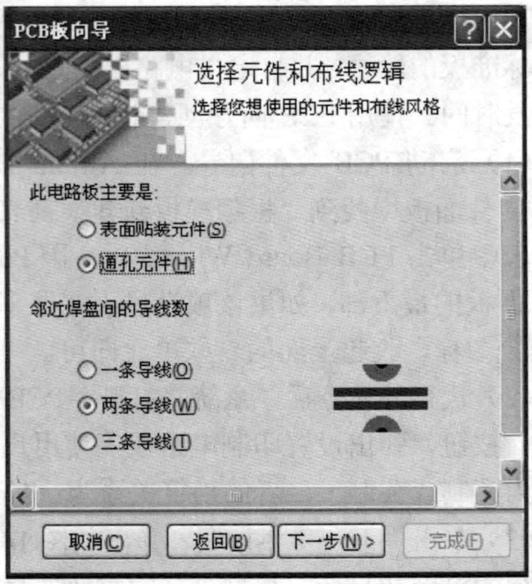

图 14-6 设置元件和布线风格对话框

（8）单击“下一步”按钮，弹出如图 14-7 所示的对话框，该对话框设置导线的最小宽度、导孔的尺寸和导线之间的安全距离等参数。鼠标左键单击要修改的参数位置即可进行修改。此处按图上参数设置。

（9）单击“下一步”按钮，出现“PCB 向导完成”对话框。

（10）单击“完成”按钮关闭，此时，Altium Designer 将启动 PCB 编辑器，根据在向导中设置的参数创建 PCB。此时项目管理器中自由文档（Free Documents）下显示一个名为 PCBl．PcbDoc 的自由文件。设计者可执行菜单命令“文件”→“另存为”，为新建的 PCB 文件指定新的路径和文件名。创建完的 PCB 文档如图 14-8 所示。

PCB 编辑器界面与原理图编辑器界面相比较，最明显的一点是在 PCB 编辑器下方有对应的 PCB 板层显示。

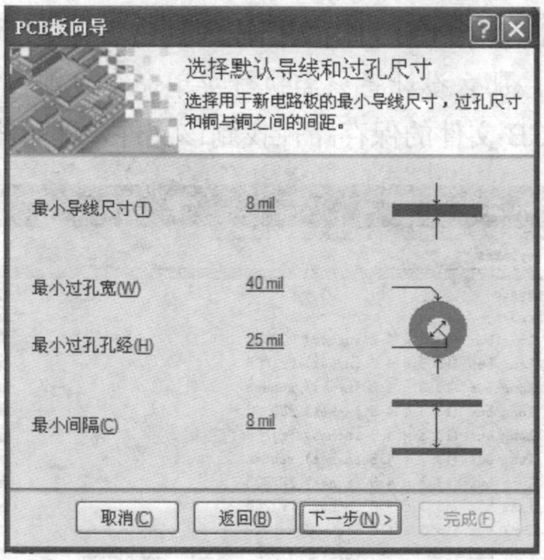

图 14-7　设置导线和过孔尺寸对话框

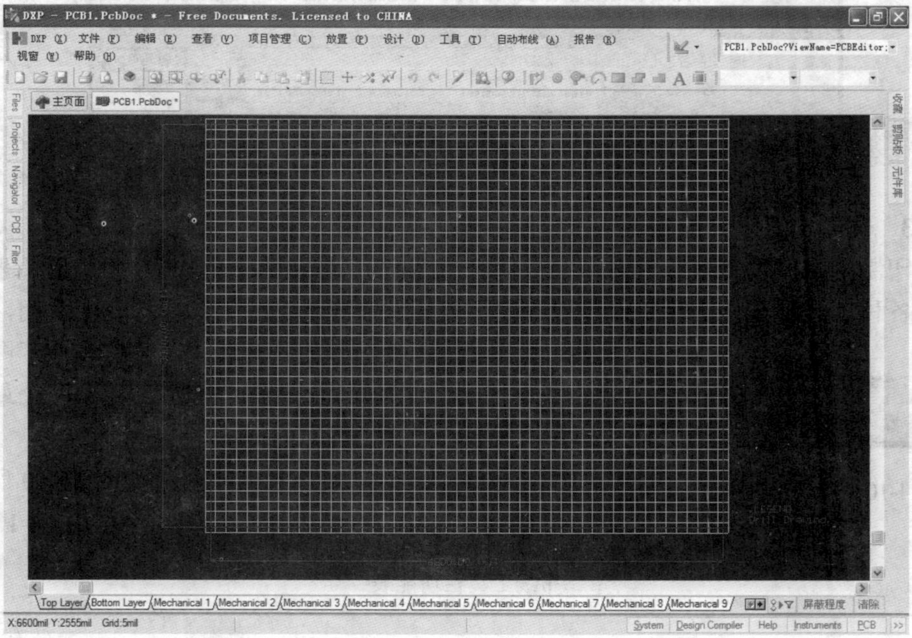

图 14-8　PCB 板图

2. 从模板创建新的 PCB 文件

Altium Designer 提供了各种 PCB 模板，可以直接使用模板创建新的 PCB 文件。在图 14-2 的 Files 面板的“根据模板新建”列表中，单击 PCB Templates，系统会打开如图 14-9 所示的模板文件选择对话框。在该对话框中可以选择一个适合的 PCB 模板文件，然后单击“打开”按钮，就可以用选择的模板来创建新的 PCB 文件。

设计者也可以将自定义的 PCB 板保存为模板，需要时可以在模板对话框中选择该自定义模板使用。

在 Altium Designer 中，如果是在项目管理下，创建一个新的 PCB 文档，当 PCB 文档创建完成后，该文档将会自动地添加到该项目中，否则，创建的新的 PCB 文档将以自由文档形式存在，如果想把这个自由文档添加到设计项目中，那么可以先打开该设计项目，然后在 Projects

面板中直接用鼠标将这个新创建的PCB自由文档拖入到该项目中即可。如果想把一个已经存在的PCB文件添加到某项目中，那么设计者只需执行菜单命令“项目管理”→“追加已有文件到项目中…”，然后按照这个PCB文件的保存路径找到该文件，即可将其添加到项目中。

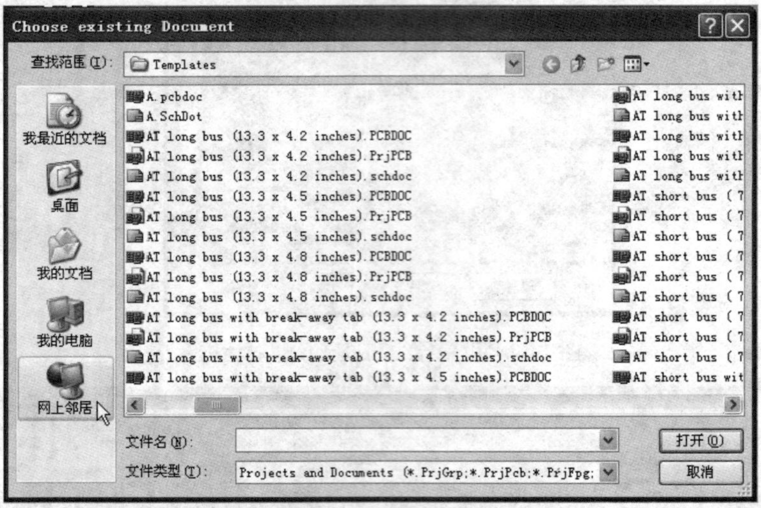

图14-9 模板文件选择对话框

14.1.3 印制电路设计编辑器

进入印制电路板设计系统，实际上就是启动Altium Designer的PCB设计编辑器，PCB也提供了各种工具栏。在实际工作过程中往往要根据需要将这些工具栏打开或关闭，常用工具栏、状态栏、面板标签的打开和关闭方法与原理图设计系统的基本相同。这里重点介绍在PCB环境中两个最重要的工具栏：布线工具栏和实用工具栏。

图14-10 布线工具栏

（1）布线工具栏。PCB布线工具栏如图14-10所示，主要为用户提供布线命令，各命令按钮功能见表14-1。

表14-1 布线工具栏功能表

按钮	功 能	按钮	功 能	按钮	功 能
	交互式布线		放置焊盘		放置过孔
	边沿法放置圆弧		放置矩形填充		放置铜区域
	放置覆铜平面		放置字符串		放置元件

（2）实用工具栏。PCB实用工具栏如图14-11所示，该工具栏包括几个常用的子工具栏，如图14-12所示。

图14-11 实用工具栏

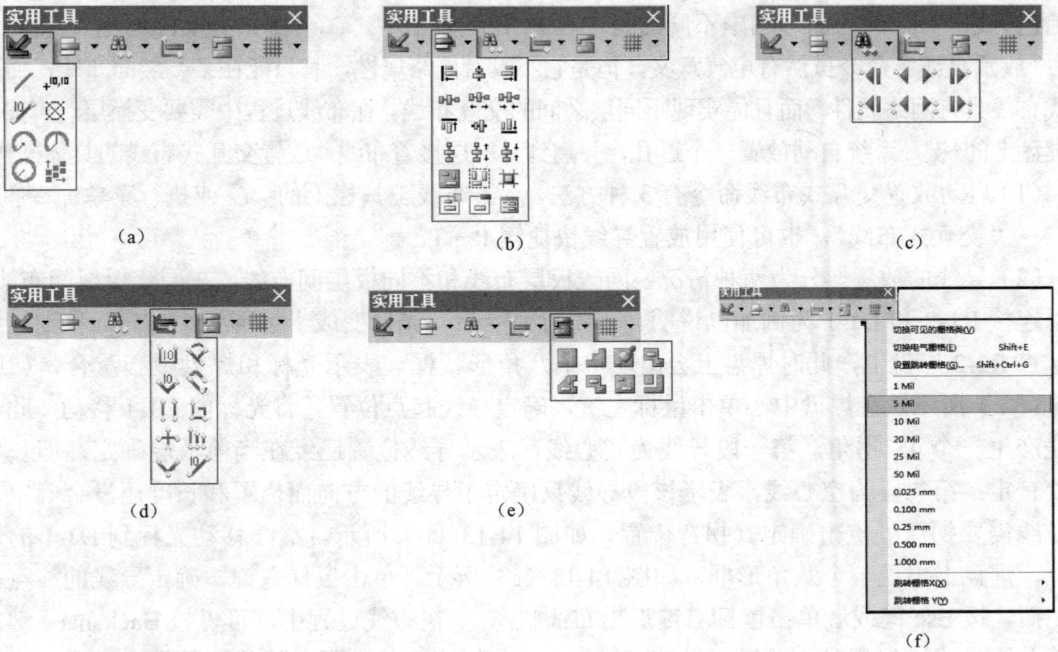

图 14-12　实用工具栏的子工具栏

（a）绘图工具栏；（b）元件位置调整工具栏；（c）查找选择工具栏；
（d）尺寸标注工具栏；（e）放置 Room 空间工具栏；（f）网格工具栏

1）绘图工具栏：该工具栏用于导线、圆弧、圆、坐标、标准尺寸的放置，以及原点的设定和队列粘贴。

2）元件位置调整工具栏：使用该工具栏可方便地进行元件的排列和布局，如左对齐、右对齐、顶部对齐、底部对齐、中心对齐以及水平平铺等，掌握并熟练使用这个工具栏能够大大提高工作效率。

3）查找选择工具栏：该工具栏可方便选择原来所选择的对象。工具栏上的按钮允许从一个选择的元件以向前或向后的方向跳转至下一个。

4）尺寸标注工具栏：利用该工具栏可以在图中放置各种尺寸标注。如：直线、角度、半径等，这些尺寸标注能够使 PCB 板制作、加工时更精细、准确。

5）放置 Room 空间工具栏：Room 空间又称为元件盒，即元件摆置区间。该工具栏用于放置不同形状的元件盒。

6）网格工具栏：该工具栏可根据布线需要，进行网格大小的设置。

14.1.4　工具栏的使用

在进行 PCB 印制电路板的设计中，需要在电路板上添加导线、焊盘、元件等，这些都可通过工具栏或相应的菜单命令来完成。在 PCB 编辑器中提供了丰富的工具栏，有的工具栏使用方法同前面介绍的原理图编辑器中相同或相近，在此就不做介绍了。下面将重点介绍 PCB 中使用最多的几个工具命令。

1. *放置导线*

放置导线是绘制 PCB 印制电路板时最常用的命令，PCB 中放置导线的命令有两个，其中一个是图 14-10 所示布线工具栏的“交互式布线”命令，另一个是 14-12 所示绘图工具栏的

“放置直线”命令。与原理图中不同的是：在PCB编辑器中，二者都具有实际的电气意义。

“放置直线”命令虽然有电气意义，但是它不具有网络属性，且只能在某一层面布线，而交互式布线具有网络属性，而且能实现不同层之间的交互布线。在布线过程中需要变换层时，按数字键盘上的*键，系统自动放置一个过孔，并翻到另一层接着布线。放置交互式布线的具体操作：

（1）启动放置交互式布线命令有3种方法。点击布线工具栏上的 ，或执行菜单命令“放置”→“交互式布线”，也可使用放置导线快捷键P→T。

（2）导线的放置。分为两种情况：同一板层布线和不同板层间布线。在同一板层间布线。现以连接R1-2和D1-1为例加以说明。当执行命令后，光标变成十字形状。将光标移到导线的起点R1-2焊盘上，此时焊盘上会出现一个八角形状框，表示光标和焊盘中心重合，如图14-13（a）所示。在焊盘中心单击鼠标左键，确定导线起点位置。将光标向D1-1移动，此时导线产生一个45°拐角，第一段导线为实心线，表示导线位置已经在当前板层确定，但长度还没有定；第二段为空心线，表示该段导线只确定了导线的方向而位置和长度还没有确定，在导线需要拐弯处点击确定其拐弯位置，如图14-13（b）所示。继续移动光标到D1-1的焊盘上，焊盘上出现一个八角形框，如图14-13（c）所示。单击鼠标左键，确定导线的终点。画完后，按Esc键或者单击鼠标右键退出布线状态。 在布线过程中，可以按Backspace键来取消前段导线。拐弯时，可以通过按 Shift+Space 键来切换选择导线的五种拐弯模式：直线45°、弧线45°、直线90°、弧线90°、任意斜线。

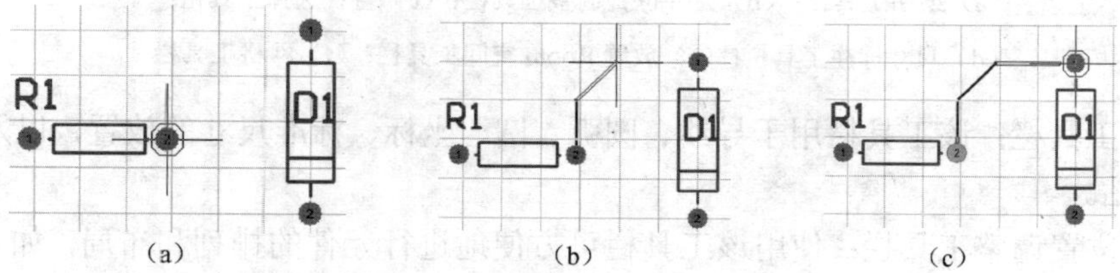

图14-13 同一板层放置导线

（a）确定起点；（b）布第一段导线；（c）确定终点

在不同板层间的布线。假设Rl-2和D1-1焊盘间从顶层和底层布线，都不能直接布通，要使二者相连，此时就需要在不同板层间进行布线。操作方法如图14-14所示。首先从顶层焊盘R1-1布线，绘制方法同上，只是走到需切换到底层布线的位置时，按数字键盘上的*键，此时系统将自动放置一个导孔（Via），单击鼠标左键确定将导孔定位，同时导线被切换到底层。继续将光标移到D1-1焊盘上，单击左键，确定连线终点，此时第二段导线已经在底层上放置。导线放置的层可以通过导线颜色来确定。画完后，按Esc键或者单击鼠标右键退出布线状态。

当在不同板层间布线时，可以通过导线的颜色变化知道导线层的变化。

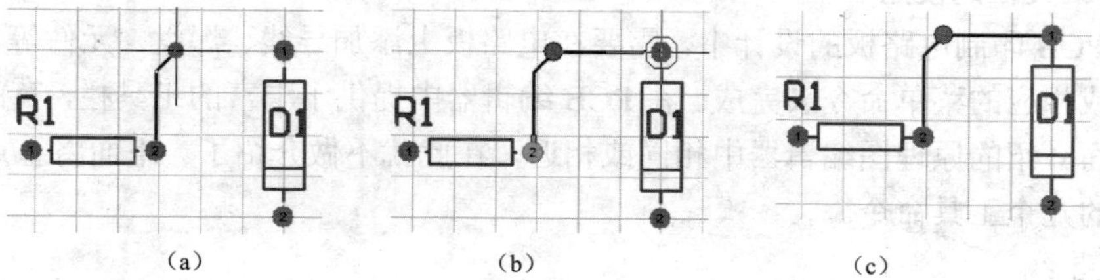

图14-14 不同板层间放置导线

（a）放置过孔前；（b）放置过孔后；（c）确定终点

（3）导线的修改和调整。PCB 中可以对已经放置的导线的长度、形状和位置进行修改和调整。方法是：首先将光标移到要修改的导线上，点击鼠标，这时在点取的导线两端和中间将出现三个操控点。如果将光标移到导线两端操控点上，按下鼠标左键可以在水平方向上调整导线的长度，如果光标放在导线中间操控点上时，按下鼠标左键可以在垂直方向上调整导线，如果将光标放在已经点取的导线上，在除了三个操控点以外的任意位置上，光标都会变成四个方向箭头的十字形状光标，此时按下左键不放，即可平移导线。

（4）设置导线属性。在布线状态下，按 Tab 键，或者在已经固定的导线上双击鼠标左键，都可以打开如图 14-15 所示的“导线属性设置”对话框。在对话框中可以设定导线宽度、起点、终点、导线所在的层和网络。如想改变导线所在的层，直接点击层右侧的，从下拉菜单里列出的层中选择所需要放置的层后，点击确认即可。

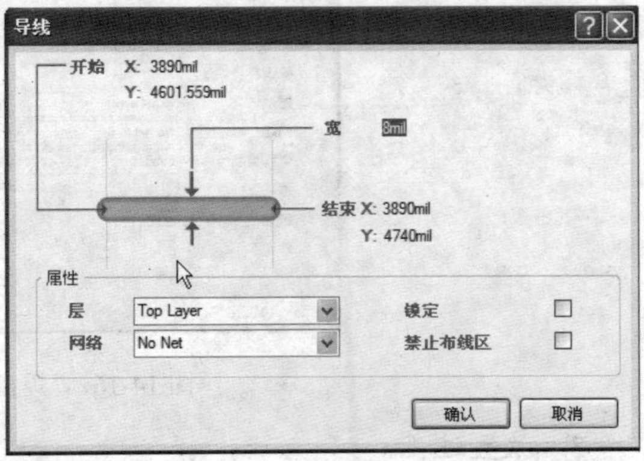

图 14-15 “导线属性设置”对话框

提示：放置导线的另一个方法即单击图 14-12 所示“绘图”工具栏的命令，或执行菜单命令“放置”→“直线”，其放置方法可参照放置“交互式导线”操作。这两种线虽然都具有电气意义，即都是导线，但由于直线不具有网络属性，且它的属性不由设计规则决定，故常用直线来绘制印制电路板的外形、元件的轮廓和禁止布线层的边界等。建议设计者在放置导线时，采用“交互式导线”，而不要采用直线，这将便于设计者对印制电路板进行检查和修改。

2. 放置焊盘

焊盘是 PCB 绘制的另一个最常用的图元。焊盘除了常规的圆形外，还可以设置椭圆、矩形、八角形等形状。放置焊盘的具体操作：

（1）启动放置焊盘命令有三种方法。点击布线工具栏的按钮，或选择执行菜单命令“放置”→“焊盘”，也可以直接用放置焊盘快捷键 P→P。

（2）焊盘的放置。启动命令后，光标变成十字形状并且光标上带着一个焊盘，单击鼠标左键即可完成焊盘的放置，单击右键结束命令。

（3）焊盘的属性设置。在放置焊盘的状态下按 Tab 键，或在已放置的焊盘上双击鼠标左键，都可以打开图 14-16 所示的“焊盘属性设置”对话框。具体各区域功能说明如下：

1）左上角图形区域：该区域可设置焊盘的孔径、中心位置和焊盘旋转的角度，单击相应的值就可进行修改。

2）“属性”区域：该区域设置焊盘的标识符、层、网络、电气类型等。其中电气类型包括三类：Load（中间点）、Source（起点）和 Terminator（终点）。

3）“尺寸和形状”区域：该区域中，“*X*-尺寸”和“*Y*-尺寸”分别设置焊盘的 *X* 轴和 *Y* 轴的尺寸；“形状”设置焊盘的形状，单击右侧的下拉式按钮，即可选择焊盘的形状：圆形、矩形和八角形。

4）“助焊膜扩展”和“阻焊膜扩展”区域：这两个区域分别用于设置助焊层和阻焊层的

大小是按照设计规则设置还是按照特殊值设置。

设置完属性后，单击“确认”按钮，即可放置焊盘。

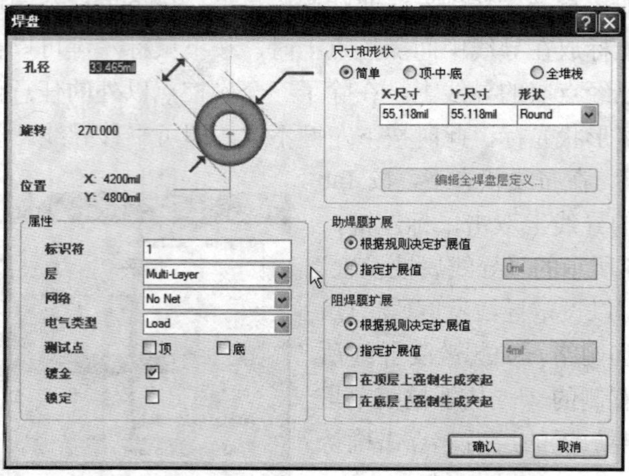

图 14-16 “焊盘属性设置”对话框

3. 放置过孔

过孔用于连接不同板层间的导线，当布线从一层进入另一层是需要放置过孔。放置过孔的具体操作如下：

（1）启动放置过孔命令有三种方法。单击布线工具栏的按钮，或选择执行菜单命令“放置”→“过孔”，也可以直接用放置过孔快捷键 P→V。

当交互式布线时，按数字键盘的*键，系统可以自动产生一个过孔。

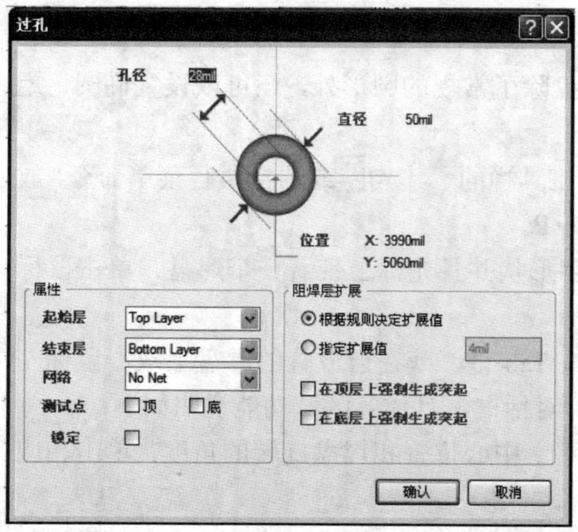

图 14-17 “过孔属性设置”对话框

（2）过孔的放置。启动命令后，光标变成十字形状并且光标上带着一个过孔，单击鼠标左键即可完成过孔的放置，单击右键或按 Esc 键即可退出放置过孔命令状态。

（3）设置过孔属性。在放置过孔的状态下按 Tab 键，或在已放置的过孔上双击鼠标左键，都可以打开如图 14-17 所示的“过孔属性设置”对话框。“过孔属性设置”对话框包括以下几个方面的设置，说明如下：

1）上方图形区域。该区域设置过孔的直径、孔径和中心坐标。

2）“属性”区域。该区域设置过孔的起始层、结束层及导孔所在的网络等。

3）“阻焊层扩展”区域。该区域选择阻焊层的大小是按设计规则设置还是按特殊值设置。

设置完属性后，单击“确认”按钮，即可放置过孔。

4. 放置位置坐标

位置坐标用于指示编辑区中任何一点的坐标值。具体操作如下：

（1）启动放置坐标命令有 3 种方法。单击图 14-12 中“绘图”工具栏的按钮，或选择执行菜单命令“放置”→“坐标”，也可以直接用放置位置坐标快捷键 P→O。

（2）坐标的放置。启动命令后，光标变成十字形状并且光标上带着位置坐标，把十字光标移到印制电路板的适当位置，单击鼠标左键即可放置该位置坐标。重复上述步骤，可以在印制电路板上放置其他位置坐标。

单击右键或按 Esc 键即可退出放置位置坐标命令状态。真正要放置准确的位置坐标还需要设置其属性。用前面类似方法打开位置坐标设置对话框，可设置位置坐标的相关参数。

5. 放置尺寸标注

在 PCB 印制电路板设计中，经常需要标注某些尺寸，以方便后续设计或制造。放置尺寸标注的操作如下：

（1）启动放置尺寸标注命令。在放置尺寸标注前，先通过层切换标签将当前层切换到机械层，然后启动放置尺寸标注命令，启动的方法可以单击 “绘图”工具栏的按钮，或选择执行菜单命令“放置”→“尺寸”→“尺寸标注”，也可以直接用放置尺寸标注快捷键 P→D→D。

（2）放置尺寸标注。启动命令后，光标变成十字形状并带着两个相对的箭头，将鼠标移到合适位置，单击鼠标左键确定标注的起点。然后再移动光标，此时标注拉开。移到合适位置后再次单击鼠标左键，确定标注的终点。

单击右键或按 Esc 键即可退出放置位置坐标命令状态。同样用前面类似方法打开尺寸标注设置对话框，在对话框中可设置尺寸标注的相关参数。

Altium Designer 中为设计者提供了形式各异的尺寸标注，可以通过菜单命令“放置”→“尺寸”下的子菜单命令来放置不同的尺寸标注。

6. 放置相对原点

在 PCB 中，原点可分为绝对原点和相对原点。绝对原点又称为系统原点，位于 PCB 编辑区的左下角，其位置固定不变；相对原点是由绝对原点定位的一个坐标原点，其位置可以由设计者自己设定。在设计电路板时，状态栏中指示的坐标值是根据相对原点来确定的，如果设计者没设置相对原点，则编辑区的两个原点是重叠的。使用相对原点可以给电路板设计带来很大的方便。放置尺寸标注的操作如下：

（1）启动放置相对原点命令有 3 种方法。可以单击“绘图”工具栏的按钮，或选择执行菜单命令“编辑”→“原点”→“设定”，也可以直接用快捷键 E→O→S。

（2）放置相对原点。启动命令后，光标变成十字形状，把十字光标移到要设定相对原点的位置上，单击鼠标左键即可完成相对坐标原点的放置。

对放置完的相对原点可以删除，删除方法是：执行菜单命令“编辑”→“原点”→“重置”，即可删除设置的相对原点，删除后相对原点重新和绝对原点重合。

7. 放置圆弧导线

在 PCB 设计中，为设计者提供了 4 种放置圆弧导线的操作命令，下面分别介绍这几个操作命令的调用和画法，圆弧导线属性设置方法同导线、焊盘等图元的属性设置方法类似，也是在其属性设置对话框中进行相应设置，在此就不做过多介绍。

（1）中心法画圆弧。执行菜单命令“放置”→“圆弧（中心）”，或直接用快捷键 P→A，都可以启动中心法画圆弧命令。启动命令后，光标变成十字形状，把十字光标移到适当位置开始绘制圆弧。

第 1 次单击确定圆弧的圆心，第 2 次单击确定圆弧的半径，第 3 次单击确定圆弧的起始角，第 4 次单击确定圆弧的终止角。这样就可绘制出圆弧。

单击右键或按 Esc 键即可退出放置位置坐标命令状态。

（2）边沿法画 90°圆弧。边沿法就是通过圆弧上的两点，即起点与终点来确定圆弧的大小，根据操作命令不同可以分为：画 90°圆弧和画任意圆弧两种类型。

画 90°圆弧的方法如下：执行菜单命令“放置”→“圆弧（90°）”，或直接用快捷键 P→E，也可以单击布线工具栏的按钮，这 3 种方法都可以启动边沿法画 90°圆弧命令。启动命令后，光标变成十字形状，因为该命令只能绘制 90°的圆弧，故把十字光标移到适当位置，单击鼠标确定圆弧的起点，然后移动鼠标，在圆弧导线结束的位置上再次单击鼠标即可确定终点位置。单击右键或按 Esc 键即可退出放置圆弧导线命令状态。

（3）边沿法画任意角度圆弧。执行菜单命令“放置”→“圆弧（任意角度）”，或直接用快捷键 P→N，都可以启动中心法画圆弧命令。启动命令后，把十字光标移到适当位置，第 1 次单击鼠标确定圆弧的圆心，第 2 次单击鼠标确定圆弧的起始角，第 3 次单击鼠标确定圆弧的终止角，即可绘制一个任意角度的圆弧。单击右键或按 Esc 键即可退出该命令状态。

（4）绘制圆。执行菜单命令“放置”→“圆”，或直接用快捷键 P→U，都可以启动中心法画圆弧命令。启动命令后，光标变成十字形状，把十字光标移到适当位置，单击鼠标确定圆心，接着移动鼠标，拉出一个半径随鼠标移动而变化的圆。在大小合适的位置单击鼠标即可确定圆。单击右键或按 Esc 键即可退出该命令状态。

需要对圆弧导线的移动和调整时，可用鼠标单击圆弧导线，圆弧上将出现三个操作控制点，可通过操控点进行调整。操作方法同前面介绍的导线调整方法。

14.2 规划电路板

在创建了 PCB 文档进行印制电路板设计时，首先要确定其工作层，包括信号层、内部电源/接地层、机械层等。

14.2.1 Altium Designer 工作层的介绍

Altium Designer 可以设置 74 个板层，主要有以下几个类型。

1. 信号层（Signal Layers）

Altium Designer 提供了 32 个信号层，包括顶层（Top）、底层（Bottom）和 30 个中间层（Mid Layer 1～30）。顶层和底层信号层主要用来放置元件和铜膜导线，中间信号层一般只能放置导线。如果是双面板，则只有顶层和底层，没有中间信号层。在实际制作印制电路板时，尽量只在一面放置元件。

2. 内部电源/接地层（Internal Planes）

内部电源/接地层只有在设计多层板时，才会用到内部电源/接地层。内部电源/接地层主要用来布置电源线和接地层的，每个内部电源/接地层都可以设置一个网络名称，PCB 设计系统会把这个层和其他具有相同网络名称的焊盘、过孔连接起来，同时也允许设计者把同一内部电源/接地层分成几个区域，在不同区域安排不同的电源和接地。

3. 机械层（Mechanical）

Altium Designer 提供了 16 个用途的机械层，用来定义版轮廓、放置厚度、制造说明及其他设计需要的机械说明。这些层在打印和底片文件产生都是可选择的。制作 PCB 时，系统默认的信号层为两层，默认的机械层只有一层，实际工程中，一般在 Mechanical 1 层设定印制电路板的物理尺寸和标注其他信息。

4. 膜（Mask Layers）

Altium Designer 提供了 4 层膜，包括 Top Paste（顶层阻焊膜）、Bottom Paste（底层阻焊膜）、Top Solder（顶层助焊膜）和 Bottom Solder（底层助焊膜）。印制电路板上，阻焊膜是涂在焊接时在不需要加焊锡的地方，防止在这些地方上焊锡；而助焊膜恰恰相反，它是涂在焊接时需要加焊锡的地方，有助于在这些地方上焊锡。

5. 丝印层（Silkscreen Layers）

包括顶层丝印层和底层丝印层。丝印层主要用来放置元件的外形轮廓、文字标注、元件编号等，在印制电路板上放置元件时，系统自动把元件的编号和轮廓放置在丝印层上。

6. 禁止布线层（Keep-out Layer）

禁止布线层用来定义元件和导线放置的区域。它定义了印制电路板的电气边界，在设计印制电路板前，一定要先定义禁止布线层。

7. 复合层（Muil-Layer）

复合层是印制电路板上的当前层都叠加在一起显示，在复合层上放置元件时，能够很方便地把该元件放到所有层中，所以可以在该层上放置直插式焊盘和过孔。

8. 钻孔引导层（Drill Guide）和钻孔层（Drill Drawing）

绘制钻孔引导层和钻孔层，这两层主要和生产印制电路板的厂商有关。

14.2.2 工作层的设置

制作印制电路板的前期工作是正确设置和使用 Altium Designer 提供的工作层，下面介绍工作层相关选项的设置。

1. 层堆栈管理器

执行菜单“设计”→“层堆栈管理器”命令，或在 PCB 编辑窗口点击鼠标右键，在弹出的菜单中执行“选择项”→ “层堆栈管理器”命令，系统将弹出如图 14-18 所示的“层堆栈管理器”对话框。在层堆栈管理器中，可以看到板层的立体效果。

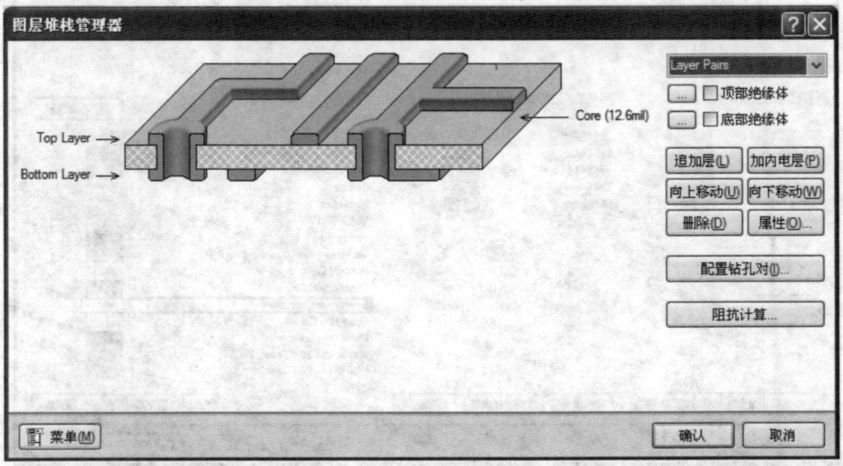

图 14-18 “层堆栈管理器”对话框

在“层堆栈管理器”对话框中的右上角有8个按钮：

（1）单击“追加层”按钮可以添加中间信号层。

（2）单击“加内电层”按钮可以添加内部电源/接地层，不过在添加这些层前，应该首先使用鼠标选中层的添加位置处。

（3）单击“删除”按钮可以删除层。

（4）单击“向上移动”或“向下移动”按钮，可以调整层的位置上移或下移。

（5）单击“属性”按钮可以设置所选层的属性。

（6）单击“配置钻孔对...”按钮可以对钻孔结构进行设置。

（7）单击“阻抗计算”按钮可以计算层间阻抗。

以上8个按钮中有6个按钮的功能也可以在对话框中单击鼠标右键直接获得命令菜单，还可以单击“层堆栈管理器”对话框左下角的“菜单”按钮，弹出的命令菜单中有6条命令与对话框右上方的6个按钮的功能一样。

在图14-18右上方的“顶部绝缘体”或“底部绝缘体”前打对号，则会看到立体图中的顶层或底层变为其他颜色。板层示意立体图左边为各工作层指示，右边为信号层间距绝缘层尺寸（Core）。

2.“PCB板层颜色设置”对话框

执行菜单命令“设计”→“PCB板层次颜色设置”或在PCB编辑窗口单击鼠标右键，在弹出快捷菜单中选择“选择项”→ “PCB 板层次颜色设置”命令，就可以看到如图14-19所示的“PCB板层颜色设置”对话框。

在对话框中，包括7个区域：信号层、内部电源/接地层、机械层、屏蔽层、丝印层、其他层和系统颜色。可以设置各板层的颜色及显示状态。在“颜色”框双击鼠标左键，将弹出颜色选择对话框，在该对话框中进行颜色设置。例如：在PCB编辑器中，PCB板子“Board Area Color”的颜色默认为黑色，此处将其修改为白色，如图14-19所示。

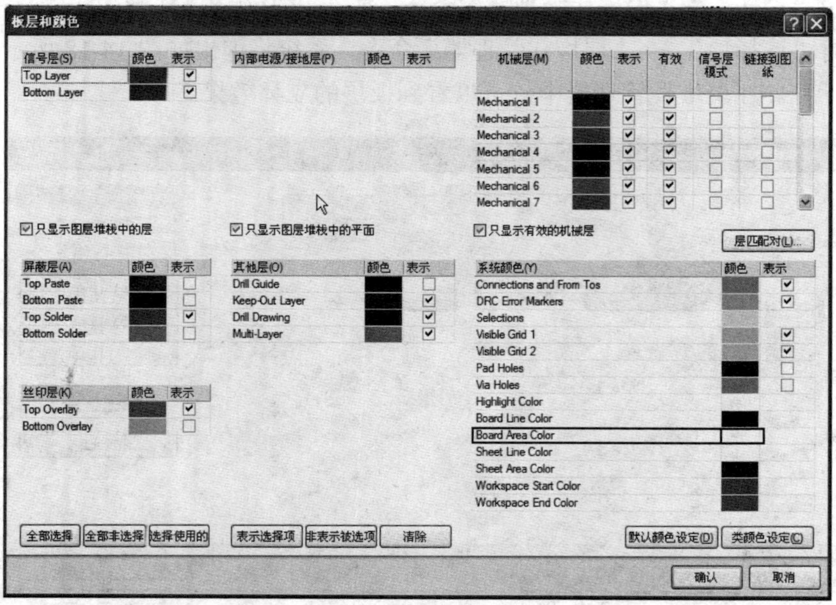

图14-19 “板层和颜色设置”对话框

在“表示”复选框中，若选中（即打对号）则表示打开显示，没有选中表示关闭显示，打开的层可以在 PCB 编辑窗口的下部（图 14-8 中的板层显示栏）看见相应层的显示，用鼠标点击层标签，即可实现各板层之间的切换。例如：系统默认打开很多的机械层，一般只需留 Mechanical 1 即可，其余层可以通过点击鼠标，去掉该层的“表示”复选框中的“√”，这样在 PCB 编辑窗口下方的板层显示栏中就只显示第一机械层 Mechanical 1，其余机械层不显示。

14.2.3　印制电路板选项设置

印制电路板的选项设置包括捕获网格设置、电气网格设置、可视网格设置、元件网格设置、测量单位和图样大小设置等。

执行菜单命令“设计”→“PCB 板选择项”，或在 PCB 编辑窗口单击鼠标右键，在弹出快捷菜单中选择“选择项”→“PCB 板选择项”命令，就弹出如图 14-20 所示的“PCB 板选择项”对话框。

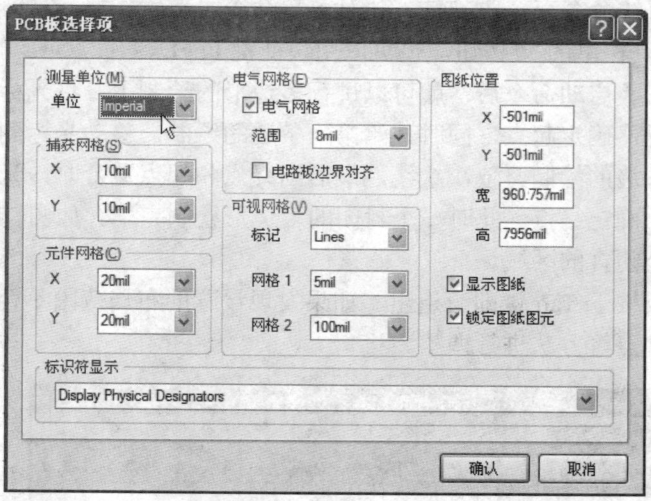

图 14-20　“PCB 板选择项”对话框

（1）测量单位：设置系统度量单位，系统提供了两种度量单位，即 Imperial（英制）和 Metric（公制），系统默认为英制。

（2）捕获网格：设置印制电路板上光标移动的最小间距。

（3）元件网格：设置印制电路板上元件放置的最小间距。

（4）电气网格：设置电气栅格的属性，它的含义与原理图中的电气栅格的相同。选中“电气网格”复选框表示具有自动捕捉焊盘的功能。“范围”用于设置捕捉半径。在布置导线时，系统会以当前光标为中心，以“范围”设置值为半径捕捉焊盘，一旦捕捉到焊盘，光标会自动加到该焊盘上。

（5）可视网格：设置可视网格的类型和栅距。系统提供了两种网格类型，即 Lines（线状）和 Dots（点状），可以在“标记”选择列表中选择。可视网格可以用作放置和移动对象的可视参考。一般设计者可以分别设置栅距为细栅距和粗栅距。可视网格的显示受当前图样的缩放限制，如果不能看见一个活动的可视网格，可能是因为缩放太大或太小的缘故。

（6）图纸位置：设置图样的大小和位置。X 和 Y 编辑框设置图纸的左下角的位置。如果选中“显示图纸”复选框，则在 PCB 编辑器中显示图纸，否则只显示 PCB 部分。如果选中“锁定图纸图元”，则可以链接具有模板元素（如标题块）的机械层到该图样。

技巧：在设置印制电路板上的捕获网格和电气网格时，电气网格的尺寸一定要小于跳跃栅格的尺寸，但两者也不能相差很大，只有这样，光标才能准确地捕获到所需的电气连接点。

14.2.4 定义电路板形状及尺寸

如果不是利用 PCB 向导来创建的印制电路板，就要自己定义电路板形状及尺寸，实际上就是在禁止布线层（Keep Out Layer）上用画线工具，绘制出一个封闭的多边形（一般情况下绘制成一个矩形），多边形的内部即为布局的区域。一般根据原理图中的元件数目、大小和分布来进行绘制。所绘多边形的大小一般都可以看作是实际印制电路板的大小。

下面简单介绍一下常用电路板形状和尺寸定义的操作步骤：

（1）将光标移至编辑区下面的工作层标签上的“Keep Out Layer”（禁止布线层），单击鼠标左键，将工作层切换到禁止布线层。

（2）启动放置直线命令有 3 种方法：执行菜单命令“放置”→“禁止布线区”→“导线”，或单击绘图工具栏里的 ╱ 按钮，也可以用快捷键 P→L。

（3）绘制多边形。启动命令后，就可以进行多边形的绘制了。将光标移到编辑区中适当位置，单击鼠标左键，确定起点，同时开始第一条边的绘制，移动光标到合适位置，单击鼠标左键，完成第一条边的绘制。依次绘线，最后当终点和起点重合时，光标将变为八角形，此时点击鼠标左键，确定终点。此时一个封闭的多边形绘制完毕。如图 14-21 所示。注意禁止布线区必须是一个闭合的区域。

单击鼠标右键或按下 Tab 键即可退出。如果发现设置的布局范围不合适，可以用移动整条走线、移动走线端点等方法进行调整。

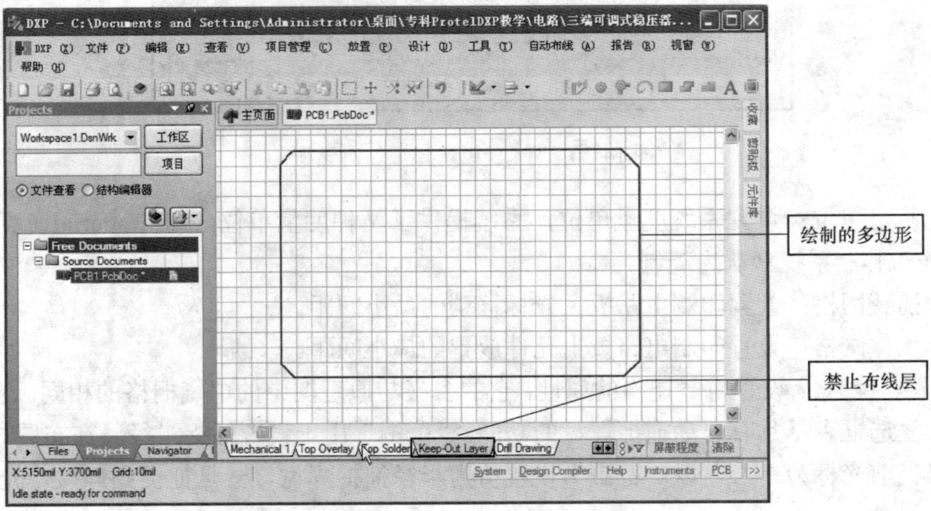

图 14-21 定义电路板尺寸

14.3 网络与元件的载入

网络与元件的载入过程，实际上是将原理图设计的数据装入到 PCB 文件的过程。在装入原理图和元件之前，设计者应该先编译设计项目，根据编译信息检查并修改原理图中的错误，在保证原理图正确的情况下可以进行下一步工作，现在以前面绘制的“三端可调式稳压器”电路为例，说明其加载过程。

（1）打开“三端可调式稳压器原理图”所在的工程项目，在项目管理下可以看到三端可调式稳压器原理图。如图 14-22 中左侧的 Project 面板显示。

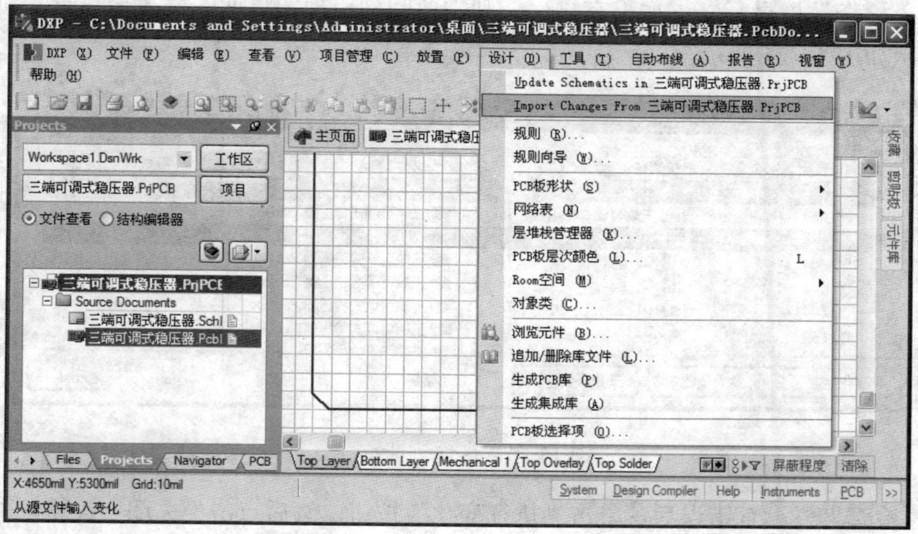

图 14-22　装载菜单

（2）打开已经创建的三端可调式稳压器的 PCB 文件（注意，该 PCB 文件应该是被保存到项目文件下的 PCB 文件）。执行菜单命令“设计”→“Import Change From 三端可调式稳压器.PrjPCB”命令。系统会弹出如图 14-23 所示的对话框。

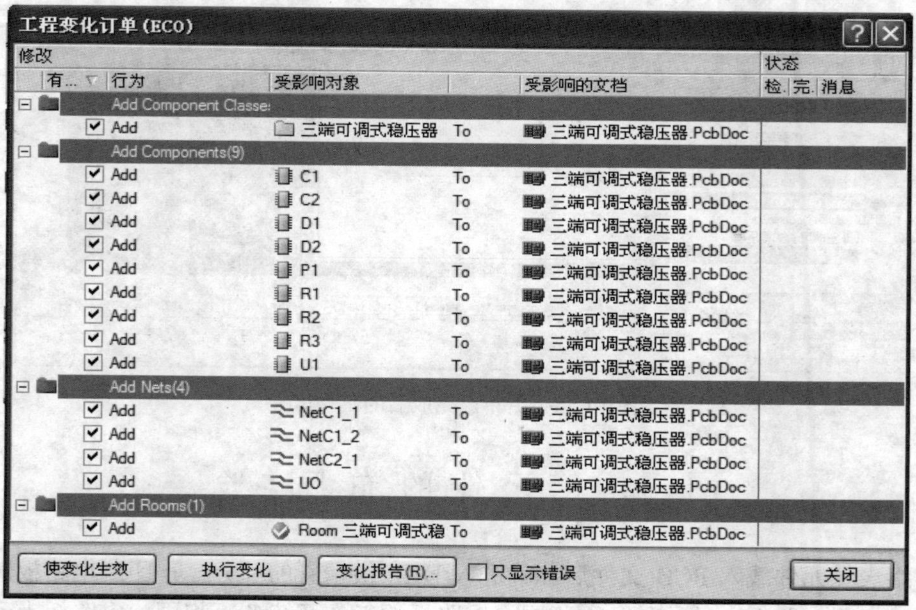

图 14-23　工程变化订单（ECO）

对话框中包括4部分内容：为PCB添加元件类（Add Component Classes）；根据网络表中元件资料从元件封装库内调入的元件（Add Components）；根据网络表的网络连接关系资料加载网络（Add Nets）：预连接元件，即网络飞线连接；添加一个元件盒（Room空间）容纳所有的元件（Add Rooms）。

单击对话框左下角的"使变化生效"按钮，验证更新内容是否存在错误，如果没有错误，则软件在"检查"栏显示√；如果有错误，则需要回到原理图界面，修改后再重新执行。执行结果显示如图14-24所示。

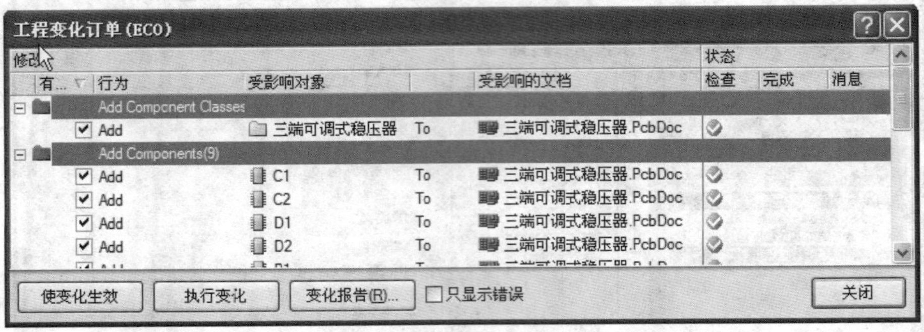

图14-24 执行结果显示

（3）"检查"栏没有错误后，单击"执行变化"按钮，然后点击"关闭"按钮，关闭对话框。此时即装载成功。执行快捷键Z→A，最大程度地显示印制电路板的内容，效果如图14-25所示的界面。工作区内看见了一些元件，这些工作区内新出现的内容就是元件从原理图中装载到PCB的内容。

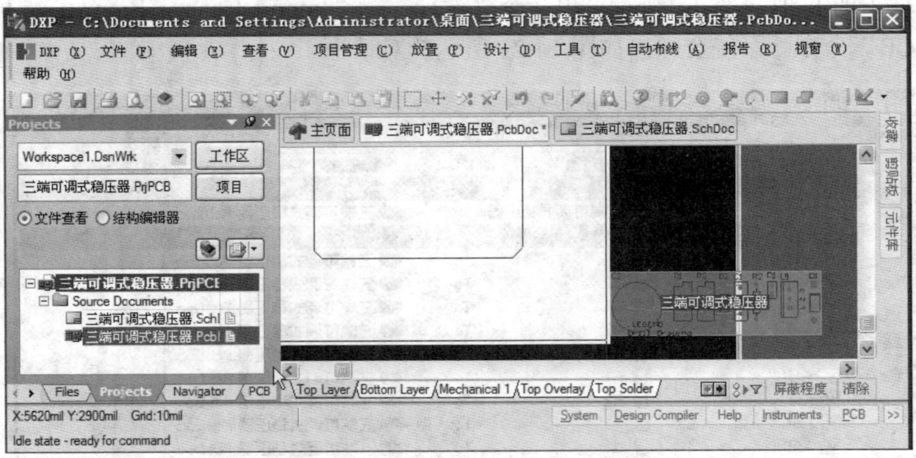

图14-25 更新已完成后的工作区

14.4 元件的布局

把网络表和元件载入PCB文件后，就进入DXP最精彩的部分——印制电路板的元件布局和布线。由于电路板上的元件各不相同，电路板的工作环境各不相同，电路板上元件的工作机理也各不相同，所以在元件布局和布线时没有完整的、统一的规律可循，只是一些指导性的原则，这些原则在前面做过相应介绍。

14.4.1 自动布局

在 Altium Designer 中利用元件的自动布局功能，可以快速地布置好元件的位置。在自动布局前，应通过系统提供的菜单命令“设计”→“规则”，在系统弹出的 PCB 印制电路板参数设置对话框中进行规则设置，设置好后进行自动布局时，系统就会按照这些规则进行自动布局。如果没有特殊需要，可采用系统提供的默认规则进行自动布局。这些规则的设定和修改将在后面章节进行介绍，现以“三端可调式稳压电路”的自动布局为例，介绍其具体操作步骤。

（1）启动自动布局命令。执行菜单命令“工具”→“放置元件”→“自动布局”，会弹出自动布局方式设置对话框。

（2）选择自动布局方式。PCB 提供了两种自动布局方式：分组布局方式和统计式布局。

1）分组布局。如图 14-26 所示是分组布局对话框，这种布局方式将元件基于它们连通属性分为不同的元件组，并且将这些元件按照一定几何位置布局。这种布局方式适合于元件数量较少（小于 100）的 PCB 制作。

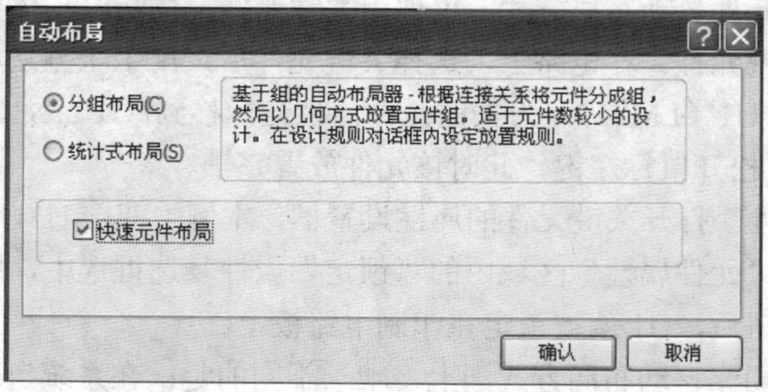

图 14-26 分组布局对话框

2）统计式布局。如图 14-27 所示是统计式布局对话框，这种布局方式使用一种统计算法来放置元件，以便使连接长度最优化，使元件间用最短的导线来连接。一般如果元件数量超过 100，建议使用统计布局器。

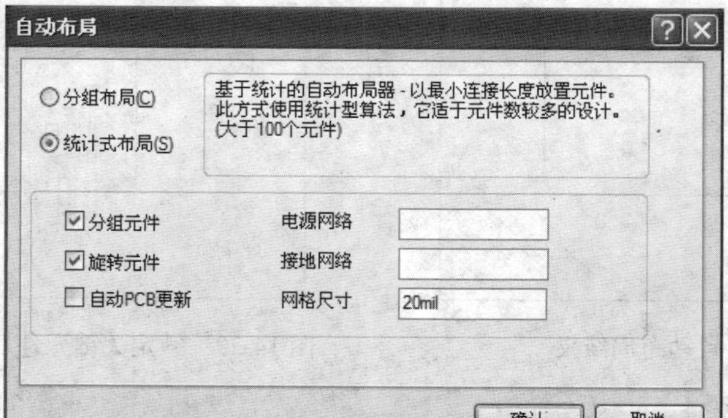

图 14-27 统计式布局对话框

下面介绍各项的含义：

a. 分组元件：该项的功能是将在当前网络中，连接密切的元件归为一组。选中该复选框，自动布局时把这些归为同一组的元件作为群体而不是个体来考虑。

b. 旋转元件：该项的功能是依据当前网络连接与排列的需要，使元件旋转方向。如果不选用该复选框项，则元件将按原始位置布置，不进行元件的旋转。

c. 自动PCB更新：该项的功能为系统在元件自动布局时，自动根据设计规则进行PCB的网络和元件信息更新。

d. 电源网络和接地网络：分别定义电源网络和接地网络名称。

e. 网格尺寸：设置元件自动布局时的网格间距的大小。

因为本实例元件少，连接也少，所以选择分组布局方式。

（3）执行自动布局。选择好布局方式后单击“确认”按钮，系统出现如图14-28所示的画面，该图为元件自动布局完成后的PCB电路。

14.4.2 锁定关键元件的自动布局

从图14-28的布局结果可以看出此布局明显不合理，它仅仅是按照总的连线距离最短的原则来进行元件自动布局的。布局后的元件全部放在一个角落里，并且都靠着电气边界。这里介绍一种半自动的元件自动布局方式，也称为关键元件定位法。具体操作如下：

（1）手工放置关键元件。在电路上，选择关键元件后，用手工方法将其放置到印制电路板上，本例中，选定U1（LM317）为关键元件，将光标移到U1上，按下鼠标左键，拖动U1到需放置位置后，松开鼠标左键，此时该元件放置完毕。

（2）锁定关键元件。打开关键元件的属性设置框，本例中双击U1，打开U1的属性对话框中，在对话框中将“元件属性”区域内的“锁定”属性复选框选中，即将U1设为锁定状态。单击“确认”按钮后，U1就被锁定在印制电路板上。

（3）进行自动布局。自动布局方式同上，唯一不同的是：在系统自动布局时，布局器就不会去移动U1的位置，而且还将会把其他元件布置在其周围，从而获得较理想的布局效果。

如图14-29所示是在锁定了关键元件U1后自动布局的结果。

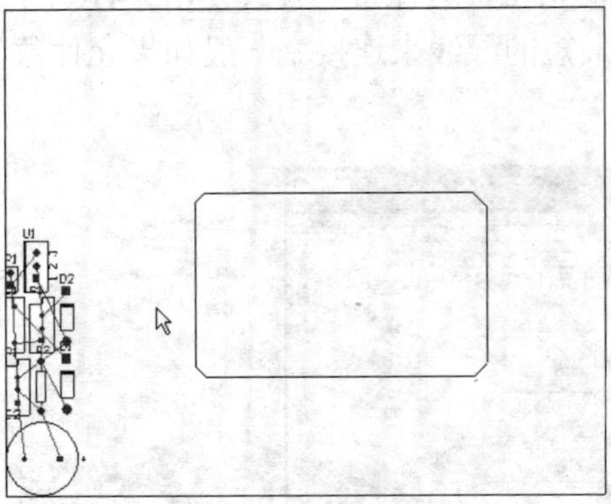

图14-28 自动布局结果

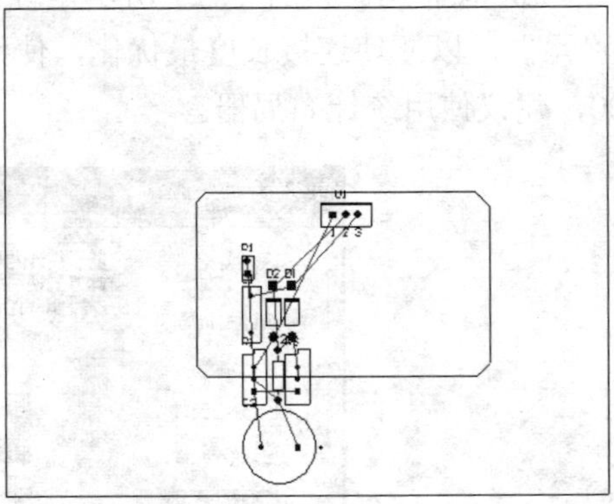

图14-29 锁定关键元件后的自动布局完结果

14.4.3 手动布局

利用Altium Designer对元件进行自动布局，或是采用关键元件定位法进行的自动布局，其效果往往还是无法满足设计者实际的需要。实际工程中，电路板上元件的位置布局不仅仅和连线有关，而且还和元件的功率、散热、电磁干扰，插接位置都有关系，自动布局器是无法考虑得这么全面的，它布线的依据仅仅是一些几何关系和所连接线距离最短而已。因此在自动布局完成后，有必要根据整个电路板的工作特性、工作环境以及某些元件的特殊要求，手工调整元件的布局。下面在锁定关键元件自动布局完成后，再进行手工布局调整。

1. 调整元件位置

元件的安放位置可参考前面讲过一些放置原则，再结合实际电路的电气特性以及电路板的结构等综合因素，确定各个元件的摆放位置。

本例中，结合电路原理图，首先确定了关键元件 U1（LM317）的位置；接下来，应该调整该元件输入、输出和公共端元件：D1、C1、Rp、D2 元件的位置；最后再考虑到 P1 应放置到电路板容易插接的位置，此处将其放到电路板的最左侧，然后按照信号流向，确定将输出元件 R1、C2、RL 放到右侧。

规划好元件的安放位置后，就可以对元件手工进行位置调整。对元件进行手工调整很简单，只需用鼠标选中该元件，按下并拖动元件到适当位置，然后释放鼠标即可。在拖动元件的过程中，设计者可以看到该元件引脚的网络飞线是跟随移动的，当元件位置摆好后，如果网络飞线没整理好，在后续的布线环节将带来困难，所以根据需要，可以调整元件的方向，方法是选中欲调整的元件，按住鼠标左键不放，当按 Space 键时，每按一次，可使元件逆时针旋转 90°；当按 X 键时，可使元件在水平方向上翻转；当按 Y 键时，可使元件在竖直方向上翻转。手工放置后的电路如图 14-30 所示。

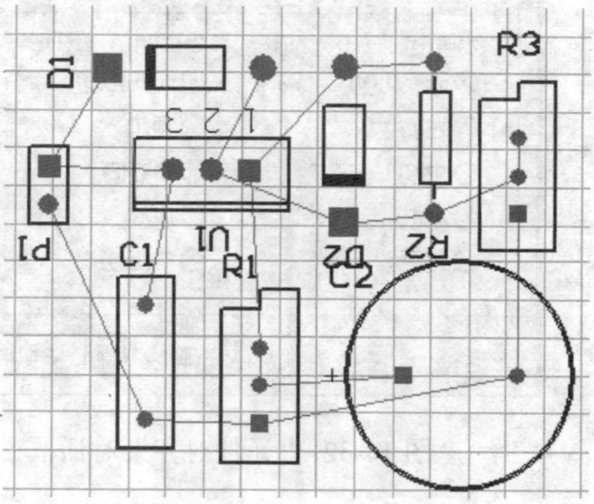

图 14-30　手工调整后的电路

但此处需注意：在 PCB 产品中，一般所有元件都放置在同一层上，如都放置在顶层，当按 X 键或 Y 键时，会使该元件放置到底层，即元件会被放到不同层上。故在印制电路板上要慎用 X 键和 Y 键。

2. 调整元件标识

从图 14-30 可以看出，电路板上的元件位置虽然布置好了，但是某些元件的标识摆放的杂乱无章，有的互相叠加在一起，有的元件标注方向不统一。但是在实际工作中，元件的标注对于电路板的焊接以及最后电路板的调试都是非常重要的，元件的标识摆放要排列整齐、方向统一、便于辨认、大小适中。

对于元件标识的手工调整很简单，与手工调整元件的方法一样，如调整图中的 U1，只需选中 U1 标识，拖动到适当位置，本例中拖到 U1 元件的左上角，然后连着按两次 Space 键，即可调整好 U1 的位置和方向。

同样操作可调整图中的 P1、R2、D2 等。调整好元件标注的电路如图 14-31 所示。

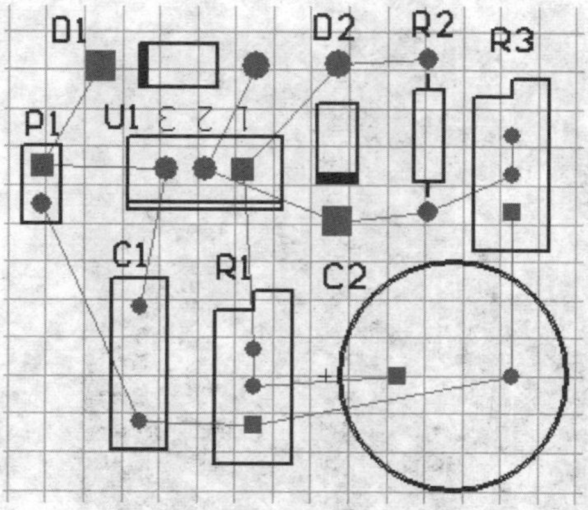

图 14-31　调整完元件标识后的电路

3. 元件的排列、对齐

根据电路特性的要求布置好元件的位置后，有时候出于整齐、美观的目的，需要把电路板上的某些元件分组排列对齐，如果用手工的方式来排列对齐，这将大大降低工作效率，Altium Designer 提供了元件的自动排列对齐功能。

自动排列功能可以通过执行菜单命令“编辑”→“排列”来完成。这些用于排列对齐的子命令在原理图编辑器中已作相应介绍，在此只介绍 PCB 编辑器特有的子菜单命令。

（1）排列。执行该菜单命令将弹出“元件对齐”对话框，如图 14-32 所示。该对话框用于设定元件水平和垂直方向的对齐方式。

（2）定义元件文本位置。执行该命令后，系统弹出如图 14-33 所示的“元件文本位置”设置对话框，可以在该对话框中设置元件的“标识符”和“注释”文本字符的位置。图 14-31 中的元件标识调整也可以用这个工具进行调整。

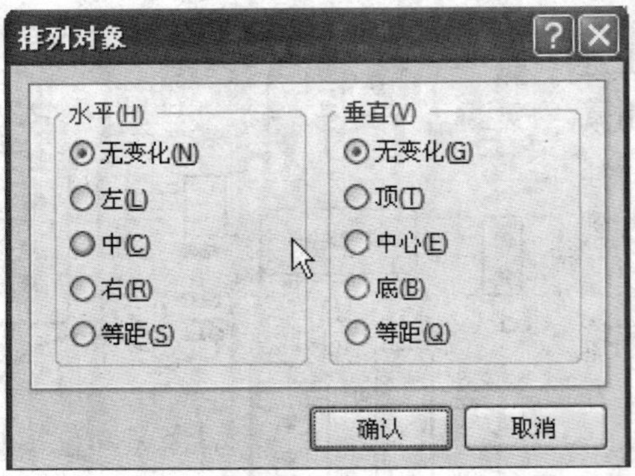

图 14-32 “元件对齐”对话框

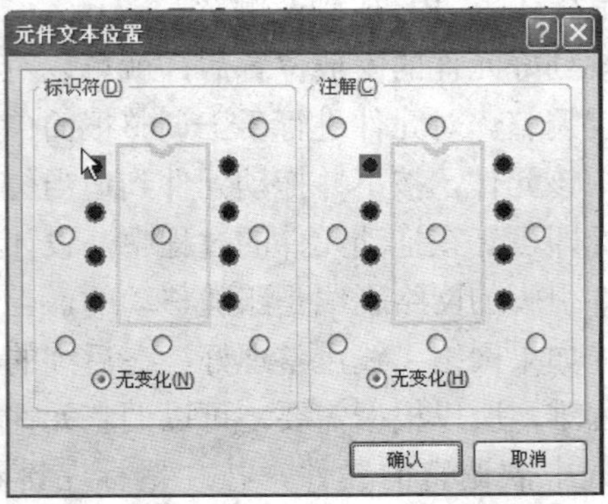

图 14-33 “元件文体位置”设置对话框

本例中可以把 D1、D2、R2、R3 顶对齐；C1、R1、C2 底对齐；R3、C2 右对齐。最后整个电路的调整结果如图 14-34 所示，至此已经基本完成了元件的布局工作。

14.4.4 3D 效果图

设计者可利用 3D 效果图查看 PCB 印制电路板的实际面貌，进行元件布局的分析与调整。观察分析 3D 效果图的方法如下：

执行菜单命令“查看”→“显示三维 PCB 板”，将在 PCB 印制电路板编辑窗口打开当前 PCB 文件的 3D 效果图，如图 14-35 所示。根据该 3D 效果图，可以检查元件布局是否合理，是否符合安装要求。

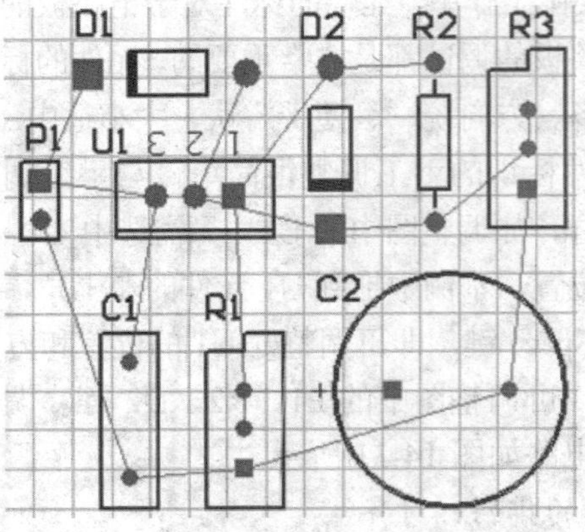

图 14-34 元件布局的最终效果

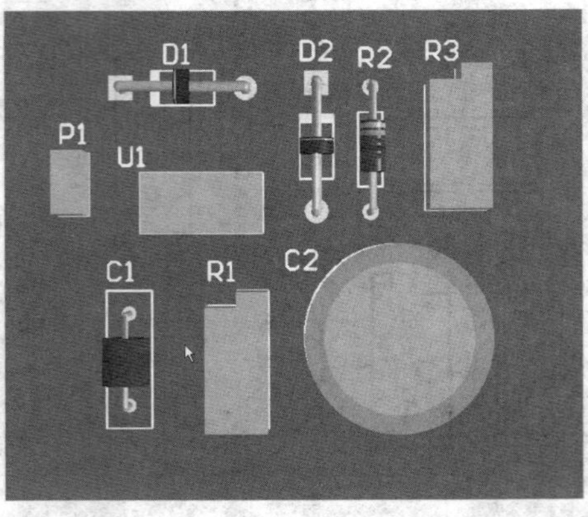

图 14-35 三端可调式稳压器的 3D 效果图

14.5　布　　线

在完成了印制电路板元件布局后，就可以进行布线工作了，布线工作是制作电路板的最重要的工作，电路板的布线好坏决定着印制电路板是否能够正常工作。对于一块较简单的电路板，如“三端可调式稳压器电路”既可以选择自动布线加手工调整，也可以选择完全的手工布线；而对于一块较复杂的电路板，特别是多层板，采用完全手工布线则将是一件极其繁琐的工作，而且很有可能无法布通，这时就只能采用先自动布线，后根据电路自身工作特性、工作环境等要求，对电路进行手工调整，即先自动后手动的布线方式。

14.5.1　设置自动布线的规则

设计规则是 PCB 设计的基本规则。在 PCB 的设计过程中执行任何一个操作，如放置导线、移动元件、布线等，都是在设计规则允许的情况下进行的，设计规则是否合理将直接影响布线的质量和成功率。设计规则的合理性在很大程度上依靠设计者的设计经验。

Altium Designer 中分为 10 个类别的设计规则，覆盖了电气、布线、制造、放置、信号完整性要求等，但其中大部分采用系统默认的设置，而设计者真正需要设置的规则并不多。至于需要设置哪些规则，必须根据具体的电路板的要求而定。

如果想对设计规则进行设置，可以执行菜单命令“设计”→“规则”，打开“规则设置”对话框，如图 14-36 所示。所有的设计规则和约束都在这里设置，界面的左侧显示设计规则的类别，右侧显示对应规则的设置属性。

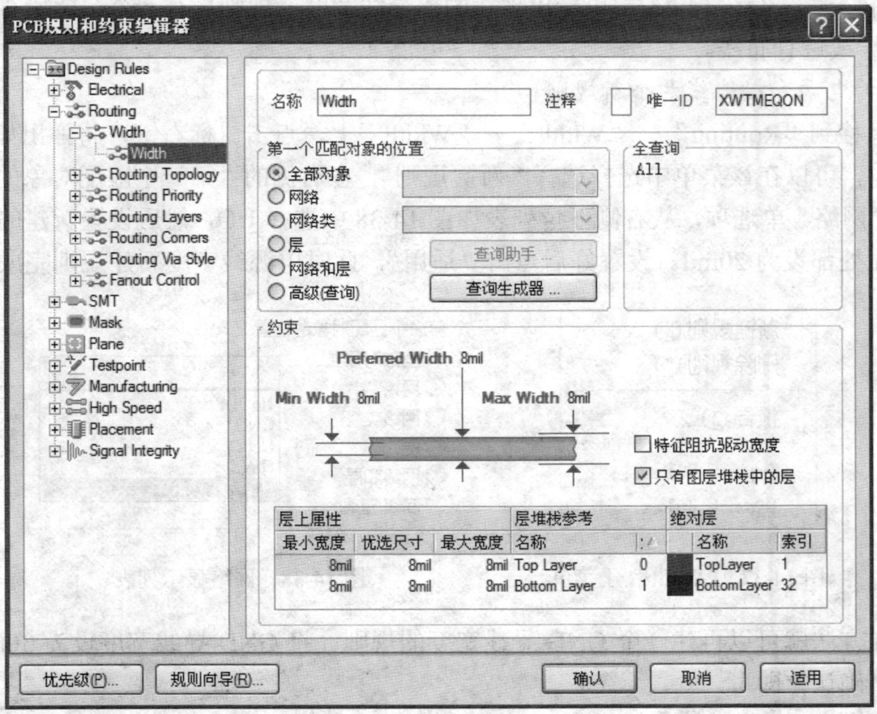

图 14-36　“规则设置”对话框

（1）Electrical：该规则主要用来规定 DRC 校验的根据，当手动调整布线时，若违反了本规则，则DRC校验将向设计者报告错误。

（2）Routing：设置自动布线的布线规则，是自动布线器布线的依据。

（3）SMT：设置表贴式元件在布线时的一些规则。

（4）Mask：设置助焊膜和阻焊膜的扩展宽度。该类设置对自动布线器没有影响，它只在印制电路板加工过程中起作用。

（5）Plane：设置大面积铜膜和过孔或焊盘的连接规则。该类设置主要用于多层板的设置。

（6）Testpoint：设置测试点的形状大小及使用方法。

（7）Manufactuning：设置与印制电路板制造有关的一些规则。

（8）High Speed：设置与高频电路设计有关的规则。

（9）Placement：设置与元件的布置有关的规则。

（10）Signal Integrity：设置信号完整性的分析规则。

在印制板的布线中有一些规则是非常重要的，也是经常用到的，如对于实际工程电路，导线的粗细并不是都一样，通常情况下，电源线的线径比信号线的线径粗，而接地线的线径又比电源线的线径粗。如何修改设计规则，现在就以设置导线线径为例进行讲解。

1. 启动导线宽度设置命令

打开“规则设置”对话框后，双击“Routing”规则，从打开子菜单中选择“Width”规则，再双击“Width”打开其子菜单，此时可以看见子菜单里只有一个“Width”规则，点击“Width”，弹出如图14-36所示的导线宽度设置对话框。在图形的示意图中标出了导线的三个宽度约束，即“Max Width”“Preferred Width”“Min Width”，单击每个宽度栏并键入数字即可对其进行修改。从图14-36中可看出现在的“导线宽度”规则只有一个，即所有导线都采用8mil的导线进行布线。

2. 添加电源和接地线两个新规则

将光标移到“Routing”→“Width”→“Width”上，点击鼠标右键，将弹出如图14-37所示的菜单，可以在该菜单中选择选择“新键规则”，在右侧的“第一个匹配对象的位置”区域内选择“网络”单选项，从右侧下拉列表如图14-38中选择UO，然后设置新建的这个导线的宽度。此处都设为20mil。设置好后点击“适用”，此时电源线宽度新建规则完成。

图14-37　“Width”子菜单

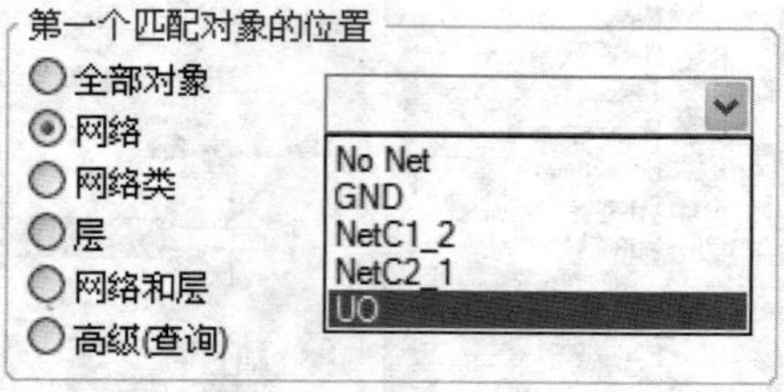

图14-38　网络显示列表

用同样方法就可以再建一个GND导线宽度的规则。将GND导线宽度设为30mil。设置好后点击“确认”即可。

3. “线宽规则的优先级”设定

当采用多个布线宽度规则时，应设置其优先级别，数越小优先级别越高，数越大优先级别越低，即1的优先级最高。

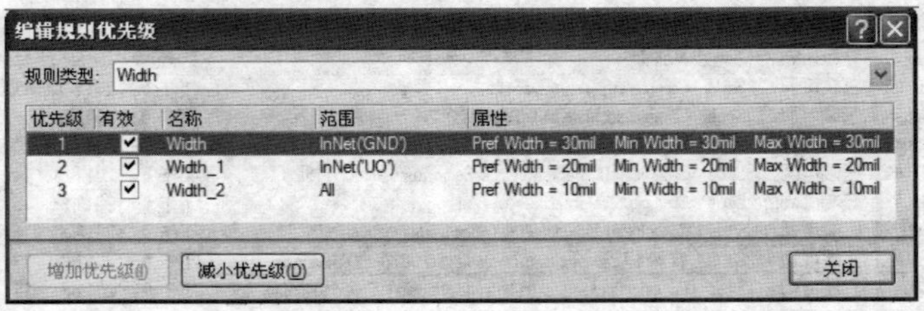

图 14-39 “线宽规则优先级”设置对话框

单击图 14-36 左下角的“优先级…”按钮，就可打开“线宽规则优先级”设置对话框，可分别通过“增加优先级”和“减少优先级”进行规则优先级别的调整，此处设置参照图 14-39 设置。设置完后关闭该对话框，点击图 14-36 中的“确认”键，以后在自动布线时，系统就会按照设置的规则进行布线。

在图 14-37 中，选择“删除规则”，可以删除一个导线宽度规则，选择“报告”可以建立一个导线宽度规则报表，选择“Export Rules”导出导线宽度规则，选择“Import Rules”导入导线宽度规则。

14.5.2　自动布线

在设置好布线规则后，就可以开始进行印制电路板的自动布线了。Altium Designer 为设计者提供了多种指定范围的自动布线。

1. 全局布线

全局布线是对整个电路板所有导线进行布线，操作方法如下：

（1）启动全局布线命令。执行菜单命令“自动布线”→“全部对象”后，系统将弹出如图 14-40 所示的“自动布线设置”对话框。在该对话框中，单击“编辑规则”按钮可以设置布线规则，此处同 14.5.1 讲述的执行菜单命令“设计”→“规则”方法相同，都可进行设计规则的设置。

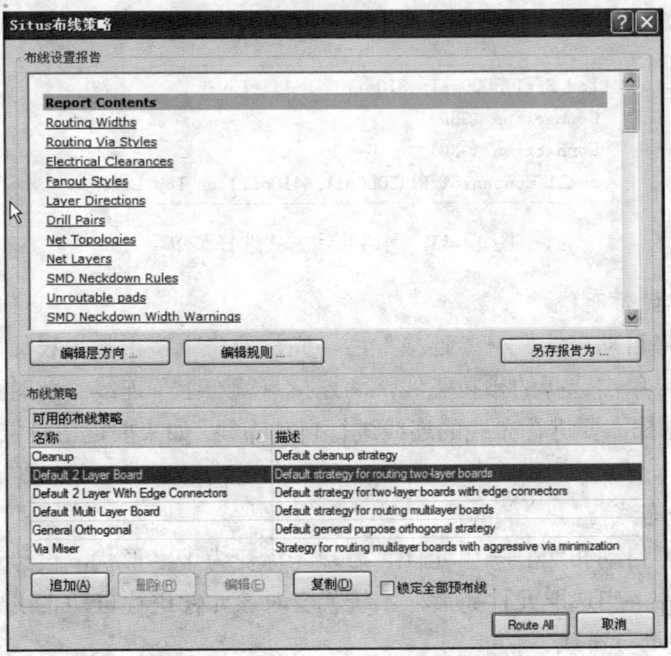

图 14-40 “自动布线设置”对话框

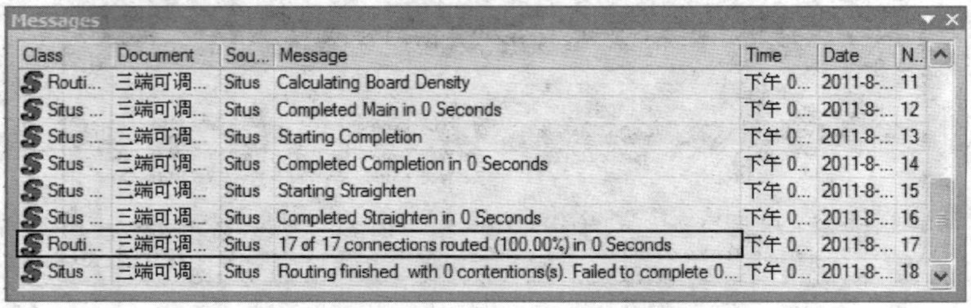

图 14-41　自动布线消息框

（2）执行自动布线。如果不需要设置新规则，则可用系统默认规则。在图 14-40 界面上单击“Route All”按钮，程序就开始对电路板进行自动布线，系统会弹出一个布线信息框，如图 14-41 所示。

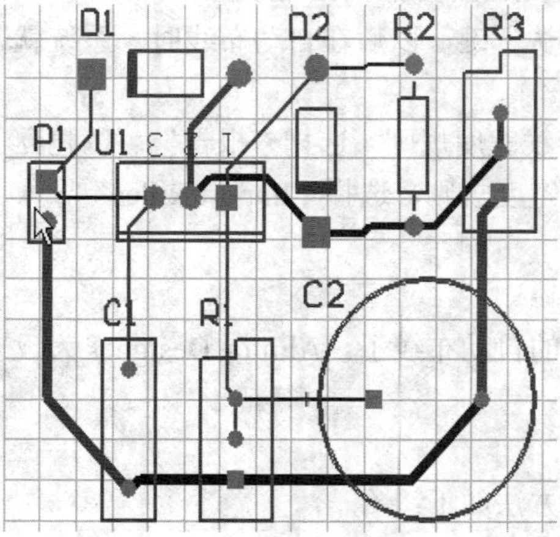

图 14-42　自动布线结果

设计者可以通过该消息框了解到布线的情况。图中注意查看倒数第二行的布线成功率是不是 100%。如果不是，说明电路中有导线没布成功，必须进行处理。完成自动布线结果如图 14-42 所示。

2. 指定网络进行布线

执行菜单命令“自动布线”→“网络”后，光标变为十字形状，设计者可以选取需要进行布线的网络。如对“三端可调式稳压器电路”的 GND 网络布线，则在 GND 网络的某个引脚（此处选 R1-1）上单击，系统将弹出如图 14-43 所示的菜单（该菜单对于不同焊盘可能不同），一般应该选择“Pad”或“Connection”选项，而不选择“Component”选项，因为“Component”选项仅仅是局限于当前元件的布线。此处选择第一项后，对 GND 网络进行布线。

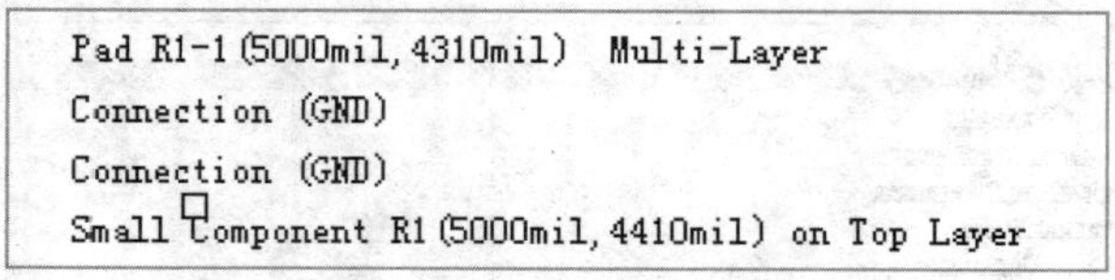

图 14-43　网络布线方式选择菜单

3. 对两连接点进行布线

执行菜单命令“自动布线”→“连接”后，光标变为十字形状，设计者可以选取需要进行布线的一条连线，单击选择的预拉飞线，两连接点就布上了连线。此时系统仍处于连线状态，设计者可继续寻找需要进行布线的连线进行自动布线，如果要退出直接单击右键或按 Esc 键即可。

4. 对指定元件布线

执行菜单命令“自动布线”→“元件”后，光标变为十字形状，设计者可以用鼠标选取需要进行布线的元件，当选取元件完后，系统就会对该元件进行自动布线。

5. 对指定区域进行布线

执行菜单命令“自动布线”→“整个区域”，执行该命令后，光标变为十字形状，设计者可以拖动鼠标选取需要进行布线的区域，系统将会对此区域进行自动布线。

6. 对 Room 空间进行布线

执行菜单命令“自动布线”→“Room 空间”，执行该命令后，光标变为十字形状，设计者可以拖动鼠标选取需要进行布线的 Room 空间，系统将会对 Room 空间内所有元件进行自动布线。

7. 自动布线设置

当设计者执行命令“自动布线”→“设定”后，系统会弹出如图 14-40 所示的“自动布线设置”对话框。设计者可以设置一些规则和测试点的特性。

14.5.3 手工调整布线

Altium Designer 的自动布线功能虽然非常强大，但是自动布线的结果也会存在一些令人不满意的地方。往往需要设计者在自动布线的基础上进行多次修改，才能使 PCB 设计得完美，下面讲述如何进行手工调整 PCB。

1. 调整布线

Altium Designer 为设计者提供了拆线功能，可以方便地对网络、元件、连接等进行拆线。

执行菜单命令“工具”→“取消布线”，在“取消布线”的子菜单下提供了几个常用于手工调整布线的命令，通过选择相应的命令就可进行不同方式的布线调整。

（1）全部对象：拆除整个电路板上的所有布线。当执行这个命令后，整个电路板上的导线都被拆除。

（2）网络：拆除某个网络的布线。当执行这个命令后，光标变为十字形状，移动光标到要拆除的某个网络处，鼠标单击该网络上的任意一焊盘或连线，即可拆除此网络。

（3）连接：拆除所选的一条连线。当执行这个命令后，光标变为十字形状，移动光标到要拆除的这条导线上，单击鼠标，即可拆除这条导线。

（4）元件：拆除与所选的元件相连的导线。

（5）Room 空间：拆除某个 Room 空间的所有布线。启动此命令后，光标变成十字形状，将光标移到某个 Room 空间，单击鼠标，即可将该 Room 空间的所有的布线删除。

除了利用拆线功能进行拆线外，也可利用利用 Altium Designer 提供的编辑功能，如选择、删除等功能。如果需要拆除某条导线，可先用鼠标单击，选中该导线后直接按 Delete 键，把需重新布置的导线删除。如果需删某个区域，也可先用选择功能将该区域选中后直接按 Delete 键。

系统拆除导线后，将在删除的地方自动补上连接飞线，所以设计者可在利用前面介绍的自动布线功能布线或 14.1.4 介绍的放置导线方法重新布置导线。

2. 电源/接地线的加宽

电源和接地线往往流过的电流较大，为了提高系统的可靠性，可将电源和接地线加宽。增加电源和接地线的宽度可以在前面讲述的设计规则中设定，设计规则中设置的电源和接地线宽度对整个设计过程均有效。但是当设计完电路板后，如果需要增加电源和接地线的宽度，也可以直接对板上电源和接地线加宽。操作方法是：首先移动光标，将光标指向需要加宽的电源和接地线，然后双击电源或接地线，此时会弹出如图 14-44 所示的对话框，在该对话框中的“宽”选项中输入实际需要的宽度值即可。

如果要加宽其他线，也可按同样方法进行操作。

3. 覆铜

为了提高 PCB 的抗干扰性，通常要对要求比较高的 PCB 实行覆铜处理。覆铜主要有以下作用：加粗电源网络的导线，使电源网络承载大电流；给电路中的高频单元放置覆铜区，吸收高频电磁波，以免干扰其他单元；整个线路板覆铜，提高抗干扰能力。

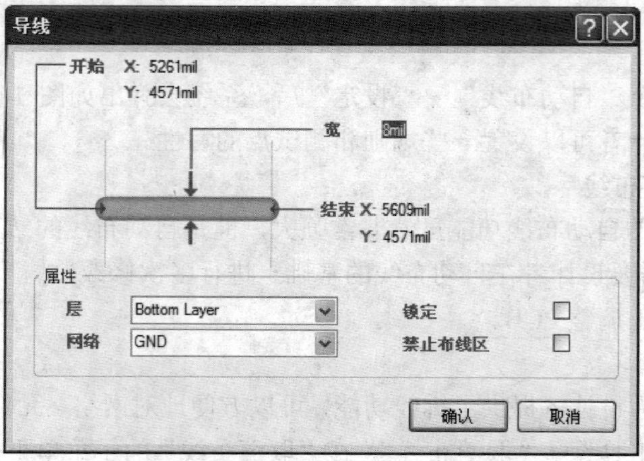

图 14-44 “导线”属性设置对话框

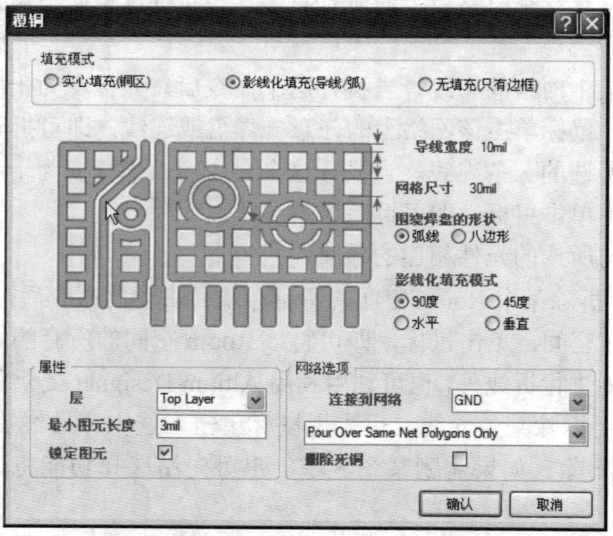

图 14-45 “覆铜属性”设置对话框

覆铜有三种方法：

（1）放置覆铜平面（推荐使用）。放置覆铜平面是对要求比较高的 PCB 进行覆铜处理。在实际工程中，该方式主要用于设置大面积的“电源/接地”区域来提高系统的抗干扰性能。现以三端可调式稳压器电路为例，在该电路顶层和底层的 GND 上放置覆铜。其具体操作如下：

首先将电路板层切换到需要放置覆铜的板层，此处先切换到顶层。然后执行菜单命令“放置”→“覆铜”或按快捷键 P→G，也可以直接点击“布线”工具栏的▦按钮，这三种方法都可以启动放置覆铜平面命令。执行命令后，系统将会弹出如图 14-45 所示的“覆铜属性”设置对话框。在对话框中可以对覆铜的填充模式、网络、层等进行设置。此处的设置分别是：

“填充模式”设为“影线化填充”；“连接到网络”下拉列表中选中 GND，并选中“PourOver Same Net PolygonsOnly”（相同的网络连接一起）复选框。“层”选择“Top Layer”，选中“锁定图元”复选框，这样覆铜不会影响到原来的布线。其他设置项取默认值。设置完对话框后按“确认按钮，光标变成了十字形状，将光标移到所需的位置，单击鼠标左键，确定多边形的起点。然后再移动鼠标到适当位置单击鼠标左键，确定多边形的中间点。在终点处先单击鼠标左键，再单击右键，程序会自动将终点和起点连接在一起，形成板上覆铜，至此顶层覆铜完毕，如图 14-46 所示。

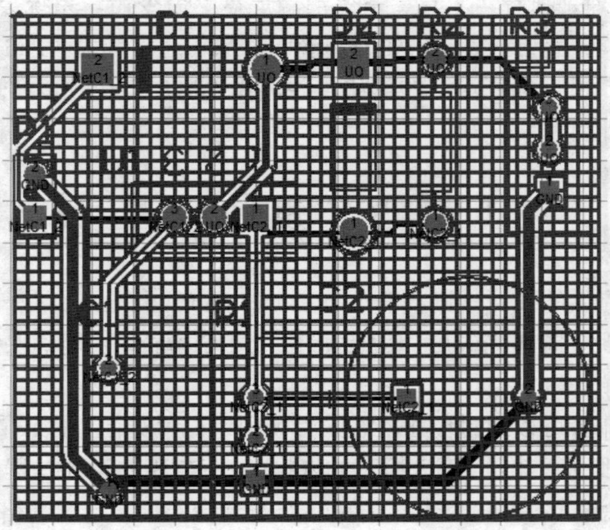

图 14-46　顶层覆铜后的 PCB 图

接下来在对底层覆铜，方法同顶层覆铜的操作。对放置完的覆铜，如果不满意时，可以双击它，在打开图 14-45 中的属性对话框中修改确认即可。如果想删除，可以单击它，选中覆铜后按 Delete 键，即可删除覆铜。

（2）放置矩形铜膜填充。填充通常放置在顶层、底层或者内部的电源、接地层上。放置方法：首先将电路板层切换到需要放置覆铜的板层，执行菜单命令“放置”→“矩形填充”或直接点击“布线”工具栏的按钮。然后将光标移到 PCB 板上的适当位置。第 1 次单击鼠标左键确定矩形铜膜填充的左上角位置，继续移动鼠标，此矩形填充以浮动状态随光标移动，到合适位置，第 2 次单击鼠标左键确定右下角位置，完成放置矩形铜膜填充。双击或放置过程中按 Tab 键可打开其属性对话框，在对话框中可以设置填充所连接的网络等。

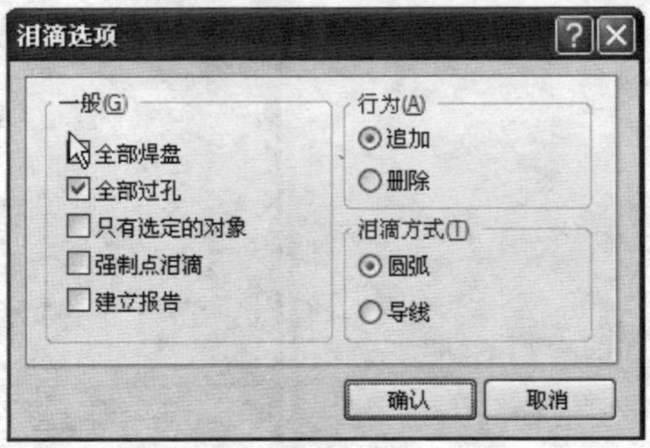

图 14-47　“泪滴选项”　设置对话框

（3）放置多边形铜区域。执行菜单命令“放置”→“放置铜区域”或直接单击“布线”工具栏的按钮即可启动该命令。它的操作方法与“放置填充”类似，区别是形状可以画任意多边形，放置时第 1 次单击确定多边形的起点，以后每次单击都确定多边形的一个顶点，最后用鼠标右键或按 Esc 键即可退出放置多边形铜区域的命令状态，系统自动把多边形的起点和终点连接起来，构成一个封闭的多边形。双击或放置过程中按 Tab 键可打开其属性对话框，在对话框中可以设置填充所连接的网络。

注意： 这三种方法中，放置覆铜平面与后两种有很大区别。放置覆铜平面，是在放置覆铜的区域内，覆铜平面将绕开原有的连接，保持原有的电气连接关系。而后者即放置矩形铜膜和多边形铜区域是填充整个设定区域，完全覆盖了该区域中原有的电气连接关系。

4. 补泪滴处理

为了增强印制电路板（PCB）网络连接的可靠性，以及将来焊接元件的可靠性，有必要对 PCB 实行补泪滴处理。执行“工具”→“泪滴焊盘”命令后，系统会弹出的“泪滴选项”设置对话框，如图 14-47 所示。选择需要补泪滴的对象，通常焊盘（Pad）和导孔（via）均有必要进行补泪滴处理。最后选择泪滴的形状，并选择“追加”选项以实现向 PCB 添加泪滴，最后按“确认”按钮即可。

14.6 设计规则检查

Altium Designer 提供的设计规则检查（DRC-Design Rule Check）是一个重要的检查工具，一块复杂的印制电路板在制作完成后，一定要进行 DRC 检查，它能确保制作的印制电路板完全符合设计要求。

在前面讲过，设计者可以通过图 14-36 的“规则”设置对话框来设置 PCB 编辑器的设计规则。这些设置好的规则，就是 DRC 检查的依据。在 PCB 的设计过程中和设计完后，通过运行 DRC 检查，可以测试各种违反走线情况，如安全错误、未走线网络、宽度错误、长度错误、影响制造和信号完整性的错误。

运行 DRC 可以执行菜单命令“工具”→“设计规则检查”，系统将弹出如图 14-48 所示的“设计规则检查器”对话框。在该对话框中给出了很多检查规则。

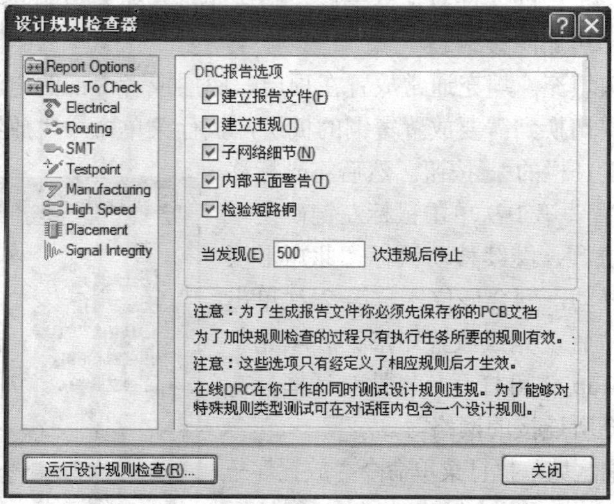

图 14-48 “设计规则检查器”对话框

但是如果仅仅用来检查制作的印制电路板是否符合设计要求，即检查电路板的布线和布局是否有错误，那么只要下列几条检查规则就可以了。

其中一条是在 Routing 布线规则选项下的导线线宽检查；另外的一条就是电气特性选项下的四条规则，分别是：

（1）Clearance：安全间距检查。

（2）Short-Circuit：短路规则检查。

（3）Un-Routed Net：对没有布线的网络进行检查。

（4）Un-Connected Pin：对没有布线的元件引脚进行检查。

设定好以上的这些检查规则后，单击对话框中的 “运行设计规则检查...” 按钮，系统就可以立刻启动 DRC，生成规则检查报告* .DRC，在工程面板中打开该文件，具体内容如下所示：

Protel Design System Design Rule Check

PCB File : \Documents and Settings\Administrator\桌面\三端可调式稳压器\三端可调式稳压器.PcbDoc

Date　: 2020-8-19

Time　: 下午 07:00:08

Processing Rule : Width Constraint(Min=10mil)(Max=10mil)(Preferred=10mil)(All)

Rule Violations :0

Processing Rule : Width Constraint(Min=30mil)(Max=30mil)(Preferred=30mil)(InNet('GND'))

Rule Violations :0

Processing Rule : Clearance Constraint(Gap=8mil)(All),(All)

Rule Violations :0

Processing Rule : Width Constraint(Min=20mil)(Max=20mil)(Preferred=20mil)(InNet('UO'))

Rule Violations :0

Processing Rule : Hole Size Constraint(Min=1mil)(Max=100mil)(All)

Rule Violations :0

Processing Rule : Height Constraint(Min=0mil)(Max=1000mil)(Prefered=500mil)(All)

Rule Violations :0

Processing Rule : Broken-Net Constraint((All))

Rule Violations :0

Processing Rule : Short-Circuit Constraint(Allowed=No)(All),(All)

Rule Violations :0

Violations Detected : 0

Time Elapsed　: 00:00:01

如果电路板上有违反设计规则的则以高亮绿色显示，同时在信息框中给出违反规则的类型，可以根据信息框的内容进行相应检查和处理工作，如果要清除绿色的错误标记，单击菜单命令“工具”→“重置错误标记”即可。

从上面的DRC报告中可以看出本例的印制电路板的布线和布局都满足设计要求。至此整个PCB从原理图到PCB印制电路图已全部完成。下一步就可以直接进行PCB板子的加工制作了。

14.7 PCB图的报表

Altium Designer的印制电路板编辑系统向原理图编辑系统一样，也为设计者提供了丰富的报表功能，这些报表包括用于制造和生产PCB的输出制造文件、装配输出文件，材料报表等。本节仍以“三端可调式稳压器.PCBDOC”为例，着重介绍电路板信息报表和元件报表。

（1）生成电路板信息报表。用于介绍电路板的详细信息，如电路板图的大小、图样数目、元件个数、网络情况等。建立电路板报表的具体操作如下。

执行菜单命令“报告”→“PCB板信息”，可生成电路板信息报表，此命令可打开“PCB板信息”对话框，如图14-49所示。该框中有3个选项卡。

1）一般。该选项卡显示电路板的一般信息，如电路板的大小、电路板图中各图元的使用数量。

2）元件。该选项卡显示印制电路板上用的所有元件，如图14-50所示。

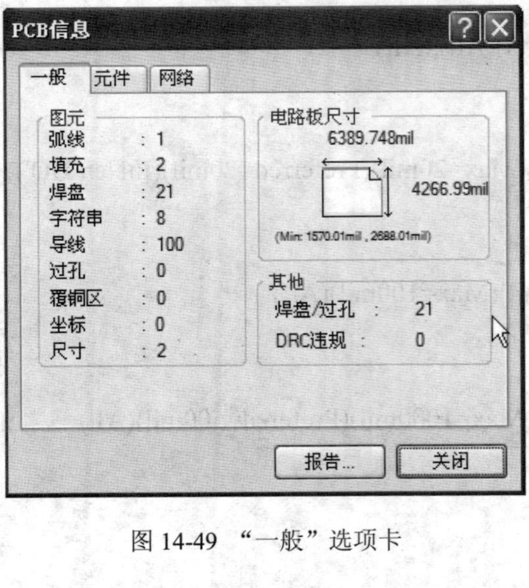

图14-49 “一般”选项卡

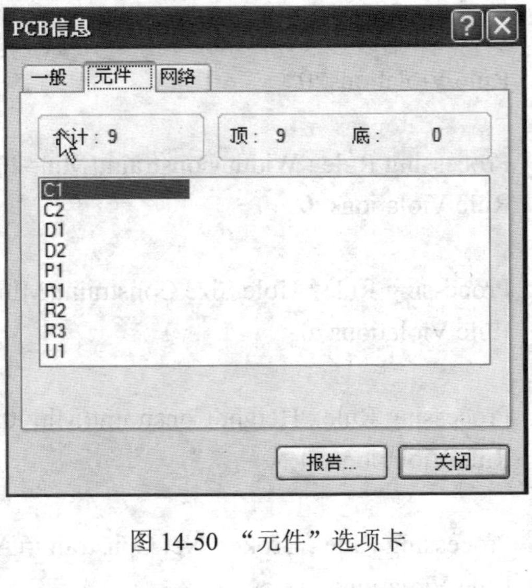

图14-50 “元件”选项卡

3）网络。该选项卡显示印制电路板上电气连接网络，如图14-51所示。

在电路板信息显示框中，单击“报告…”按钮，弹出如图14-52所示的“电路板报告”设置对话框，设计者可以在其中选择自己感兴趣的选项后，单击“报告”按钮，即可生成所要的电路板信息报表文件“*.REP”，设计者可以在报表中查阅有关信息。

（2）元件报表。在PCB编辑器中，与原理图编辑器一样也可生成元件报表，方法与13.10.4介绍的相似：执行菜单命令“报告”→“Bill of Materials”，即可生成元件报表，设计者可从中查阅到所用元件的各种属性，如元件序号、型号、封装形式等，所以元件报表可以作为一份采购元件的清单。

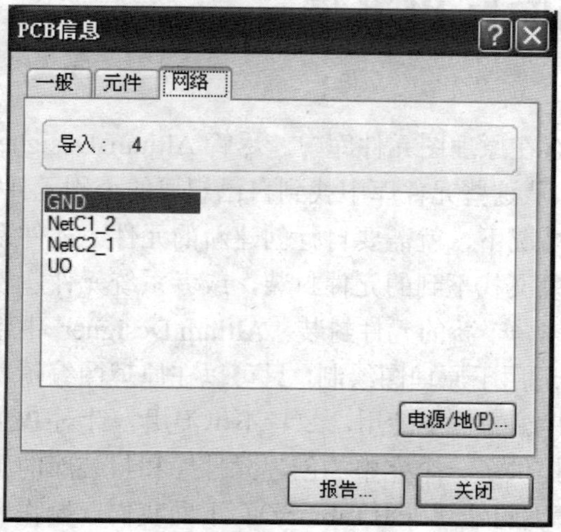

图 14-51 “网络”选项卡

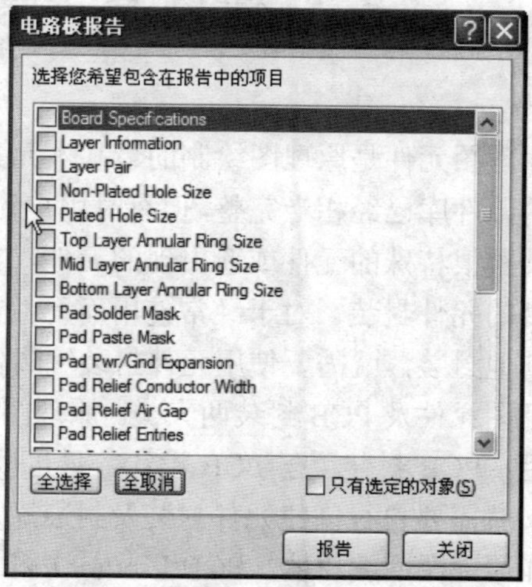

图 14-52 “电路板报告”设置对话框

（3）简单元件报表。它比元件报表要简单，清晰易懂，执行菜单命令“报告”→“Simple BOM”，系统立即生成“*.BOM”和“*.CSV”文件，单击文件名即可打开该文件。

（4）电气网络信息报表。在 PCB 编辑器中还可生成网络状态信息报表，执行菜单命令“报告”→“网络表状态”，系统将生成该 PCB 文件的网络状态信息报表。网络状态表列出电路板中每一条网络的长度。

（5）其他报表。执行菜单命令“文件”→“输出制造文件”和“文件”→“装配输出”，分别在“输出制造文件”和“装配输出”的子菜单中选择相应的命令，可以生成用于制造和生产 PCB 的底片文档等。将这些文件交给加工厂就可进行加工制作了。

第 15 章　原理图库与 PCB 库

原理图元件是原理图绘制的最基本元素，保存在原理图元件库中。尽管 Altium Designer 内置的元件库已经相当完整，但有时用户还是无法从这些元件库中找到自己想要的个别元件，比如某种很特殊的元件或新出现的元件。在这种情况下，就需要自行创建新的元件。软件系统自带的元件封装，对于经常使用而元件封装库里又找不到的元件封装，或者系统元件库没有的其他封装，就需要使用元件封装编辑器来制作一个新的元件封装。Altium Designer 中包含原理图元件及 PCB 封装两大类。原理图元件只适用于原理图绘制，只可以在原理图编辑器中使用；PCB 封装用于 PCB 设计，只可以在 PCB 编辑器中使用，二者不可混用。针对 PCB 文件，就需要自行创建元件封装及封装库。软件提供了一个完整的创建元件库和封装库的工具，即原理图库编辑器（SCH Library）和 PCB 库编辑器（PCB Library）。下面我们以制作一个元件及其对应的封装来讲解如何使用这两种编辑器来创建元件及封装。

15.1　原理图库编辑器

我们可以在绘制原理图的过程中在项目文件下面添加新的原理图库，也可以在一开始就创建新的独立的原理图库；另外，我们也可以在元件库中找一个和要绘制的元件类似的元件，对这个元件进行修改，可以实现快速制作元件的目的。在本部分，我们采用三种方式建立原理图库，分别为：创建新的原理图库、由已有元件修改建立新元件库、直接调用已有元件库中的元件进行修改建立用户元件库。

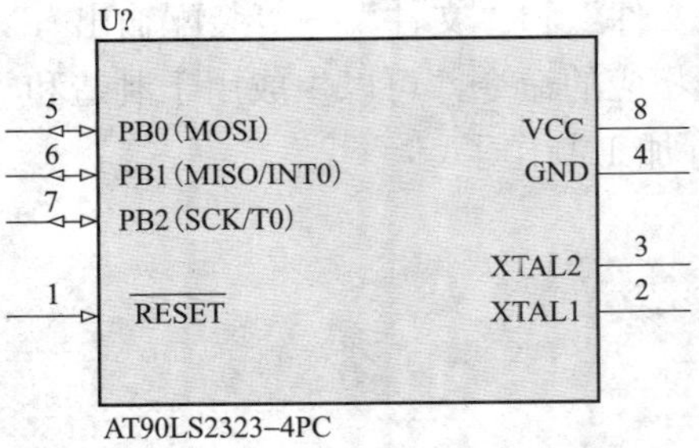

图 15-1　AT90LS2323-4PC

假定我们需要自己制作一个元件，如图 15-1 所示，该元件存在于软件自带的元件库中（C:\Program Files\Altium\Library\Atmel\Atmel Microcontroller 8-Bit AVR.IntLib），本处我们假定这是一个元件库中不存在的元件。

15.1.1　创建新的原理图库

（1）点击菜单“文件”→“创建”→“库”→“原理图库”命令，即可打开原理图库编辑器界面，如图 15-2 所示。

原理图库编辑管理器界面与原理图编辑器界面相似。主要由原理图库编辑管理器、主工具栏、菜单、实用工具栏、编辑区等组成。不同的是在编辑区有一个“十”字坐标轴，将元件编辑区划分为四个象限。习惯上一般在第四象限尽量靠近原点的位置进行元件的编辑工作，因为在放置绘制好的元件的时候，鼠标和元件的相对位置即为原点和元件的相对位置。

除了主工具栏以外，元件库编辑管理器提供了两个重要的工具栏，即绘制图形工具栏和 IEEE 工具栏，这两种工具栏为自制元件提供了极大的便利，详细介绍如图 15-3 所示。

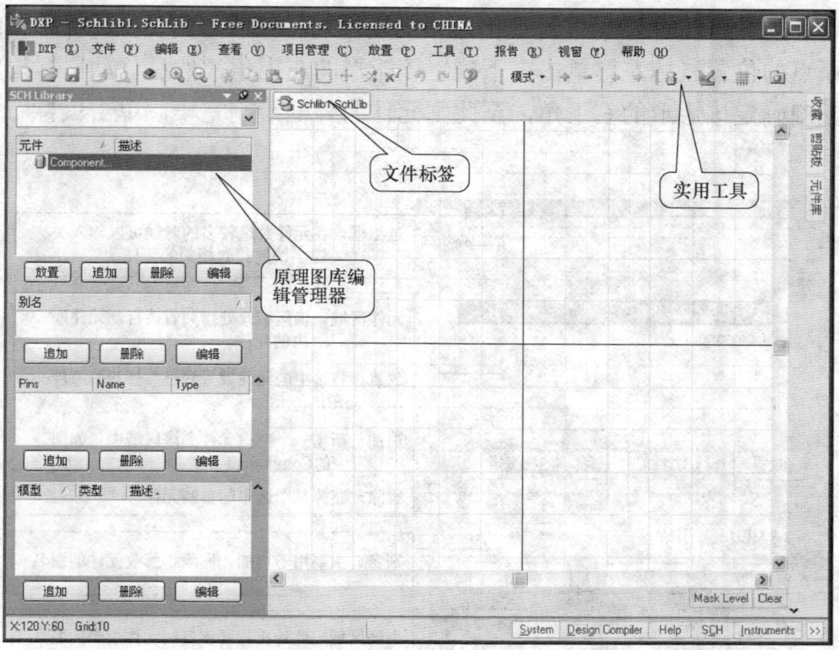

图 15-2　原理图库编辑器界面

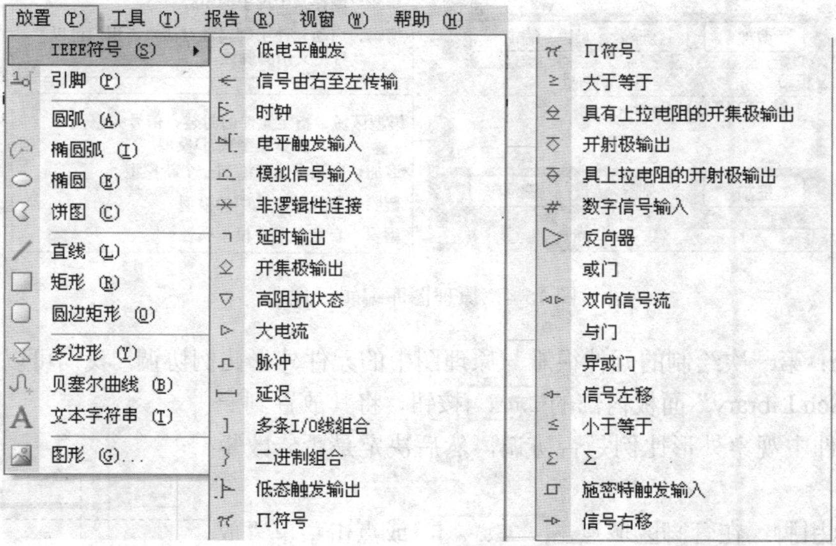

图 15-3　绘图工具和 IEEE 工具

（2）原理图库编辑管理器。原理图库编辑管理器用于对该库文件内部的元件进行管理、新增、删除及编辑，是用户在自制元件库时经常使用的一个面板。如图 15-4 所示。如果在绘图过程中不慎将“SCH Library”面板关掉，可以在状态栏的 SCH 内重新点选。

（3）首先将新建的“Schlib1.Schlib”保存好，此时在原理图库管理器中已经存在一个名为“Component_1”的元件，现在我们就开始绘制图 15-1 的元件。

1）绘制元件外框：点击绘图工具，在弹出的子项中选择绘制矩形，此时鼠标下会悬浮着一个待定位置和大小的矩形，如果需要更改矩形的边框线型的颜色、宽度等详细参数，可以在此时按下键盘的“Tab”键调出矩形的属性进行修改。我们将鼠标移至绘图区的第四象限靠近原点的位置鼠标左键单击一下确定该矩形的左上角，然后移动鼠标选定合适的尺寸再次单击左键确定该矩形的右下角，至此则元件的外框绘制完毕，单击鼠标右键，退出绘制矩形命令。

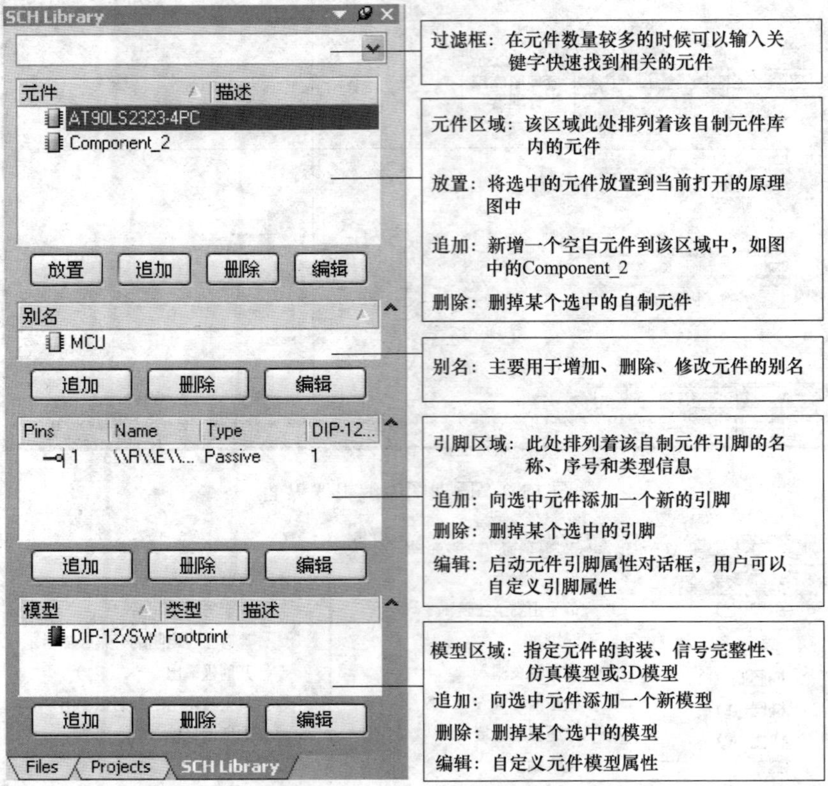
SCH Library
元件
描述
AT90LS2323-4PC
Component_2
放置
追加
删除
编辑
别名
MCU
追加
删除
编辑
Pins
Name
Type
DIP-12...
1
\\R\\E\\...
Passive
1
追加
删除
编辑
模型
类型
描述
DIP-12/SW
Footprint
追加
删除
编辑
Files
Projects
SCH Library
过滤框：在元件数量较多的时候可以输入关键字快速找到相关的元件
元件区域：该区域此处排列着该自制元件库内的元件
放置：将选中的元件放置到当前打开的原理图中
追加：新增一个空白元件到该区域中，如图中的Component_2
删除：删掉某个选中的自制元件
别名：主要用于增加、删除、修改元件的别名
引脚区域：此处排列着该自制元件引脚的名称、序号和类型信息
追加：向选中元件添加一个新的引脚
删除：删掉某个选中的引脚
编辑：启动元件引脚属性对话框，用户可以自定义引脚属性
模型区域：指定元件的封装、信号完整性、仿真模型或3D模型
追加：向选中元件添加一个新模型
删除：删掉某个选中的模型
编辑：自定义元件模型属性

图 15-4　原理图库编辑管理器

技巧：第一次绘制的元件很难与原理图中的元件外形比例协调，我们可以在绘制好矩形后点击“Sch Library”面板内部的 放置 按钮，将其放置到一个原理图文件中观察外形比例是否协调，然后决定是否修改矩形尺寸。

2）绘制引脚：在管脚区域点击 追加 ，或点击菜单“放置”→“引脚”命令，此时鼠标下会悬浮一个未修改属性的管脚，如图 15-5 所示，按下键盘的“Tab”键，弹出引脚属性编辑对话框，如图 15-6 所示。当然，我们也可以按照默认属性先放置好各个引脚，在每个管脚上双击左键，也会弹出引脚属性对话框，再依次修改属性。

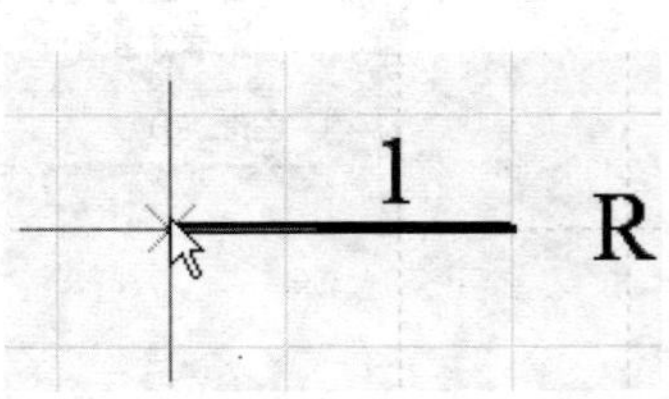
1
R

图 15-5　绘制管脚

a．显示名称：也就是引脚在原理图中显示的名称，可以选择是否可视。

b．标识符：引脚号，同一元件不能有重复的引脚号，可以选择是否可视。

c．电气类型：用于设置某个引脚的电气属性，其中包括输入（Input）、输入输出（IO）、输出（Output）、集电极开路输出（OpenCollector）、无源输出（Passive）、高阻输出（HiZ）、漏极输出（Emitter）、电源（Power），如图 15-7 所示。

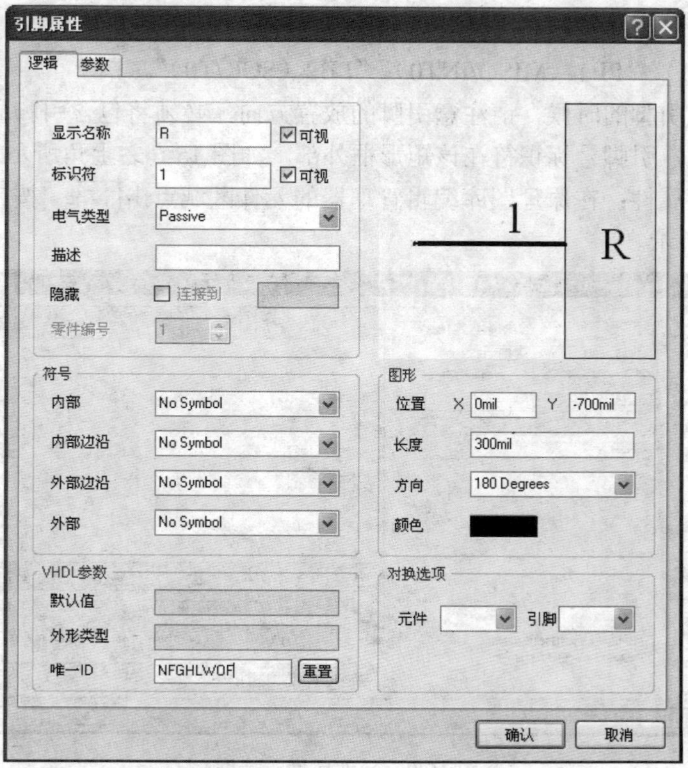

图 15-6 编辑引脚属性

d. 描述：可以设置引脚的功能描述

e. 符号区域：该区域中操作框可以设置引脚的内部外部输入输出符号，及其内部边沿、外部边沿的符号。这些符号都是标准的 IEEE 符号。

按照图 15-1，依次放好各个管脚，放好后的元件如图 15-8 所示。

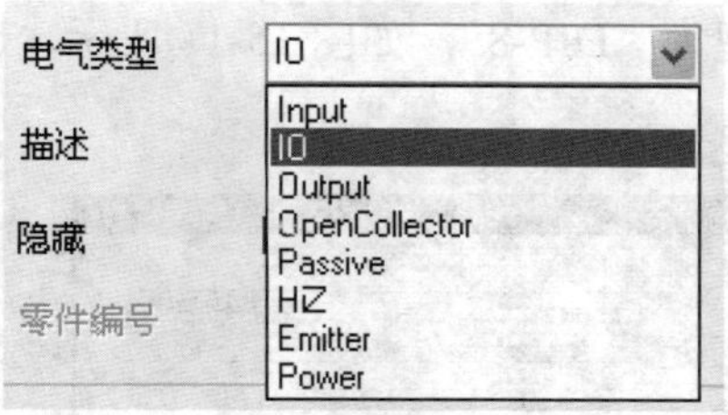

图 15-7 编辑引脚属性

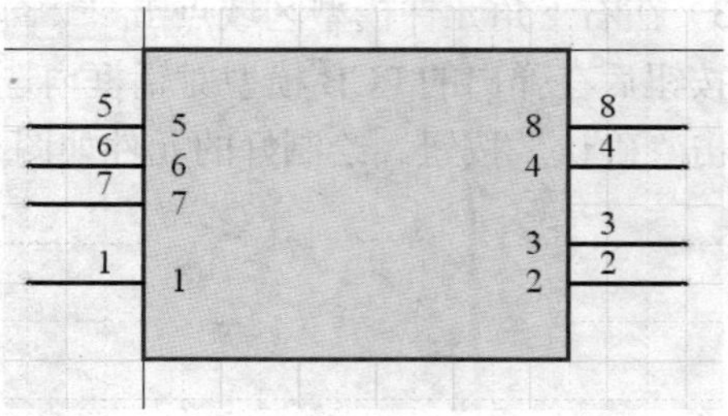

图 15-8 放置好引脚的元件

3）然后依次在各个引脚上双击，在弹出的引脚属性对话框内修改引脚名称、属性、电气类型、符号等。

a. 1 号管脚为输入管脚，名称为 $\overline{\text{RESET}}$，需要选择电气类型为“Input”，更改显示名称为“R\E\S\E\T\”。

b. 2、3 号管脚为晶振接入端，更改显示名称为“XTAL1”“XTAL2”。

c. 4、8 号管脚为电源接入端，选择电气类型为“Power”，并更改显示名称为“GND”“VCC”。

d. 5、6、7 号管脚为双向输入输出管脚，需要选择电器类型为“IO”，更改显示名称分别为“PB0（MOSI）”“PB1（MISO/INT0）”“PB2（SCK/T0）”。

注意： 在放置引脚的时候，请注意引脚的放置方向，必须将包含引脚显示名称的一侧指向元件矩形框内部，引脚号标识符在该矩形框外部，如图 15-6 右上角所示。

（4）编辑元件属性：在原理图库编辑管理器的元件区域点击 编辑 按钮，弹出元件属性对话框如图 15-9 所示。

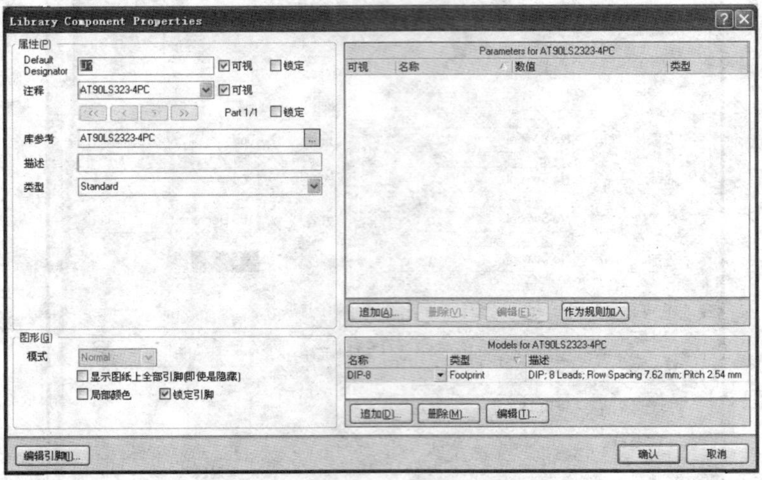

图 15-9 元件属性对话框

1）在属性设置区域流水号框内填写“U？”，并选择是否可视。

注： “U？”为元件的流水号，在绘制原理图过程中放置元件时，需要指定元件的流水号。因为在同一项目下，流水号是元件的唯一身份标识，不允许重复，如果暂时不指定，则以“U?”的形式暂存。

2）在注释框内填写“AT90LS323-4PC”，并选择是否可视。

3）在右下角元件模型区域点击 追加(D)... ，选择新建“Footprint”，如图 15-10 所示，单击确认按钮后在弹出的 PCB 模型对话框内选取封装模型为“DIP-8”，如图 15-11 所示，选择好后单击“确认”按钮。绘制好的元件如图 15-12 所示。

图 15-10 追加自定义元件模型

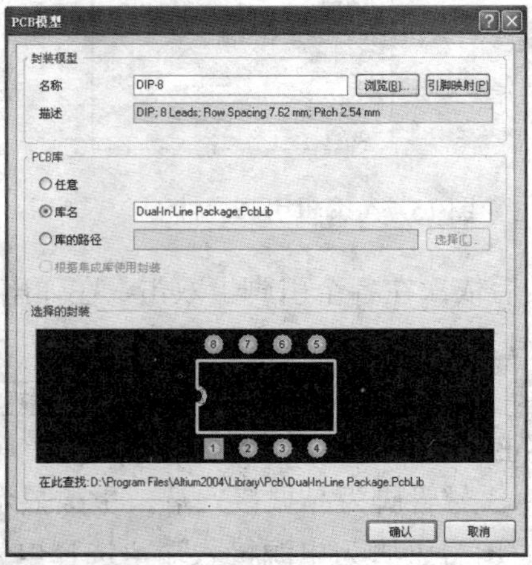

图 15-11 追加自定义元件封装模型

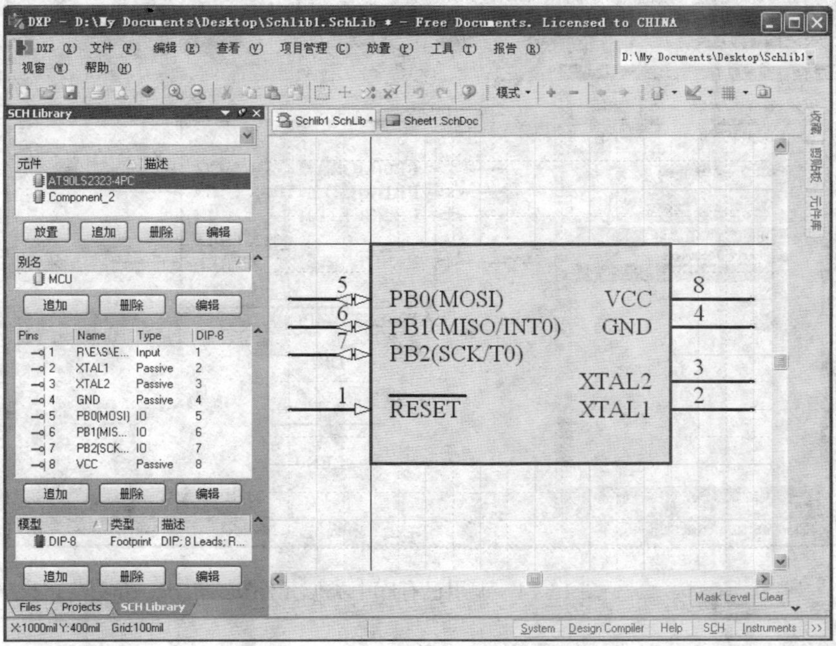

图 15-12　绘制好的元件

15.1.2　由已有元件修改建立新元件库

如果在绘图过程中用到某个元件库中不存在的元件，用户可以先尝试从已有元件库中调用一个类似的元件，将该元件放置到原理图中，然后做好保存后建立设计项目库。

（1）图 15-13 中 AT90LS323-4PC 是前面章节绘制的元件，假定我们绘图需要用到的元件 AT90LS2343-1PC［为图 15-13（b）所示元件］在元件库中不存在（实际存在于 C：\Program Files\Altium\Library\Atmel\ Atmel Microcontroller 8-Bit AVR.IntLib）。

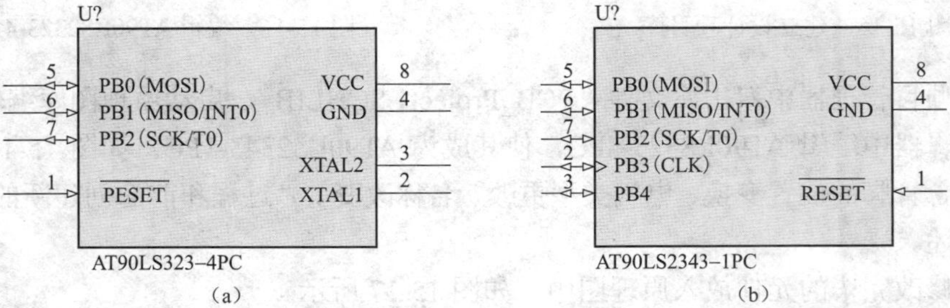

图 15-13　绘制好的元件

（a）元件库中已有元件；（b）需绘制的元件

（2）新建项目完毕后在项目中添加一个空白的原理图文件，调用 AT90LS323-4PC 放入原理图中并保存，如图 15-14 所示。点选菜单“设计”→“建立设计项目库”命令后，在项目管理器中项目文件下，会增加一个名称为“PCB_Project1.SCHLIB”的设计项目库文件，该库文件中包含 Sheet1.SchDoc 中的所有元件，如图 15-15 所示。

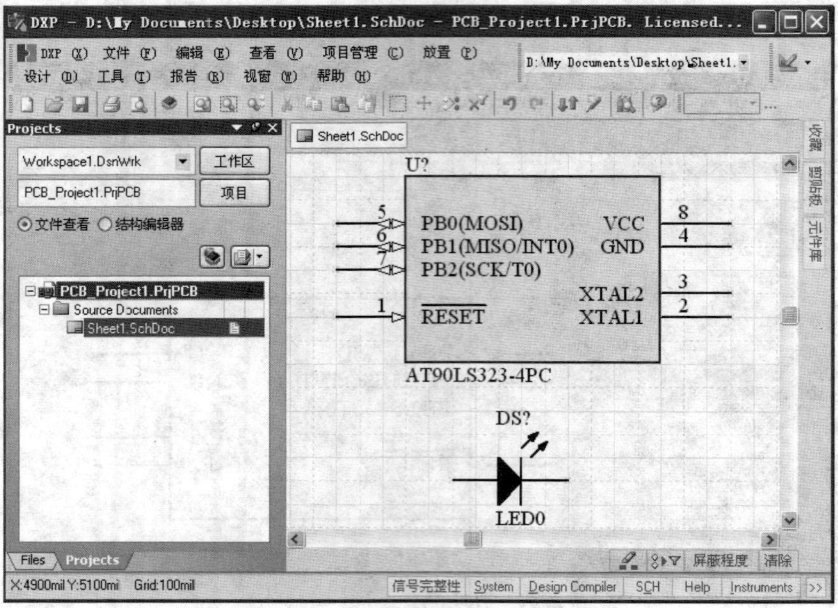

图 15-14 调用已有库中类似元件❶

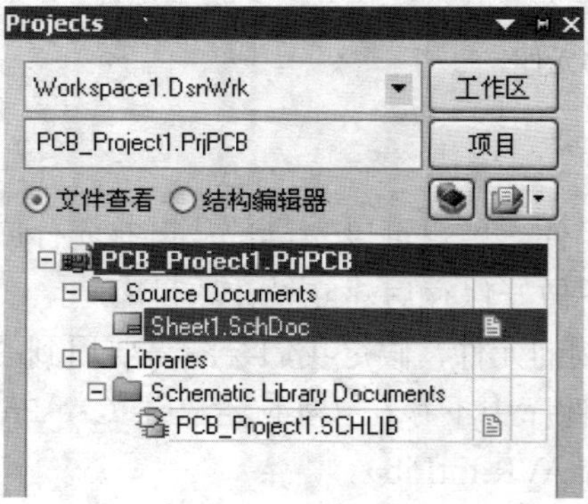

图 15-15 建立设计项目库

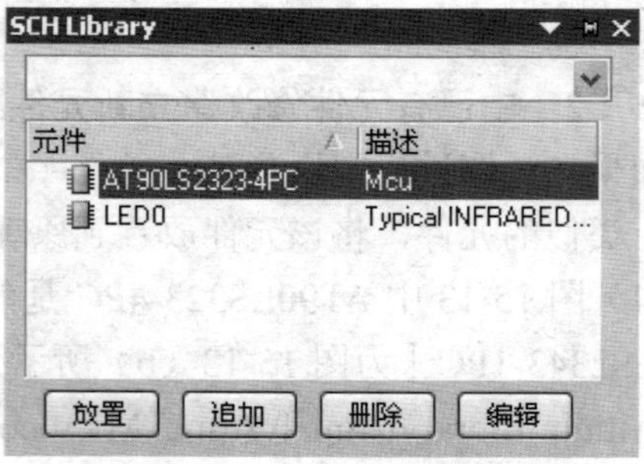

图 15-16 编辑 AT90LS2323-4PC

（3）在项目管理器中双击库文件“PCB_Project1.SCHLIB”，启动原理图库编辑器界面，在原理图编辑器中编辑 AT90LS323-4PC，使其成为 AT90LS2343-1PC，如图 15-16 所示，修改的过程包含管脚的位置变换、电气类型更改、名称改变等，过程和前面创建新的元件类似，此处不再赘述。

（4）将修改完毕的元件放入原理图中，如图 15-17 所示。

采用这种方法创建元件相对来说快速易行，在设计过程中可以大为节省时间，尤其是一些管脚数超过 100 的元件。

15.1.3 直接调用元件库中的元件进行修改保存

上面叙述的两种创建元件的方法都是在不更改系统默认原理图元件库的前提下新建用户自定义原理图库，还有更便捷的方法就是直接从现存的原理图库中抽取部分元件组建用户自

❶ 本书中的均表示发光二极管。

定义的元件库，抽取的元件可以视应用场合不同决定是否修改。下面以常用库“Miscellaneous Devices.IntLib”为例讲解过程。

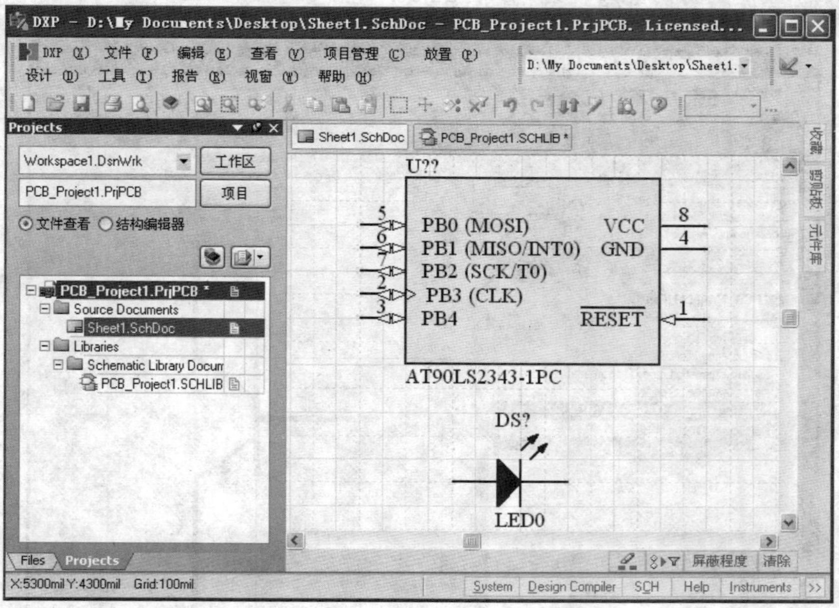

图 15-17　修改为 AT90LS2343-1PC

（1）点选菜单“文件”→“打开”，选择路径 C:\Program Files\Altium\Library 下的原理图库“Miscellaneous Devices.IntLib”打开，此时弹出对话框，询问用户用该集成库做什么，我们选择第一项 抽取源(E) ，如图 15-18 所示，此时在项目管理器下出现一个新的集成元件库项目（后缀为：LIBPKG），内部含有一个源文件“Miscellaneous Devices.SchLib”，如图 15-19，下面我们介绍如何从中抽取元件。

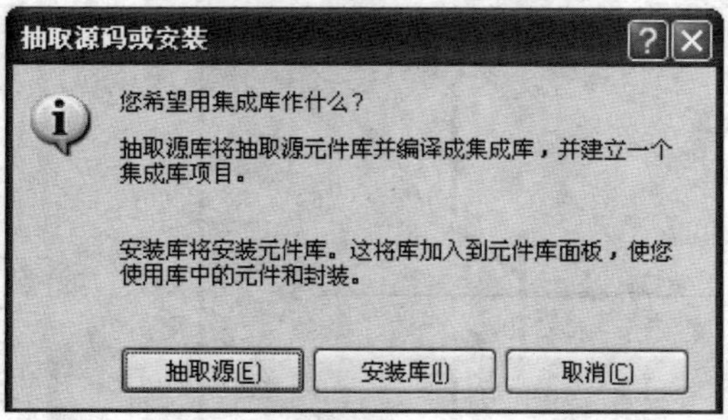

图 15-18　从库中抽取元件

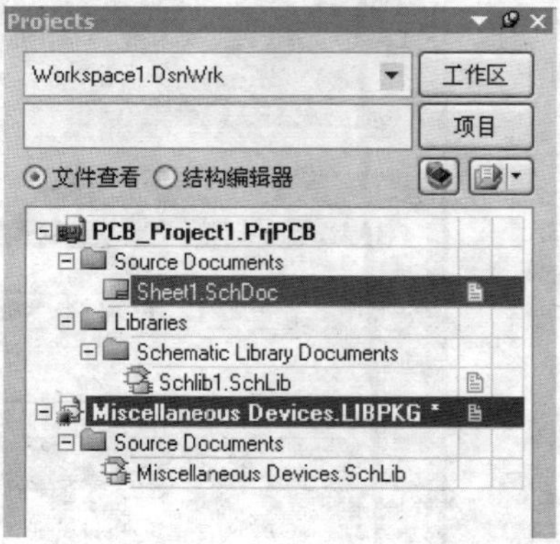

图 15-19　建立集成元件库项目

（2）打开文件“Miscellaneous Devices.SchLib”并切换到“SCH Library”管理器界面下，选中该原理图库文件中的第一个元件“2N3904”，如图 15-20 所示。

（3）在此界面下按组合键“Ctrl+A”或者用鼠标框选这个元件，然后选择菜单“编辑”→“复制”或按组合键“Ctrl+C”复制 2N3904。之后打开 PCB 项目下的原理图库文件

“Schlib1.SchLib”并切换到“SCH Library”管理器界面下，并选择菜单“编辑”→“粘贴”或按组合键“Ctrl+V”粘贴 2N3904 到“Schlib1.SchLib”下为元件“Component_1”，如图 15-21 所示，然后给该元件定义属性等，过程同 15.1.2 所述。

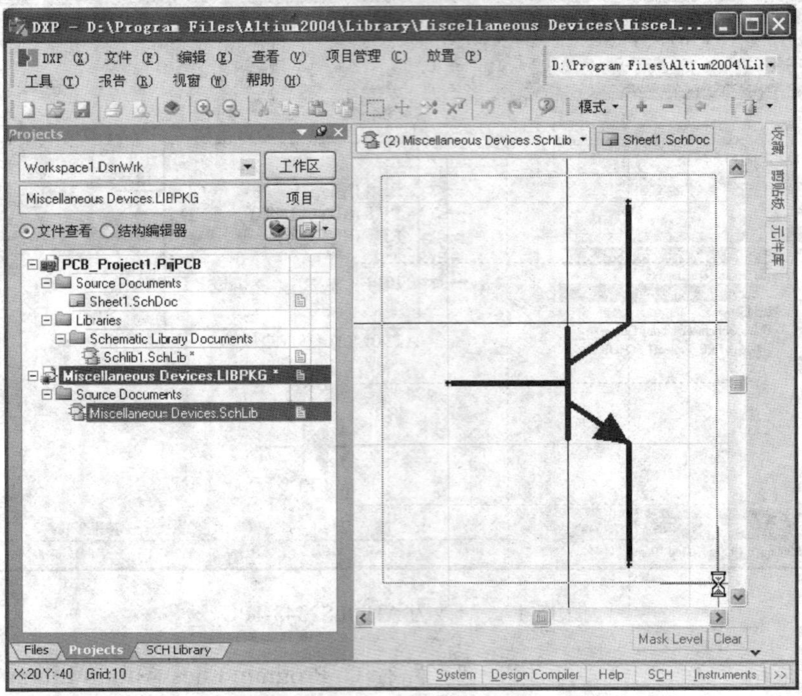

图 15-20　打开的原理图库

采用本方法用户可以利用软件自带的丰富元件库创建自己专用的原理图库，提高设计效率。

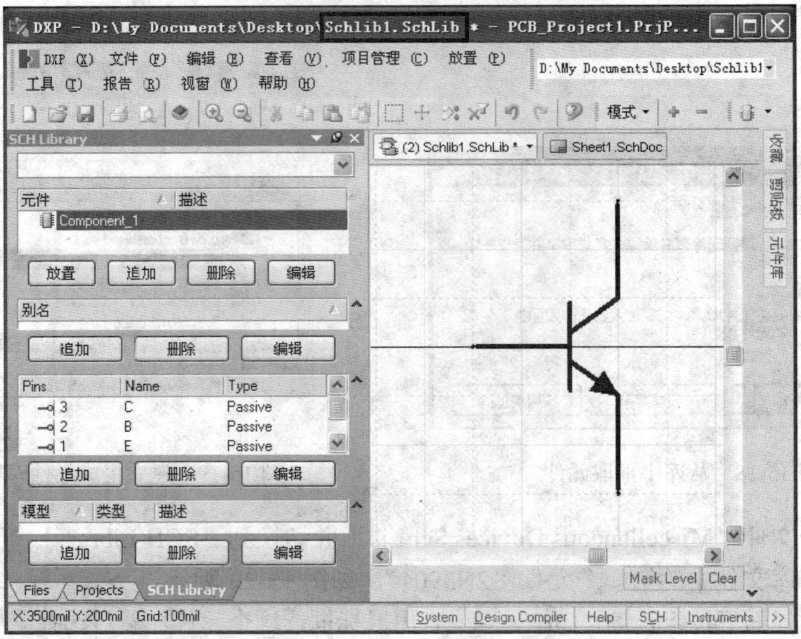

图 15-21　抽取库元件组建自定义元件库

15.2　PCB 库 编 辑 器

在本节中，主要介绍使用软件制作元件封装的两种方法，即手工方法和利用向导（Wizard）的方法来制作上面章节自制元件"AT90LS323-4PC"的对应封装。我们假设该元件的封装 DIP-8 在系统的 PCB 库中不存在（实际位于 C:\Program Files\Altium\Library\Pcb\Dual-In-Line Package.PcbLib）。

创建元件的封装是一件相当细致的工作。首先要通过查阅相关元件的数据手册得到焊盘的类型、数量、位置、元件的外形尺寸等，掌握这些数据后方可严格按照这些数据创建封装。

15.2.1　创建 PCB 封装库

（1）点击"文件"→"创建"→"库"→"PCB 库"，即可打开元件封装库编辑器界面，如图 15-22 所示。元件封装库文件的后缀名为.PcbLib，系统默认的文件名为 PcbLibl.PcbLib，保存好后就可以进行元件封装的编辑制作。PCB 封装编辑器的界面和 PCB 编辑器比较类似。

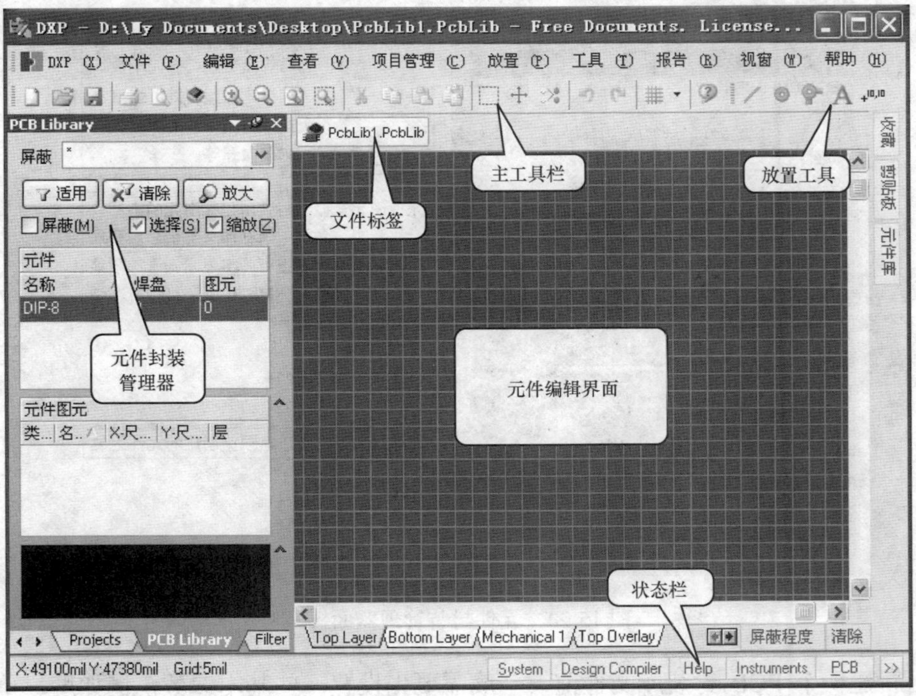

图 15-22　元件封装编辑器

1）主菜单：主要是给设计人员提供编辑、绘图命令，以便于创建一个新元件。

2）元件编辑界面：主要用于创建一个新元件，将元件放置到 PCB 工作平面上，用于更新 PCB 元件库、添加或删除元件库中的元件等各项操作。

3）主工具栏：为用户提供了各种图标操作方式，可以让用户方便、快捷地执行命令和各项功能，如打印、存盘等。

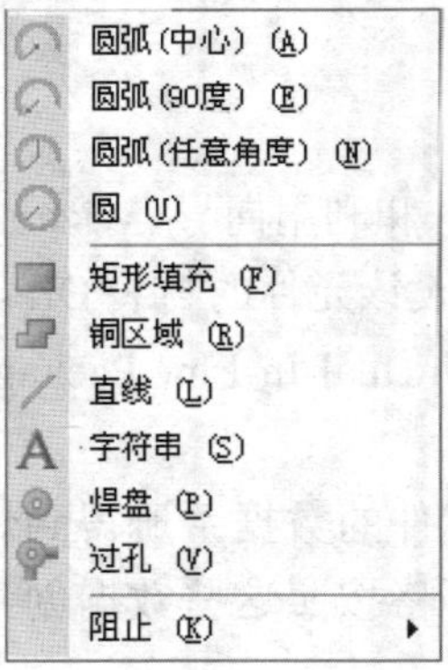

图 15-23 放置工具功能介绍

4）放置工具栏：是 PCB 元件封装编辑器提供的绘图工具，同以往所接触到的绘图工具是一样的，它的作用类似于菜单命令 Place，即在工作平面上放置各种图元，如焊盘、线段、圆弧等。详细功能如图 15-23 所示。

5）PCB Lib（元件封装管理器）：元件封装库管理器主要用于对元件封装库进行管理。单击项目管理器下面的“PCB Library”标签，即可进入元件封装管理器，如图 15-24 所示为元件封装管理器。如不小心关掉了“PCB Library”标签，则可以选择状态栏中的 PCB 标签，在弹出的选择框中选择“PCB Library”。

6）状态栏与命令行：在屏幕最下方为状态栏和命令行，它们用于提示用户当前系统所处的状态和正在执行的命令。

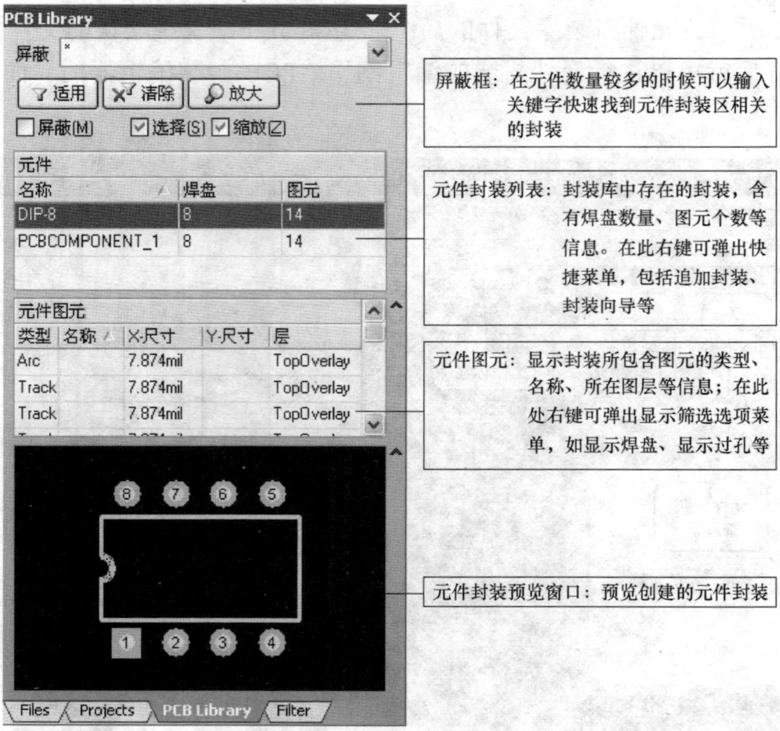

图 15-24 元件封装管理器面板

7）当新建一个 PCB 封装库文件前，一般需要先设置一些基本参数，例如度量单位、过孔的内孔层、电气栅格、可视栅格等，与绘制原理图之前定制绘图环境、图纸尺寸等类似，但是创建元件封装不需要设置布局区域，系统会自动生成区域供用户使用。点击菜单“工具”→“库选择项”即可调出该对话框，如图 15-25 所示，可以按要求进行设置。

8）层的管理：制作 PCB 元件时，同样需要进行层的设置和管理，其操作与 PCB 编辑管理器的层操作一样。

（2）创建新的元件封装。假设要建立一个新的元件封装库作为用户自己的专用库，元件库的文件名为“PcbLib1. PcbLib”，并将要创建的新元件封装放置到该元件库中。下面以图

15-26 所示的实例“DIP-8”来介绍如何手工创建元件封装，该封装可用做上面章节自制原理图库中的自制元件 AT90LS323-4PC 的封装。

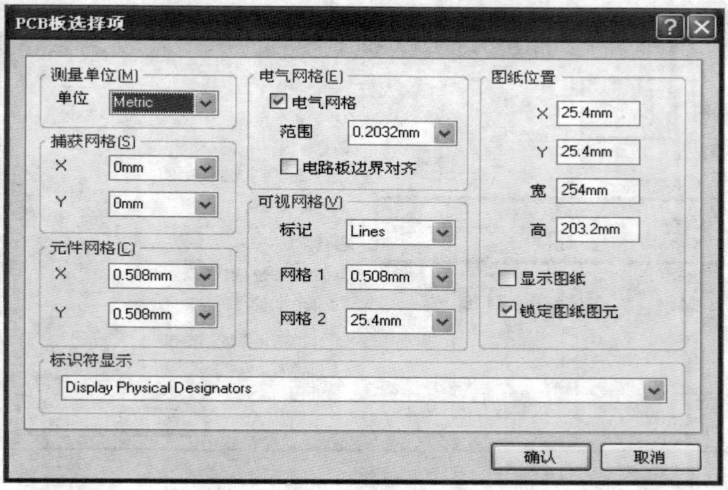

图 15-25 PCB 板选择项对话框

1）在 PCB 封装编辑界面下点选菜单“工具”→“新元件”命令，创建一个新的元件封装，此处我们暂不使用向导操作，在弹出的对话框中直接单击“取消”按钮，就可以创建一个空白的元件封装。

注：也可以先展开 PCB Library 面板，然后在元件列表处单击鼠标右键，从快捷菜单中选择“新建空元件”命令，也可以创建一个新的空白元件封装。

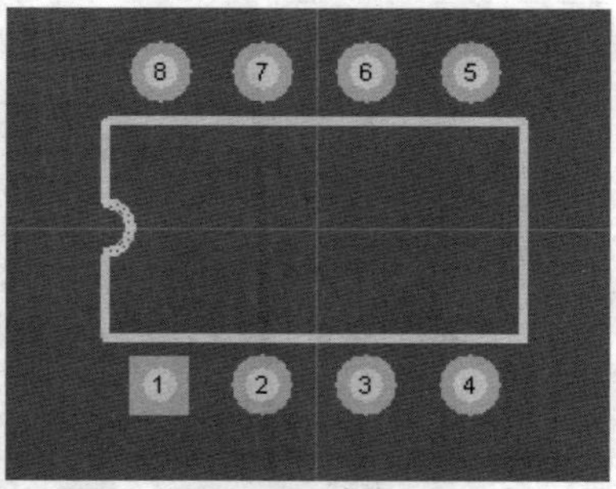

图 15-26 封装“DIP-8”

2）点选菜单“编辑”→“跳转到”→“新位置”命令，系统将弹出如图 15-27 所示的对话框，在编辑创建元件封装时，需要将基准点设定在原点位置，在编辑框中输入坐标值（0，0）并单击确认，鼠标即跳转到（0，0）位置，在状态栏可见具体坐标。

3）执行“放置”→“焊盘”，也可以直接单击放置工具内的◎，光标变成“十”字状，并在鼠标下悬浮着一个焊盘待放置，移动光标到合适的位置后，即可单击鼠标将其定位。

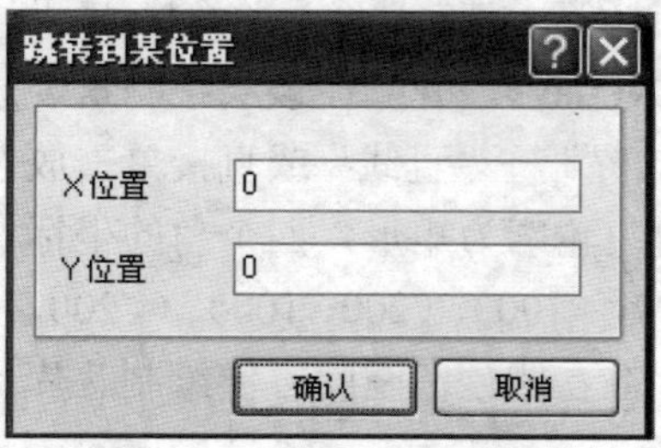

图 15-27 跳转坐标对话框

注：在放置焊盘时，可先按键盘的“Tab”键进入焊盘属性对话框，设置焊盘的属性。本实例焊盘的属性设置如图 15-28 所示。方形焊盘或圆形焊盘可以在“形状”下拉列表中选择“Rectangle”或“Round”。其他参数选项取默认值。

在 PCB 的元件封装设计时，最重要的就是焊盘，因为将来使用该元件封装时，焊盘是其主要电气连接点，并且焊盘位置是否正确决定了制作好的 PCB 板能否顺利安装焊接元件。

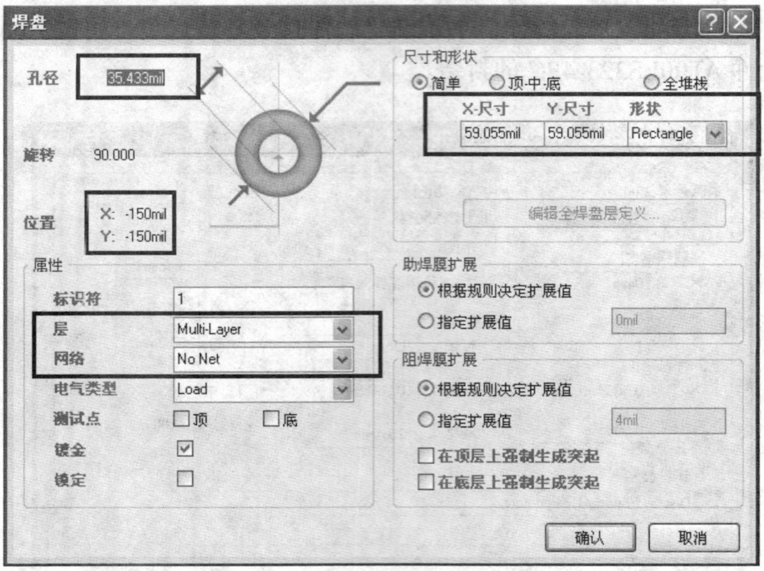

图 15-28 焊盘属性设置对话框

4）按照同样的方法，再根据元件引脚之间的实际间距按照水平距离设定为100mil，垂直距离设定为300mil，将剩余的7个圆形焊盘依次放置，放置好的焊盘如图15-29所示，其中鼠标所在坐标为（0，0）。

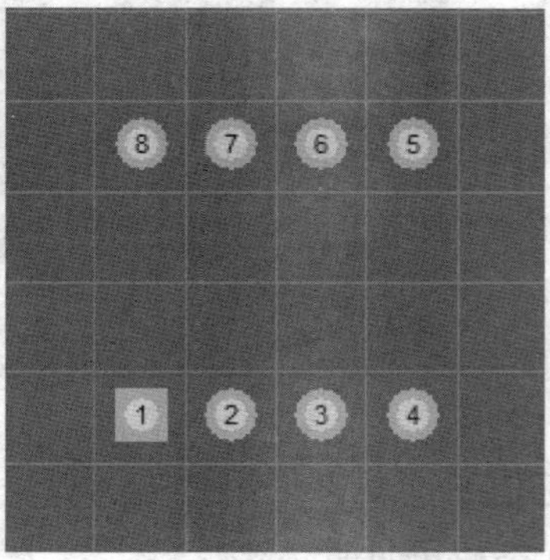

图 15-29 仅放置焊盘的封装

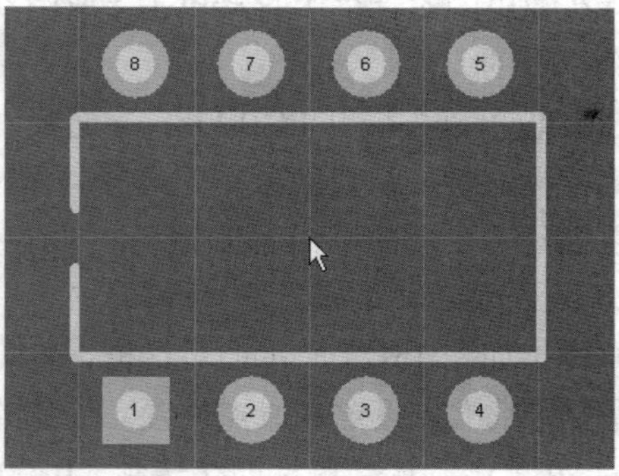

图 15-30 绘制封装轮廓

5）在状态栏上方的层标签上选择 Top Overlay，将工作层切换到丝印层（Top Overlay），开始在该层绘制封装的外形轮廓。选择菜单“放置”→“直线”或直接单击放置工具中的 ，该例的封装轮廓为矩形，四个角的坐标分别为（–200，–100）、（200，–100）、（200，100）、（–200，100），注意矩形不要封死，在左侧预留空间方便绘制芯片封装豁口，如图15-30所示。

6）选择菜单“放置”→“圆弧”，此处有三种绘制圆弧的方法，用户可以任选一种绘制，绘制好的封装轮廓如图15-31所示。

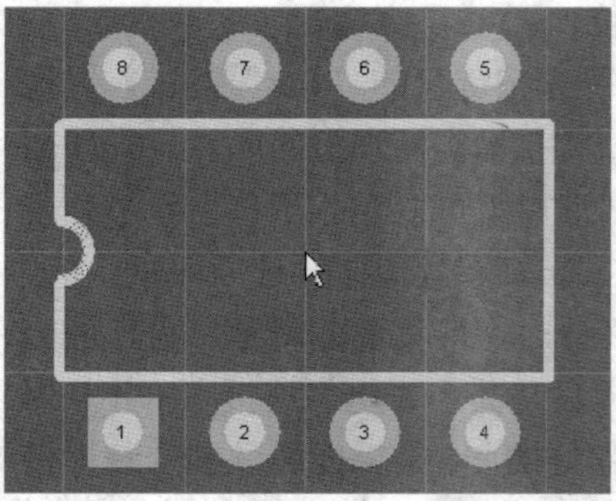

图 15-31 完成封装轮廓绘制

7）以上工作结束后，执行菜单“工具”→“元件属性”或直接在 PCB Library 面板的元件区域的“PCBComponent_1”上单击鼠标右键，在弹出的菜单中选择元件属性，调出 PCB 库元件参数对话框，如图 15-32 所示，按照要求修改好参数，单击确认后在元件列表区封装名称也随之改变为“DIP-8”。至此，一个完整的 PCB 封装就创建完毕，我们可以创建多个封装，组建自己专用的封装库，提高设计效率。

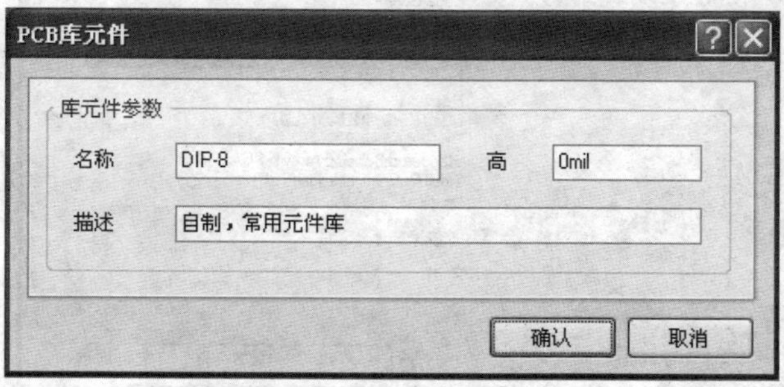

图 15-32　设置自定义元件属性

注：此例中我们采用的是元件封装中心点作为参考点，如果想设定其他点作为元件的封装参考点，可以单击菜单“编辑”→“设定参考点”，下面有三个选项，分别为“引脚 1”“中心”和“位置”，点选“引脚 1”则软件会自动将封装的 1 号引脚定义为封装参考点，坐标（0，0）；点选“位置”，则用户可以用鼠标指定任意一点作为封装参考点，坐标（0，0）。

15.2.2　利用向导制作 PCB 封装

元件封装向导允许用户预先定义设计规则，在这些设计规则定义结束后，元件封装编辑器会自动生成相应的新元件封装。下面仍以图 15-26 所示的实例来介绍利用向导创建元件封装的基本步骤。

（1）在元件封装编辑器界面下单击菜单“工具”→“新元件”命令，或者在“PCB Library”面板的元件区域内单击鼠标右键，在弹出的菜单中选择“元件向导”即可激活元件封装向导，如图 15-33 所示。

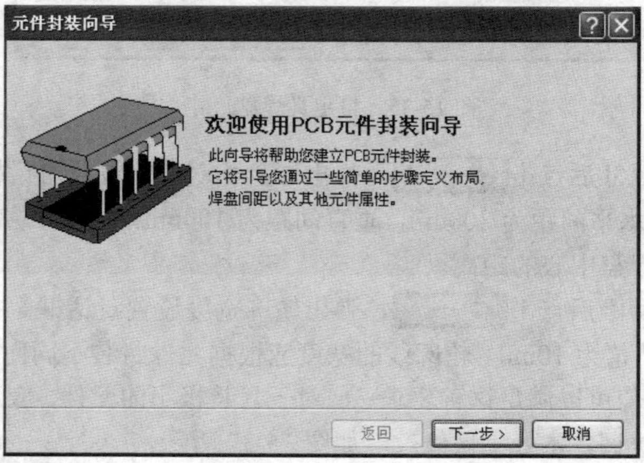

图 15-33　PCB 制作向导界面

（2）点击 下一步＞ 按钮，弹出元件封装模式列表对话框，如图 15-34 所示，我们可以从中任选一种开始创建，此处选择“Dual in-line Package（DIP）”，另外在对话框下部可以选择采用英制或公制单位，此处我们选择英制单位（mil）。

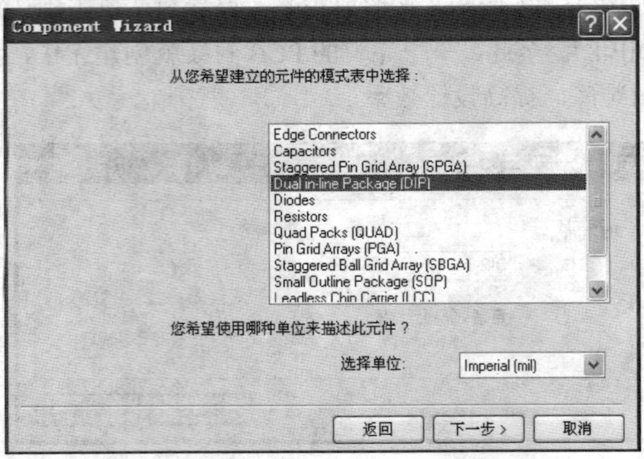

图 15-34 选择 DIP 封装类别和单位

（3）选择好后点击[下一步>]按钮，弹出焊盘尺寸设置对话框，用户可以在此按要求设置焊盘的相关尺寸，修改方法是用鼠标在相关尺寸上单击，即可修改数值，如图 15-35 所示。

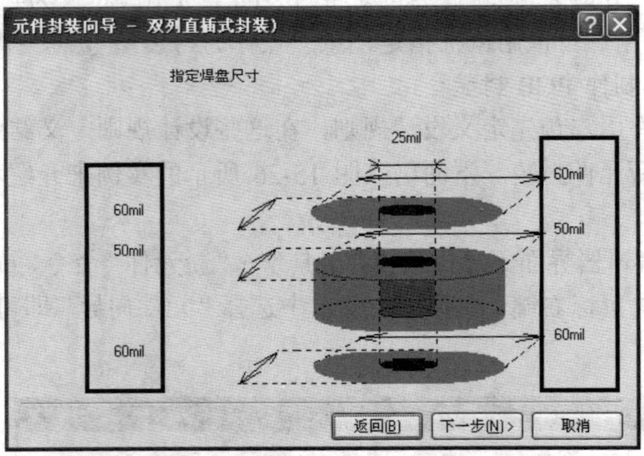

图 15-35 自定义焊盘尺寸

（4）设置好焊盘尺寸后点击[下一步>]，弹出焊盘相对位置设置对话框，因为我们要制作 DIP-8，在此修改焊盘水平间距为 300mil，垂直间距为 100mil，如图 15-36 所示。注意这里的间距指的是两个相邻焊盘中心的距离。

（5）设置好焊盘间距后点击[下一步>]，弹出轮廓宽度设置对话框，在此可对元件轮廓线的宽度进行设置，默认值为 10mil。轮廓线的宽度应根据元件封装不同而调整，使元件轮廓清晰即可，10mil 的默认值可以满足这种要求。但对于封装极小的元件，应适当减小轮廓线的宽度，以使得视图比较协调，本处不做修改，如图 15-37 所示。

（6）设置好轮廓宽度值后单击[下一步>]按钮，向导弹出元件焊盘数设置面板，在此对元件的焊盘数量进行设置，默认值为 10（双列，每列 5 脚）。修改对话框数值为 8，向导自动调整每排焊盘数为 4。但图中显示的元件仅是外形示意图，显示的焊盘数与设定值并不相等，如图 15-38 所示。

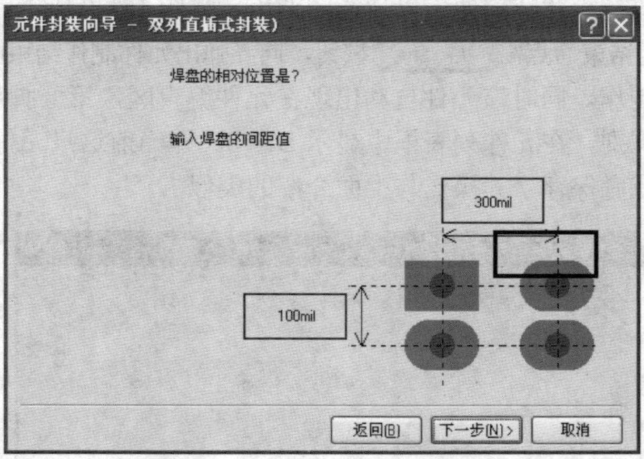

图 15-36　自定义焊盘间距

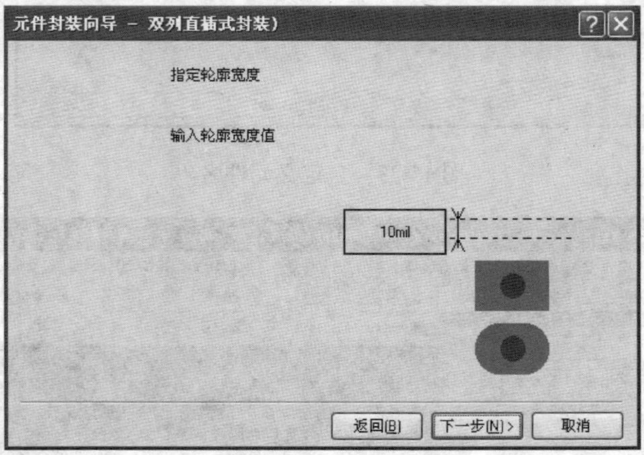

图 15-37　自定义轮廓线宽度

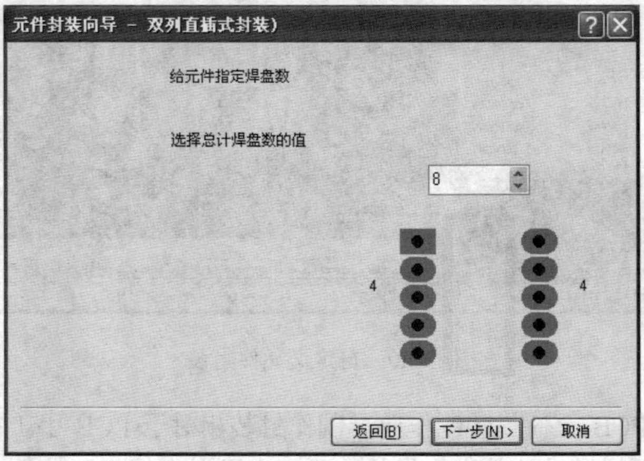

图 15-38　自定义元件焊盘数量

（7）设置好焊盘数量后，单击 下一步> 按钮，向导弹出元件名设置面板，可在对话框中输入自定义的新元件名，默认名为 DIP-8。新元件的命名一方面应该避免和库中原有元件名相同，另一方面，应该言简意赅，便于以后绘图调用，如图 15-39 所示。

（8）封装名称设定结束后点击 下一步> 按钮，向导弹出元件制作结束面板，单击 完成 按钮，完成该元位的制作，同时该元件自动出现在元件编辑区，第一脚作为默认参考点并且采用方形焊盘以易于识别，在元件列表框中显示 DIP-8，即当前这只元件，如图 15-40 所示。用户可以进一步修改或者保存，其操作与上面介绍的类似。

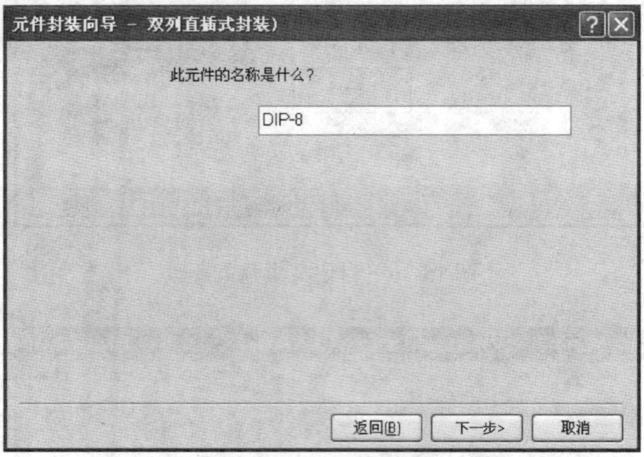

图 15-39　自定义元件名

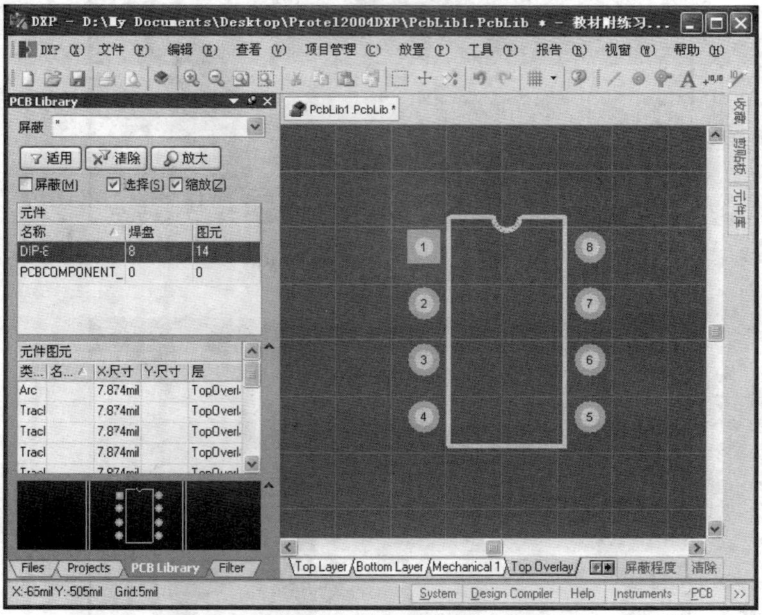

图 15-40　自定义元件封装

利用软件自带的 PCB 元件封装制作向导制作封装相对于 PCB 手工制作元件封装更有价值，合理使用可以显著提高设计效率。另外，我们也可以直接打开软件现存的 PCB 封装库，将其中需要的封装复制到自己的封装库中，从而建立自己专用的封装库，建立方法和前面抽取原理图库元件过程 15.1.3 介绍的类似，此处不再重复。

第16章 PCB 设 计 实 践

PCB设计是电子产品设计的重要环节之一。电子产品正向工作高速度、元件高密度、存储大容量方向发展，这对印制电路板设计技术提出了新的挑战。作为一名PCB设计工程师，除了熟练掌握PCB设计工具的使用之外，还要有丰富的电路知识，以及对生产工艺的了解，才能设计出可制造性好、抗干扰能力强、性能稳定的印刷电路板。

16.1 印制电路板设计的基本原则

印制电路板（PCB）设计的好坏对电路板抗干扰性能影响很大。因此，在进行PCB设计时，必须遵守PCB设计的一般原则，并应符合抗干扰设计的要求。为了设计出质量好、造价低的PCB，应遵循下面讲述的一般原则。

1. 设计整体考虑

印制板设计前应从印制电路板的可靠性、工艺性和经济性三方面进行综合考虑。

（1）可靠性：影响印制板可靠性的因素首先是印制板的层数。

（2）工艺性：设计者应考虑所设计的印制板的制造工艺尽可能简单。

（3）经济性：印制板的经济性与电路板的层数及其制造工艺直接相关。

2. 印制电路板尺寸及板层选取原则

要进行电路板的设计，首先需要规划电路板的大小以及确定电路板的层数。

（1）电路板尺寸应合理。电路板的最佳形状为矩形。长宽比为3:2或4:3。电路板面尺寸大于200mm×150mm时，应考虑电路板所受的机械强度。

（2）在满足电气功能要求的前提下，应尽可能选用层数较少的电路板。

3. 印制电路板布局原则

元件布局是将电子元件在一定面积的印制电路板上合理地排放。为了设计出质量好、造价低、加工周期短的印制板，印制板布局应遵循下列的一般原则。

（1）元件位置摆放时，应考虑印制电路板与外接元件（主要是电位器、插口或另外印制电路板）的连接方式，将可调元件和插口布置在易操作的位置；带高压的元件应尽量布置在调试时手不易触及的地方。为便于自动焊接，每边要留出3.5mm 的传送边。

（2）按照结构图设置板框尺寸，按结构要素布置安装孔、接插件、螺丝孔、装配孔、按键、开关等需要定位的元件，并充分考虑和确定布线区域和非布线区域，如螺丝孔周围大范围属于非布线区域。

（3）遵照“先大后小，先难后易”的布置原则，即重要的单元电路、核心元件应当优先布局。

（4）布局中应参考原理框图，按照电路的组成安排各个功能单元的位置，使布局便于信号流通，使得信号尽可能保持一致的方向，如对于放大倍数较大的放大器，应按输入级、中间级、输出级的顺序排列，信号输入端和输出端应分别安排在印制板的两个边缘处。

（5）在通常情况下，所有的元件均应布置在印制板的顶层上。元件在整个板面上应紧凑的分布，尽量缩短元件间的布线长度，同时确保高电压、大电流信号与小电流，低电压的弱信号完全分开；模拟信号与数字信号分开；高频信号与低频信号分开；高频元件的间隔要充分。在保证电气性能的前提下，元件在整个板面上应均匀、整齐排列，疏密一致，以求美观。

（6）电阻、二极管、管状电容器等元件有“立式”“卧式”两种安装方式。立式指的是元件体垂直于电路板安装、焊接，其优点是节省空间，卧式指的是元件体平行并紧贴于电路板安装、焊接，其优点是元件安装的机械强度较好。这两种不同的安装方式，印制电路板上的元件孔距是不一样的。

（7）发热元件一般应均匀分布，以利于单板和整机的散热，除温度检测元件以外的温度敏感元件应远离发热量大的元件。对于大功率的元件，如稳压电源的调整管，应将它放置在印制板靠边缘某一个适合的位置，且要考虑安装散热片的空间。

（8）元件布局栅格的设置，一般IC元件布局时，栅格应为50～100mil，小型表面安装元件，如表面贴装元件布局时，栅格设置应不少于25mil。

（9）匹配电阻、电容的布局一定要分清信号的源端与终端，对于多负载的终端匹配一定要在信号的最远端匹配。串联匹配电阻的布局要靠近该信号的驱动端，距离一般不超过500mil。

（10）尽可能缩短高频元件之间的连线，设法减少他们的分布参数和相互间的电磁干扰。易受干扰的元件不能相互挨得太近，输入和输出组件应尽量远离。

4. 印制电路板布线原则

布线和布局是密切相关的两项工作，布局的好坏直接影响着布线的布通率。布线受布局、板层、电路结构和电气性能要求等多种因素影响，布线结果又直接影响电路板性能。进行布线时只有综合考虑各种因素，才能设计出高质量的印制线路板。

印制电路板布线的一般原则：

（1）布线优先次序。

1）关键信号线优先：电源、模拟小信号、高速信号、时钟信号和同步信号等关键信号优先布线。

2）密度优先原则：从单板上连接关系最复杂的元件着手布线。从单板上连线最密集的区域开始布线。

（2）输入和输出线应尽量避免相邻平行，不能避免时，应加大二者间距或在二者中间添加地线，以免发生反馈耦合。

（3）同方向信号线应尽量减小平行走线距离。

（4）印制电路板相邻两个信号层的导线应互相垂直、斜交或弯曲走线，应避免平行，以减少寄生耦合。

（5）印制电路中不允许有交叉电路，对于可能交叉的线条，可以用“钻”“绕”两种方法解决。让某引线从别的电阻，电容，三极管脚下的空隙处“钻”过去，或从可能交叉的某条引线的一端“绕”过去。在特殊情况下如果电路很复杂，为简化设计也允许用导线跨接，解决交叉电路问题。

（6）印制导线的宽度尽量一致，有利于阻抗匹配。

（7）印制导线的拐弯一般选择 45°斜角，或采用圆弧拐角。直角和锐角在高频电路和布线密度高的情况下会影响电气性能。

（8）印制导线的最小宽度主要由导线与绝缘基板间的黏附强度和流过它们的电流值决定。

（9）印制导线的间距主要由最坏情况下的线间绝缘电阻和击穿电压决定。

（10）信号线高、低电平悬殊时，还要加大导线的间距；在布线密度比较低时，可加粗导线，信号线的间距也可适当加大。

5. 印制电路板的抗干扰措施

（1）电源线设计。根据印制电路板电路的大小，尽量加粗电源线宽度，减少环路电阻。同时，使电源线、地线的走向和电流的方向一致，这样有助于增强抗噪声能力。

（2）地线设计。

1）数字地与模拟地分开。若电路板上既有逻辑电路又有线性电路，应使它们尽量分开。低频电路应尽量采用单点并联接地，实际布线有困难时，可部分串联后再并联接地。高频电路宜采用多点串联接地，地线应短而粗，高频元件周围尽量用栅格状大面积覆铜。

2）接地线应尽量加粗。若接地线用很细的线条，则接地电位随电流的变化而变化，使抗噪声能力降低。因此应将接地线加粗，使它能通过 3 倍于印制电路板的允许电流。如有可能，接地线应在 2～3mm。

3）接地线构成闭环路。只由数字电路组成的印制板，其接地电路布成闭环路大多数能提高抗干扰噪声能力。

4）总地线必须严格按高频—中频—低频一级级地按弱电到强电的顺序排列原则，切不可随便翻来覆去乱接，级与级间宁肯接线长点，也要遵守这一规定。

（3）去耦电容的配置。为避免电源电磁干扰，PCB 电磁兼容设计的常规做法之一是在印制板的各个关键部位配置适当的去耦电容。去耦电容的一般配置原则是：

1）电源输入端跨接 10～100μF 的电解电容器。如有可能，接 100μF 以上的更好。

2）原则上每个集成电路芯片都应布置一个 10nF 的瓷片电容。

3）对于抗噪能力弱、关断时电源变化大的元件，应在芯片的电源线和地线之间直接接入去耦电容。去耦电容的布局要尽量靠近芯片的电源管脚，使之与电源和地之间形成回路最短。

4）去耦电容引线不能太长，尤其是高频旁路电容不能有引线。

5）在印制电路板中有接触器、继电器、按钮等组件时，操作他们时均会产生较大火花放电，必须采用 RC 电路来吸收放电电流。一般 R 取 1～2kΩ，C 取 2.2～47μF。

16.2 印制电路板制作的工艺流程

PCB 的制造工艺发展很快，不同类型和不同要求的 PCB 采取不同的工艺，但一般都要经历胶片制版、图形转移、化学蚀刻、过孔和铜箔处理、助焊和阻焊处理等过程。

1. 胶片制版

（1）绘制底图。大多数的底图是由设计者绘制的，而 PCB 生产厂家为了保证印制板加工的质量，要对这些底图进行检查、修改，不符合要求的，需要重新绘制。

（2）照相制版。用绘制好的制板底图照相制版，版面尺寸应与PCB尺寸一致。PCB照相制版过程与普通照相大体相同，可分为：软片剪裁—曝光—显影—定影—水洗—干燥—修版。执行照相前应检查核对底图的正确性，特别是长时间放置的底图。曝光前，应调好焦距，双面板的相版应保持正反面照相的两次焦距一致；相版干燥后需要修版。

2. 图形转移

把相版上的PCB印制电路图形转移到覆铜板上，称PCB图形转移。PCB图形转移的方法很多，常用的有丝网漏印法和光化学法等。

（1）丝网漏印。丝网漏印与油印机类似，就是在丝网上附一层漆膜或胶膜，然后按技术要求将印制电路图制成镂空图形。丝网漏印可以通过手动、半自动或自动丝印机实现。

（2）光化学法。光化学法又包括两种方法：直接感光法和光敏干膜法。

1）直接感光法的工艺过程为：覆铜板表面处理—涂感光胶—曝光—显影—固膜—修版。修版是蚀刻前必须要做的工作，可以把毛刺、断线、砂眼等进行修补。

2）光敏干膜法的工艺过程与直接感光法相同，只是不使用感光胶，而是用一种薄膜作为感光材料。这种薄膜由聚酯薄膜、感光胶膜和聚乙烯薄膜三层材料组成，感光胶膜夹在中间，使用时揭掉外层的保护膜，使用贴膜机把感光胶膜贴在覆铜板上。

3. 化学蚀刻

化学蚀刻是利用化学方法除去板上不需要的铜箔，留下组成图形的焊盘、印制导线及符号等。常用的蚀刻溶液有酸性氯化铜、碱性氯化铜、三氯化铁等。

4. 过孔与铜箔处理

（1）金属化孔。金属化孔就是把铜沉积在贯通两面导线或焊盘的孔壁上，使原来非金属的孔壁金属化，也称沉铜。在双面和多层PCB中，这是一道必不可少的工序。实际生产中要经过：钻孔—去油—粗化—浸清洗液—孔壁活化—化学沉铜—电镀—加厚等一系列工艺过程。

金属化孔的质量对双面PCB是至关重要的，因此必须对其进行检查，要求金属层均匀、完整，与铜箔连接可靠。在表面安装高密度板中这种金属化孔采用盲孔方法（沉铜充满整个孔）来减小过孔所占面积，提高密度。

（2）金属涂覆。为了提高PCB印制电路的导电性、可焊性、耐磨性、装饰性及延长PCB的使用寿命，提高电气可靠性，往往在PCB的铜箔上进行金属涂覆。常用的涂覆层材料有金、银和铅锡合金等。

5. 助焊与阻焊处理

PCB经表面金属涂覆后，根据不同需要可进行助焊或阻焊处理。涂助焊剂可提高可焊性；而在高密度铅锡合金板上，为使板面得到保护，确保焊接的准确性，可在板面上加阻焊剂，使焊盘裸露，其他部位均在阻焊层下。阻焊涂料分热固化型和光固化型两种，色泽为深绿或浅绿色。

16.3 实际案例——设计音响放大器

16.3.1 音响放大器工作原理

音响放大器是一个具有电子混响、音调控制，并可以实现卡拉OK伴唱的音响放大器电路，其基本组成框图如图 16-1 所示。

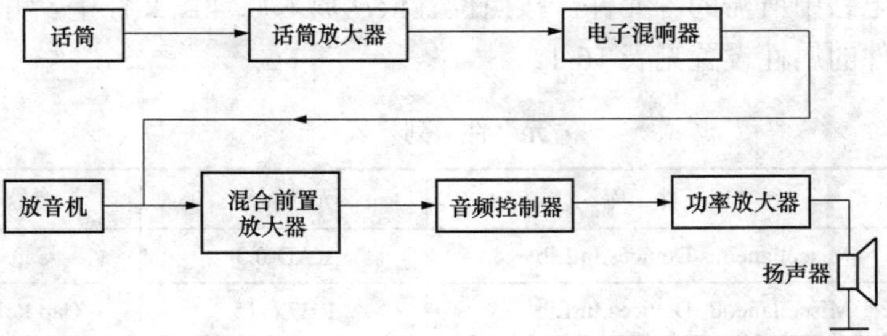

图 16-1　音响放大器的基本组成框图

各部分电路的作用如下：

（1）话筒放大器。由于话筒的输出信号一般只有 5mV 左右，因此话筒放大器的作用是不失真的放大声音信号（最高频率达到 10kHz）。

（2）电子混响器。电子混响器的作用是用电路模拟声音的多次反射，产生混响效果，使声音听起来具有一定的深度感和空间立体感。

（3）混合前置放大器。混合前置放大器的作用是将放音机输出的音乐信号与电子混响后的声音信号进行混合放大。

（4）音频控制器。音响放大器的性能主要由音调控制器与功率放大器决定。音调控制器的作用是控制、调节音响放大器输出频率的高低。

（5）功率放大器。功率放大器的作用是给音响放大器的负载 RL（扬声器）提供一定的输出功率。当负载一定时，希望输出的功率尽可能大，输出信号的非线性失真尽可能地小，功率尽可能高。

16.3.2　音响放大器制作过程

1. 新建工程和原理图

（1）启动 Altium Designer。

（2）在 Altium Designer 的主界面中选择“文件”→“创建”→“PCB 项目”，建立一个工程文件。

（3）保存新建的工程文件到指定目录下，本例保存路径为 E:\Design\音响放大器。

（4）选择“文件”→ “创建”→“原理图”命令，新建一个原理图文件，并命名为“音响放大器.SchDoc”，将其保存在 E: \Design\音响放大器。

2. 创建元件

本例中，元件“LA4102”无法在软件自带的元件库中找到，需要自制，以下为创建步骤：

（1）选择“文件”→“创建”→“库”→“原理图库”，在工程文件下创建一个原理图库文件，并将该文件保存到项目文件路径下。

（2）在原理图库中绘制元件“LA4102”，绘制好的元件如图 16-2 所示。

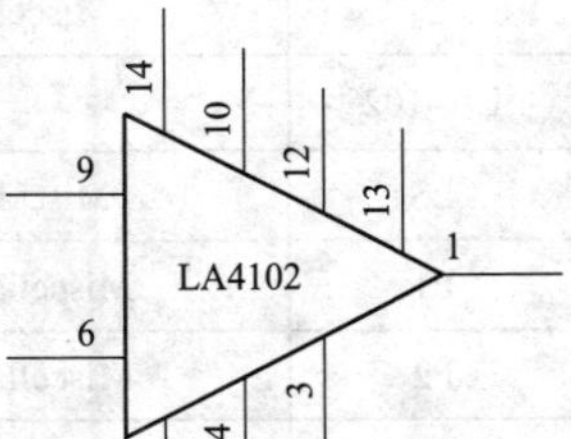

图 16-2　自制元件

（3）为元件“LA4102”追加封装，封装型号为“DIP-14”。

3. 元件属性设置与元件布局

（1）查找该电路中所需的各元件，按照位置依次放入原理图文件中，并对其进行相关的属性设置，各元件的属性设置见表16-1。

表16-1　　元件列表

元件标识	元器件库	元件封装	型号	标称值
C_1	Miscellaneous Devices.IntLib	RAD-0.3	Cap	0.1μF
C_2	Miscellaneous Devices.IntLib	RB7.6-15	Cap Pol1	10μF
C_{11}	Miscellaneous Devices.IntLib	CAPTR2.5-0.8-5	Cap Pol2	10μF
C_{12}	Miscellaneous Devices.IntLib	CAPTR2.5-0.8-5	Cap Pol2	10μF
C_{13}	Miscellaneous Devices.IntLib	CAPTR2.5-0.8-5	Cap Pol2	10μF
C_{14}	Miscellaneous Devices.IntLib	CAPTR2.5-0.8-5	Cap Pol2	10μF
C_{20}	Miscellaneous Devices.IntLib	CAPTR2.5-0.8-5	Cap Pol2	10μF
C_{21}	Miscellaneous Devices.IntLib	CAPTR2.5-0.8-5	Cap Pol2	10μF
C_{22}	Miscellaneous Devices.IntLib	CAPTR2.5-0.8-5	Cap Pol2	10μF
C_{23}	Miscellaneous Devices.IntLib	CAPTR2.5-0.8-5	Cap Pol2	10μF
C_{31}	Miscellaneous Devices.IntLib	RAD-0.1	Cap	0.01μF
C_{32}	Miscellaneous Devices.IntLib	RAD-0.1	Cap	0.01μF
C_{33}	Miscellaneous Devices.IntLib	RAD-0.1	Cap	510pF
C_{41}	Miscellaneous Devices.IntLib	CAPTR2.5-0.8-5	Cap Pol2	4.7μF
C_{42}	Miscellaneous Devices.IntLib	CAPTR2.5-0.8-5	Cap Pol2	220μF
C_{43}	Miscellaneous Devices.IntLib	CAPTR2.5-0.8-5	Cap Pol2	220μF
C_{44}	Miscellaneous Devices.IntLib	CAPTR2.5-0.8-5	Cap Pol2	100μF
C_{45}	Miscellaneous Devices.IntLib	RAD-0.1	Cap	0.01μF
C_b	Miscellaneous Devices.IntLib	RAD-0.1	Cap	560pF
C_c	Miscellaneous Devices.IntLib	CAPTR2.5-0.8-5	Cap Pol2	470μF
C_d	Miscellaneous Devices.IntLib	RAD-0.1	Cap	51pF
C_f	Miscellaneous Devices.IntLib	CAPTR2.5-0.8-5	Cap Pol2	33μF
C_h	Miscellaneous Devices.IntLib	CAPTR2.5-0.8-5	Cap Pol2	220μF
LA4102	自制元件库	DIP-14	Component_1	
LS	Miscellaneous Devices.IntLib	PIN2	Speaker	
P1	MiscellaneousConnectors.intLib	HDR1X2	Header 2	
P2	MiscellaneousConnectors.intLib	HDR1X2	Header 2	
R_{11}	Miscellaneous Devices.IntLib	AXIAL-0.3	Res1	10kΩ
R_{12}	Miscellaneous Devices.IntLib	AXIAL-0.3	Res1	68kΩ
R_{13}	Miscellaneous Devices.IntLib	AXIAL-0.3	Res1	10kΩ
R_{14}	Miscellaneous Devices.IntLib	AXIAL-0.3	Res1	10kΩ

续表

元件标识	元 器 件 库	元件封装	型号	标称值
R_{15}	Miscellaneous Devices.IntLib	AXIAL-0.3	Res1	10kΩ
R_{21}	Miscellaneous Devices.IntLib	AXIAL-0.3	Res1	39kΩ
R_{22}	Miscellaneous Devices.IntLib	AXIAL-0.3	Res1	39kΩ
R_{23}	Miscellaneous Devices.IntLib	AXIAL-0.3	Res1	39kΩ
R_{24}	Miscellaneous Devices.IntLib	AXIAL-0.3	Res1	10kΩ
R_{25}	Miscellaneous Devices.IntLib	AXIAL-0.3	Res1	10kΩ
R_{31}	Miscellaneous Devices.IntLib	AXIAL-0.3	Res1	10kΩ
R_{32}	Miscellaneous Devices.IntLib	AXIAL-0.3	Res1	10kΩ
R_{33}	Miscellaneous Devices.IntLib	AXIAL-0.3	Res1	13kΩ
R_{34}	Miscellaneous Devices.IntLib	AXIAL-0.3	Res1	13kΩ
R_{35}	Miscellaneous Devices.IntLib	AXIAL-0.3	Res1	1kΩ
R_{36}	Miscellaneous Devices.IntLib	AXIAL-0.3	Res1	47kΩ
R_{37}	Miscellaneous Devices.IntLib	AXIAL-0.3	Res1	47kΩ
R_{f}	Miscellaneous Devices.IntLib	AXIAL-0.3	Res1	200Ω
R_{p11}	Miscellaneous Devices.IntLib	VR4	RPot	10kΩ
R_{p12}	Miscellaneous Devices.IntLib	VR4	RPot	10kΩ
R_{p13}	Miscellaneous Devices.IntLib	VR4	RPot	10kΩ
R_{p14}	Miscellaneous Devices.IntLib	VR4	RPot	470kΩ
U1	Motorola Amplifier Operational Amplifier.IntLib	646-06	LM324AN	
U2	自制元件库	HDR1X2H	电子混响器	

（2）初步布局后的音响放大器电路原理图如图 16-3 所示。

4. 绘制电路原理图

（1）按照原理图绘制导线、连接元件，并进行电气规则检查，绘制完毕的原理图如图 16-4 所示。

（2）检查元件封装，确保每个元件都有对应的封装，之后保存绘制完毕的原理图文件。

（3）选择“项目管理”→“Compile PCB Project 音响放大器．PRJPCB”命令，执行工程的编译操作，如有错误，会在“Messages”窗口提示，读者可以按照提示进行修改。

5. 制作电路板

（1）在项目文件下，选择“文件”→“创建”→“PCB 文件”，新建一个 PCB 文件，并将该文件保存在项目路径下，文件名为“音响放大器.PcbDoc”。

（2）在项目管理器下，双击该文件，将其打开；可以在原理图工作界面下选择“设计”→“Update PCB Document 音响放大器．PcbDoc”，也可以在 PCB 工作界面下选择“设计”→“Import changes From 音响放大器．SchDoc”，系统弹出如图 16-5 所示的工程变化订单，用以装入网络表和元件封装。

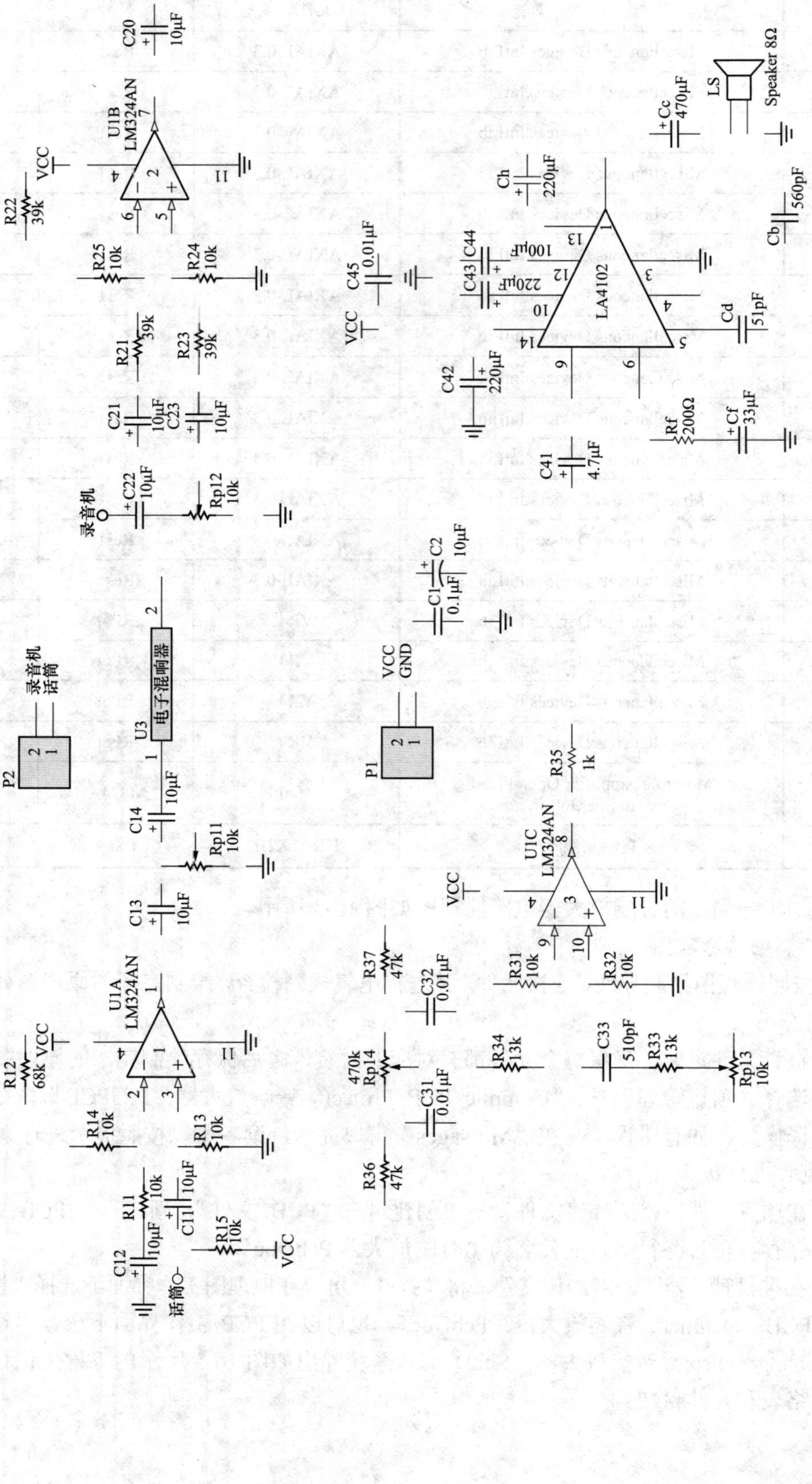

图 16-3 初步放置元件后的原理图

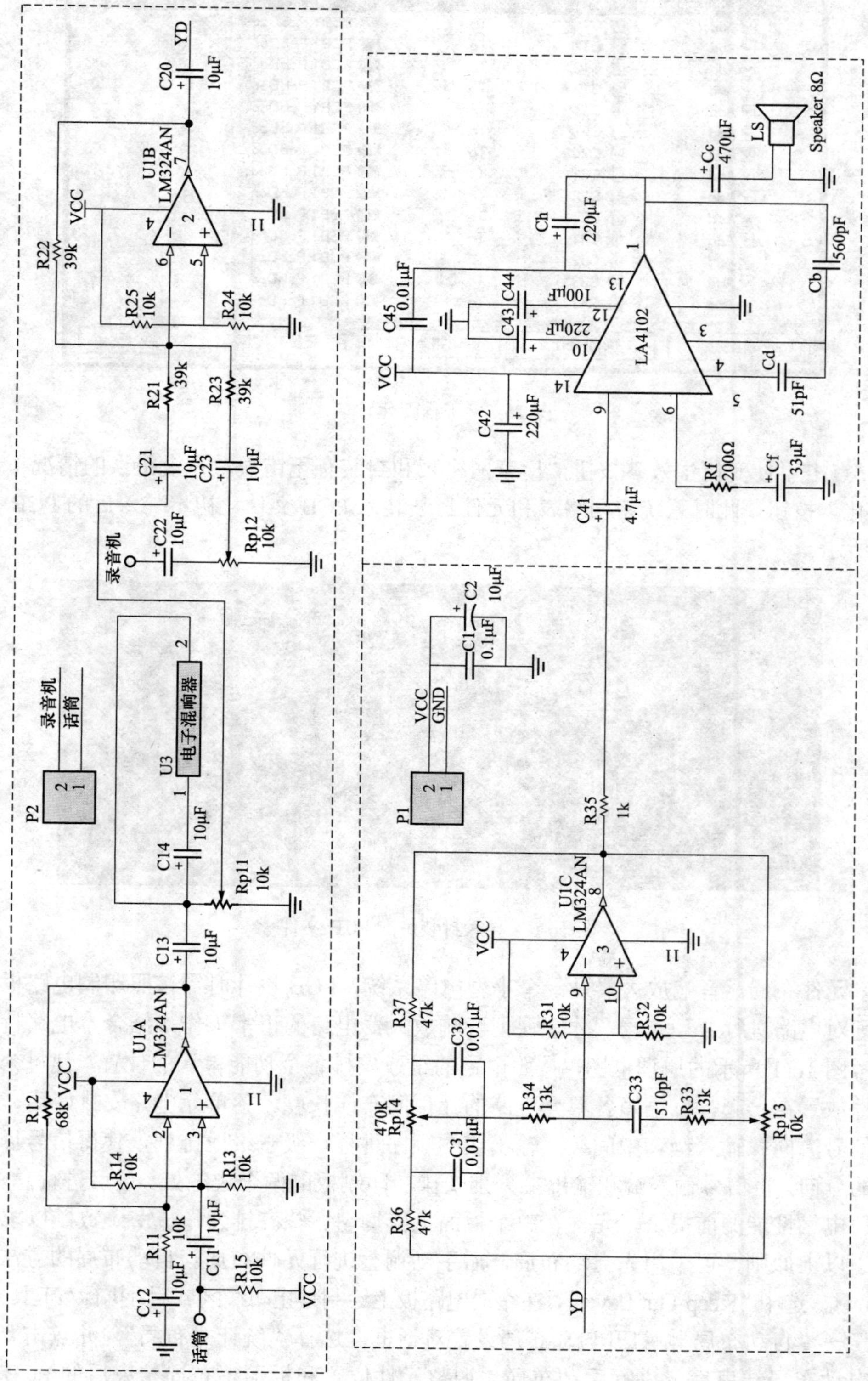
P2
录音机
话筒
U3
电子混响器
U1A
LM324AN
U1B
LM324AN
U1C
LM324AN
LA4102
VCC
GND
P1
YD
Speaker 8Ω
LS
R12 68k
R14 10k
R13 10k
R11 10k
R15 10k
C11 10μF
C12 10μF
C13 10μF
C14 10μF
Rp11 10k
Rp12 10k
C22 10μF
C21 10μF
C23 10μF
R21 39k
R23 39k
R25 10k
R24 10k
R22 39k
C20 10μF
C1 0.1μF
C2 10μF
R35 1k
C41 4.7μF
C42 220μF
C43 220μF
C44 100μF
C45 0.01μF
Ch 220μF
Cc 470μF
Cb 560pF
Cd 51pF
Rf 200Ω
Cf 33μF
R37 47k
R36 47k
Rp14 470k
C32 0.01μF
C31 0.01μF
R34 13k
C33 510pF
R33 13k
Rp13 10k
R31 10k
R32 10k

图 16-4 整机电路图

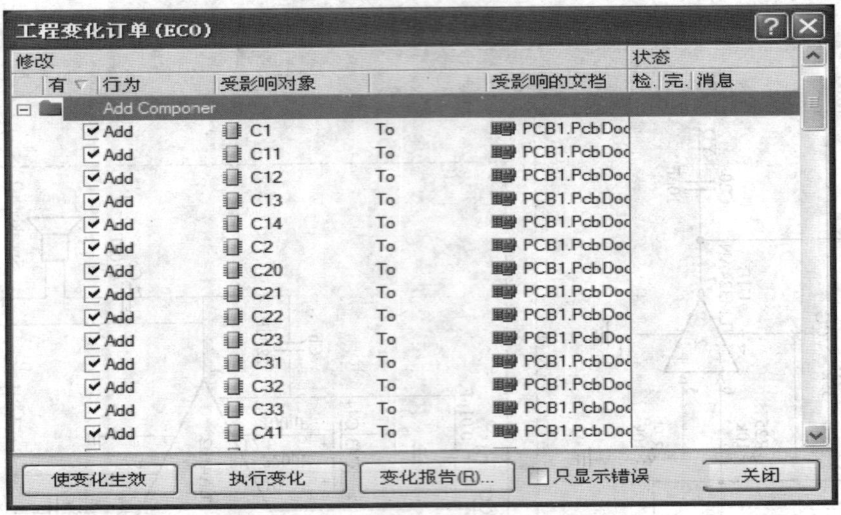

图 16-5 工程变化订单

（3）点击“使变化生效”按钮，检查网络表和封装有无错误，在没错误的情况下，点击“执行变化”按钮，此时系统将网络表和元件封装装入 PCB 文件，初步装入后的 PCB 文件如图 16-6 所示。

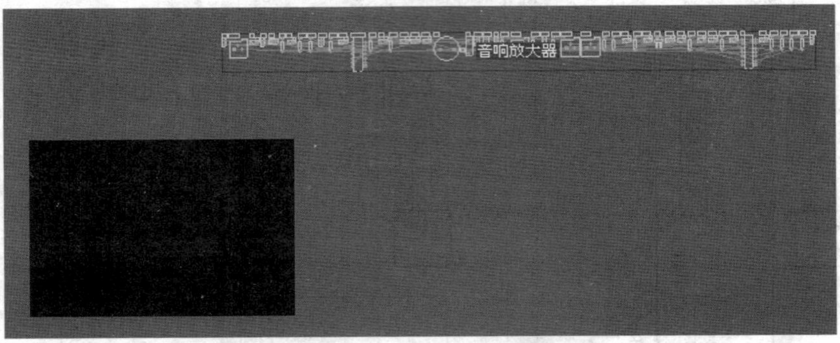

图 16-6 导入封装后的 PCB 文件

（4）元件布局。音响放大器是一个小型电路系统，PCB 设计时需按照印制电路板设计的基本原则对电路进行合理布局，才能保证音响放大器电路的正常工作。结合本电路特点，布局时参考图 16-1 所示的原理框图，按照电路的组成安排各个功能单元的位置，使每个功能单元的元件放置在一起，以缩短各单元电路的元件间布线长度。各单元电路安排好后，再按照电路的信号流向：输入级、中间级、输出级的顺序进行一级一级地排列，使得信号尽可能保持一致的方向，将信号输入端和输出端分别安排在印制板的两个边缘处。最后进行总体布局，即在保证电气性能的前提下，元件在整个板面上应均匀、整齐排列，疏密一致，以求美观。

基于以上原则，可采用先自动布局，后手动调整进行元件布局。自动布局的方法是：删除 Room 区，选中“Keep-Out Layer”，在空白电路板上绘制禁止布线区域后，执行“工具”→“放置元件”→“自动布局”，打开自动布局设置对话框，选择“统计式布局”，并点击“确定”按钮。自动布局结束后，进行手动布局，调整元件位置和板形。布局结束后的 PCB 板如图 16-7 所示。

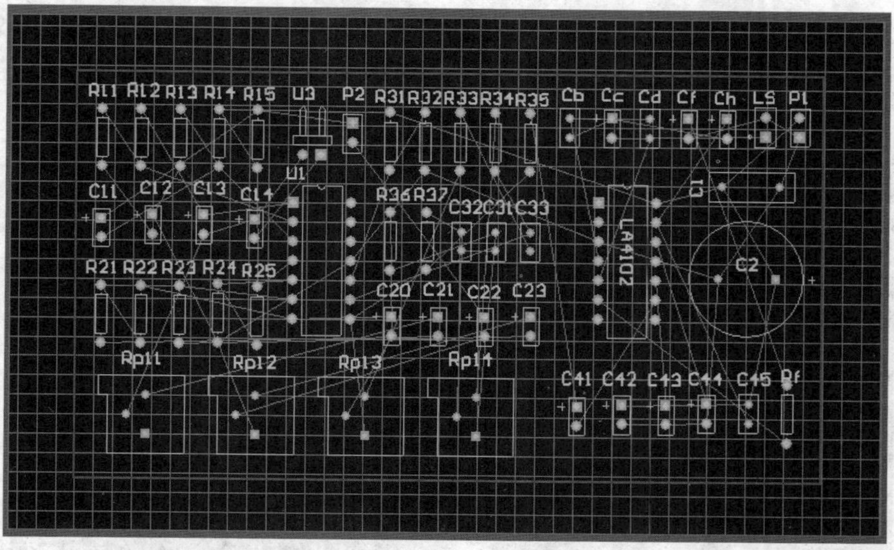

图 16-7 布局后的PCB板

（5）自动布线。选择“自动布线”→“全部对象”命令，在弹出的“Situs布线策略”对话框中进行自动布线规则的设定，如更改电源线、地线的宽度等。布线时首先按照前面介绍的布线原则进行合理布线，本电路中因输入、输出的电平悬殊，所以在布线时要加大导线的间距，同时将功放级远离输入级。其次在电路级联时，尽量缩短级间连线，以避免因连线过长，导致级间相互影响，阻抗不匹配，尤其是与功放级进行级联时，由于功放级输出信号较大，对前级容易产生影响，引起自激，故布线时要将每一级的地线尽量接在一起，并且保证连线尽可能短，避免出现自激。最后再按照前面所述的抗干扰措施原则，将电源线和地线线径加粗。设置完毕后点击“Route All”按钮开始自动布线，布线完毕后在PCB板四角放置安装过孔，为了进一步提高电路的抗干扰性能，在底层和顶层的接地进行覆铜处理。完成后的PCB如图16-8所示。

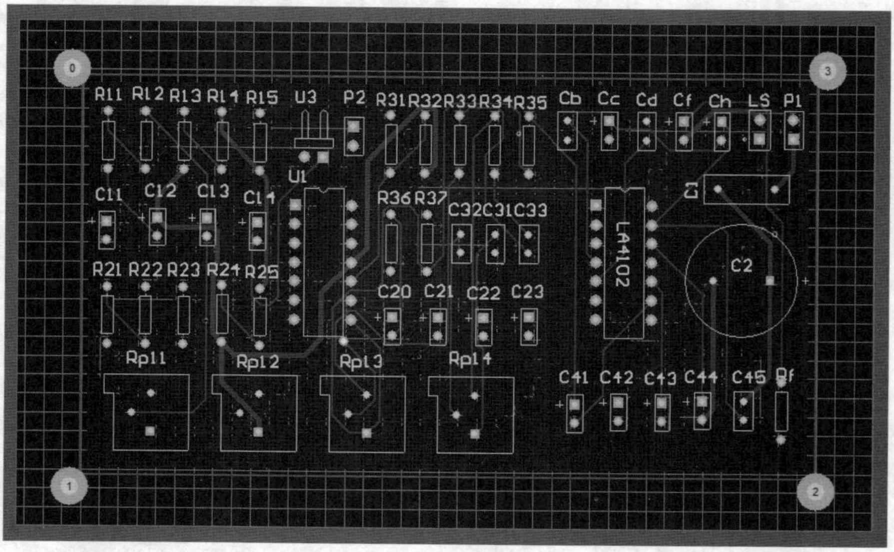

图 16-8 自动布线后的PCB板

（6）选择“查看”→“显示三维PCB板”命令，该PCB的3D效果图如图16-9所示。

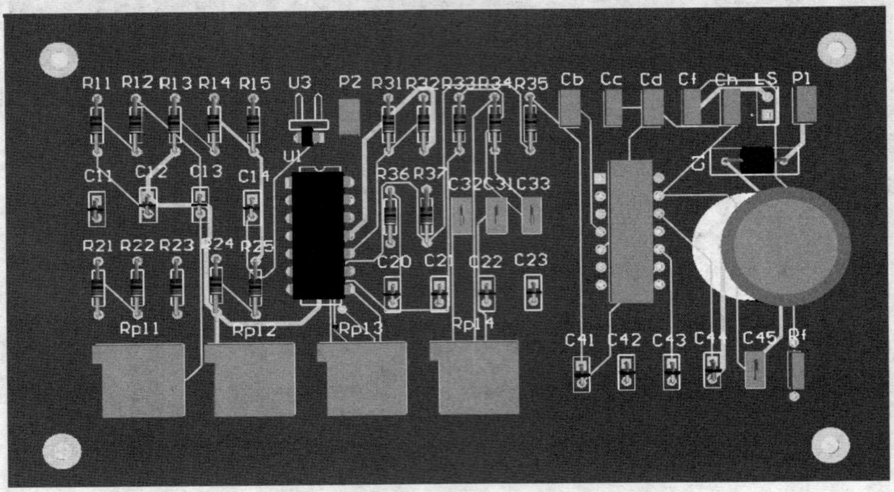

图 16-9 整机电路 3D 效果图

附录 A　电子 CAD 电路实例

电子 CAD 电路实例如图 A-1～图 A-14 所示。

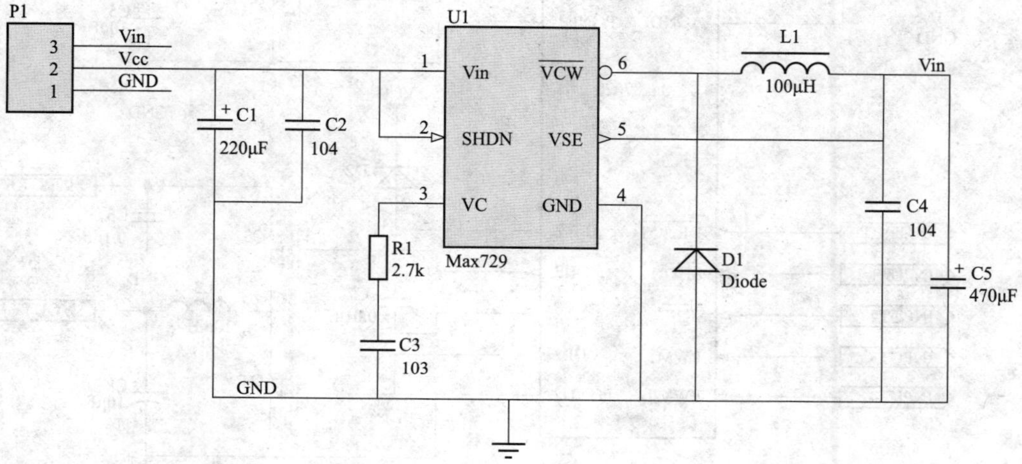

图 A-1　Max729 典型应用电路

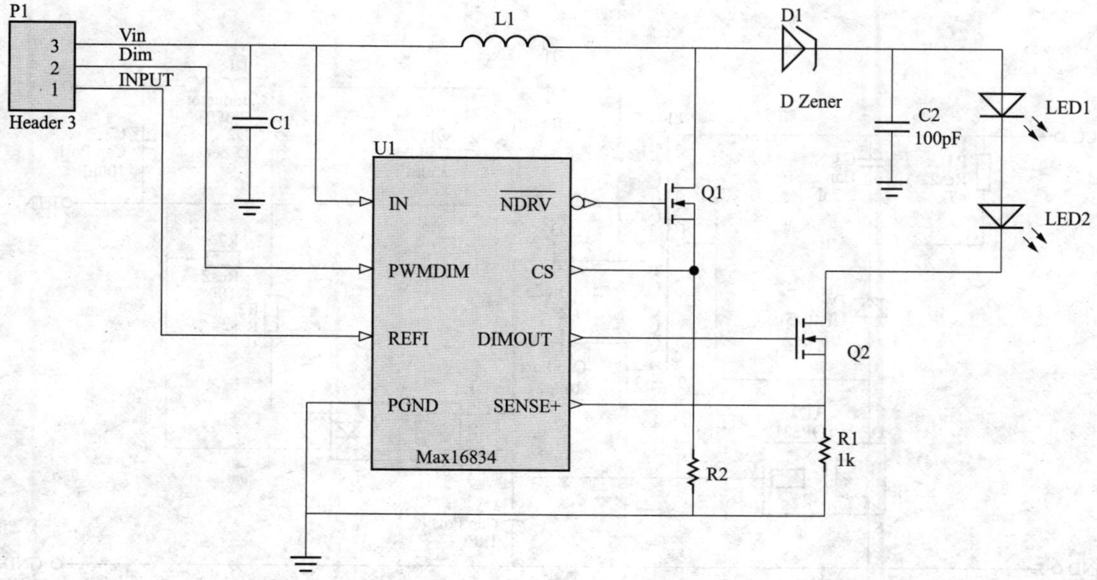

图 A-2　Max16834 典型应用电路

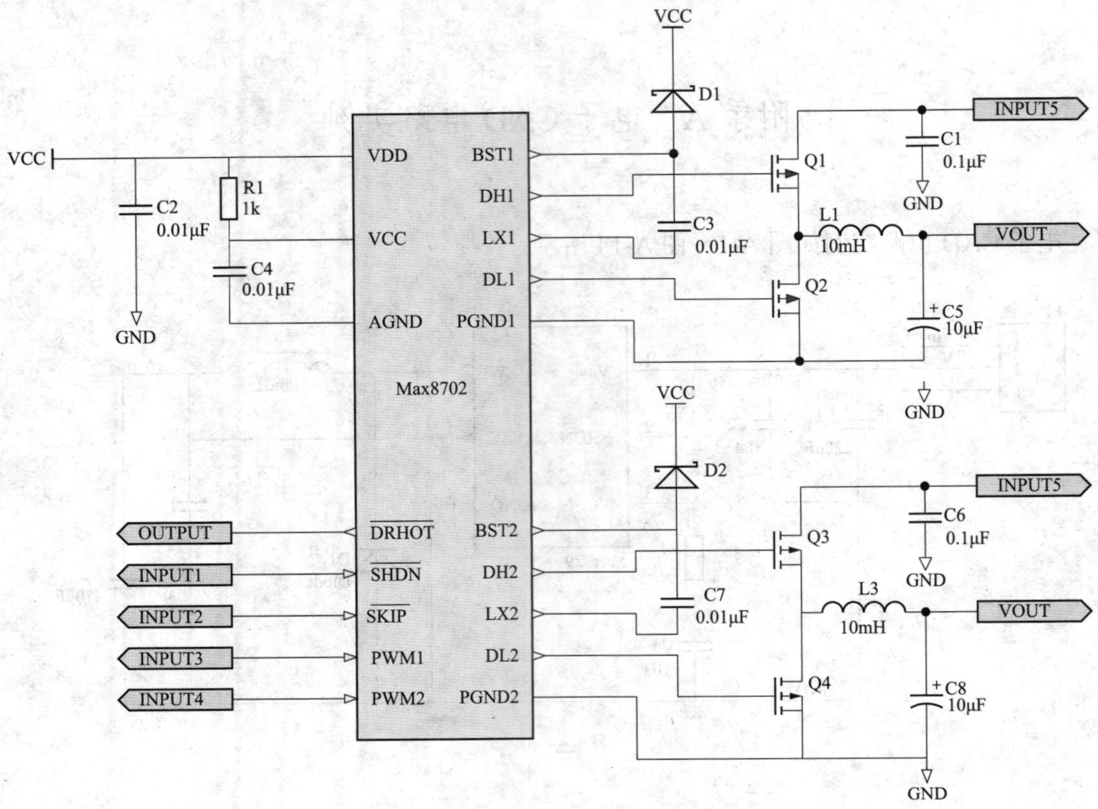

图 A-3 Max8702 典型应用电路

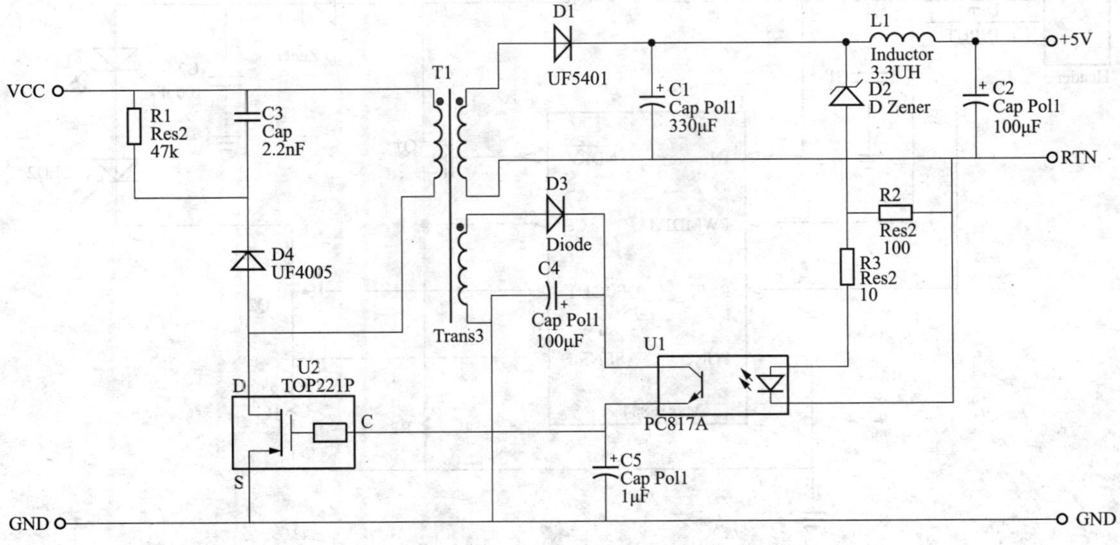

图 A-4 TOP221 应用电路

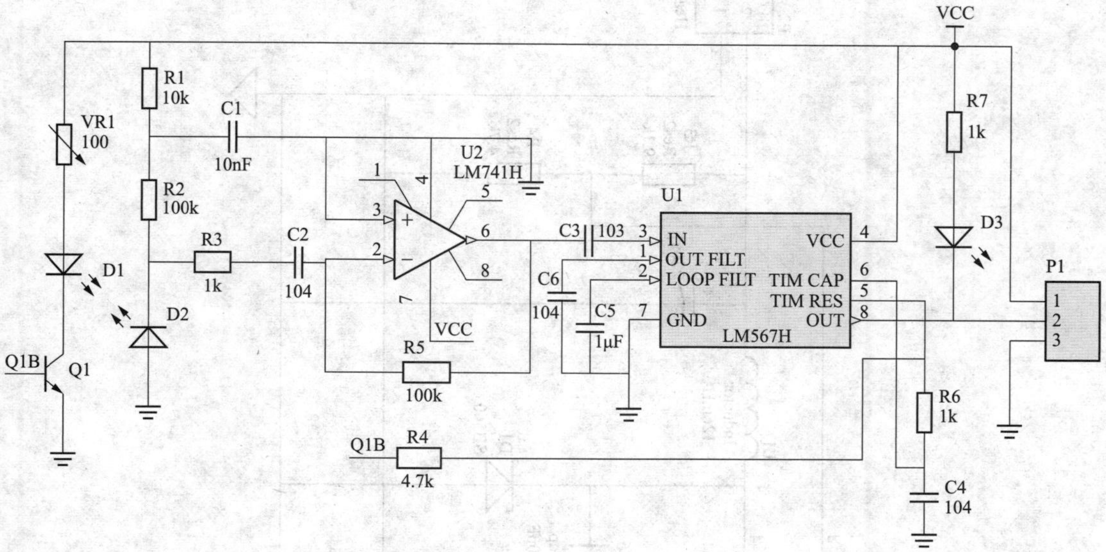

图 A-5　遥控车电路图

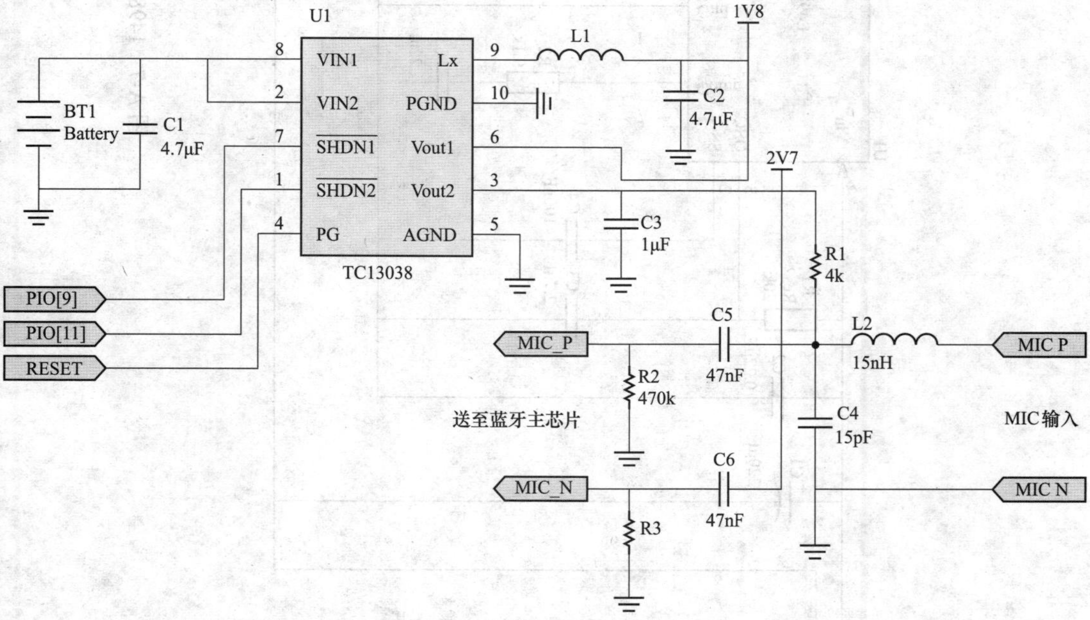

图 A-6　蓝牙耳机电路图

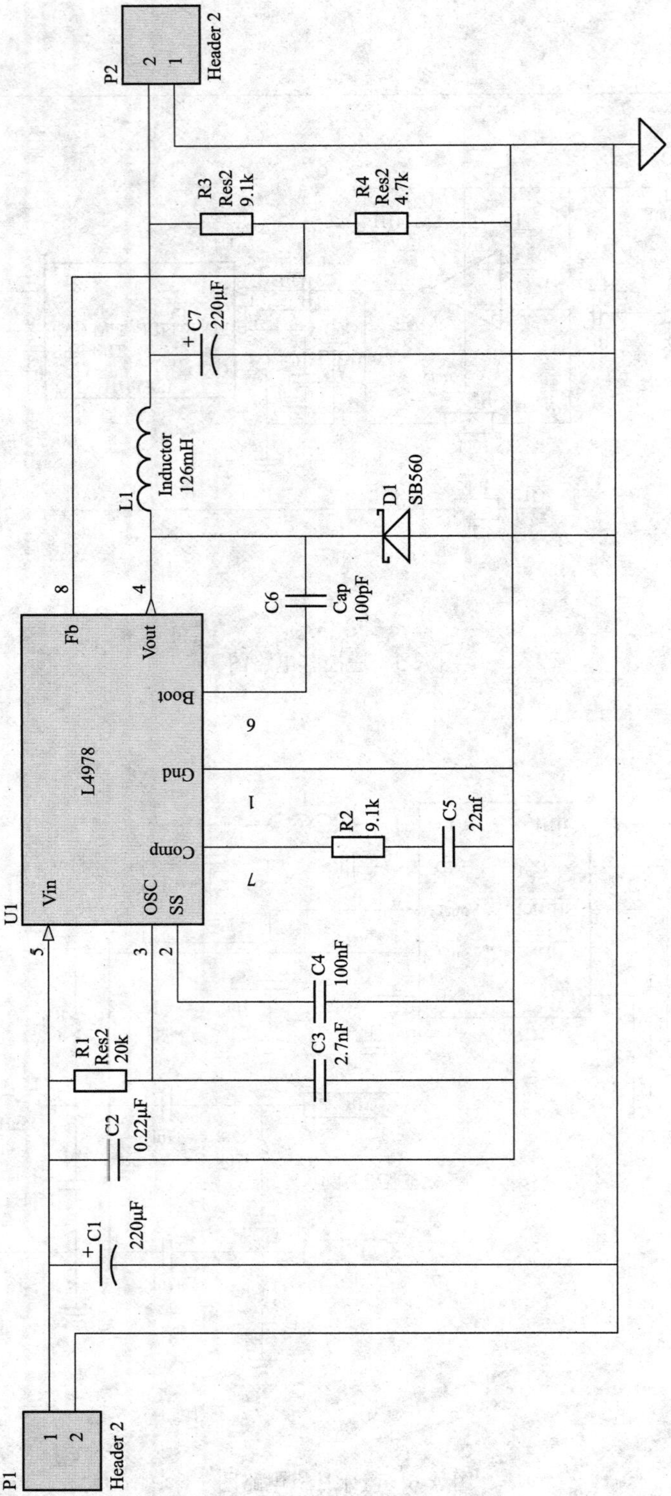

图 A-7 14987 应用电路

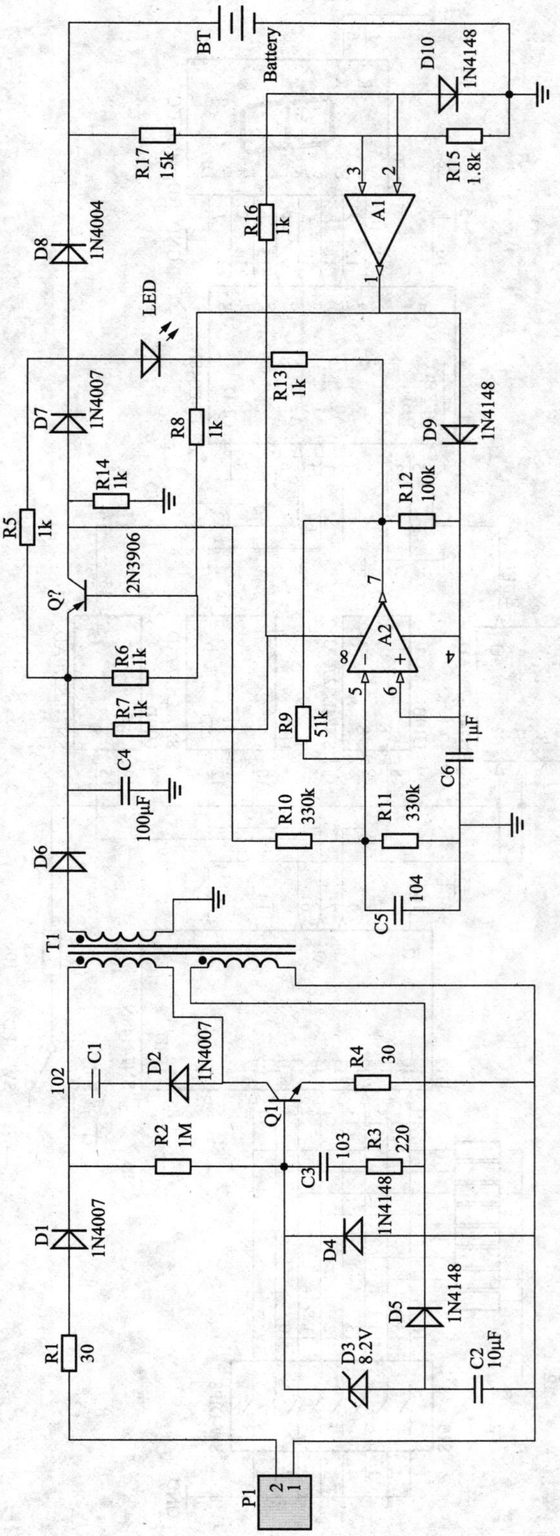

图 A-8　爱立信手机充电器电路图

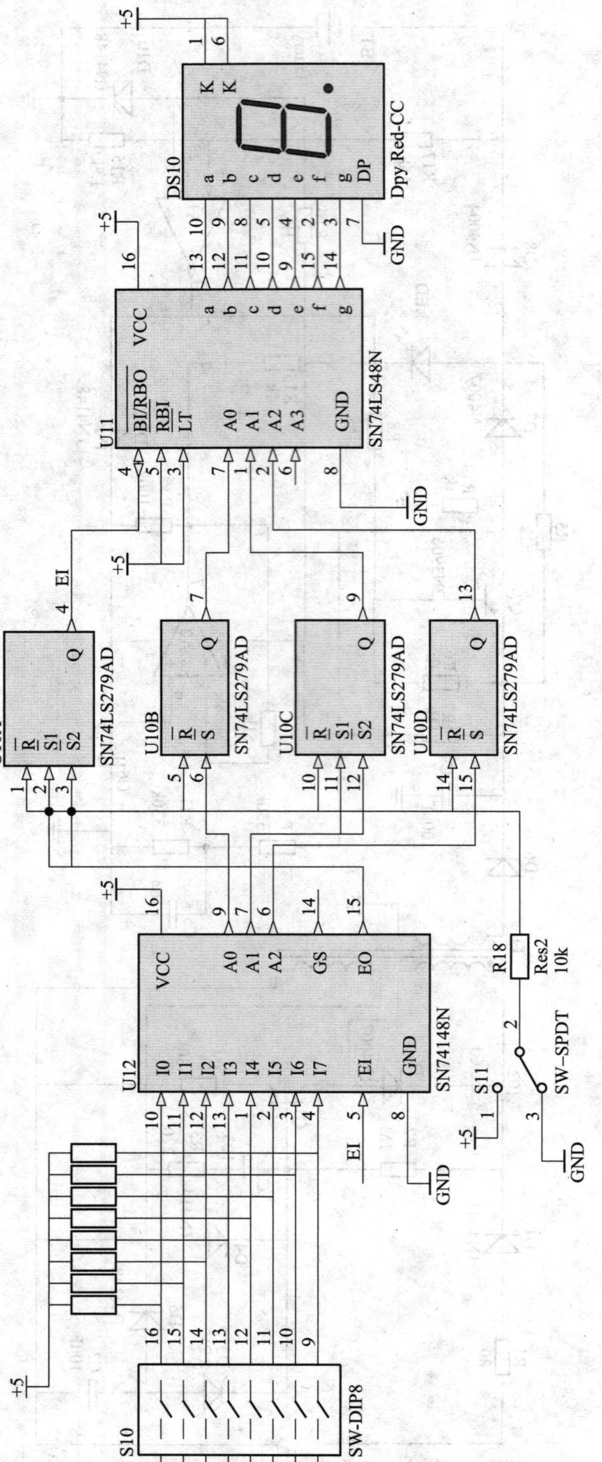
+5
DS10
Dpy Red-CC
GND
U11
SN74LS48N
VCC
BI/RBO
RBI
LT
A0
A1
A2
A3
GND
U10A
SN74LS279AD
U10B
SN74LS279AD
U10C
SN74LS279AD
U10D
SN74LS279AD
EI
U12
SN74148N
VCC
GS
EO
GND
R18
Res2
10k
S11
SW-SPDT
S10
SW-DIP8

图 A-9 竞赛抢答器电路

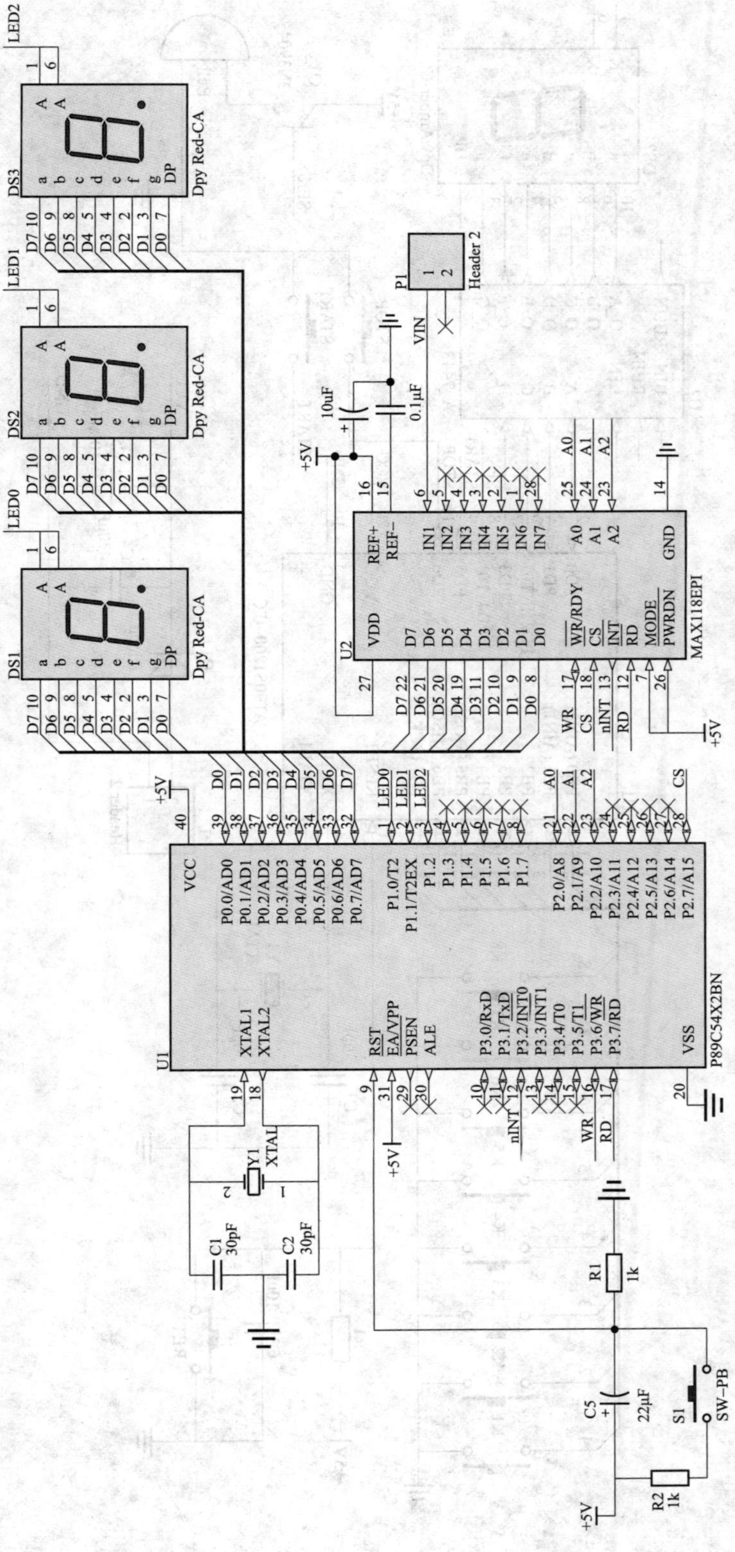

图 A-10　51 单片机最小系统（一）

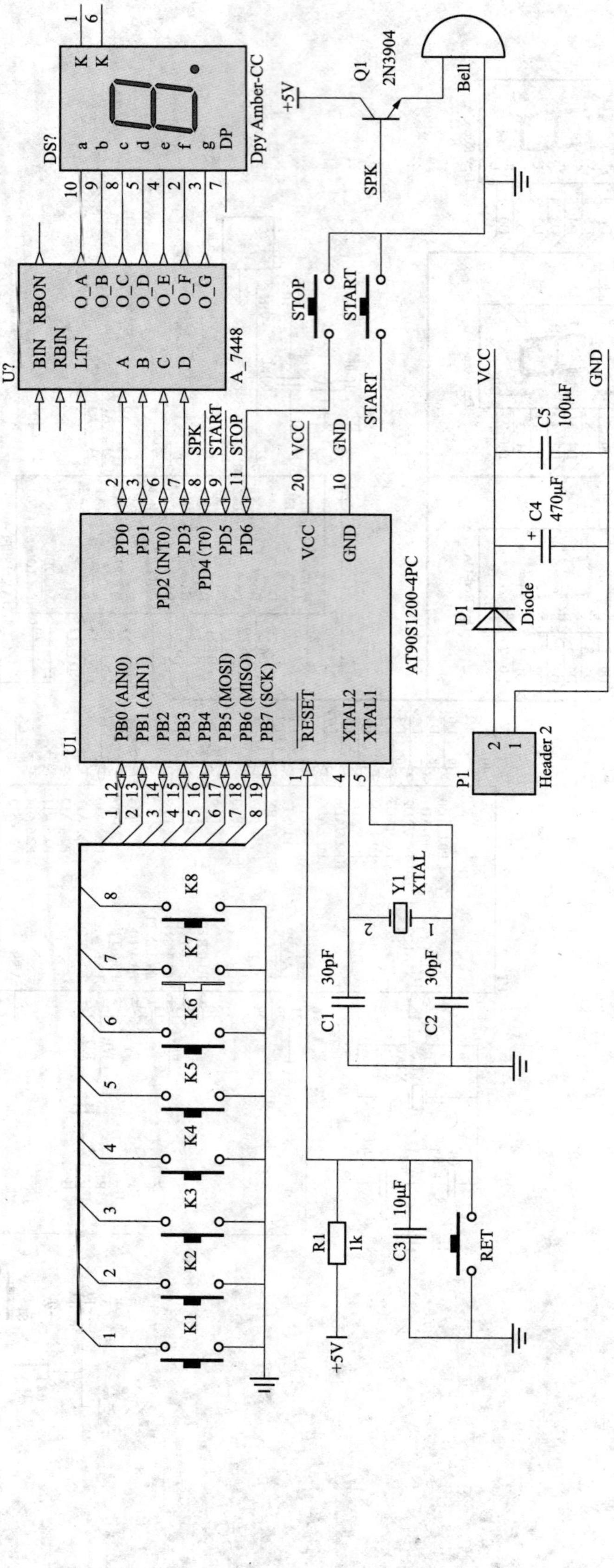

图 A-11 51单片机最小系统（二）

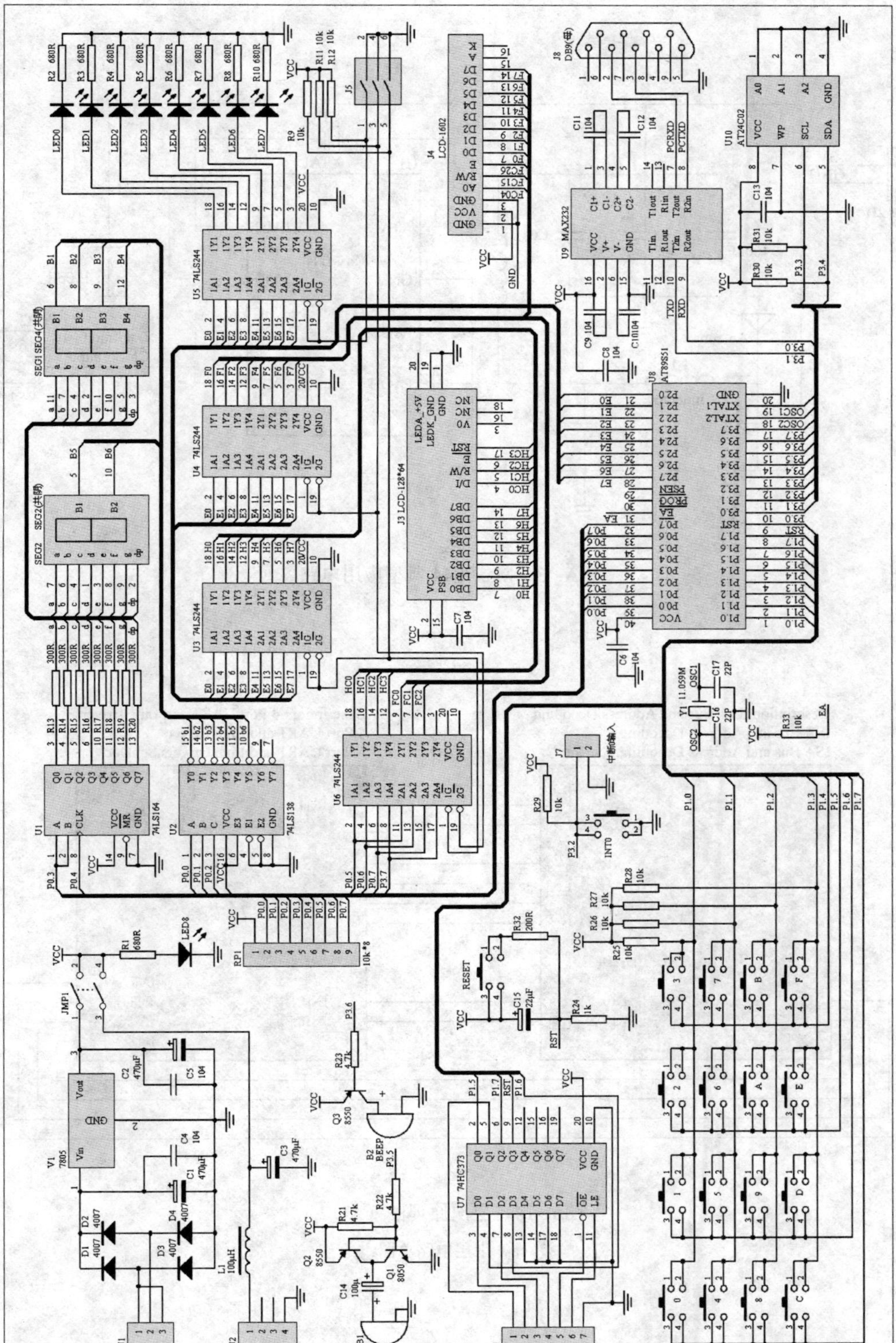

图 A-12　单片机最小系统开发板电路图

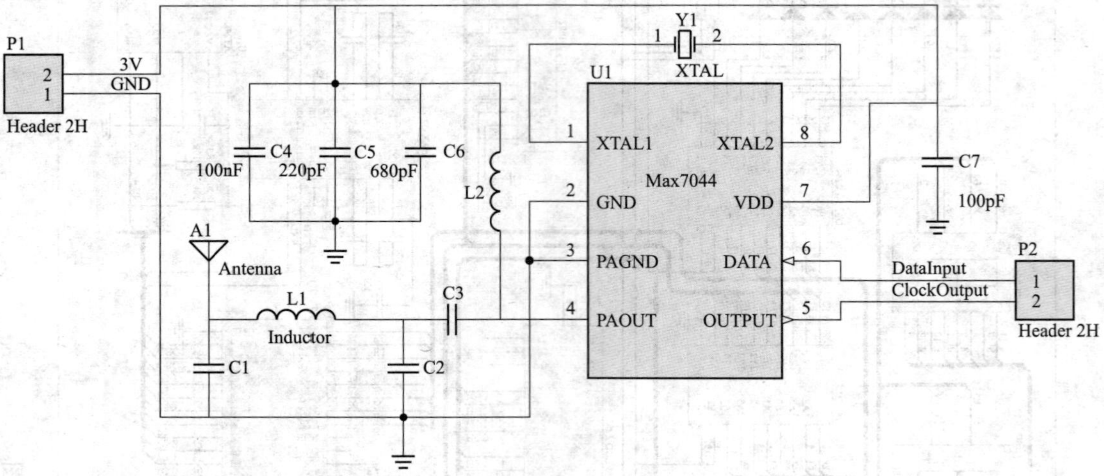

图 A-13　Max7044 典型应用电路

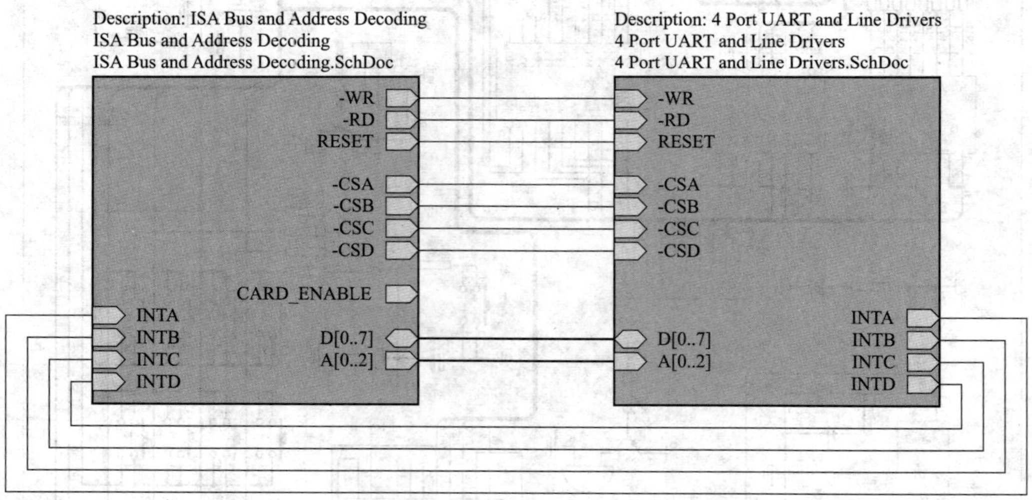

(a)

图 A-14　层次原理图（一）

（a）上层电路总图

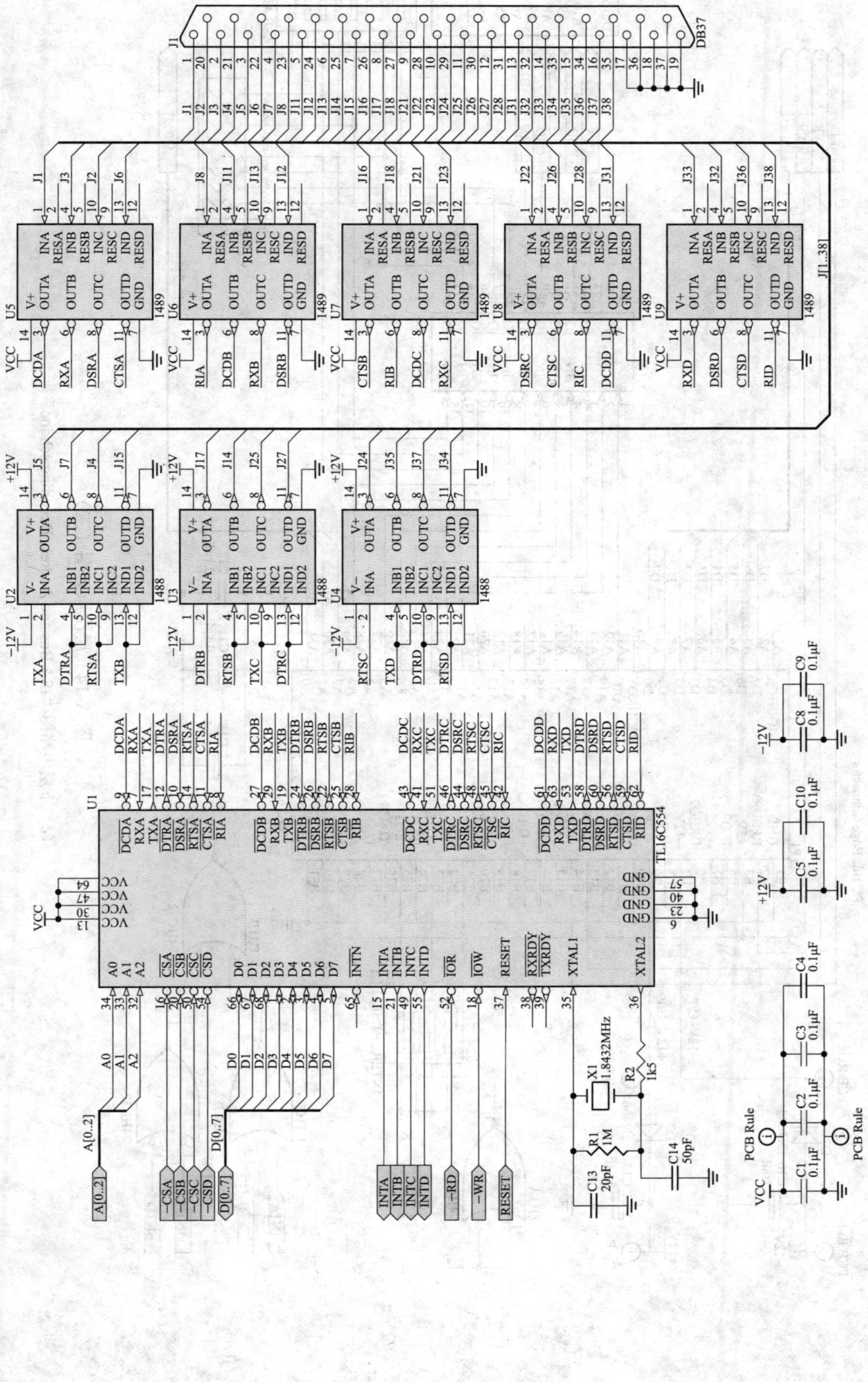

（b）

图 A-14　层次原理图（二）

（b）下层电路图“4 Port UART and Line Drivers.schdoc”

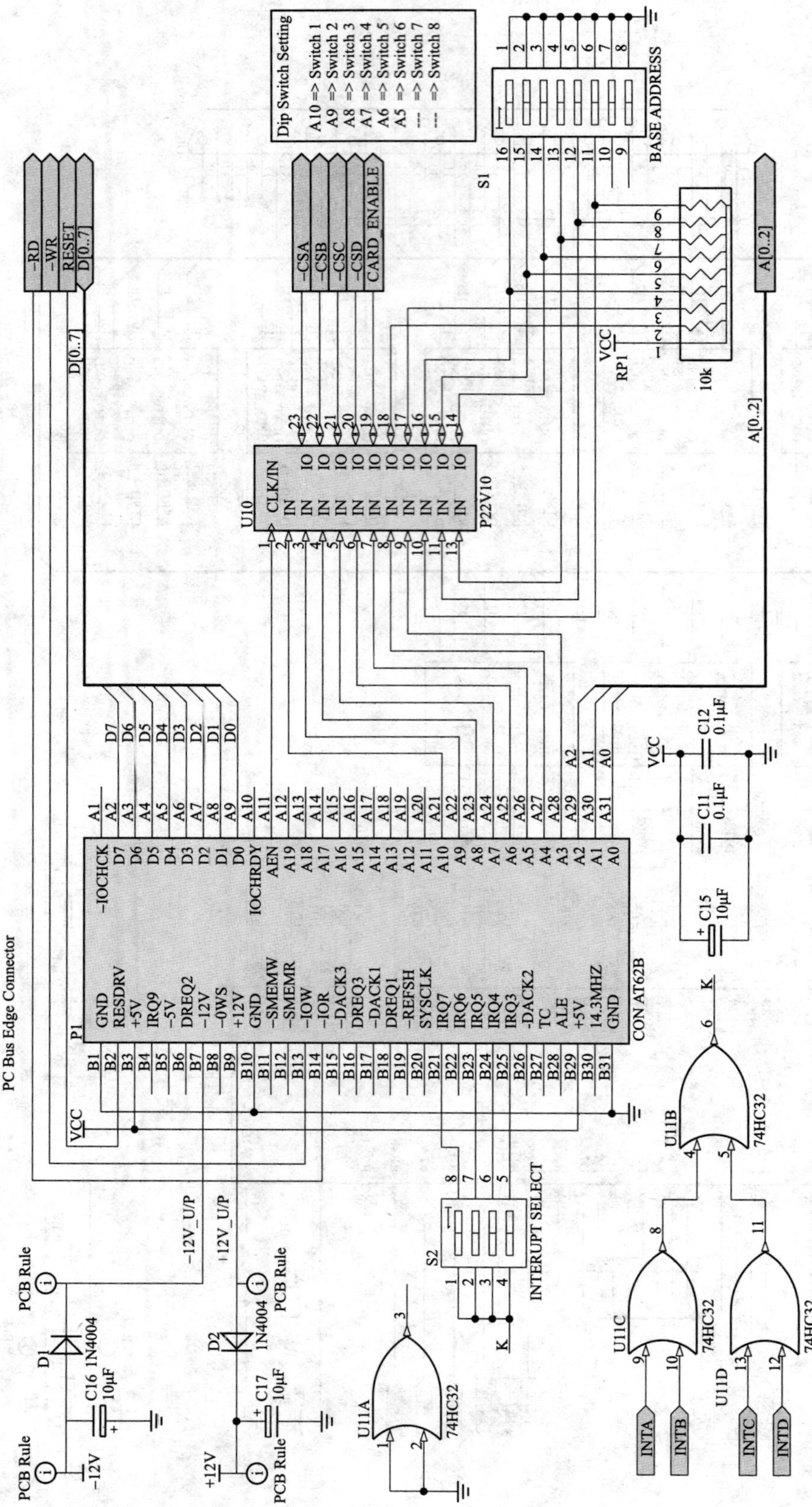

图 A-14 层次原理图（三）

（c）下层电路图“ISA Bus and Address Decoding.schdoc”